"十二五"普通高等教育本科国家级规划教材

熔焊方法及设备

第2版

主编　王宗杰

参编　刘金合　杭争翔　李　桓
　　　杨立军　朱锦洪　王纯祥

主审　殷树言

机械工业出版社

本书为"十二五"普通高等教育本科国家级规划教材。

本书分为两部分：第一部分为有关熔焊的基础理论，包括焊接电弧基础理论、焊丝的熔化与熔滴过渡、母材的熔化与焊缝成形以及电弧焊自动控制基础；第二部分为各种熔焊方法，包括埋弧焊、钨极惰性气体保护焊、熔化极氩弧焊、CO_2 气体保护电弧焊、等离子弧焊、电渣焊、电子束焊、激光焊以及复合焊，分别讲述其工作原理和特点、焊接设备、焊接材料、焊接工艺以及所派生出的新方法。本书注意理论联系实际，突出重点，采用最新的技术标准，并注意反映国内外新的研究成果和发展趋势。

本书可作为高等院校焊接技术与工程专业和材料成形及控制工程专业的主干课教材，亦可供从事焊接工艺及设备等技术领域工作的工程技术人员参考。

图书在版编目（CIP）数据

熔焊方法及设备/王宗杰主编. —2 版 . —北京：机械工业出版社，2016.6（2024.4 重印）

"十二五"普通高等教育本科国家级规划教材
ISBN 978-7-111-53370-2

Ⅰ. ①熔… Ⅱ. ①王… Ⅲ. ①熔焊 – 焊接工艺 –高等学校 – 教材②熔焊 – 焊接设备 – 高等学校 – 教材
Ⅳ. ①TG442

中国版本图书馆 CIP 数据核字（2016）第 064906 号

机械工业出版社（北京市百万庄大街 22 号　邮政编码 100037）
策划编辑：冯春生　责任编辑：冯春生　程足芬
责任校对：肖　琳　封面设计：张　静
责任印制：邸　敏
中煤（北京）印务有限公司印刷
2024 年 4 月第 2 版第 9 次印刷
184mm×260mm·24 印张·590 千字
标准书号：ISBN 978-7-111-53370-2
定价：69.80 元

电话服务　　　　　　　　网络服务
客服电话：010-88361066　机 工 官 网：www.cmpbook.com
　　　　　010-88379833　机 工 官 博：weibo.com/cmp1952
　　　　　010-68326294　金 书 网：www.golden-book.com
封底无防伪标均为盗版　机工教育服务网：www.cmpedu.com

《熔焊方法及设备》是为满足高等院校焊接技术与工程专业和材料成形及控制工程专业的专业主干课之———"熔焊方法及设备"课的教学需要而编写的教材。第 1 版自 2007 年出版以来，在国内几十所院校使用，受到了欢迎和好评，于 2012 年被教育部评为"十二五"普通高等教育本科国家级规划教材。

本书是在第 1 版的基础上经过修订的教材。随着时间的推移，焊接技术不断有新的发展，部分国家和行业技术标准也有一些变动。在这种情况下，及时对原教材进行修订，有利于教学内容跟上科学技术发展的步伐，有利于教材在培养高质量的人才上发挥出其应有的作用。

第 2 版继续保持了第 1 版教材具有的系统性、先进性和实践性的特点，并在此基础上，根据焊接技术的发展，在内容上进行了必要的调整、补充和完善。例如，在有关熔焊方法的内容里，增加了"复合焊"一章，用以介绍近些年来焊接方法发展具有突破性的成果；在有关焊接自动控制和各种焊接设备的内容里，对先进的数字化控制给予了更多的关注；同时，根据近年来国家和行业技术标准变动的情况，对教材中所涉及的标准进行了更新。

《熔焊方法及设备》（第 2 版）仍然保持了第 1 版的内容结构，即全书分为以下两部分：

第一部分为有关熔焊的基础理论，包括焊接电弧、焊丝的熔化与熔滴过渡、母材的熔化与焊缝成形、电弧焊自动控制等基础理论。

第二部分为各种熔焊方法，包括埋弧焊、钨极惰性气体保护焊、熔化极氩弧焊、CO_2 气体保护电弧焊、等离子弧焊、电渣焊、电子束焊、激光焊以及复合焊等。对每一种熔焊方法，都讲述了其工作原理和特点、焊接设备、焊接材料、焊接工艺以及所派生出的新方法。同时，为了增强其工程实践性，对每一种熔焊方法都列举了其工程应用实例。

本书由沈阳工业大学王宗杰教授任主编，北京工业大学殷树言教授担任主审。编写人员的分工为：绪论、第 1 章、第 4 章、第 5 章、第 12 章由沈阳工业大学王宗杰教授编写，并负责全书统稿；第 2 章由天津大学李桓教授编写；第 3 章、第 7 章、第 9 章由沈阳工业大学杭争翔教授编写；第 6 章由河南科技大学朱锦洪教授编写；第 8 章由天津大学杨立军教授编写；第 10 章由重庆科技学院王纯祥讲师编写；第 11 章由西北工业大学刘金合教授编写。

本书在编写过程中得到了许多同志的帮助和支持，主审殷树言教授对书稿进行了很认真的审阅，在此一并表示感谢，并向本书中所引用文献的作者深表谢意。

由于作者水平有限，书中难免有疏漏和欠妥之处，敬请广大读者批评指正。

编　者

第1版前言

《熔焊方法及设备》是为满足高等院校材料成形及控制工程专业（或焊接方向），以及其他与焊接有关专业的教学需要而编写的。

熔焊方法是焊接成形工艺的重要组成部分，也是现代制造业中应用最多的一类焊接方法。它的应用遍及机械制造、石油化工、船舶、桥梁、压力容器、建筑、动力工程、交通车辆、航空航天等各个工业部门，已成为现代制造业中不可缺少的成形加工方法之一。因此，"熔焊方法及设备"课无论是在原来的焊接专业，还是在现在的材料成形及控制工程专业（或焊接方向）的教学中都是一门专业主干课，它在构筑学生专业理论基础和培养学生焊接工程实践能力方面起着重要作用。

本书系统地讲述了有关熔焊的一些基础理论和焊接方法。其中，有关熔焊的基础理论有：焊接电弧基础理论、焊丝的熔化与熔滴过渡、母材的熔化与焊缝成形、电弧焊自动控制基础等。熔焊方法有：埋弧焊、钨极惰性气体保护焊、熔化极氩弧焊、CO_2 气体保护电弧焊、等离子弧焊、电渣焊、真空电子束焊、激光焊等。对每一种熔焊方法，都讲述了其工作原理和特点、焊接设备、焊接材料、焊接工艺以及所派生出的其他方法。同时，为了增强其工程实践性，对每一种熔焊方法还列举了其工程应用实例。本教材注意理论联系实际，突出重点，采用最新的技术标准，并注意反映国内外新的研究成果和发展趋势。

本书由沈阳工业大学王宗杰教授任主编，北京工业大学殷树言教授任主审。编写人员分工：绪论、第1章、第4章、第5章由沈阳工业大学王宗杰教授编写，并负责全书统稿；第2章由天津大学李桓教授编写；第3章、第7章由沈阳工业大学杭争翔副教授编写；第6章由河南科技大学朱锦洪副教授编写；第8章由天津大学杨立军副教授编写；第9章由沈阳工业大学常云龙副教授编写；第10章由西北工业大学刘金合教授和重庆科技学院王纯祥讲师合编；第11章由西北工业大学刘金合教授编写。

在编写的过程中，得到了许多同志的帮助和支持，在此表示衷心的感谢，并向本书中所引用文献的作者深表谢意。

由于作者水平有限，书中难免有疏漏和欠妥之处，敬请广大读者批评指正。

编　者

绪　　论

0.1　焊接方法的发展及分类

1. 焊接方法的发展

焊接作为一种实现材料永久性连接的方法，被广泛地应用于机械制造、石油化工、石油及天然气管道、桥梁、船舶、建筑、动力工程、交通车辆、航空航天等各个工业部门，已成为现代机械制造工业中不可缺少的加工工艺方法。而且，随着国民经济的发展，其应用领域还将不断地被拓宽。

焊接方法发展的历史可以追溯到几千年之前。据考证，在所有的焊接方法中，钎焊和锻焊是人类最早使用的方法。早在5000年前，古埃及就已经知道用银铜钎料钎焊管子，在4000年前，就知道用金钎料连接护符盒。我国在公元前5世纪的战国时期就已经知道使用锡铅合金作为钎料焊接铜器，从河南省辉县玻璃阁战国墓中出土的文物证实，其殉葬铜器的本体、耳、足都是利用钎焊连接的。在明代科学家宋应星所著的《天工开物》一书中，对钎焊和锻焊技术做了详细的叙述。

从19世纪80年代开始，随着近代工业的兴起，焊接技术进入了飞快发展时期。新的焊接方法伴随着新的焊接热源的出现竞相问世。19世纪初，人们发现了碳弧，于是于1885年出现了碳弧焊，这被看成是电弧作为焊接热源应用的开始；1886年，人们将电阻热应用于焊接，于是出现了电阻焊；1892年发现了金属极电弧，随之出现了金属极电弧焊；1895年，人们发现利用乙炔气体与氧气进行化学反应所产生的化学热可以作为焊接热源，因而于1901年出现了氧乙炔气焊；20世纪30年代前后，人们相继发明了薄皮焊条和厚皮焊条，将其用作金属极电弧焊中的电极，于是出现了薄皮焊条电弧焊和厚皮焊条电弧焊；1935年人们发明了埋弧焊，与此同时，电阻焊开始大量被使用，这使得焊接技术的应用范围迅速扩大，在许多方面开始取代铆接，成为机械制造工业中一种基础加工工艺。从20世纪40年代初开始，惰性气体保护电弧焊开始在生产中大量应用；进入50年代以后，现代工业和科学技术迅猛发展，焊接方法得到更快的发展，1951年出现了用熔渣电阻热作为焊接热源的电渣焊；1953年出现了二氧化碳气体保护焊；1956年出现了分别以超声波和电子束作为焊接热源的超声波焊和电子束焊；1957年出现了以摩擦热作为热源的摩擦焊和以等离子弧作为热源的等离子弧焊接和切割；1965年和1970年又相继出现了以激光束作为热源的脉冲激光焊和连续激光焊。从20世纪80年代以后，人们又开始对更新的焊接热源如太阳能、微波等进行积极的探索。历史上每一种新热源的出现，都伴随着新的焊接方法的问世，焊接技术发展到今天，可以说几乎运用了一切可以利用的热源，包括火焰、电弧、化学热、电阻热、超声波、摩擦热、电子束、激光、微波等。但是，至今人们对新型焊接热源的研究与开发仍未停止。

近些年来，焊接方法正朝着高效化、自动化、智能化的方向发展。在诸多的高效化焊接方法中，复合焊是一项具有突破性的重要成果。它将两种不同的基本焊接方法有机地复合（Hybrid）在一起，从而形成了一种新型的焊接方法，如等离子弧-GMA复合焊、激光-电弧复合焊、TIG-MIG复合焊、超声波-TIG复合焊等。复合焊既能发挥两种方法各自的优点，又能弥补各自的不足，还能产生 $1+1>2$ 的能量协同效应，因此具有独特的优势和良好的应用前景。图0-1所示为激光-脉冲MIG复合焊的焊机机头。

焊接方法另一项重要发展是伴随着计算机技术的引入，焊接自动化控制由原来的模拟控制向数字化控制发展。以单片机、数字信号处理器（DSP）、可编程控制器（PLC）等为控制核心的各种焊接方法的数字化焊机已经问世，许多已投入工业应用。

焊接工艺装备自动化、智能化的水平也在不断提高。计算机技术、传感技术、自适应技术以及信息技术相继引入焊接领域，使焊接生产自动化、智能化的程度日新月异。其中一项重要标志是焊接机器人的应用。它突破了传统的焊接刚性自动化的方式，开拓了一种柔性自动化的新方式，因此它是焊接自动化、智能化具有革命性的进步。图0-2所示为正在工作的弧焊机器人。

图0-1　激光-脉冲MIG电弧复合焊的焊机机头　　　图0-2　正在工作的弧焊机器人

2. 焊接方法的分类

焊接方法发展到今天，不仅有基本焊接方法，而且有复合焊接方法。基本焊接方法的数量已不下几十种。那么如何对基本焊接方法进行分类呢？我们可以从不同的角度对其进行分类。例如，按照电极焊接时是否熔化，可以分为熔化极焊和非熔化极焊；按照自动化程度可分为手工焊、半自动焊、自动焊等；另外，还有族系法、一元坐标法、二元坐标法等分类方法。其中，最常用的是族系法，它是按照焊接工艺特征来进行分类，即按照焊接过程中母材是否熔化以及对母材是否施加压力进行分类。按照这种分类方法，可以把基本焊接方法分为熔焊、压焊和钎焊三大类，在每一大类方法中又分成若干小类，如图0-3所示。

（1）熔焊　熔焊是在不施加压力的情况下，将待焊处的母材和填充金属加热熔化以形成焊缝的焊接方法。焊接时母材熔化而不施加压力是其基本特征。根据焊接热源的不同，熔焊方法又可分为：以电弧作为主要热源的电弧焊，包括焊条电弧焊、埋弧焊、钨极惰性气体保护焊、熔化极氩弧焊、CO_2气体保护电弧焊、等离子弧焊等；以化学热作为热源的气焊；以熔渣电阻热作为热源的电渣焊；以高能束作为热源的电子束焊和激光焊等。

（2）压焊　压焊是焊接过程中必须对焊件施加压力（加热或不加热）才能完成焊接的方

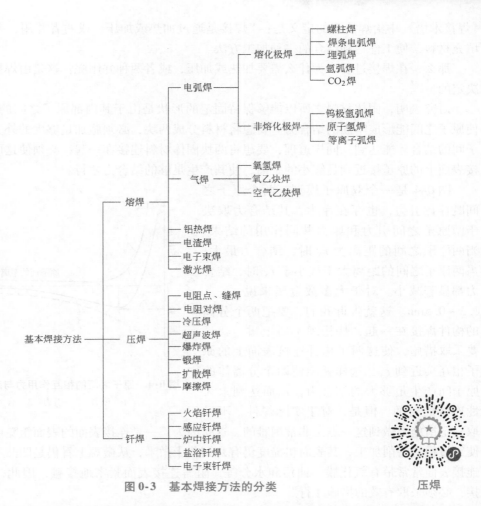

图 0-3　基本焊接方法的分类　　　　　　压焊

法。焊接时施加压力是其基本特征。这类方法有两种形式：一种是将被焊材料与电极接触的部分加热至塑性状态或局部熔化状态，然后施加一定的压力，使其形成牢固的焊接接头，如电阻焊、摩擦焊、气压焊、扩散焊、锻焊等；第二种是不加热，仅在被焊材料的接触面上施加足够大的压力，使接触面产生塑性变形而形成牢固的焊接接头，如冷压焊、爆炸焊、超声波焊等。

（3）钎焊　钎焊是焊接时采用比母材熔点低的钎料，将钎料和待焊处的母材加热到高于钎料熔点，但低于母材熔点的温度，利用液态钎料润湿母材，填充接头间隙，并与母材相互扩散而实现连接的方法。其特征是焊接时母材不发生熔化，仅钎料发生熔化。根据使用钎料的熔点，钎焊方法又可分为硬钎焊和软钎焊，其中硬钎焊使用的钎料熔点高于450℃，软钎焊使用的钎料熔点低于450℃。另外，根据钎焊的热源和保护条件的不同也可分为火焰钎焊、感应钎焊、炉中钎焊、盐浴钎焊等若干种。

0.2　熔焊方法的物理本质及其特点

1. 熔焊方法的物理本质

要了解熔焊方法的物理本质，首先需要了解焊接的物理本质。在国家标准 GB/T 3375—1994

《焊接术语》中给焊接下的定义是："焊接是通过加热或加压，或两者并用，并且用或不用填充材料，使工件达到结合的一种加工方法。"

那么，在焊接过程中为什么需要加热或加压，或者两种并用呢？这是由焊接的物理本质决定的。

研究表明，固体材料之所以能够保持固定的形状是由于其内部原子之间的距离足够小，使原子之间能形成牢固的结合力。要想将材料分成两块，必须施加足够大的外力破坏这些原子间的结合才能达到。同样道理，要想将两块固体材料连接在一起，必须使这两块固体的连接表面上的原子接近到足够小的距离，使其产生足够的结合力才行。

图 0-4 是一个双原子模型，两个原子之间既存在引力，也存在斥力，其结合力取决于两原子之间引力和斥力共同作用的结果。当两原子之间的距离为 r_A 时，结合力最大；当两原子之间的距离大于或小于 r_A 时，结合力都显著减小。对于大多数金属来说，$r_A = 0.3 \sim 0.5nm$。这就告诉我们，要把两个分离的构件焊接在一起，从物理本质上讲，就是要采取措施，使这两个构件连接表面上的原子相互接近到 r_A，这样就能使两个分离体的原子间产生足够大的结合力，从而达到永久性连接的目的。但是，对于实际焊件，不采

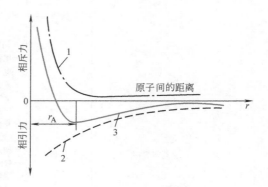

图 0-4　原子之间的相互作用力与距离的关系
1—斥力　2—引力　3—合力

取一定措施要做到这一点是非常困难的，这是因为：一是连接表面的表面粗糙度比较大，即使经过精密磨削加工，其表面粗糙度仍有几到几十微米，从微观上看仍是凹凸不平的；二是连接表面常常带有氧化膜、油污和水分等，阻碍连接表面紧密地接触，因此，要想实现焊接，必须采取有效的措施才行。

那么可以采取哪些措施呢？实践表明，可以采取以下几种措施：

1）利用热源加热被焊母材的连接处，使之发生熔化，利用液相之间的相溶及液、固两相原子的紧密接触来实现原子间的结合。

2）对被焊母材的连接表面施加压力，在清除连接面上的氧化膜和污物的同时，克服两个连接表面上的不平度，或产生局部塑性变形，从而使两个连接表面的原子相互紧密接触，并产生足够大的结合力。如果在加力的同时加热，则使得上述过程更容易进行。

3）对填充材料进行加热使之熔化，利用液态填充材料对固态母材润湿，使液、固两相的原子紧密接触，充分扩散，从而产生足够大的结合力。

以上三项措施正是熔焊方法、压焊方法和钎焊方法能够实现永久性连接的基本原理。因此，熔焊方法的物理本质可以概括为：在不施加外力的情况下，利用外加热源使母材被连接处（以及填充材料）发生熔化，使液相与液相之间、液相与固相之间的原子或分子紧密地接触和充分地扩散，使原子间距接近到 r_A，并通过冷却凝固将这种冶金结合保持下来的焊接方法。

2. 熔焊方法的特点

与压焊和钎焊方法相比，熔焊方法具有以下特点：

（1）焊接时母材局部在不承受外加压力的情况下被加热熔化　这一特点使熔焊方法既区别于压焊方法，也区别于钎焊方法。压焊时，一般母材不发生熔化，虽然有些压焊方法（如电阻点焊、缝焊等）在焊接过程中母材局部也会被加热至熔化，但它同时还承受着外加压力的作用。而钎焊时，母材则根本不发生熔化，仅钎料发生熔化。

（2）焊接时须采取更为有效的隔离空气的措施　由于空气对焊缝金属有有害作用，因此各类熔焊方法均须考虑对焊缝金属的保护问题。这是由于熔焊时金属处于熔化状态，而且其温度相对于其他两类方法来说更高，如果将其裸露在空气中，能与空气之间发生非常激烈的化学冶金反应，因此，必须采取更为有效的隔离空气措施才能保证焊缝质量。已采取的保护措施有：①熔渣保护，即利用焊接材料产生的熔渣覆盖在熔池、熔滴表面，使之与空气隔离，例如埋弧焊、电渣焊等；②气体保护，即由外界向焊接区通入气体将空气排开，例如钨极惰性气体保护焊、熔化极氩弧焊、CO_2 气体保护电弧焊等；③气渣联合保护，即利用焊接材料在焊接时同时产生熔渣和气体来进行保护，例如焊条电弧焊和具有造气成分的药芯焊丝电弧焊等；④真空保护，例如真空电子束焊等。

（3）两种被焊材料之间须具有必要的冶金相容性　这就是说，并不是任意两种成分的材料都可以实现熔焊的，只有当两种材料的化学成分在高温液态时能形成互溶液体，并能在随后的冷却凝固过程中形成所需要的冶金结合时才能实现熔焊。一般来说，同种成分的材料由于具有很好的冶金相容性，容易实现熔焊；异种材料之间由于在晶格类型、晶格参数、原子半径及电负性方面存在较大差异，熔焊往往比较困难，有些材料之间甚至不能熔焊，例如铁与镁之间就很难直接进行熔焊。

（4）焊接时焊接接头经历了更为复杂的冶金过程　熔焊时，焊缝金属不仅要经历加热熔化过程，而且往往要经历化学冶金过程、凝固结晶过程、固态相变过程等。另外，热影响区也要同时经历复杂的冶金过程，例如由于加热引起的固态相变过程和由于冷却引起的固态相变过程等。而压焊和钎焊相对来说要简单得多，虽然有些压焊方法也有熔化过程，但由于是被固相金属所包裹，通常不会发生像熔焊那样复杂的化学冶金过程。

0.3　课程性质、任务及内容

本课程是焊接技术与工程专业和材料成形及控制工程专业的一门专业主干课，其先修课是大学物理、电工及电子学、弧焊电源、焊接冶金学等。

本课程的任务是使学生掌握有关熔焊方法及设备的基础理论、各种熔焊方法的原理、焊接设备、焊接材料、焊接工艺以及有关的实验技能。学生通过学习，能够根据工程的实际需要，选用适宜的熔焊方法，选用和调试设备，选用焊接材料以及制订焊接工艺，初步具备分析和解决焊接生产实际问题的能力。

本课程的主要内容有：

1）关于焊接电弧、熔滴过渡、焊缝成形以及电弧焊自动控制等方面的基础理论。

2）以电弧作为热源的各种电弧焊方法的基本原理、焊接设备、焊接材料和焊接工艺。焊接方法包括埋弧焊、钨极惰性气体保护焊、熔化极氩弧焊、CO_2 气体保护电弧焊和等离子弧焊，以及由它们派生出来的一些方法。

3）以熔渣电阻热作为热源的电渣焊的基本原理、焊接设备、焊接材料和焊接工艺，以及由其派生出来的一些方法。

4）以高能束作为热源的电子束焊和激光焊的基本原理、焊接设备和焊接工艺，以及由它们派生出来的一些方法。

5）由基本熔焊方法复合而成的复合焊的基本原理、特点及应用。复合焊方法包括等离子弧-GMA 复合焊、激光-电弧复合焊和 TIG-MIG 复合焊等。

焊接电弧

第1章

在熔焊方法中电弧焊方法占据着主要地位，其能源主要就是焊接电弧（Welding Arc）。焊接电弧能有效而简便地把电能转换成焊接过程所需要的热能和机械能。了解焊接电弧的物理本质和能量转化规律，对于合理地利用电弧，有效地发挥电弧在焊接中的作用具有重要意义。本章将讲述有关焊接电弧的基础理论知识，包括电弧的物理本质、导电机构、电特性、产热机构和产力机构，以及影响焊接电弧稳定性的因素等。

1.1 焊接电弧的物理基础

1.1.1 电弧的物理本质

焊接电弧是由焊接电源供给能量，在具有一定电压的两电极之间或电极与母材之间的气体介质中产生的强烈而持久的放电现象。所谓气体放电，是指当两电极之间存在电位差时，电荷从一极穿过气体介质到达另一极的导电现象（图1-1）。但是，并不是所有的气体放电现象都是电弧，电弧仅是其中的一种形式。

在一般情况下，气体是不导电的，这是由于气体是由中性分子和原子组成，而不存在带电粒子的缘故。气体中的中性分子和原子虽然可以自由移动，但不受电场的作用，不能产生定向运动。当两电极之间存在带电粒子时就不同了，在电场的作用下，带电粒子能产生定向运动，因而能产生气体导电现象。气体导电与金属导电不同。金属导电时，整个导电区间的导电机构基本不发生变化，

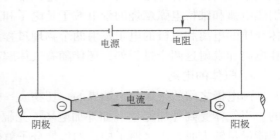

图1-1 电弧示意图

因此，导电部分的电压与电流之间的关系遵循欧姆定律；而气体导电时，在不同的条件下和不同的导电区间具有不同的导电机构，因而电压与电流之间是一个很复杂的关系。图1-2是一对电极气体放电的伏安特性曲线，根据气体放电的特性，可以将其分为两个区域，即非自持放电区和自持放电区。其中，非自持放电区内气体导电所需要的带电粒子需要外加措施（如加热、施加一定能量的光量子等）才能产生，而不能通过导电过程本身产生，而且当外加措施撤除后，放电停止；自持放电区则是当通过外加措施产生带电粒子并产生放电以后，即使除去外加措施，放电过程仍可持续，也就是说，在此期间气体导电过程本身就可以产生维持导电所需的带电粒子。当导电电流大于一定值时，就会产生这种自持放电。在自持放电区内，当电流数值不同时，导电机构也有差异，可以分为暗放电、辉光放电和电弧放电三

种形式。其中，暗放电和辉光放电的电流较小，电压较高，发热发光较弱；而电弧放电的电流最大，电压最低，温度最高，发光最强。正是因为电弧放电具有这样的特点，因此在工业中广泛用来作为热源和光源，在焊接技术中成为一种不可缺少的能源。综上所述，从电弧的物理本质来看，它是一种在具有一定电压的两电极之间的气体介质中所产生的放电现象中电流最大、电压最低、温度最高、发光最强的自持放电现象。

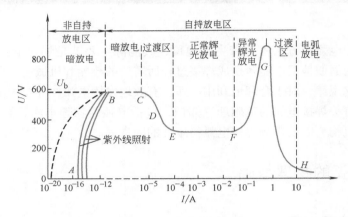

图1-2　气体放电的伏安特性曲线

1.1.2　电弧中带电粒子的产生

如前所述，两电极之间要产生气体放电必须具备两个条件：一是必须有带电粒子，二是在两极之间必须有一定强度的电场。电弧中的带电粒子指的是电子、正离子和负离子。赖以引燃电弧和维持电弧燃烧的带电粒子是电子和正离子。这两种带电粒子主要是依靠电弧中气体介质的电离和电极的电子发射两个物理过程产生的。在电弧引燃和燃烧的过程中，除了存在电离和发射这两个过程外，还伴随有气体解离、激励、生成负离子、复合等过程。

1. 气体的电离

两电极之间的气体与自然界的一切物质一样，都是由分子组成的，而分子是由原子组成的。当气体受到外加能量（如外加电场、光辐射、加热等）作用时，气体分子热运动加剧。当能量足够大时，由多原子构成的气体分子就会分解为原子状态，这个过程称为解离。

原子是由带正电核的原子核和带有负电荷的电子组成的，电子按照一定的轨道环绕原子核运动。在常态下，原子核所带的正电荷与核外电子所带的负电荷相等，因此，原子都是呈中性的。但是，如果进一步增大外加能量，就会使中性原子发生电离或激励。

（1）电离与激励　在外加能量的作用下，使中性气体分子或原子分离成为正离子和电子的现象称为电离。电离时，中性气体分子或原子吸收了足够的能量，使得其中的电子脱离原子核的束缚而成为自由电子，同时使原子成为正离子。使中性气体粒子失去第一个电子所需要的最低外加能量称为第一电离能，生成的正离子称为一价正离子，所发生的电离称为一次电离；失去第二个电子所需要的能量称为第二电离能，生成的正离子称为二价正离子，所发生的电离称为二次电离，依次类推。在普通焊接电弧中，当焊接电流较小时只存在一次电离，而在大电流或压缩的焊接电弧中，电弧温度很高，可能出现二次或三次电离，即使如此，一次电离仍居主要地位。

电离能通常以电子伏（eV）为单位，1 电子伏就是 1 个电子通过 1V 电位差的空间所获得的能量，其数值为 1.6×10^{-19} J。为了便于计算，常把以电子伏为单位的能量转换为数值上相等的电压来处理，单位为伏（V），此电压称为电离电压。电弧气氛中常见气体粒子的电离电压见表 1-1。气体电离电压的大小说明电子脱离原子或分子所需要外加能量的大小，也说明某种气体电离的难易程度。在相同的外加条件下，气体电离电压低说明产生带电粒子比较容易，有利于维持电弧稳定燃烧。

表 1-1 常见气体粒子的电离电压

元素	电离电压/V	元素	电离电压/V
H	13.5	Fe	7.9（16，30）
He	24.5（54.2）	W	8.0
Li	5.4（75.3，122）	Cu	7.68
C	11.3（24.4，48，65.4）	H_2	15.4
N	14.5（29.5，47，73，97）	N_2	15.5
O	13.5（35，55，77）	O_2	12.2
F	17.4（35，63，87，114）	Cl_2	13
Na	5.1（47，50，72）	CO	14.1
Cl	13（22.5，40，47，68）	NO	9.5
Ar	15.7（28，41）	OH	13.8
K	4.3（32，47）	H_2O	12.6
Ca	6.1（12，51，67）	CO_2	13.7
Ni	7.6（18）	NO_2	11
Cr	7.7（20，30）	Al	5.96
Mo	7.4	Mg	7.61
Cs	3.9（33，35，51，58）	Ti	6.81

注：括号内的数字依次为二次、三次……电离电压。

不仅原子状态的气体可以被电离，而且分子状态的气体也可以直接被电离。但由于一般情况下电子脱离气体分子需要克服原子对电子和分子对电子的两层约束，因此分子状态时的气体电离电压比原子状态时的电离电压值要高一些，例如氢原子为 13.5V，而氢分子为 15.4V。但是，也有些气体分子的电离电压反而比原子的电离电压低，如 NO 分子的电离电压为 9.5V，而 N 原子和 O 原子的电离电压分别为 14.5V 和 13.5V。

当电弧空间同时存在电离电压不同的几种气体时，在外加能量的作用下，电离电压较低的气体粒子将首先被电离。如果这种低电离电压的气体供应充分，电弧空间的带电粒子将主要依靠这种气体的电离来提供，所需外加的能量也主要是取决于这种气体的电离电压。例如，Fe 的电离电压为 7.9V，比 CO_2（13.7V）或 Ar（15.7V）低很多，当用气体保护焊焊接钢材时，如果焊接电流足够大，电弧空间将充满由铁蒸气电离而生成的带电粒子，外加能量相对较低。

激励是当中性气体分子或原子受到外加能量的作用不足以使电子完全脱离气体分子或原子时，而使电子从较低的能级转移到较高的能级的现象。通过加热、电场作用或光辐射均可产生激励现象。激励状态的粒子可以具有不同的能级。由于产生激励时电子尚未脱离分子或原子，因此气体分子或原子对外仍呈中性，但是激励状态是一种非稳定状态，它存在的时间很短暂，一般为 $10^{-8} \sim 10^{-2}$ s。如果能级较高的粒子继续接受外来的能量，当能量达到电离能时即发生电离，否则，其能量将以辐射能（例如光）的形式释放出来，粒子又恢复到原来的稳定状态。能级低的激励粒子可能与其他粒子碰撞而将能量传递出去而恢复到稳定状态，而接受其能量的粒子则可能发生解离、激励或电离。

使中性气体分子或原子激励所需要的最低外加能量称为最低激励能，若以伏为单位来表示，则称为激励电压。表 1-2 是常见气体粒子的最低激励电压。激励电压越小，说明这种气体分子或原子越容易发生激励。

表 1-2　常见气体粒子的最低激励电压

元　素	激励电压/V	元　素	激励电压/V	元　素	激励电压/V
H	10.2	K	1.6	CO	6.2
He	19.3	Fe	4.43	CO_2	3.0
Ne	16.6	Cu	1.4	H_2O	7.6
Ar	11.6	H_2	7.0	Cs	1.4
N	2.4	N_2	6.3	Ca	1.9
O	2.0	O_2	7.9		

（2）电离的种类　根据外加能量种类的不同，电离可以分为以下三类：

1）热电离。气体粒子受热的作用而产生的电离称为热电离。其实质是气体粒子由于受热而产生高速运动和相互之间激烈碰撞而产生的一种电离。气体粒子获得热能后，温度将升高。根据气体分子运动理论，温度升高意味着气体粒子（包括中性粒子和带电粒子）总体动能增大，平均运动速度加快。气体粒子的平均运动速度与温度有如下关系：

$$\overline{C} = 1.87 \times 10^{-8} (T/m)^{1/2} \tag{1-1}$$

式中，$\overline{C}$ 是气体粒子的平均运动速度（cm/s）；T 是气体的热力学温度（K）；m 是粒子的质量（g）。

这些高速运动的气体粒子相互之间频繁而激烈地碰撞，碰撞的结果有两种情况：产生弹性碰撞或非弹性碰撞。其中弹性碰撞是非破坏性的，碰撞时粒子之间只发生动能的传递和再分配，碰撞前后两个粒子的动能之和基本不变，粒子的内部结构也不发生任何变化，只能引起粒子运动速度和温度变化。这种情况通常是在气体粒子拥有的动能较低时发生的。非弹性碰撞是破坏性的，通常在气体粒子拥有较大动能时发生。碰撞时，部分或全部动能转化为内能，被碰撞的气体粒子内部结构将发生变化。如果此内能大于激励电压，则粒子被激励，如果此内能大于电离电压，则粒子被电离。相互碰撞的两物体的能量传递情况与它们的质量有密切关系。电子的质量远远小于气体原子、分子或离子，因此当具有足够动能的电子与中性粒子进行非弹性碰撞时，它的动能几乎可以全部传给中性粒子，转换为中性粒子的内能，使其激励或电离。而当中性粒子之间相互碰撞时，由于它们的质量相近，则只能将部分能量传递给被碰撞的粒子，最多不超过原动能的一半。因此，在电弧通过碰撞传递能量使气体粒子电离的过程中，电子与气体粒子的碰撞作用是最为有效的。

通常用电离度 X 来反映电弧气氛被电离的程度，电离度 X 用下式计算：

$$X = \frac{\text{电离后的电子或离子的密度}}{\text{电离前的中性粒子的密度}} \tag{1-2}$$

对于单一气体，热电离的电离度 X 与温度、气体压力、气体电离电压等因素存在以下关系：

$$\frac{X^2}{1-X^2}p = 3.16 \times 10^{-7}T^{2.5}\exp\left(-\frac{eU_i}{kT}\right) \tag{1-3}$$

式中，p 是气体压力（Pa）；T 是气体热力学温度（K）；e 是电子的电量（C）；k 是玻耳兹曼常数，$k = 1.38 \times 10^{-23}$ J/K；U_i 是气体电离电压（V）。

由式（1-3）可以看出，热电离时的电离度随着温度 T 的升高而增大，随着气体压力 p 的减小而增大，随着气体电离电压 U_i 的减小而增大。由该式得出的各种单一气体热电离的电离度与温度的关系曲线如图 1-3 所示。

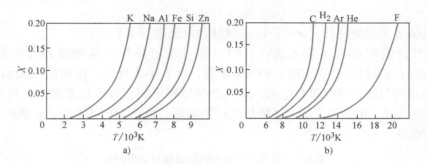

图 1-3 热电离的电离度 X 与温度 T 的关系
a）金属蒸气电离 b）气体电离

如果某气体中混有其他成分时，各种气体电离的程度不一样，此时电子密度与电离前中性粒子密度的比值称为实效电离度。混合气体的电离电压称为实效电离电压。利用式（1-3）求实效电离度时需代入实效电离电压。理论和实践都证明，混合气体的实效电离电压主要取决于其中电离电压较低的气体成分，即使其比例很小。例如，用 CO_2 气体保护电弧焊焊接钢材时，如果焊接电流足够大，电弧空间将充满铁蒸气，由于铁的电离电压（7.9V）比 CO_2 气体（13.7V）低，电弧气氛的电离电压主要由铁蒸气的电离电压来决定，带电粒子也主要是由铁蒸气的电离来提供。因此，电弧焊时，只要在电弧气氛中加入少量低电离电压的物质就能明显提高电弧的稳定性。

2）场致电离。当气体中有电场作用时，气体中的带电粒子被加速，电能被转换为带电粒子的动能，当其动能增加到一定程度时能与中性粒子产生非弹性碰撞，使之电离，这种电离称为场致电离。通过计算可知，在同一电场的作用下，电子可以获得 4 倍于离子的动能，又由于粒子之间发生非弹性碰撞时的能量传递效率是与粒子的质量有关的，粒子越小，其将能量传递给被撞粒子的效率越高，因此，在电场的作用下电子最易引起中性粒子电离。当电子与中性粒子发生碰撞时，几乎可以将其全部动能转换为中性粒子的内能，如果电子的总能量超过中性粒子的电离能，就会发生电离。事实上，电弧中的场致电离现象主要就是由于电子与中性粒子的非弹性碰撞引起的。

电子受到电场的加速作用与中性粒子或受激励的粒子相撞后，可以生成一个新的电子和正离子，然后这两个电子在前进中又会分别与中性粒子碰撞，又可生成两个新的电子，依此类推，使带电粒子急速增加。可见，这种在电场作用下的电离具有连锁反应的性质。

对于一般电弧来说，由于各个部位的温度、电场强度不同，因而所产生的电离形式不尽相同。其中，弧柱部分的温度高达 5000 ~ 30000K，而电场强度只有 10V/cm 左右，因此热电离是产生带电粒子的主要途径，场致电离是次要的；阳极压降区和阴极压降区（即阳极和阴极前面的极小区间）温度低于弧柱部分，而电场强度高达 $10^5 \sim 10^7 \mathrm{V/cm}$，因此场致电离很显著。

3）光电离。中性粒子接受光辐射的作用而产生的电离现象称为光电离。不是所有的光辐射都可以引发电离。气体都存在一个能产生光电离的临界波长，气体的电离电压不同，其临界波长也不同，只有当接受的光辐射波长小于临界波长时，中性气体粒子才可能被直接电离。临界波长的数值可由下式确定：

$$\lambda_0 = 1236/U_i \tag{1-4}$$

式中，λ_0 是临界光辐射波长（nm）；U_i 是气体的电离电压（V）。

将不同气体的电离电压带入式（1-4），即可求出各种气体的临界光辐射波长，见表1-3。电弧的光辐射波长在 $170 \sim 500 \mathrm{nm}$ 之间，由表1-3可知，电弧的光辐射对 K、Na、Ca、Al 等金属蒸气能直接引起光电离，对其他气体则不能直接引起光电离，只有当这些气体处于激励状态时，电弧的光辐射才能使其产生电离。因此，光电离是电弧中产生带电粒子的一个次要途径。

表1-3 常见气体光电离的光辐射临界波长

气体	K	Na	Al	Ca	Mg	Cu	Fe	O	H	CO	N	Ar	He
电离能/eV	4.3	5.1	5.96	6.1	7.61	7.7	7.8	13.5	13.5	14.1	14.5	15.7	24.5
临界波长/nm	287.4	242.3	207.3	202.6	162.4	160.5	158.5	91.5	91.5	87.6	85.2	78.7	50.4

2. 电子的发射

电极表面接受一定外加能量作用，使其内部的电子冲破电极表面的束缚而飞到电弧空间的现象称为电子发射。电子发射在阴极和阳极皆可能发生，但是从阳极发射出来的电子因受到电场的作用，不能参加导电过程，只有从阴极发射出的电子，在电场的作用下才能参加导电过程。阴极电子发射是电源持续向电弧供给能量的唯一途径，同时也是电弧产热及中性粒子电离的初始根源，因此，阴极电子发射在电弧导电过程中起着特别重要的作用。这里只讨论阴极电子发射现象。

一般情况下，电子是不能自由地离开电极表面向外发射的。要使电子飞出电极表面，必须给电子施予一定的能量，使它克服电极内部正电荷对它的静电引力。使一个电子从电极表面飞出所需要的最低外加能量称为逸出功（W_w），单位为电子伏（eV）。因电子电量 e 是一个常数，通常以逸出电压 $U_w = W_w/e$ 来反映逸出功的大小，单位为伏（V）。几种金属及其氧化物的逸出功见表1-4。由表中可以看出，当金属表面附有其氧化物时，逸出功均会减小。

表1-4 几种金属及其氧化物的逸出功

金属种类		W	Fe	Al	Cu	K	Ca	Mg
逸出功/eV	纯金属	4.54	4.48	4.25	4.36	2.02	2.12	3.78
	金属氧化物		3.92	3.9	3.85	0.46	1.8	3.31

根据外加能量形式的不同，电子发射有以下几种：

（1）热发射 金属表面承受热作用而产生电子发射的现象称为热发射。金属电极内部的自由电子受到热作用以后热运动加剧，动能增加，当自由电子的动能大于该金属的电子逸出功时，就会从金属电极表面飞出，参加电弧的导电过程。电子发射时从金属电极表面带走能量，故能对金属产生冷却作用。当电子被另外的同种金属表面接受时，将释放能量，使金属表面加热。在单位时间带走和释放的能量在数值上均为 IU_W，其中 I 为发射的总电子流，U_W 为逸出电压。

金属表面热发射的电子流密度 i 与金属表面的温度有下列关系：

$$i = AT^2 \exp(-eU_W/kT) \tag{1-5}$$

式中，A 是与材料表面状态有关的常数；T 是金属表面热力学温度；e 是一个电子的电量；k 是玻耳兹曼常数；U_W 是逸出电压。

由式（1-5）可见，金属表面热发射的电流密度是随着阴极温度的升高而急剧增大的。但是在实际焊接电弧中，电极的最高温度不可能超过其材料的沸点，因此，对于具有不同熔点和沸点的电极材料，其热发射的强度不同。例如当使用钨（沸点为 5950K）、碳（沸点为 4200K）等材料作阴极时，其熔点和沸点很高，阴极可以被加热到很高的温度（可达 3500K 以上），电弧的阴极区的电子可以主要依靠阴极热发射来提供，这种电弧通常称为"热阴极电弧"，电极被称为"热阴极型电极"。当使用钢（沸点为 3008K）、铜（沸点为 2868K）、铝（沸点为 2770K）等材料作阴极时，其熔点和沸点较低，阴极温度不可能很高，热发射不能提供足够的电子，这种电弧通常称为"冷阴极电弧"，电极被称为"冷阴极型电极"。对于冷阴极电弧，必须依靠其他方式来补充发射电子才能满足导电的需要。

（2）场致发射　当阴极表面空间有强电场存在并达到一定程度时，在电场的作用下，电子可以获得足够的能量克服阴极内部正电荷对它的静电引力，因此可以冲破电极表面飞入电弧空间，并受到外加电场的加速，提高动能。这种从电极表面飞出电子的现象称为场致发射。

金属表面场致发射的电子流密度 i 可以用下式表达：

$$i = AT^2 \exp\left[-e\left(U_W - \sqrt{\frac{eE}{\pi\varepsilon_0}}\right)/kT\right] \tag{1-6}$$

式中，E 是电场强度形成的电位差；ε_0 是真空介电常数。

将式（1-6）与式（1-5）进行比较可以知道，电场的存在相当于电极的逸出电压 U_W 降低了，降低量为 $\sqrt{\dfrac{eE}{\pi\varepsilon_0}}$，因此，即使温度很低（甚至是 0℃），由于电场的存在也可以从电极发射大量的电子流以满足电弧导电的需要。冷阴极电弧正是主要依靠这种方式获得足够的电子以维持电弧稳定燃烧的。

另外，场致发射时电子从阴极带走的热量是 $I\left(U_W - \sqrt{\dfrac{eE}{\pi\varepsilon_0}}\right)$，而不是 IU_W，因此对阴极的冷却作用也大大降低了。

（3）光发射　当金属电极表面接受光辐射时，电极表面的自由电子能量增加，当电子的能量达到一定值时能飞出电极的表面，这种现象称为光发射。产生光发射时，由于电子发射吸收的是光辐射能，不从金属表面带走热量，因而对电极没有冷却作用。电弧焊时，焊接电弧发出的光能够引起电极产生光发射，但由于光亮不足够强，因此，光发射在阴极电子发射中居于次要的地位。

（4）粒子碰撞发射　当高速运动的粒子（电子或正离子）碰撞金属电极表面时，将能量传给电极表面的电子，使电子能量增加并飞出电极表面，这种现象称为粒子碰撞发射。

焊接电弧中正离子撞击阴极表面产生的电子发射是很典型的粒子碰撞发射。当具有一定运动速度的正离子撞击阴极表面时，能将其动能 W_k 传递给阴极，同时，要从阴极表面夺取一个电子同自己复合，复合时要释放出电离能 W_i，而取出电子要消耗逸出功 W_w，剩余的能量为（$W_k + W_i - W_w$），只有当剩余能量比逸出功 W_w 大时，才可以再发射一个电子。因此，由正离子轰击阴极表面产生粒子碰撞发射的条件是正离子至少对电极表面施加 2 倍的逸出功，即

$$W_k + W_i \geqslant 2W_w \tag{1-7}$$

式中，W_k 是正离子动能；W_i 是正离子与电子中和时放出的电离能；W_w 是逸出功。

在实际焊接电弧中，上述几种电子发射形式常常同时存在，而且相互补充。但是在不同的条件下，有的发射形式比较强，有的则比较弱。当所用的电极是热阴极型且电流较大时，主要依靠热发射向电弧提供电子；而当所用的电极是冷阴极型时，热发射不能提供足够的电子，此时场致发射起主要作用；由于焊接电弧的阴极区前面有大量正离子聚积，形成具有一定强度的电场，能使正离子加速撞击阴极，因而在一定条件下，粒子碰撞发射能够成为向电弧提供导电所需电子的主要途径。

3. 产生负离子

电弧中的带电粒子除了电子和正离子之外，还有负离子。在一定条件下，电弧中的一个中性原子或分子吸附一个电子能形成负离子。中性粒子吸附电子形成负离子时，其内部的能量不是增加而是减少。减少的这部分能量称为中性粒子的电子亲和能，通常是以热或辐射能（光）的形式释放出来。元素的电子亲和能越大，越容易形成负离子。表 1-5 是几种原子的电子亲和能。卤族元素（F、Cl、Br、I）的电子亲和能比较大，比较容易形成负离子；电弧中可能遇到的 O、O_2、OH、NO、H_2O、Li 等气体均有一定的电子亲和能，也都能形成负离子；惰性气体 Ar、He 等，则不能形成负离子。

表 1-5　几种原子的电子亲和能

原子种类	F	Cl	O	H	Li	Na	N
电子亲和能/eV	3.94	3.70	3.8	0.76	0.34	0.08	0.04

由于大多数元素的电子亲和能都比较小，加之电子因质量小，在电弧中心部位的运动速度又远远大于中性粒子，致使中性粒子不易捕捉到电子以形成负离子。形成负离子的过程是一个放热的过程，温度越低越有利于负离子的形成和存在，因此负离子大多在温度相对较低的电弧周边上形成和存在。其产生过程是，在电子分布密度差的推动下，电子从电弧中心部位扩散到电弧周边区域，并多次与温度较低的中性粒子碰撞，每一次碰撞都失去一部分动能，当其速度降低到一定值时，就附着于中性粒子形成了负离子。

虽然负离子也带有与电子相同的负电荷，但其质量比电子大得多，因此其运动速度低，不能有效地参加电弧的导电过程，特别是负离子的产生使电弧空间的电子数量减少，反而导致电弧导电困难，使电弧的稳定性降低。

1.1.3　电弧中带电粒子的消失

电弧导电过程中不仅有带电粒子的产生过程，而且有带电粒子的消失过程，而且当电弧

稳定燃烧时，这两个过程处于动态平衡状态，即在单位时间内产生的带电粒子数目等于消失的带电粒子的数目。那么带电粒子是如何消失的呢？主要有以下两种方式：

1. 带电粒子的扩散

电弧空间中的带电粒子如果分布不均匀，它会从密度高的地方向密度低的地方移动而趋向密度均匀化，这种现象称为带电粒子的扩散。由于弧柱中的带电粒子密度高，因此电子和正离子都有向电弧周边扩散的动力。这些带电粒子逃逸到电弧周边以后，不再参与放电过程而"消失"，与此同时，还将弧柱中心的一部分热量带到电弧周边。为了保持电弧稳定地导电，电弧本身必须再多产生一部分带电粒子和热量以弥补上述的损失。因此，要求电弧在一定的条件下要有一定的电场强度来保证单位长度上有足够多的产热量（IE），与上述及其他损失相平衡。

2. 带电粒子的复合

电弧空间的正负带电粒子（电子、正离子、负离子）在一定的条件下相遇而互相结合成中性粒子的现象称为带电粒子的复合。这里既有电子与正离子的复合，也有负离子与正离子的复合，在复合的过程中释放大量的热和光。

根据复合发生的部位，可以分为空间复合和电极表面复合。

（1）空间复合　研究表明，虽然在电弧中心部位的电子和正离子数量较多，但发生复合的可能性很小，其原因是带电粒子的复合不仅与异种电荷相互吸引有关，而且与带电粒子间的相对运动速度有关。带电粒子间的相对运动速度越大，相互之间复合的概率越小，而且即使复合，由于温度很高，也会很快分开。因此，在电弧中心部位难以发生复合。而在电弧周边，如果温度较低，带电粒子的速度较低，则能够产生复合。如前所述，电弧中心部位的带电粒子容易向周边区域运动，在周边区域当正离子与电子相遇，或正离子与负离子相遇时即可能发生复合。正是由于复合发生在温度较低的电弧空间，因而在交流电弧焊接时，由于电流过零的瞬间电弧熄灭，能使大量带电粒子复合，导致电弧再引燃时比较困难。

（2）电极表面复合　在外加电场的作用下，阴极能吸引正离子与之碰撞，在碰撞的过程中，正离子能从阴极表面拉出一个电子与之复合，形成中性粒子。在这个过程中，正离子要释放出电离能和动能，但因从阴极表面拉出一个电子，因此还要消耗电子逸出功。一般情况是中性粒子的电离能大于电子的逸出功，剩余的能量会加热阴极。如果剩余能量足够大，还有可能从阴极中再发射出一个电子。

1.2　焊接电弧的产生过程

电弧焊时，仅仅把焊接电源电压加到电极与焊件两端是不能产生电弧的，首先需要在电极与焊件之间提供一个导电的通道，才能引燃电弧。引燃电弧通常有两种方式，即接触式引弧和非接触式引弧。两种引弧方式具有不同的引弧过程。

1.2.1　接触式引弧

接触式引弧亦称为短路引弧，常用于焊条电弧焊、埋弧焊、熔化极气体保护电弧焊等。其常见的操作方法是将焊条（或焊丝）和焊件分别接通于弧焊电源的两极，将焊条（或焊丝）与焊件轻轻地接触，通电后迅速提拉（或焊丝自动爆断），这样就能在焊条（或焊丝）

端部与焊件之间产生一个电弧。这是一种常见的引弧方式。焊接电弧虽然是在一瞬间产生的，但实际上包含了短路、分离和燃弧三个阶段。

1. 短路阶段

焊条（或焊丝）一旦接触焊件，便发生了短路。由于焊条（或焊丝）端部表面和焊件表面都不可能是绝对平整光洁的，因此，它们之间只是在几个凸出的点上接触，电流也只是从这些凸点流过（图1-4）。由于接触点的面积很小，因此流过这些点的电流密度极大，这导致在接触点上产生大量的电阻热，使接触点处的温度骤然升高并发生熔化，形成液态金属间层。

2. 分离阶段

在焊条（或焊丝）与焊件短路后，如果是焊条电弧焊或埋弧焊，一般是迅速将焊条（或焊丝）从焊件上稍稍提起，使得连接焊条（或焊丝）与焊件之间的液态金属拉长和变细，因而使电流密度急剧增大，温度猛烈升高和电磁收缩力增大，从而使液态金属很快断开；如果是熔化极气体保护电弧焊，由于焊丝直径一般较细，则会发生自动爆断。在焊条（或焊丝）与焊件分离的瞬间，一方面焊条（或焊丝）与焊件之间的电场强度急剧

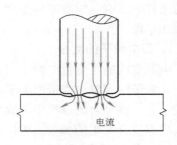

图1-4 焊条（或焊丝）与焊件短路时的接触状态

增大；另一方面两极之间能产生大量电离电压较低的金属蒸气和药皮蒸气。因而，在强电场的作用下，能发生强烈的场致发射和场致电离，使带电粒子数量大大增加。

3. 燃弧阶段

当两极之间既具有足够强的电场作用，又具有足够多的带电粒子时，就会引燃电弧。电弧引燃后，温度继续升高，还产生了弧光，各种形式的电子发射和中性粒子电离均得到加强，正离子和电子分别跑向两极。在这个过程中，带电粒子的产生和消失交织在一起，各种能量的释放和消耗交织在一起。经过短暂的调整，带电粒子的产生和消失、能量的释放和消耗达到动态平衡，焊接电弧就进入了稳定燃烧阶段。在燃弧阶段，由于电极为冷阴极型，因此电子发射仍以场致发射为主。

1.2.2 非接触式引弧

非接触式引弧是指在电极与焊件之间保持一定间隙，施以高电压击穿间隙使电弧引燃的方法，常用于钨极氩弧焊、等离子弧焊等。为了避免钨极被污染或造成焊缝夹钨，一般不允许钨极与焊件接触，此时适合采用非接触式引弧。

关于非接触式引弧，目前引弧器有高频高压引弧和高压脉冲引弧两种方式。其中，高频高压引弧时，电压峰值一般为 2500 ~ 3000V，每秒振荡 100 次，每次振荡频率为 150 ~ 260kHz；高压脉冲引弧电压峰值一般为 2000 ~ 3000V，频率为 50Hz 或 100Hz。引弧施加方式有并联和串联两种。并联方式是直接把引弧电压接到钨极和焊件两端；串联方式是把引弧电压串联到焊接回路中，通过高频输出变压器或脉冲输出变压器以及旁路电容 C 加到钨极和焊件上（图1-5a）。实践表明，串联方式主回路构成简单，而且引弧效果好，目前用得比较多。图1-5b、c是高频高压引弧电压波形和高压脉冲引弧电压波形的示意图。

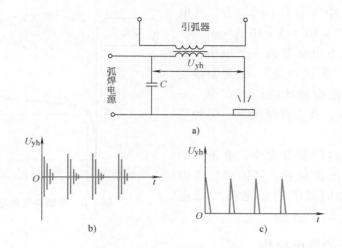

图1-5　高频高压引弧和高压脉冲引弧示意图

a）引弧器串联接入方式　b）高频高压引弧电压波形　c）高压脉冲引弧电压波形

U_{yh}—引弧电压　t—时间

非接触式引弧只包含激发和燃弧两个阶段。在激发阶段，在钨极和焊件之间除了施加焊接电源的空载电压外，还施加了高频高压引弧电压或高压脉冲引弧电压。由于引弧电压很高，在阴极表面能产生非常强烈的场致发射，因此能为电极空间提供大量的电子。这些电子在强电场的作用下被加速运动，能撞击中性原子，因此也能产生强烈的场致电离，使带电粒子数量进一步增加。当带电粒子数量增加到一定程度时，气隙发生击穿，使电弧引燃，进入燃弧阶段。电弧经过短时间调整，当带电粒子的产生和消失，以及能量的释放和消耗达到动态平衡时，就进入了稳定燃烧阶段。由于钨极是热阴极，如果电流很大，电弧引燃后热发射和热电离将非常强烈。

1.3　焊接电弧的构造及其导电机构

1.3.1　焊接电弧的构造

焊接电弧是由阴极区、阳极区和弧柱区三部分构成的。这三部分尺寸不同，电压降也不同，图1-6是其示意图。电弧中，紧靠阴极的区域是阴极区，其电压降用 U_K 表示；紧靠阳极的区域是阳极区，其电压降用 U_A 表示；两区之间的区域是弧柱区，其电压降用 U_C 表示。总的电弧电压 U_a 等于这三部分电压降之和，即

$$U_a = U_K + U_C + U_A \tag{1-8}$$

阴极区和阳极区占整个电弧长度的尺寸皆小，但通常电阻较大，故电压降较大；弧柱区的电阻较小，故电压降较小。由于弧柱区的长度很长，因此可以近似地看成是整个电弧的长度。阴极电压降 U_K 和阳极电压降 U_A 在焊接条件（如电弧电流、电极材料、气体介质等）一定的情况下基本上是定值，几乎不随弧长的变化而变化，而弧柱区电压降 U_C 则与弧柱长度成正比。有些情况下，在阴极表面可以看到一个（或多个）很小、很亮的斑点，被称为

"阴极斑点"，是集中发射电子的地方，其电流密度很高，可达 $5 \times 10^5 \sim 5 \times 10^7 \mathrm{A/cm^2}$；在阳极表面有些情况下也会看到一个很小、很亮的斑点，被称为"阳极斑点"，是集中接受电子的地方，其电流密度比阴极斑点小，一般为 $10^2 \sim 10^3 \mathrm{A/cm^2}$。在有些情况下，两种斑点均不产生。

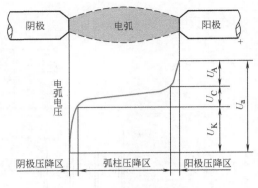

图1-6　电弧各区的电压分布

　　阴极区和阳极区的长度大小、电压降的高低与电弧电流、电极材料、气体介质等因素密切相关，这些因素能决定电弧的导电机构。

1.3.2　焊接电弧的导电机构

1. 弧柱区的导电机构

　　弧柱区充满了电子、正离子、气体原子、气体分子以及负离子。由于负离子的数量比较少，弧柱区的带电粒子主要是电子和正离子。在每个瞬间，每个单位体积内的正、负带电粒子数量是相等的，因此从整体上看，弧柱是呈电中性的。正因为弧柱整体保持中性，使得电子流和正离子流通过弧柱区时，不受空间电荷电场的排斥作用，阻力小，因而使弧柱区电弧放电具有小电压降、大电流的特点（电压降仅为几伏，电流可达上千安）。但是由于正离子的质量远远大于电子的质量，在相同电场的作用下正离子的运动速度要比电子慢得多，这就导致弧柱区中的电子流远远大于正离子流。研究表明，在各种情况下弧柱区中的电子流均约占总电流的99.9%，正离子流约占0.1%。

　　从宏观上看，弧柱区的电子流来自阴极区，正离子流来自阳极区，在外加电场的作用下，分别沿着相反的方向运动。但从微观上来看，弧柱中的带电粒子受电场的作用不断地被加速，并产生激烈的碰撞。由于碰撞，其运动方向被打乱。还有一些带电粒子受到密度差的驱动，不断向弧柱周边扩散。这些都使弧柱中的粒子处于一种紊乱状态，平均动能大大提高，因此弧柱的温度很高，可以达到5000~50000K，能发生强烈的热电离过程，而且成为主要的电离形式，其复合过程也进行得非常激烈。复合过程主要在弧柱的周边进行。复合虽然使正、负带电粒子的数量减少，但是在弧柱中心部位激烈地进行着热电离过程，又可产生大量的电子和正离子。当电弧稳定燃烧时，这两个过程处于一种动态平衡状态。此外，弧柱区的能量也在激烈地转换，由电源提供的电能不断地转化成热能、辐射能、机械能等，当电弧稳定燃烧时，能量转换也处于一种动态平衡状态。

　　弧柱单位长度上的电压降即为弧柱的电场强度 E。E 的大小反映了弧柱的导电性能，E 值越小，说明弧柱的导电性能越好。E 的大小与电弧的气体种类、电流大小等因素密切相关。图1-7是几种气体的弧柱电场强度与电流的关系。可以看出，在电流相同的情况下，气体种类不同，所需要的电场强度不同；对同一种气体，在较小的电流区间，E 随电流的增大而减小，而在较大的电流区间，E 随电流的增加而稍有增加。

2. 阴极区的导电机构

　　阴极区的任务是向弧柱区提供所需要的电子流，同时接受来自弧柱区方向的正离子流，因此，阴极区的总电流是由电子流和正离子流共同组成的。但阴极区内的电子流所占的比率与电极材料的种类、电流大小、气体介质等因素有关，当这些因素不同时，能产生不同的导电机构，因而造成电子流的比率相差很大。阴极区的导电机构有以下三类：

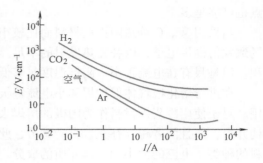

图 1-7 弧柱电场强度与电流的关系

（1）热发射型 当采用 W、C 等热阴极材料作为阴极，而且流过大电流时，能发生热发射型导电。在这种情况下，阴极表面及其前面的区域可以达到很高的温度，因此阴极表面可以产生很强烈的电子热发射。如果电流足够大，阴极通过热发射就能够提供弧柱区所需要的电子流比率。阴极表面前方的区域将与弧柱区基本没有区别，其电流组成与弧柱区基本相同（电子流比率约占 99.9%，离子流约占 0.1%），其空间电荷中电子与正离子基本平衡，对外呈中性。阴极表面导电区域的电流密度也与弧柱区相近，此导电机构在阴极表面不形成阴极斑点，阴极区的电压降很小，甚至为零。在大电流钨极氩弧焊时这种阴极导电机构占主要地位。

（2）场致发射型 当采用 Cu、Fe、Al 等冷阴极型材料作为阴极时，受材料沸点的限制，电流不能太大，阴极表面的温度不能升得很高。因此阴极表面不可能产生强烈稳定的电子热发射。由于最初电子供应不足，使得靠近阴极的区域正负电荷处于非平衡状态，来自弧柱区的正离子数大于电子数，造成堆积，形成正的空间电荷，因而在阴极表面前面形成具有较高电场强度的阴极区（图 1-8）。只要阴极不能发出足够的电子数量，正离子将继续堆积，电场强度将继续增加。当电场强度足够大时，就会使阴极表面的电子冲破束缚发射出来，即产生场致发射。此处的场致发射也可以简单地理解为：当阴极前面正的空间电荷足够大时，能使阴极内部的电子受到足够大的正电荷吸引力，因而能冲破束缚发射出来。不仅如此，从阴极发射出来的电子在比较强的电场强度作用下，在向弧柱区方向运动的过程中还被强烈地加速。当其动能大于气体的电离能 W_i 时，有一部分电子就能在阴极区的终端（接近弧柱区的部位）与中性粒子发生激烈碰撞并使其发生电离。电离出来的电子与从阴极直接发射的电子一起向弧柱区方向运动，使电子流的比率最终达到弧柱区电子流的比率，电离出来的正离子与从弧柱区来的正离子一起向阴极运动，使正离子流占阴极区总电流的比率大大增加。在这种情况下，阴极区的长度为 $10^{-6} \sim 10^{-5}$ cm，但阴极压降比较大，其值在几伏到十几伏之间。

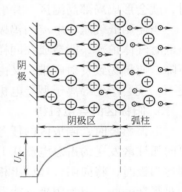

图 1-8 阴极区带电粒子的运动情况和电位分布示意

在这种导电机构中，从弧柱到阴极表面的电弧截面产生明显的收缩，而且在阴极表面上能产生电流密度很高、很亮的阴极斑点。由于阴极斑点总是选择有利于电子发射的点形成，因此阴极斑点易于在阴极表面上逸出功较低的部位（如存在氧化膜处）或电场强度较大的点（阴极表面不均匀可增强个别点的电场强度）上形成，这会造成斑点快速跳动，而且斑点也可能是多个。

当采用 W、C 等热阴极型材料而比较小的电流焊接时，由于阴极温度较低，也需要通过场致发射提供电子，以补充热发射的不足。此时电弧在阴极的接触处也要自动缩小其导电面积。但是只有在电流很小、阴极温度足够低的情况下才能产生阴极斑点。

在进行熔化极气体保护焊和小电流钨极氩弧焊时，场致发射型导电机构均起着重要的作用。对于使用冷阴极材料作为阴极的熔焊来说，实际上是热发射型和场致发射型两种导电机构并存，而且两者相互补充、自动调节，此时阴极区的导电类型和电压降主要取决于电极材料的种类、电流的大小和气体介质的成分。当电极材料沸点较高或逸出功较小时，热发射型占的比例较大，阴极电压降较小；反之，场致发射型占的比例较大，阴极电压降也较大。当电流增大时，一般热发射型的比例增大，阴极电压降将减小。

（3）等离子型　这是使用冷阴极材料小电流熔焊时有可能产生的一种导电机构。这种情况下，在阴极前方会出现一个很亮的球形高温区，温度可达 10000K，在此处能产生强烈的热电离，生成大量的电子和正离子。其中，电子向弧柱运动，供给弧柱所需要的电子，正离子向阴极运动，构成正离子流，此时，即使阴极发射的电子很少，甚至不发射电子，依靠正离子也能形成阴极区电流。

阴极前面产生高温区的原因是：在使用冷阴极材料小电流熔焊时，阴极发射的电子数量严重不足，这就会在阴极前方造成从弧柱区飞来的正离子数量大大增加，形成具有正电性的电荷空间，因而在阴极前面形成具有较强电场强度的阴极区。该电场强度尚不足以引起强烈的场致发射，也不能使已发射出来的电子在阴极区终端引起碰撞电离，然而能使阴极区的正离子加速向阴极运动。此时正离子一方面能在与阴极的电子复合成中性粒子而释放出电离能，另一方面也能将动能转化成热能。而复合后的中性粒子则被弹回到阴极前方接近于弧柱区的一个区域。由于它能带回比较多的能量，因此当许多有较高热能的中性粒子聚集在一起时，就会形成局部高温区，并引发强烈的热电离。

当使用低气压小电流的钨极氩弧焊时，也容易产生这种导电机构。这是由于电弧空间气压低时气体稀薄，能造成在同样的阴极电压降条件下阴极压降区的长度增大，致使电场强度下降，使得场致发射困难；又由于电流小，阴极温度低，不能产生较强的热发射。在这种情况下，就会产生等离子型导电机构。

3. 阳极区的导电机构

电弧燃烧时，阳极区的任务是接受来自弧柱区的占总电流 99.9% 的电子流，同时，还要向弧柱区发送约占总电流 0.1% 的正离子流。阳极接受电子的过程比较简单，每一个电子到达阳极时，将向阳极释放出相当于电子逸出功的能量。但是，阳极向弧柱区提供正离子流相对复杂一些，因为阳极不能发射正离子，正离子只能由阳极区供给。根据电弧电流密度的大小，阳极区可以通过两种不同的方式提供正离子。

（1）热电离　当电弧电流密度较大时，阳极表面及其前面的区域温度都很高，阳极的温度可以达到阳极材料的沸点，因此能发生蒸发，使阳极区充满大量的蒸气。金属蒸气中原子的电离能一般都比较低，因此在高温的作用下容易发生电离。电离生成的电子与来自弧柱区的电子一起奔向阳极，而生成的正离子即可不断地向弧柱区输送。如果焊接电流足够大，阳极区的温度将很高，阳极区能通过热电离完全满足弧柱区对正离子流的需要。此时，阳极区的电压降 U_A 可以降到很低，甚至接近于零；电弧与阳极接触处不产生收缩，也不形成阳极斑点。例如，大电流钨极氩弧焊和大电流熔化极焊接时，经测定，阳极区的电压降 U_A 接近于零。阳极电压降 U_A 的数值除与焊接电流有关外，还与电极材料的导热性有关，在相同的条件下，阳极材料的导热性越强，U_A 越大。

（2）场致电离　当电弧电流密度较小时，情况与电流较大时不同。电弧燃烧时，来自弧柱的电子不断向阳极飞来，并进入阳极，但是由于阳极不发射正离子，加之阳极前方难以发生热电离过程，使得阳极前方的正离子不足，正离子数少于电子数，因此在阳极前面形成具有负电性的电荷空间（图1-9），就会产生阳极区和阳极电压降。只要弧柱所需要的正离子得不到补充，阳极区的电子数与正离子数的差值就继续增大，阳极电压降继续增大。与此同时，阳极区内的电子在电场强度的作用下被加速，动能大大提高。当阳极电压降达到一定程度时，电子获得足够的动能，就会与阳极区中的中性粒子碰撞，并产生场致电离。生成的电子与从弧柱来的电子一起进入阳极，正离子向弧柱区飞去。当这种电离生成足以满足弧柱要求的 0.1% 正离子时，阳极电压降不再升高而保持稳定，阳极表面的电流完全由电子流组成。在这种情况下，阳极区的电压降数值一般较大，大于气体介质的电离电压，阳极区的长度为 $10^{-3} \sim 10^{-2}$ cm。

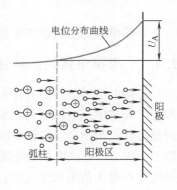

电位分布曲线　　U_A
阳极
弧柱　阳极区

图1-9　阳极区带电粒子的
运动情况和电位分布示意图

当采用低熔点的 Fe、Cu、Al 等作阳极时，一旦阳极表面某处有熔化和蒸发时，由于金属蒸气的电离能大大低于一般气体，因而在产生金属蒸气的地方更容易热电离产生正离子流，电子流也更容易从这里进入阳极，阳极上的导电区就会在这里集中而形成阳极斑点。阳极斑点的形成条件是：①该处有金属蒸发；②电弧电流通过该处时电弧能量消耗较小。由于大多数金属氧化物的熔点和沸点皆高于纯金属，且电离电压较高，故阳极斑点具有避开氧化膜而寻找纯金属表面上的蒸发点的特点。

1.3.3　最小电压原理

最小电压原理的含义是：在电流和周围条件一定的情况下，稳定燃烧的电弧将自动选择一适当的断面，以保证电弧的电场强度具有最小的数值，即在固定弧长上的电压最小。这意味着电弧总是保持最小的能量消耗。

根据最小电压原理，在电流和周围条件一定时，电弧的断面既不能大于其自动选定的值，也不能小于其自动选定的值。如果断面大了，电弧与周围介质的接触面将增大，电弧向周围介质散失的热量要增加，必须增加电场强度，以产生更多的热量才能与其相平衡。在这种情况下，电弧会自动缩小其断面积，以减小能量损耗。如果断面小了，电弧的电流密度要增加，即在较小的断面里要通过相同数量的带电粒子，使电阻率增加，若维持相同的电流就必须增加电场强度。在这种情况下，电弧会自动增大其断面，以减少能量损耗。

利用最小电压原理可以解释电弧过程中的许多现象。换句话说，许多电弧现象都取决于电弧的最小电压原理。例如，当从外部向电弧吹风使之强制冷却时，会发现电弧会自动地缩小其断面积，这正是由电弧的这一特性决定的。如果电弧不缩小其断面，其表面积大，散失的热量比较多，在电流一定的情况下就需要比较多地增加电场强度，以维持热平衡。而如果断面缩小了，能减少电弧表面散失的热量，从而使电场强度增加的幅度减小。但是断面又不能收缩得过小，否则电流密度过大，使电场强度增加得太多。最终的结果是电弧自动调节收缩的程度，以最小的电场强度增加达到能量增加与散热量增大的平衡。

1.4 焊接电弧的电特性

焊接电弧的电特性主要指的是焊接电弧的静特性和焊接电弧的动特性。

1.4.1 焊接电弧的静特性

焊接电弧的静特性是指在电极材料、气体介质和弧长一定的情况下，电弧稳定燃烧时，焊接电流与电弧电压之间的关系，也称伏-安特性。焊接电弧的静特性不同于普通金属电阻的静特性。当把金属电阻 R 接入电路时，电阻两端的电压 U 与电流 I 的关系服从欧姆定律，即 $U = IR$。而焊接电弧是非线性负载，即电弧两端的电压与电流之间不成正比例关系。当焊接电流在很大范围内变化时，焊接电弧的静特性曲线是一条呈 U 形的曲线，故也称为 U 形特性。图 1-10 是实测的钨极氩弧焊时的电弧静特性曲线。可以看出，它包含下降特性、平特性和上升特性三个区。其中，下降特性区电流小，电弧电压随着电流的增大而下降，呈负阻性；平特性区电流中等，电弧电压在电流变化时可近似地看成不变；上升特性区电流大，电弧电压随电流的增大而增大，呈正阻性。

那么，焊接电弧的静特性曲线为什么会是 U 形呢？这主要是由阴极区、弧柱区和阳极区的导电机构决定的。如前所述，焊接电弧电压等于阴极电压降 U_K、弧柱电压降 U_C 和阳极电压降 U_A 之和，因此，如果能知道阴极区、弧柱区和阳极区各自的电压降与焊接电流的关系，然后进行合成，就能得到焊接电弧的静特性曲线。

1. 弧柱电压降

弧柱区电压降与焊接电流的关系如图 1-11 中的 U_C 曲线所示，在 ab 区呈下降特性，在 bc 段呈平特性，在 cd 段呈上升特性。对其解释如下：

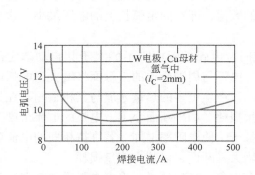

图 1-10　W 电极-Cu 母材之间
的 TIG 电弧静特性曲线

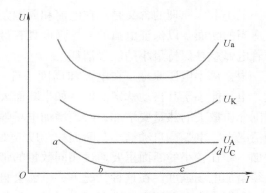

图 1-11　电弧各区域压降与电流关系的示意图

可以将弧柱区近似地看成是一个均匀导体，弧柱电压降 U_C 可以用下式表示：

$$U_C = IR_C$$

由于 $\qquad\qquad R_C = l_C/s_C\gamma_C$

所以 $\qquad\qquad U_C = I(l_C/s_C\gamma_C) = j_C(l_C/\gamma_C)$ $\qquad\qquad\qquad$ (1-9)

式中，R_C 是弧柱电阻；I 是电弧电流；l_C 是弧柱长度；s_C 是弧柱截面积；γ_C 是弧柱的电导率；j_C 是弧柱的电流密度。

由式（1-9）可以看出，弧柱电压降 U_C 与其电流密度 j_C 成正比，而与其电导率 γ_C 成反比，可以分三段来讨论：

（1）在 ab 段　电弧电流 I 较小。当电流 I 增加时，弧柱的温度和电离度增加，使 γ_C 增大；同时弧柱截面积 s_C 也增加，而且 s_C 比电流 I 增加得快，使电流密度 $j_C = I/s_C$ 减小。根据式（1-9）可以知道，曲线呈下降特性。

（2）在 bc 段　电弧电流 I 适中。此时弧柱的电导率 γ_C 随温度的增加已达到一定程度，不再增加；弧柱截面积 s_C 随电流 I 的增加成比例地增加，使电流密度 j_C 基本不变。根据式（1-9）可以知道，U_C 近似等于常数，曲线呈平特性。

（3）在 cd 段　电弧电流 I 很大。由于弧柱截面积受到它两端弧根直径已达到极限的限制，以及受到周围介质的限制，已不能再增大了，因此弧柱电压降 U_C 随着电流 I 的增加而增加，曲线呈上升特性。

2. 阴极电压降

阴极区电压降与焊接电流的关系如图 1-11 中的 U_K 曲线所示，也是在小电流区呈下降特性，在中等电流区呈平特性，在大电流区呈上升特性。对其解释如下：

（1）在小电流区　当增加电流 I 时，阴极区遵循最小电压原理，通过成比例地增加阴极区的截面积，来维持阴极区电压降基本不变。但是，如图 1-12 所示，阴极区的功率不仅通过 AB 面和 CD 面与阴极和弧柱交换，而且还要通过 AD 面和 BC 面向外围耗散（如箭头所示）。在电弧电流比较小时，阴极弧根 AB 面及 CD 面均比较小，在这种情况下，从 AD 面和 BC 面耗散的热损失不能忽视。为了弥补这一部分热损失，就要加大阴极电压降。而当增加电流时，随着 AB 面和 CD 面面积的扩大，从 AD 面和 BC 面耗散热量的比例减小，因此阴极电压降就要降低，呈现下降特性。图 1-13 是用探极法对钨阴极与铜母材之间氩气气压为101.3kPa 时的 TIG 电弧实测得到的阴极电压降曲线，可以证明这一点。

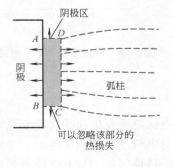

图 1-12　阴极区的热耗散

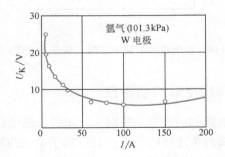

图 1-13　钨电极的阴极电压降（氩气中）

（2）在中等电流区　阴极弧根的面积已增大到使从 AD 面、BC 面耗散的热损失可以忽略的程度。在此期间，仅发生随着电流的增加阴极区截面积成比例地增加的过程。这使得电弧的电流密度基本不变，因而阴极电压降呈现平特性。

（3）在大电流区　此时，阴极弧根的面积已覆盖阴极端部的全部面积，再增大电流，阴极弧根的面积已无法再增大，因此，随着电流的增大阴极区的电流密度增大，导致阴极电压降增高，呈现上升特性。从图1-13的阴极电压降曲线即可看到这个趋势。

3. 阳极电压降

阳极区电压降与焊接电流的关系如图1-11中的U_A曲线所示，在小电流区呈下降特性，在中等电流和大电流区呈平特性。

其原因如1.3节所述，在小电流情况下，阳极区中正离子的产生主要是依靠场致电离。此时，阳极电压降必须达到气体的电离电压时才能发生，因此阳极电压降比较高。而当电流增加时，阳极区的温度随之增加，各种粒子的运动速度加快，碰撞和电离加剧，因此随着电流的增加，阳极电压降下降。当电流增加到一定值时，阳极区温度很高，通过热电离就能满足弧柱区对正离子的需要，因此阳极电压降可以降到很低。当电流继续增加时，阴极电压降基本不发生变化。图1-14是采用探极法对钨阴极与铜母材之间氩气气压为101.3kPa时的氩气电弧实测得到的阳极电压降曲线。

将U_C曲线、U_K曲线和U_A曲线叠加以后即得到图1-11中的电弧静特性曲线U_a。必须指出，焊接电弧的静特性曲线受气体介质的成分和压力、电极材料、电弧的约束等因素的影响很大，在不同的条件下，曲线的形状存在较大的差异。例如钨极氩弧焊的电弧静特性曲线一般都能明显地表现出三个阶段，如图1-15所示。铝合金熔化极惰性气体保护焊的电弧静特性曲线在小电流区几乎看不到下降特性，在可用电流以上区域都呈现上升特性，图1-16是其实例。埋弧焊电弧静特性曲线呈下降趋势，图1-17是其实例。

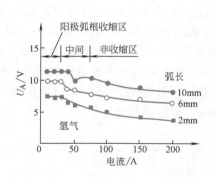

图 1-14　铜电极的阳极电压降（探极法测定）

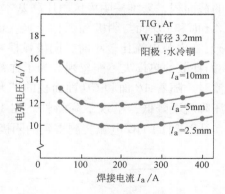

图 1-15　钨极氩弧焊电弧静特性曲线

1.4.2　焊接电弧的动特性

焊接电弧的动特性是指对于一定弧长的电弧，当电弧电流发生连续快速变化时，电弧电压与电流瞬时值之间的关系。它反映了电弧的导电性对电流变化的响应能力。

当焊接电弧燃烧时，恒定不变的直流电弧不存在动特性问题，只有交流电弧和电流变动的直流电弧（如脉冲电流、脉动电流、高频电流等）才存在动特性问题。

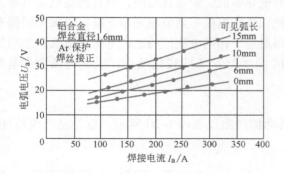

图 1-16　铝合金 MIG 焊电弧静特性曲线

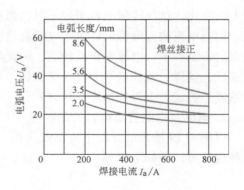

图 1-17　埋弧焊电弧静特性曲线

1. 交流电弧的动特性

交流焊条电弧焊时电弧电压与焊接电流的波形曲线如图 1-18a 所示。交流电弧动特性曲线如图 1-18b 所示。图中，电压曲线的 PQR 段是电流从零增加到最大值期间的电弧电压曲线，RST 是电流从最大值减小至零期间的电弧电压曲线。从图 1-18b 可以看出，PQR 曲线段的电弧电压要比 RST 曲线段的电弧电压高，交流电弧的动特性是回线形状。

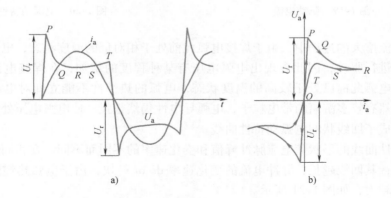

图 1-18　交流电弧动特性曲线

图中 U_r 是电弧再引燃电压。之所以 P 点较高，是由于交流电弧的电流每半周要改变一次流动的方向，在极性转换之际电流等于零，电弧熄灭，电弧空间温度下降，有利于带电粒子的复合；而再引燃时，由于电极和电弧空间温度降低，不利于产生强烈的热发射和热电离，加之在极性转换时，在原电极附近形成的空间电荷力图向另一极运动，可进一步加剧复合作用。这些都导致电弧空间带电粒子不足，电导率降低，使得下半周电弧重新引燃变得困难。此时，只有提高电弧电压，加强场致发射和场致电离，才能使电弧再次引燃。U_r 越大，说明初次引燃电弧时和极性转换时重新引燃电弧越困难，电弧越不稳定。

动特性呈回线形状是由于电弧弧柱具有一定的热容，存在热惯性所致。当焊接电流快速增加时，由于电弧空间存在热惯性，致使电弧弧柱的温度不能随电流同步升高，而总是滞后于电流变化。这导致带电粒子数不足，弧柱的电导率低，要通过电流，只有提高电弧电压才行。而当电流快速降低时，由于电弧有热惯性，弧柱温度不随电流同步下降，电弧中仍拥有较多的带电粒子，电导率仍然较高，因此使得对应于相同电流值的电弧电压比电流快速增加时要低，这样，就构成了 *OPQRST* 回线。*PQR* 曲线与 *RST* 曲线越接近，反映电弧中带电粒子浓度越稳定，电弧的稳定性越好。

2. 电流变动的直流电弧的动特性

以图 1-19 所示的脉动电流电弧为例，其动特性曲线如图 1-20 所示，也是呈回线特征。这种现象可以做如下解释：

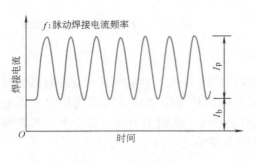

图 1-19 脉动电流

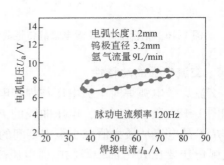

图 1-20 电弧动特性

在焊接电流增大的过程中，由于焊接电弧此前处于相对低的温度状态，电流的增加需要有较强的电场进行驱动，因此表现出电弧电压有某种程度的增加；在焊接电流减小的过程中，由于焊接电弧此前已处于较高的温度状态，电弧的热惯性不能立即对电流减小做出反应，电弧中仍然有较多游离的带电粒子，电弧导电性仍然很强，使电弧电压处于相对较低的水平，从而形成了回线状的电弧动特性曲线。

电弧动特性曲线的形状随电流脉冲峰值和变化速率的不同而不同。在相同弧长下，电流脉冲峰值越大，其回线越长；脉冲电流的变化速率 di/dt 越快，由于电弧热惯性越大，其回线包围的面积越大，如图 1-21 所示。

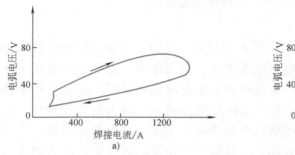

图 1-21 脉冲电弧动特性（弧长 $=6.5mm$，焊丝直径 $d_s = 2mm$）

a）电流峰值大，$\dfrac{di}{dt} = 3600kA/s$ b）电流峰值小，$\dfrac{di}{dt} = 2500kA/s$

1.5 焊接电弧的产热及温度分布

燃弧时能够产生热量，这是焊接电弧的一个重要性能。正是这种性能，使焊接电弧成为一种非常重要的热源被应用于熔焊方法中，并构成了熔焊方法中的一个重要分支，即电弧焊方法。

1.5.1 焊接电弧的产热机构

焊接电弧是具有很强能量的导电体，其能量来自于焊接电源。单位时间焊接电源向焊接电弧提供的总能量 P 等于阴极区得到的电能 IU_K、弧柱区得到的电能 IU_C 和阳极区得到的电能 IU_A 之和，可表示为

$$P = IU_K + IU_C + IU_A \tag{1-10}$$

焊接电源提供的能量在电弧燃烧的过程中由电能转变为热能、光能、机械能、磁能等。其中，占总能量绝大部分的是热能，它以对流、辐射、传导的形式传送给周围的气体、阴极材料和阳极材料；光能所占的比例较小，它以辐射的形式传送给周围的气体、阴极材料和阳极材料；磁能对周围环境状态的作用很小；机械能是以电弧力的形式表现出来，也无法与热能相比拟。因此，当焊接电弧燃烧时，由焊接电源提供的能量主要是转变成热能，并向外部耗散。

焊接电弧各个区的产热机构是很复杂的，至今仍存在很多不明之处。在此，只能在忽略一些次要因素的基础上对各个区的产热情况进行分析。

1. 阴极区的产热

阴极区电流 I 是由电子和正离子这两种带电粒子组成的。在阴极区，这两种带电粒子不断地产生、消失和运动，便构成了能量的转变和传递过程。

阴极区中电子流和正离子流的比率因电极材料种类、电流大小、气体介质等因素的不同而异。在阴极区的终端（邻近弧柱区），流入弧柱区的电子流的比率 f 可达 99.9% 左右，而在阴极区的其他部位，电子流的比率 f 通常为 60%～80%，正离子流的比率 $(1-f)$ 为 20%～40%。阴极区带电粒子比率的变化增加了产热机构的复杂性。如果忽略来自弧柱区的正离子流（约占 0.1%），将阴极区的正离子流都看成是由阴极区终端处的中性粒子热电离产生的，可以对阴极区的产热做如下分析：

（1）阴极区在单位时间获得的能量

1）在阴极电压降 U_K 的作用下，电子逸出阴极后，穿过阴极区时被加速，在单位时间里获得的能量为 fIU_K。

2）在阴极电压降 U_K 的作用下，正离子流穿过阴极区时被加速，在单位时间里获得的能量为 $(1-f)IU_K$。

3）正离子在阴极表面与电子复合释放出原来电离时所吸收的能量 $(1-f)IU_i$（注：U_i 为电离电压）。

（2）阴极区在单位时间失去的能量

1）阴极表面发射电子流在单位时间消耗的逸出功 fIU_W（注：U_W 为逸出电压）。

2）正离子在阴极表面拉出电子与之复合，单位时间消耗的逸出功 $(1-f)IU_W$。

3）在阴极区的终端（邻近弧柱区），中性粒子电离成电子和正离子时单位时间消耗的电离能为 $(1-f)IU_i$。

4）从阴极区的终端进入了弧柱区的电子流应具有与弧柱区温度相对应的热能，这部分热能由阴极区提供，其功率为 IU_T（注：U_T 为弧柱区温度的等效电压）。

由以上分析，即可得到阴极区单位时间得到的热能 P_K 为

$$P_K = I(U_K - U_W - U_T) \tag{1-11}$$

上述分析忽略了阴极表面产生的化学反应热（如氧化反应）、来自弧柱区的传导热、辐射热等。在焊接过程中，阴极区所得到的热能 P_K 主要用于加热、熔化作为阴极的母材或焊丝，并有一部分通过对流、辐射、传导等散失在周围的气体中。

2. 阳极区的产热

如前所述，由阳极区向弧柱区输送的正离子流只占总电流的 0.1% 左右，阳极区主要是由电子组成的，特别是在阳极表面的电流由 100% 的电子流组成，因此阳极区的能量转换只考虑阳极接受电子所产生的能量转换。在单位时间里阳极接受电子流时可得到以下三部分能量：

1）在阳极区压降 U_A 的作用下，电子流穿过阳极区时被加速，在单位时间里获得的能量为 IU_A。

2）电子流被拉进阳极时，单位时间释放出的逸出功为 IU_W。

3）电子流从弧柱带来的与弧柱温度相对应的热能为 IU_T。

因此，单位时间阳极区所得到的热能 P_A 为

$$P_A = I(U_A + U_W + U_T) \tag{1-12}$$

在这里也是忽略了阳极表面的化学反应热、来自弧柱区的传导热、辐射热等。在焊接过程中，阳极区所得到的热能 P_A 主要用于加热、熔化作为阳极的母材或焊丝，并有一部分通过对流、辐射、传导等散失在周围的气体中。

3. 弧柱区的产热

在弧柱区进行着复杂而激烈的粒子碰撞、扩散、激励、电离、复合等过程，而且各种粒子处于一种紊乱的状态，这使得弧柱区的能量交换也变得更为复杂。但是从总体上讲，沿着弧柱区的整个长度都可以看成是由占总电流 99.9% 的电子流和占总电流 0.1% 的正离子流组成的，这又使问题得到简化。如果忽略弧柱区向两个电极区通过对流、传导、辐射传输的热能，可以做如下分析：

（1）弧柱区在单位时间获得的主要能量

1）在弧柱电压降 U_C 的作用下电子流穿过弧柱区时被加速，在单位时间里获得的能量为 99.9% IU_C，以及正离子流穿过弧柱区时被加速，在单位时间里获得的能量为 0.1% IU_C，两者之和为 IU_C。

2）从阴极区进入弧柱区的电子流（占 99.9%）单位时间带来的热能为 99.9% IU_T。

3）弧柱区周边发生的正、负粒子复合所释放出的电离能为 W_i。

（2）弧柱区在单位时间失去的主要能量

1）离开弧柱区进入阳极区的电子流（占 99.9%）单位时间带走的热能为 99.9% IU_T。

2）弧柱中心部位发生的中性粒子电离消耗的电离能，其值与周边正、负粒子复合时释放的电离能 W_i 基本相等。

由上述分析，可以得到弧柱区单位时间里得到的热能为

$$P_c = IU_c \qquad (1\text{-}13)$$

弧柱区的热能在一般情况下不能直接作用于电极或母材，主要是通过对流、辐射和传导散失在周围气体中。一般电弧焊时，对流损失约占总损失的 80% 以上，辐射损失为 10% 左右，而传导的损失是很少的。一般电弧焊接过程中，弧柱的热量只有很少一部分通过辐射传给焊丝和焊件。当采用等离子弧焊接、切割或钨极氩弧焊时，则可以利用弧柱的部分热量来加热焊丝和焊件。

1.5.2 焊接电弧的温度分布

1. 焊接电弧轴向温度分布

焊接电弧沿轴向的温度分布如图 1-22 所示。图中还给出了电流密度、能量密度沿轴向分布的示意图。所谓能量密度，是指采用某热源加热焊件时，单位有效面积上的热功率，以 W/cm^2 为单位。可以看出，电弧各部位的能量密度与电流密度是相对应的，即阴极区和阳极区的电流密度和能量密度均高于弧柱区。但是温度的分布却与电流密度和能量密度不同，是两电极的温度较低，弧柱区的温度较高。这是因为电极受到电极材料的熔点和沸点的限制，温度不能太高，而弧柱区中的气体和金属蒸气不受这一限制，而且气体介质的导热性能不如金属电极好，热量散失相对较少，故有较高的温度。

在相同的产热情况下，电极的温度受电极材料的种类、导热性、电极的几何尺寸影响较大。一般来说，材料的沸点越低、导热性越好、电极的尺寸越大，电极的温度越低；反之，则越高。弧柱区的温度受电流大小、电极材料、气体介质、弧柱的压缩程度等因素的影响较大。焊接电流增大，弧柱区的温度增加，在常压下，当电流由 1A 至 1000A 变化时，弧柱区的温度可在 5000K 至 30000K 之间变化；金属蒸气的电离电压一般比较低，当电极材料不同时，其蒸气的电离电压不同，因而对弧柱区温度的影响不同，其电离电压越低，弧柱的温度也越低；当电弧（如等离子弧）周围有高速气流流动时，由于气流的冷却作

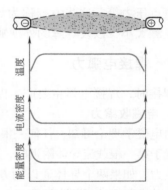

图 1-22　电弧的温度、电流密度和能量密度的轴向分布示意图

用，使弧柱区电场强度提高，温度上升。当气体介质中含有较多易电离的物质（如碱金属、碱土金属的蒸气等）时，虽然能提高电弧的稳定性，但弧柱区的温度有所降低；反之，如果介质中含有电离能较高的物质，特别是存在负电性元素氟时，能显著地提高弧柱区的温度。例如，用含氟的焊剂进行埋弧焊时，弧柱区的温度可高达 7850K。含氟越多，温度越高。其原因是：氟易与电子在电弧周边结合形成负离子 F⁻，使得电弧周边难以导电，电弧电流主要从电弧中心流过，这相当于对电弧产生了压缩作用，因而使弧柱的温度提高。

2. 焊接电弧径向温度分布

在焊接电弧的横断面内，温度沿径向的分布是不均匀的，中心轴温度最高，离开中心轴的温度逐渐降低，如图 1-23 所示。这主要是由于外围散热快造成的。焊接电流越大，电弧中心的温度越高，如图 1-24 所示。

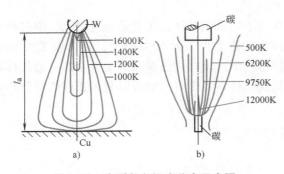

图 1-23 电弧径向温度分布示意图
a）W-Cu 电极间电弧等温线，电流 200A，
电压 14.2V b）200A 碳弧等温线

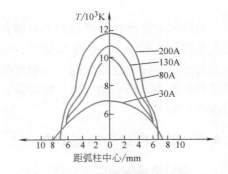

图 1-24 不同电流时电弧径向温度分布

1.6 焊接电弧力及其影响因素

焊接电弧燃烧时，不仅能产生热，而且能产生机械作用力，包括电磁收缩力、等离子流力、斑点压力等，这些力统称为焊接电弧力。焊接电弧力对熔滴过渡、熔深尺寸、焊缝成形、飞溅大小，以及焊缝的外观缺欠（如咬肉、焊瘤、烧穿等）均产生很大的影响。

1.6.1 焊接电弧力

焊接时，焊接电弧主要产生以下机械作用力。

1. 电磁收缩力

由电磁学理论可知，任何一根载流导体都会在其周围产生磁场，如果把第二根载流导体平行地置于第一根载流导体附近时，则每根导体周围都有两个磁场作用，这两个磁场作用的结果会产生力。如果两个导体通以同方向电流，将产生吸引力；如果电流方向相反，则产生排斥力。这种由磁场的相互作用而产生的力称为电磁力。由于两个导体电流方向相同而产生的吸引力称为电磁收缩力，它的大小与导体中流过的电流大小成正比，与两导线间的距离成反比。

焊接电弧可以看成是由许多平行的电流线组成的导体。这些电流线之间也将产生相互吸引力，使导体断面产生收缩趋势，如图 1-25 所示。如果导体是固体，这种收缩力不能改变导体的外形，而如果导体是气体或液体，则将产生收缩，如图 1-26 所示。

如果导体为圆柱体，电流线在导体中的分布是均匀的，则导体内部任意半径 r 处的径向压力 p_r 为

$$p_r = K(I^2 / \pi R^4)(R^2 - r^2) \tag{1-14}$$

式中，R 是导体半径；I 是导体的总电流；K 是系数，$K = \mu / 4\pi$，μ 是介质磁导率。

导体中心轴（$r \approx 0$）上的径向压力 p_0 为

$$p_0 = K(I^2 / \pi R^2) = KjI \tag{1-15}$$

式中，j 是电流密度。

如果导体是液体或气体，根据流体力学理论，流体中任意一点各个方向的压力是相同的，所以，由于径向压力的产生也将产生轴向压力，且大小相等，轴向压力的合力 F 为

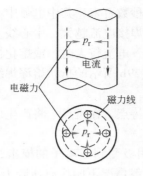

图 1-25 导体的电磁力

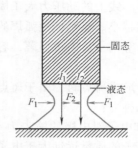

图 1-26 液态导体电磁力的收缩效应

$$F = (K/2)I^2$$

在焊接电弧中，F 将同时作用于两极上。

实际上，焊接电弧不是圆柱体，而是断面直径变化的圆锥状的气体导体，其模型如图 1-27 所示，这是因为电极直径限制了导电区的扩展，而焊件上电弧可以扩展得比较宽的缘故。由式（1-14）可知，直径不同将引起压力差，从而产生由电弧指向焊件的推力 $F_{推}$，其方程为

$$F_{推} = KI^2 \lg(R_b/R_a)$$

式中，R_b 是锥形弧柱下底面半径；R_a 是锥形弧柱上底面半径。

$F_{推}$ 亦称为电弧静压力，数值与焊接电流、电弧形态有关。由于电弧中电流密度分布是不均匀的，弧柱中心区域的电流密度高于周边区域，因此电弧静压力 $F_{推}$ 的分布是由中心轴向周边降低。

2. 等离子流力（电弧动压力）

由于焊接电弧呈圆锥状，使得靠近电极处的电磁收缩力大，靠近焊件处的电磁收缩力小，因而形成沿弧柱轴线的推力 $F_{推}$。在 $F_{推}$ 的作用下，较小截面处（图 1-28 中 A 点处）的高温气体粒子向焊件方向（图 1-28 中 B 点处）流动，同时由于流动造成 A 点所处区域的空虚，在电极上方会有不断补充的新气体进入电弧区，并被加热和强烈电离，从而形成连续不断的等离子气流，并冲向焊件表面，产生压力作用。这种由电弧推力引起的等离子气流高速运动所形成的力称为等离子流力，也称为电弧动压力。

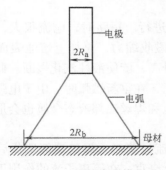

图 1-27 焊接电弧模型

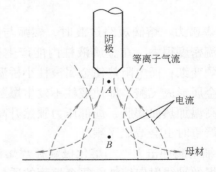

图 1-28 电弧等离子气流的产生

等离子流力与等离子气流的速度、焊接电流值、电极状态、电弧形态、电弧长度等均有

密切关系。电弧中等离子气流的速度很大，可以达到每秒数百米，其中电弧中心线上的速度最大，因此电弧中心线上的动压力大于周边的动压力；焊接电流越大，中心线上的动压力越大，而分布的区间越小。当钨极氩弧焊的钨极锥角较小、电流较大时，或熔化极氩弧焊采用射流过渡工艺时，等离子流力很显著，容易形成如图 1-29b 所示的指状熔深焊缝。

3. 斑点压力

当电极表面上形成斑点时，由于斑点的导电和导热特点，在斑点上将产生斑点压力。斑点压力包括以下几种力：

（1）正离子和电子对电极的撞击力　电弧焊时，阴极受到正离子的撞击，阳极受到电子的撞击，因正离子的质量远远大于电子的质量，而一般情况下阴极电压降 U_K 又大于阳极电压降 U_A，因此撞击力在阴极上较大，而在阳极上较小。

（2）电磁收缩力　当电极上形成熔滴并出现斑点时，焊丝、熔滴及电弧中电流线的分布如图 1-30 所示。电弧空间和熔滴中的电流线都在斑点处集中，由于电磁收缩力合成的方向都是由小断面指向大断面，故在斑点处产生向上的电磁力 F，阻碍熔滴过渡。一般情况下，阴极斑点比阳极斑点的收缩程度大，故阴极斑点受到的力要大于阳极斑点受到的力。

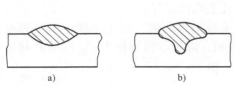

图 1-29　焊缝形状示意图　　　　图 1-30　焊丝、熔滴及电弧中电流线分布
a）主要由电弧静压力决定的碗状熔深
b）主要由电弧动压力决定的指状熔深

（3）电极材料蒸发产生的反作用力　斑点上的电流密度很高，使这个部位的温度很高，因而产生强烈的蒸发，使金属蒸气以一定的速度从斑点处发射出来，同时给斑点施加一个反作用力。通常阴极斑点的电流密度比阳极斑点大，因此，导致阴极斑点受到的反作用力大于阳极斑点。

（4）爆破力　熔滴短路过渡时，燃弧与短路交替进行。短路时，电流很大，短路金属液柱中电流密度很大，在金属液柱内能产生很大的电磁收缩力，再加上熔池表面张力的作用，使缩颈变细；而电阻热使金属液柱小桥温度急剧升高，能使液柱汽化爆断。此爆破力可以使液体金属形成飞溅。即使液柱不发生爆断而被拉断，在重新燃弧时，由于电弧空间的气体突然受高温加热而膨胀，局部压力骤然升高，对熔池和焊丝端部液态金属也会形成较大的冲击力，严重时也会造成飞溅。

（5）细熔滴冲击力　当熔化极氩弧焊熔滴采用射流过渡时，焊丝端部熔化后形成细小熔滴并沿焊丝轴线射向熔池，每个熔滴的质量只有几十毫克。在等离子流的作用下，这些熔滴加速度很高，可达重力加速度的 50 倍以上，到达熔池时其速度可达每秒几百米数量级，因此能对熔池产生冲击力。

1.6.2 焊接电弧力的影响因素

1. 焊接电流和电弧电压

当增大焊接电流时，电弧力显著增加（图 1-31），这主要与电磁收缩力和等离子流力显著增加有关。当电弧电压升高时，意味着电弧长度增加，由于电弧范围的扩展，使电弧力降低，如图 1-32 所示。

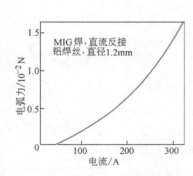

图 1-31　MIG 电弧的电弧力与电流的关系

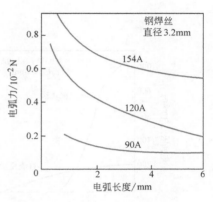

图 1-32　电弧力与弧长的关系

2. 焊丝直径

当焊接电流相同时，焊丝直径越小，电流密度越大，因此电弧电磁力越大。同时，造成电弧锥形越明显，等离子流力越大，使总的电弧力增大，如图 1-33 所示。

3. 电极的极性

电极的极性对不同焊接方法的电弧力的影响不同。对于熔化极气体保护焊，当采用直流正接时，焊丝接负，电弧中正离子对熔滴的冲击比较大，同时斑点处还有较大的电磁收缩力及金属蒸气的反作用力，其结果是有较大的斑点压力作用在熔滴上，不利于熔滴过渡，这造成熔滴容易长大，不能形成很强的电磁收缩力和等离子流力，因此电弧力较直流反接小，如图 1-34 所示。对于钨极氩弧焊，由于通常情况下阴极区收缩的程度比阳极区大，因此当采取正接时将形成锥度较大的锥形电弧，产生的轴向推力大，电弧压力也大，如图 1-35 所示。

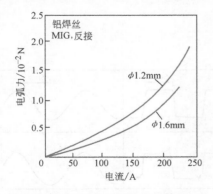

图 1-33　电弧力与焊丝直径的关系

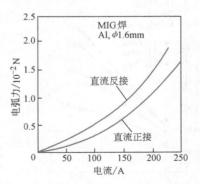

图 1-34　MIG 焊电弧力与焊丝极性的关系

4. 气体介质

不同种类的气体介质热物理性能不同，故对电弧力的影响也不同。导热性强的气体，尤其是分子是由多原子组成的气体，消耗的热能多，易引起电弧的收缩，因而导致电弧力的增加，如图 1-36 所示。当电弧空间气体压力增加或气体流量增加时，也会引起电弧收缩，导致电弧力增加。

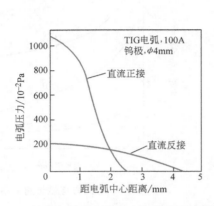

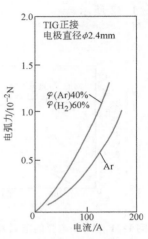

图 1-35　钨极氩弧焊电弧压力与电极极性的关系　　图 1-36　电弧力与气体介质的关系

5. 钨极端部的几何形状

钨极端部的几何形状与作用在熔池上的电弧力有密切关系。当钨极端部的角度变化时，电弧力也发生变化，如图 1-37 所示。可以看出，当焊接电流相同时，钨极端部的角度越小，电弧压力越大。

6. 电流的脉动

当电流以某一规律变化时，电弧力也相应地发生变化。低频脉冲焊时，电弧力随电流的变化而变化，如图 1-38 所示。对于工频交流钨极氩弧焊，其电弧压力低于直流正接时的压力，而高于直流反接时的压力。

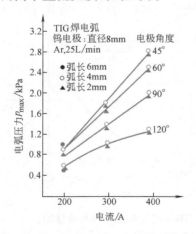

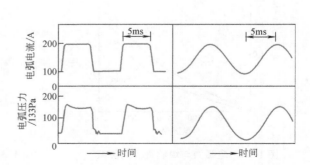

图 1-37　电弧压力与电极端部角度的关系　　图 1-38　脉冲电流下电弧压力的变化

当脉冲频率增加时，电弧力的变化逐渐滞后于电流的变化。当频率高于几千赫兹时，由于高频电磁效应增强，在平均电流值相同的情况下，随着电流脉冲频率的增加电弧力增大，如图 1-39 所示。

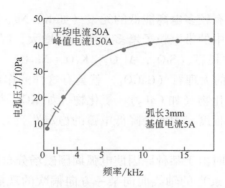

图 1-39　直流高频 TIG 焊时电弧压力与频率的关系

1.7　焊接电弧的稳定性及其影响因素

1.7.1　焊接电弧的稳定性

焊接电弧的稳定性是指焊接时电弧保持稳定燃烧的程度。当焊接电弧的稳定性好时，电弧可在长时间内连续稳定地燃烧，不产生断弧，不产生漂移和磁偏吹等现象，而保持电弧电压和焊接电流基本不变。当焊接电弧的稳定性差时，电弧电压和焊接电流波动很大，常常使焊接过程无法进行，不仅能恶化焊缝成形，而且能大大降低焊缝的内在质量。

1.7.2　焊接电弧稳定性的影响因素

影响焊接电弧稳定性的因素很多，除了操作人员技术熟练程度以外，还有以下因素。

1. 焊接电源

焊接电源的空载电压越高，越有利于场致发射和场致电离，因此电弧的稳定性越高。此外，焊接电源的外特性还必须与焊接电弧的静特性相匹配，而且还应具有合适的电源动特性，只有这样，才能使焊接电弧稳定地燃烧。

2. 焊接电流和电弧电压

焊接电流大时的电弧温度要比焊接电流小时高，因而电弧中的热电离要比焊接电流小时强烈，能够产生更多的带电粒子，因此电弧更为稳定。电弧电压增大意味着电弧长度增大，当电弧过长时，由于电弧气氛易受影响，电弧会发生剧烈摆动，使电弧的稳定性下降。

3. 电流的种类和极性

在直流、交流和脉冲直流三种电弧中，如果没有磁偏吹，一般来说，以直流电弧为最稳定，脉冲直流电弧次之，交流电弧稳定性最差。

直流电弧的极性对于熔化极电弧焊来说，由于受熔滴过渡稳定性的影响，通常是直流反接时的电弧稳定性好于直流正接。对于钨极氩弧焊来说，由于钨属于热阴极材料，当使用直流正接时，阴极热发射能力强，有利于电子发射。同时还可以流过较大的电流，而电流越大，越有利于电子热发射和热电离，因此直流正接时的电弧稳定性好于直流反接时的稳定性。

4. 焊条药皮和焊剂

当焊条药皮或焊剂中含有较多电离能低的元素（如 K、Na、Ca 等）或它们的化合物时，由于容易电离，使电弧气氛中的带电粒子增多，电离度增大，因此可以提高电弧的稳定性，如酸性焊条药皮中常加入的长石（SiO_2，Al_2O_3，$K_2O + Na_2O$）、云母（SiO_2，Al_2O_3，K_2O、H_2O）和烧结焊剂中常加入的大理石（$CaCO_3$）就具有这样的作用。但是，当药皮或焊剂中含有较多电离能比较高的氟化物（如 CaF_2）、氯化物（如 KCl、NaCl）时，由于它的消离作用，能降低电弧气氛的电离程度，因而会降低电弧的稳定性。

5. 磁偏吹

所谓磁偏吹，是指焊接时由于某种原因使电弧周围磁场分布的均匀性受到破坏，从而导致焊接电弧偏离焊丝（或焊条）的轴线而向某一方向偏吹的现象。当采用直流电焊接时易产生严重的磁偏吹，而采用交流电焊接时磁偏吹要弱得多。

当电弧周围的磁场是均匀的、磁力线分布相对电弧轴线是对称的时候，电弧能轴向对称，但当电弧周围的磁场分布不均匀，使电弧一侧的电磁力大于另一侧时，电弧就要偏向一侧。能够引起磁偏吹的情况有以下几种：

（1）地线接线位置偏向电弧一侧 图 1-40 所示为地线接线的位置在电弧移动方向的左侧，焊接时，除焊接电弧能产生磁场外，焊件上接地线一侧的母材由于流过电流，也产生磁场，因磁力线叠加而加大了电弧左侧的磁场，因而使电弧向右侧偏吹。

（2）电弧一侧放置铁磁物质 图 1-41 所示为铁磁物质放置在电弧移动方向的右侧，由于铁磁物质磁导率大，使磁力线大部分通过铁磁物质形成回路，而使该侧空间中的磁力线数量大大减少，因此导致电弧两侧受力不平衡，使电弧向右侧偏吹。同理，在焊接复杂的钢结构时比较容易产生偏吹。

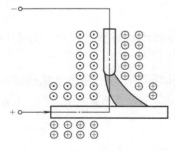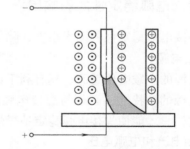

图 1-40　地线接线位置产生的磁偏吹　　图 1-41　电弧一侧铁磁物质引起的磁偏吹

（3）平行电弧之间 当两个平行电弧的电流方向相同时，相互之间产生吸引；当电流方向相反时，相互之间产生排斥，如图 1-42 所示。

6. 其他因素

焊件上如果有铁锈、水分以及油污等时，由于分解时需要吸热而减少电弧的热能，因此会降低电弧的稳定性。在露天，特别是在野外大风中焊接时，由于空气的流速快，也会对焊接电弧的稳定性产生有害影响。因此，焊接时应将待焊处清理干净，如果有风还应采取适当的挡风措施。

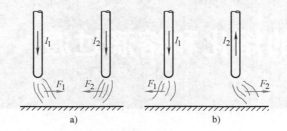

图 1-42 平行电弧间产生的磁偏吹

a) 同向电流的电弧互相吸引 b) 异向电流的电弧互相排斥

复习思考题

1. 解释下列名词：焊接电弧、热电离、场致电离、光电离、热发射、场致发射、光发射、粒子碰撞发射、热阴极型电极、冷阴极型电极。

2. 试述电弧中带电粒子的产生方式。

3. 焊接电弧由哪几个区域组成？试述各区域的导电机构。

4. 何谓最小电压原理？

5. 什么是焊接电弧静特性？各种电弧焊方法的电弧静特性有什么特点？

6. 什么是焊接电弧动特性？为什么交流电弧和电流变动的直流电弧的动特性呈回线特征？

7. 试述焊接电弧的产热机构以及焊接电弧的温度分布。

8. 焊接电弧能产生哪些电弧力？说明它们的产生原因以及影响焊接电弧力的因素。

9. 试述影响焊接电弧稳定性的因素。

焊丝的熔化和熔滴过渡

电弧焊时，焊丝（或焊条）的末端在电弧的高温作用下加热熔化，熔化的液体金属积累到一定程度便以一定的方式脱离焊丝末端，并过渡到熔池中去。这个过程称为熔滴过渡。在焊接过程中，焊丝的加热、熔化及熔滴过渡过程都会直接影响焊缝质量和焊接生产率。本章将讲述焊丝的加热与熔化、熔滴上的作用力、熔滴过渡的主要形式以及熔滴过渡过程中产生的飞溅。

2.1 焊丝的加热与熔化

2.1.1 焊丝的熔化热源

熔化极电弧焊时，焊丝具有两方面作用：一方面作为电弧的一极起导电并传输能量的作用；另一方面作为填充材料向熔池提供熔化金属并和熔化的母材一起冷却结晶而形成焊缝。焊丝的加热熔化主要靠阴极区（直流正接时）或阳极区（直流反接时）所产生的热量及焊丝自身的电阻热，而弧柱的辐射热则是次要的。

非熔化极电弧焊（如钨极氩弧焊或等离子弧焊）填充焊丝时，主要靠弧柱热来熔化焊丝。

这里主要讨论熔化极电弧焊焊丝的熔化及熔滴过渡。

1. 电弧热

根据第 1 章中的式（1-11）和式（1-12）可知，单位时间内阴极区和阳极区的产热量可分别用电功率 P_K 和 P_A 表示，计算公式如下：

$$P_K = I(U_K - U_W - U_T) \tag{2-1}$$
$$P_A = I(U_A + U_W + U_T) \tag{2-2}$$

在通常电弧焊的情况下，弧柱的平均温度为 6000K 左右，$U_T < 1V$；当焊接电流密度较大时，U_A 近似为零，故上两式可简化为

$$P_K = I(U_K - U_W) \tag{2-3}$$
$$P_A = IU_W \tag{2-4}$$

这是熔化极电弧焊熔化焊丝的主要热源。由式（2-3）及式（2-4）可知，两个电极区的产热量与焊接电流成正比。当电流一定时，阴极区的产热量取决于 $(U_K - U_W)$，阳极区的产热量取决于 U_W。凡是影响电子发射逸出电压 U_W 和影响阴极电压降 U_K 大小的因素，也就必然影响产热量，即影响焊丝的熔化速度（单位时间内焊丝熔化的质量或长度）。一般熔化极气体保护焊以及使用含有 CaF_2 焊剂的埋弧焊或碱性焊条等情况下，$U_K \gg U_W$，所以 $P_K > P_A$。这时在使用同一材料和同一电流的情况下，焊丝为阴极（正接）时的产热量将比

焊丝为阳极（反接）时要大，即焊丝接负极比接正极时熔化快。

2. 电阻热

从焊丝与导电嘴的接触点到电弧端头的一段焊丝上（即焊丝的伸出长度，用 L_s 表示）有焊接电流流过时，将产生电阻热，这也是焊丝加热熔化的一部分热源（图2-1）。

焊丝伸出长度的电阻为

$$R_s = \rho L_s / S \qquad (2-5)$$

则电阻热为

$$P_R = I^2 R_s \qquad (2-6)$$

式中，R_s 是焊丝 L_s 段的电阻值；ρ 是焊丝的电阻率；L_s 是焊丝的伸出长度；S 是焊丝的横截面积。

一般 $L_s = 15 \sim 80 \text{mm}$。对于导电性能良好的铝和铜等金属焊丝，$P_R$ 与 P_K 或 P_A 相比是很小的，可忽略不计。对于不锈钢、钢和钛等材料，电阻率较高，特别在细丝大电流时，焊丝伸出长度越大，P_R 越大，这时 P_R 与 P_K 或 P_A 相比才有重要的作用。

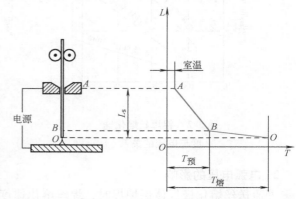

图 2-1　焊丝伸出长度的电阻热示意图

熔化极电弧焊时，综合电弧热和电阻热，用于加热和熔化焊丝的总能量 P_m 可表示为

$$P_m = I(U_m + IR_s) \qquad (2-7)$$

式中，U_m 是电弧热的等效电压，焊丝为阳极时，$U_m = U_W$；焊丝为阴极时，$U_m = U_K - U_W$。这就是在单位时间内由电弧热和电阻热提供的用于加热和熔化焊丝的主要能量。

2.1.2　影响焊丝熔化速度的因素

焊丝熔化速度 v_m 通常以单位时间内焊丝的熔化长度（m/h 或 m/min）或熔化质量（kg/h）表示；熔化系数 α_m，则是指每安培焊接电流在单位时间内所熔化的焊丝质量 [g/(A·h)]。焊丝的熔化速度主要取决于式（2-7）所表示的单位时间内用于加热和熔化焊丝的总能量 P_m。在实际焊接中，P_m 则取决于焊接参数和焊接条件，如焊接电流和电弧电压、焊丝直径、焊丝伸出长度、保护介质、焊丝材料的物理性能和表面状态以及电源特性等。

1. 焊接电流的影响

由式（2-7）可知，电弧热与电流成正比，电阻热与电流平方成正比。可见，电流增大时，熔化焊丝的电阻热和电弧热均增加，焊丝熔化速度加快。

图2-2、图2-3分别为铝和不锈钢焊丝熔化速度与电流的关系。铝焊丝电阻率很小，电阻热可忽略不计，式（2-7）可近似表示为 $P_m = IU_m$，故熔化速度与焊接电流成直线关系。焊丝直径越小，焊丝的熔化系数 α_m 越大，熔化速度与电流直线关系的斜率越大。不锈钢焊丝电阻率大，电阻热不可忽略，因此当电流和焊丝伸出长度增大时，曲线的斜率也随之增大，且使熔化速度与电流成曲线关系。

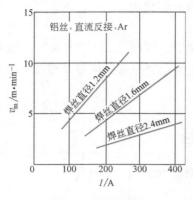

图 2-2　铝焊丝熔化速
度与电流的关系

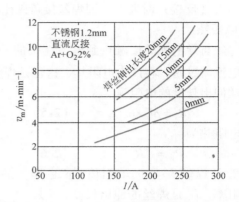

图 2-3　不锈钢焊丝熔化
速度与电流的关系

2. 电弧电压的影响

等速送丝熔化极气体保护焊时，焊丝熔化速度与电弧电压和电流的关系如图 2-4 所示。图 2-4a 中的曲线是在稳定的焊接条件下的铝焊丝的电弧自身调节系统静特性曲线（即等熔化曲线），每一条曲线都代表一个送丝速度，其上的每一点都满足送丝速度与熔化速度相等的关系。当电弧较长（电弧电压较高）时，曲线垂直于横轴，即电弧电压对焊丝熔化速度影响很小。此时送丝速度与熔化速度平衡，熔化速度主要取决于电流的大小（AB 段）。当电弧弧长处于 8mm 到 2mm 区间（BC 段）时，曲线向左倾斜，这说明随着电弧电压降低（弧长缩短），熔化一定数量焊丝所需要的电流减小，亦即等量的焊接电流所熔化的焊丝增加。也就是说，电弧较短时熔化系数增加了。之所以如此，是因为弧长缩短时电弧热量向周围空间散失减少，提高了电弧的热效率，使焊丝的熔化系数增加所致。

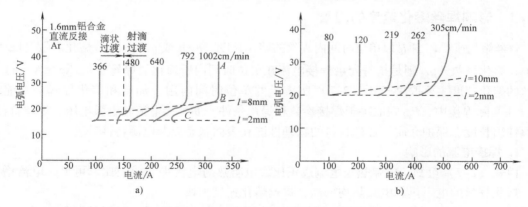

图 2-4　熔化极气体保护焊时电弧的固有调节作用
a）铝焊丝（φ1.6mm）　b）钢焊丝（φ2.4mm）

BC 段的这种熔化特性在电弧焊中具有重要意义。例如，当电流及送丝速度不变时，在弧长较短的范围内，当弧长因受外界干扰发生变化时，使弧长缩短或增长，则此时的熔化系数要增大或减小，导致熔化速度增大或减小，使弧长得以恢复。这种弧长受外界干扰发生变化时电弧本身具有自动恢复到原来弧长的能力，称为"电弧的固有调节作用（Intrinsic Self

Regulation Characters）"。铝焊丝电弧的固有调节作用很强，钢焊丝则较弱（图 2-4b），故铝焊丝采用这段弧长（亚射流过渡）进行焊接时，可以使用恒流特性电源实行等速送丝熔化极气体保护焊。

3. 焊丝直径的影响

电流一定时，焊丝直径越小电阻热越大，同时电流密度也越大，从而使焊丝熔化速度增大，如图 2-2 所示。

4. 焊丝伸出长度的影响

其他条件一定时，焊丝伸出长度越长，电阻热越大，熔化焊丝的总热量增加，所以焊丝熔化速度越快，如图 2-3 所示。

5. 焊丝材料的影响

焊丝材料不同，电阻率也不同，所产生的电阻热就不同，因而对熔化速度的影响也不同。不锈钢电阻率较大，会加快焊丝的熔化速度，尤其是伸出长度较长时影响更为明显。如焊条电弧焊使用不锈钢焊条时，若电流较大，焊条较长，将导致焊条红热，药皮开裂，不能正常焊接。所以，通常不锈钢焊条长度比一般碳钢焊条短，就是为了避免这种现象。

材料不同还会引起焊丝熔化系数的不同。铝合金因电阻率小，焊丝熔化速度与电流呈线性关系。但是焊丝越细，熔化速度与电流关系曲线斜率越大，说明熔化系数随焊丝直径变小而增大，与电流无关（图 2-2）。不锈钢电阻率较大，产生的电阻热较大，因而焊丝熔化速度与电流不成线性关系，随着电流增大，曲线斜率增大，说明熔化系数随电流增加而增大，并且随焊丝伸出长度增加而增加（图 2-3）。

6. 气体介质及焊丝极性的影响

气体介质不同，对阴极电压降和电弧产热有直接影响（对阳极产热影响不大）。由式（2-3）可知，阴极产热与阴极电压降有关，所以焊丝为阴极时，气体介质的成分将直接影响焊丝熔化速度。图 2-5 为熔化极气体保护焊采用 Ar 和 CO_2 混合气体保护时，不同的混合比例（体积分数）对焊丝熔化速度的影响。从图中可以看出，正接时，在一定范围内随 CO_2 含量增加，焊丝熔化速度增大。因采用的钢焊丝为冷阴极材料，$U_K \gg U_W$，所以 $P_K > P_A$。因此，焊丝为阴极（正接）时的熔化速度总是大于焊丝为阳极（反接）时的熔化速度，并随混合气体比例不同而变化；焊丝为阳极时焊丝熔化速度基本不变，这是因为 P_A 基本不受气体介质的影响，主要与 U_W 有关。气体介质不仅影响阴极

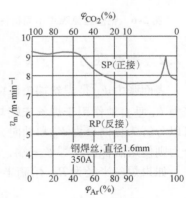

图 2-5　Ar 和 CO_2 混合比（体积分数）对焊丝熔化速度的影响

产热，影响焊丝的加热与熔化，而且还会影响到熔滴过渡形式，所以图 2-5 表示的焊丝熔化速度与气体介质的关系为一条复杂的曲线。

图 2-6 为以 Ar 气作保护气时焊丝极性对熔化速度的影响，也同样证明了上述结论。

此外，焊丝的表面状态、熔滴的过渡形式等也都会影响焊丝的熔化速度。

2.2 熔滴上的作用力

熔滴上的作用力是影响熔滴过渡乃至焊缝成形的主要因素。熔滴上的作用力有：重力、表面张力、电弧力、熔滴爆破力以及电弧的气体吹力等。

2.2.1 重力

重力 F_g 对熔滴的影响取决于焊缝的空间位置。平焊时，重力是促使熔滴脱离焊丝末端的作用力（图 2-7a）；立焊和仰焊时，重力则为阻碍熔滴从焊丝末端脱离的作用力。重力为

$$F_g = mg = 4\pi r^3 \rho g/3 \tag{2-8}$$

式中，ρ 是熔滴密度；r 是熔滴半径；g 是重力加速度；m 是熔滴质量。

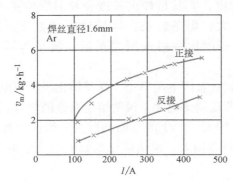

图 2-6 铝焊丝氩弧焊不同极性时的焊丝熔化速度

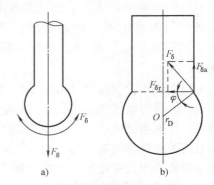

图 2-7 熔滴受重力和表面张力示意图

2.2.2 表面张力

表面张力 F_δ 是焊丝端头保持熔滴的主要作用力，如图 2-7a 所示。焊丝与熔滴间的表面张力 F_δ 垂直地作用于焊丝末端与熔滴相交的圆周线上，且与熔滴表面相切（图 2-7b）。它可以分解为径向分力 $F_{\delta r}$ 和轴向分力 $F_{\delta a}$，其中，径向分力使熔滴在焊丝末端产生缩颈，轴向分力则使熔滴保持在焊丝末端，阻碍熔滴过渡。

如果焊丝半径为 R，熔滴半径为 r，则焊丝与熔滴之间的表面张力 F_δ 为

$$F_\delta = 2\pi R\sigma \tag{2-9}$$

式中，σ 是表面张力系数，其数值与材料、温度、气体介质等因素有关。

表 2-1 列出了一些纯金属的表面张力系数，分析时还应考虑熔滴的化学成分、表面状态及温度、气体介质等的影响。如纯铁表面氧化后，σ 可降到 1030×10^{-3} N/m。因此采用适当的氧化性气氛或者提高熔滴温度都会降低表面张力系数、减小表面张力、细化熔滴尺寸，从而改善熔滴过渡性能。

表 2-1 纯金属的表面张力系数

金属	Mg	Zn	Al	Cu	Fe	Ti	Mo	W
$\sigma/10^3 \text{N} \cdot \text{m}^{-1}$	650	770	900	1150	1220	1510	2250	2680

只有重力和其他作用力的合力超过 F_8 时，熔滴才能脱离焊丝过渡到熔池中去。因此，一般情况下 F_8 是阻碍熔滴过渡的力。但在仰焊或其他位置（立焊、横焊）焊接时，却有利于熔滴过渡。因为一是熔滴与熔池接触时表面张力有将熔滴拉入熔池的作用；二是使熔池或熔滴不易流淌。

由式（2-9）可知，平焊时减小焊丝直径及表面张力系数有利于熔滴过渡。熔滴上若具有少量活化物质（O_2、S 等）或温度升高，均可使表面张力系数下降，有利于形成细颗粒熔滴过渡。

2.2.3 电弧力

电弧中的电磁收缩力、等离子流力、斑点压力对熔滴过渡都有不同的影响。需要指出的是，电流较小时往往是重力和表面张力起主要作用；电流较大时，电弧力对熔滴过渡起主要作用。

1. 电磁收缩力

作用在熔滴上的电磁力通常可分解为径向和轴向两个分力。如图 2-8 所示，如 a—a 面电磁力轴向分力 F_a 向上；b—b 面该轴向分力 F_b 的方向向下，将促使熔滴断开。在熔滴端部与弧柱间导电的弧根面积的大小将决定该处电磁力的方向，如果弧根直径小于熔滴直径，此处电磁力合力向上，阻碍熔滴过渡；反之，若弧根面积笼罩整个熔滴，此处电磁力合力向下，促进熔滴过渡。

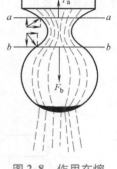

图 2-8　作用在熔滴上的电磁力

2. 等离子流力

电弧等离子流力随着等离子气流从焊丝末端侧面切入，并冲向熔池，它有助于熔滴脱离焊丝，并使其加速通过电弧空间进入熔池。等离子流力与焊丝直径和焊接电流有密切关系，采用的焊丝直径越细，电流越大，产生的等离子流力和流速越大，因而对熔滴推力也就越大。在大电流焊接时，等离子流力会显著地影响熔滴过渡特性。

3. 斑点压力

斑点压力包括正离子和电子对熔滴的撞击力、电极材料蒸发时产生的反作用力以及弧根面积很小时产生的指向熔滴的电磁收缩力。在一定条件下，斑点压力将阻碍金属熔滴的过渡。通常阳极受到的斑点压力比阴极受到的斑点压力要小，因而焊丝为阳极时熔滴过渡的阻力较小。这也是许多熔化极电弧焊采用直流反接的主要原因之一。

2.2.4 爆破力

若熔滴内部含有易挥发金属或由于冶金反应而生成气体，则在电弧高温作用下气体积聚和膨胀而造成较大的内力，从而使熔滴爆炸。在 CO_2 短路过渡焊接时，电磁收缩力及表面张力的作用导致熔滴形成缩颈，电流密度增加，急剧加热使液态小桥爆破形成熔滴过渡，同时也造成了较大飞溅。

2.2.5 电弧气体吹力

焊条电弧焊时，焊条药皮的熔化滞后于焊芯的熔化，在焊条的端头形成套筒，如图 2-9

所示。药皮中造气剂分解产生的 CO、CO_2、H_2 及 O_2 等在高温作用下急剧膨胀，从套筒中冲出，推动熔滴冲向熔池。无论何种位置焊接，这种力都有利于熔滴过渡。

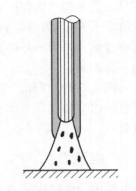

上述诸力，除重力和表面张力之外，电弧力、爆破力等的存在与方向都与电弧形态有关，而对于熔滴过渡的作用，则随工艺条件、焊接位置以及熔滴状态等的变化而异。例如，长弧焊时，表面张力总是阻碍熔滴从焊丝末端脱离，而成为反过渡力。但短弧焊时，当熔滴与熔池金属短路并形成液态金属过桥时（图 2-10），由于与熔池接触界面很大，使向下的表面张力远大于焊丝端向上的表面张力，结果使金属液桥被拉进熔池而有利于熔滴过渡。电磁收缩力也有相同的情况。当熔滴短路时，电流呈发散形（图 2-11），此时电磁收缩力的轴向分力 F_{cx} 则有助于熔滴过渡。

图 2-9　焊条药皮套筒示意

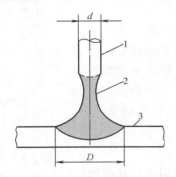

图 2-10　形成液桥时表面张力的作用
1—焊丝　2—液态金属过桥　3—母材

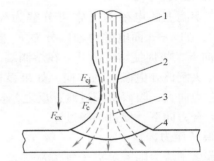

图 2-11　形成液桥时电磁力的作用
1—焊丝　2—液态金属过桥　3—电流　4—母材

2.3　熔滴过渡主要形式及其特点

在电弧热的作用下，焊丝末端加热熔化形成熔滴，并在各种力的作用下脱离焊丝进入熔池，称之为熔滴过渡。熔滴过渡的形式以及过渡过程的稳定性取决于作用在焊丝末端熔滴上的各种力的综合影响，其结果会关系到焊接过程的稳定性、焊缝成形、飞溅大小，最终影响焊接质量和生产效率。

根据外观形态、熔滴尺寸以及过渡频率等特征，熔滴过渡通常可分为三种基本类型，即自由过渡（Free Flight）、接触过渡（Contacting Transfer）和渣壁过渡（Slag Guiding Transfer）。自由过渡是指熔滴脱离焊丝末端前不与熔池接触，它经电弧空间自由飞行进入熔池的一种过渡形式。接触过渡是通过焊丝末端的熔滴与熔池表面接触成过桥而过渡的。渣壁过渡是渣保护时的一种过渡形式，埋弧焊时熔滴大部分都是沿熔渣的空腔壁形成过渡。

上述三类熔滴过渡，由于焊接方法不同以及工艺条件的差异，又可以进一步细分为多种熔滴过渡形式，见表 2-2。对几种典型熔滴过渡的形式分析如下。

表 2-2　熔滴过渡分类及其形状示意图

熔滴过渡类型			形　态	焊接条件
自由过渡	滴状过渡	粗滴过渡		高电压、小电流 MIG 焊
		排斥过渡		高电压、小电流 CO_2 焊
		细滴过渡		中电压、大电流 CO_2 焊
	喷射过渡	射滴过渡		铝焊丝 MIG 焊及脉冲焊
		射流过渡		钢 MIG 焊
		旋转射流过渡		大电流 MIG 焊
	爆炸过渡			气体爆破产生的过渡形式
接触过渡	短路过渡			CO_2 气体保护焊
	搭桥过渡			非熔化极填丝
渣壁过渡	沿渣壳过渡			埋弧焊
	沿套筒过渡			焊条电弧焊

2.3.1　短路过渡

短路过渡（Short Circuiting Transfer）主要用于 $\phi 1.6mm$ 以下的细丝 CO_2 气体保护电弧焊或使用碱性焊条，采用低电压、小电流焊接工艺的焊条电弧焊。由于电压低，电弧较短，熔滴尚未长成大滴时即与熔池接触而形成短路液体过桥，在向熔池方向的表面张力及电磁收缩力的作用下，熔滴金属过渡到熔池中去（图 2-12），这样的过渡形式称为短路过渡。这种过渡当焊接参数选用合适和电源动特性良好时电弧稳定，

图 2-12　短路过渡示意图

飞溅较小，熔滴过渡频率高（每秒可达几十次至一百多次），焊缝成形良好；反之，飞溅严重，电弧稳定性差。该过渡方式广泛用于薄板结构及全位置焊接。

1. 短路过渡过程

正常的短路过渡过程，一般要经历电弧燃烧形成熔滴→熔滴长大并与熔池接触短路熄弧→液桥缩颈断开与过渡→电弧再引燃等四个阶段。图 2-13 为短路过渡过程的电弧电压和电流动态波形图。

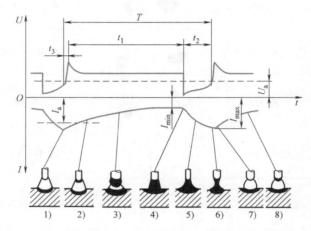

图 2-13　短路过渡过程的电弧电压和电流动态波形图
t_1—燃弧时间　t_2—短路熄弧时间　t_3—拉断熔滴后的电压恢复时间
T—短路周期，$T = t_1 + t_2 + t_3$　I_{max}—最大电流，也称短路峰值电流
I_{min}—最小电流　I_a—平均焊接电流　U_a—平均电弧电压

由图 2-13 可知，引燃电弧后（图中 1），由于电弧的加热，焊丝端头开始熔化形成熔滴（图中 2），因为电流较小，熔滴不能很快长大，并且随着熔滴的长大（图中 3）电弧向焊丝传递热量减少，使焊丝的熔化速度降低，而焊丝仍以一定速度送进，使得熔滴还未长得很大时就与熔池短路（图中 4）。此时电弧瞬时熄灭，电弧电压急剧下降，而电流逐渐上升（焊接回路中接有电感）。随着电流的上升，电磁收缩作用增强，同时在熔滴的重力及表面张力作用下使熔滴与焊丝之间形成液桥缩颈（图中 5），并逐渐变细（图中 6）。当短路电流增到一定数值时，液桥缩颈迅速断开，熔滴过渡到熔池中去，电压很快恢复到空载电压，电弧又重新引燃（图中 7），此后重复上述过程。

2. 短路过渡的特点

1）短路过渡是燃弧、短路交替进行。燃弧时电弧对焊件加热，短路时电弧熄灭，熔池温度降低。因此，调节燃弧时间或熄弧时间即可调节对焊件的热输入和控制母材熔深。

2）短路过渡时所使用的焊接电流（平均值）较小，但短路时的峰值电流可达平均电流的几倍，既可避免薄件的焊穿又能保证熔滴顺利过渡，有利于薄板焊接或全位置焊接。

3）短路过渡一般采用细丝（或细焊条），焊接电流密度大，焊接速度快，故对焊件热输入低，而且电弧短，加热集中，可减小焊接热影响区宽度和焊件变形。

如果焊接参数不当或焊接电源动特性不佳时，短路过渡将伴随着大量的金属飞溅，过渡过程的稳定性被破坏，不但影响焊接质量，而且浪费焊接材料和恶化劳动条件。

3. 短路过渡的稳定性

短路过渡过程实质上可视为"短路—燃弧"周期性的交替过程。因此，短路过程的稳定性，可以用这种交替过程的柔顺、均匀一致程度以及过程中飞溅大小来衡量，同时还可以用短路过渡频率特性来评定。

短路过渡的周期 T 是由燃弧时间 t_1 和熄弧时间 t_2 所组成。调节燃弧时间和熄弧时间的大小，即可调节过渡周期，亦即调节过渡频率。一般认为，短路过渡频率越高，即每秒钟熔滴过渡次数越多，那么在恒定的送丝速度条件下，焊丝端部形成的熔滴尺寸越小，每过渡一滴时对电弧的扰动也就越小，过渡过程就越稳定，飞溅也越小，并可提高生产效率。

一般气体保护电弧焊时，为获得短路过渡最高频率，有一个最佳的电弧电压数值。对于 $\phi 0.8mm$、$\phi 1.0mm$、$\phi 1.2mm$ 的焊丝，该值大约为 20V 左右。

燃弧时间取决于电弧电压和焊接电流或焊丝送进速度。增大电弧电压，减小焊接电流或送丝速度，都使熔滴要经过较长时间才能与熔池接触短路，故燃弧时间长，熔滴尺寸较大，短路频率较低，将降低电弧稳定性和增大飞溅。反之，则燃弧时间短，短路频率增加。如果电弧电压过低或送丝速度过快，则会造成熔滴尚未脱离焊丝而焊丝未熔化部分就可能插入熔池，造成固态短路，并产生大段爆断，使飞溅增大，如图 2-14a 所示。关于短路过渡的飞溅及其特点将在本章 2.4 节中详细介绍。

短路时间主要取决于短路时的电流增长速度 di/dt。di/dt 大，短路时间短；di/dt 小，短路时间长。如果 di/dt 过小，短路时电流不能及时增加到相应数值，则熔滴不能及时过渡，熄弧时间就拉长，电弧空间温度下降许多，将造成电弧复燃困难。另外，在等速送丝时，还可能引起固态焊丝直接插入熔池，破坏电弧稳定性，焊缝成形不佳，甚至使焊接过程无法进行。

短路电流上升速度及短路峰值电流，一般是通过串联在焊接回路中的电感来调节的。电感大时短路电流上升速度慢，短路时间长，同时短路峰值电流也较小，短路频率下降；反之，即电感小时，短路电流上升速度快，短路时间短，短路峰值电流大，短路频率增加。电感过小时，短路过程不稳定，将造成大量飞溅。电感过大时，则缩颈难以形成，同时因为短路峰值电流过小，短路时间过长，甚至造成固态短路，使焊接过程不能正常进行。

在短路过渡过程中，电源电压的恢复速度对稳定性具有重要影响。如果缩颈爆断后电源电压不能及时恢复到再引燃电压，则电弧就不能及时再

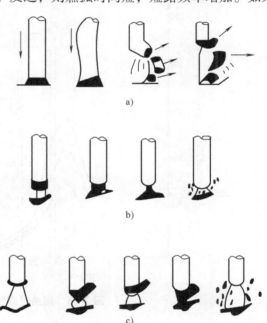

图 2-14 短路过渡的主要形式
a）固态短路时 b）细丝小电流时 c）中等电流小电感时

固态短路

引燃而造成断弧现象，这就破坏了焊接过程的连续性和稳定性。

综上所述，为了保证短路过渡过程稳定进行，不但要求电源有合适的静特性，而且要求电源有合适的动特性。即：

1）对不同直径的焊丝和焊接参数，要有合适的短路电流上升速度，保证缩颈柔顺地断开，达到减少飞溅的目的。

2）要有适当的短路峰值电流 I_{max}，一般 I_{max} 为平均电流 I_a 的 2~3 倍。

3）短路结束之后，空载电压恢复速度要快，以便电弧及时再引燃，避免断弧现象。

4. 短路过渡的频率特性

短路过渡时每秒钟熔滴过渡的次数称为短路过渡频率，以 f 表示。若以 v_f 表示焊丝的送进速度，在稳定焊接时 $v_f = v_m$，那么每次熔滴过渡时消耗焊丝的平均长度 $L_d = v_f/f$。因此，在送丝速度恒定时，f 越高则 L_d 越小，即熔滴的体积越小，短路过程越稳定。

图 2-15、图 2-16、图 2-17 分别表示焊接电弧电压（空载电压）、送丝速度（即焊接电流）以及焊接回路直流电感与短路过渡频率的关系，其影响规律如下：

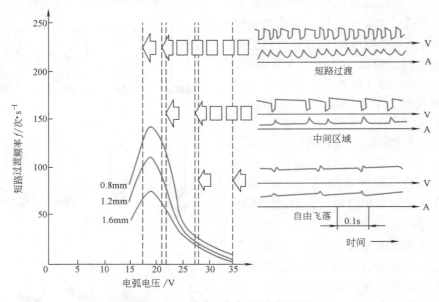

图 2-15　短路过渡频率与电弧电压的关系

1）对于每一特定的焊丝直径，电弧电压、送丝速度以及回路直流电感都有一个与获得最高短路过渡频率相对应最佳值范围，此值过大或过小都会使短路频率大大下降，飞溅增大，过渡过程不稳定。

2）焊丝直径越小，可达到的最高频率越大，所对应的焊接电流以及直流电感最佳值则越小，但电弧电压的最佳值与焊丝直径关系不大。

3）除短路过渡频率 f 外，短路时间 t_2、短路电流峰值 I_{max}，也都会影响短路过渡的稳定性。在图 2-16 中，坐标原点与短路频率曲线上各点连线的斜率（f/v_f）能反映每次短路过渡时过渡熔滴的体积，斜率越大，熔滴的体积越小。可见，Q 点的熔滴体积最小，同时 t_2 和 I_{max} 也都为最小值，所以短路过渡过程也十分稳定。

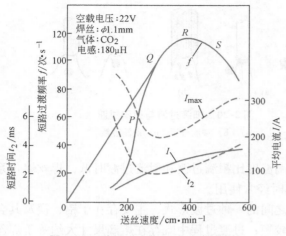

图 2-16 送丝速度与短路过渡频率、
短路时间和短路电流峰值的关系

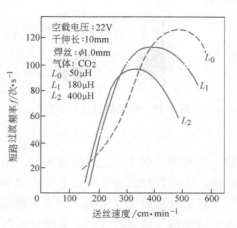

图 2-17 回路直流电感 L 对短路
过渡频率 f 的影响

与短路过渡相似的还有一种接触过渡。这种过渡出现在非熔化极填丝电弧焊或气焊中。因焊丝一般不通电，因此不称为短路过渡，而称为搭桥过渡。过渡时，焊丝在电弧热作用下熔化形成熔滴与熔池接触，在表面张力、重力和电弧力作用下，熔滴进入熔池，如图 2-18 所示。

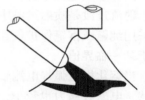

图 2-18 搭桥过渡示意图

2.3.2 滴状过渡

滴状过渡时电弧电压较高，由于焊接参数及材料的不同又分为粗滴过渡（大颗粒过渡）及细滴过渡（细颗粒过渡）。

（1）粗滴过渡 电流较小而电弧电压较高时，因弧长较长，熔滴与熔池不发生短路，焊丝末端便形成较大的熔滴。当熔滴长大到一定程度后，重力克服表面张力使熔滴脱落（如前所述因电流较小，电弧力不起主要作用），如图 2-19 所示。

这种过渡方式由于熔滴大，形成的时间长，影响电弧的稳定性，焊缝成形粗糙，飞溅较大，在生产中基本不采用。

（2）细滴过渡 随着电流的增加，电磁收缩力增加，熔滴表面张力减小，这些都促使熔滴过渡，使过渡频率增加，熔滴尺寸显著细化。熔滴一般不是沿焊丝轴向过渡，而是呈非轴向过渡（偏离轴向）。这种过渡形式称为细滴过渡。图 2-20a、b 分别是 CO_2 气体保护电弧焊和酸性焊条电弧焊细滴过渡示意图。细滴过渡飞溅较少，电弧稳定，焊缝成形好，在生产中被广泛应用。

2.3.3 喷射过渡

氩气或富氩气体保护焊接时，在一定工艺条件下会出现喷射过渡。通常分为射滴过渡、亚射流过渡、射流过渡和旋转射流过渡四种过渡形式。

射滴过渡是介于滴状过渡与射流过渡之间的一种过渡形式。由于电流较大，电弧沿熔滴扩展，包围着熔滴的大部或全部表面，呈钟罩形。熔滴尺寸较小，与焊丝直径相近。熔滴脱离焊丝后沿着焊丝轴向过渡（图 2-20c），加速度大于重力加速度。其特点是熔滴过渡平

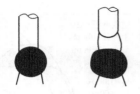

图 2-19　粗滴过渡过程示意图

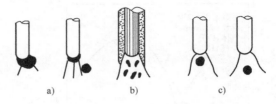

图 2-20　细滴过渡与射滴过渡

a)、b) 细滴过渡　c) 射滴过渡

稳、飞溅少、烟尘小、焊缝成形好；由于熔滴温度比粗滴过渡和射流过渡时低，焊丝熔化系数高。在钢焊丝脉冲氩弧焊和铝合金 MIG 焊时经常使用。

亚射流过渡是介于射滴过渡与短路过渡之间的一种过渡形式，主要存在于铝、镁及其合金的熔化极气体保护焊时。其特征是弧长比较短；过渡过程中既存在熔滴尺寸大约等于焊丝直径的射滴过渡，又伴随着瞬时短路过程。焊接过程稳定，基本没有飞溅，焊缝成形好。

旋转射流过渡是当焊丝伸出长度较大，焊接电流比通常的射流过渡临界电流高出很多时（称为第二临界电流）出现的一种过渡形式。此时，熔滴是从金属液柱的端头向四周被甩出，因而造成电弧不稳，飞溅大，焊缝成形不良。

射流过渡是喷射过渡中最富有代表性且用途广泛的一种过渡形式。获得射流过渡的条件是采用纯氩或富氩保护气氛，直流反接，除了保持高弧压（长弧）外，还必须使焊接电流大于某一临界值。

当熔化极氩弧焊电流较小，弧长较长时，则焊丝末端形成的溶滴尺寸较大，电弧呈圆柱形状，电磁收缩力也较小，熔滴在重力作用下呈粗滴过渡（图 2-21a）。随着电流的增加，熔滴尺寸减小，并且电磁收缩力增大。当电流增加到一定程度时，熔滴与焊丝接触处形成缩颈。缩颈处液态金属的电流密度较大，使缩颈过热，其表面产生大量金属蒸气，具备了产生阳极斑点的条件，电弧将从熔滴根部 a 跳至细颈根部 b（图 2-21b），产生所谓的跳弧现象。跳弧后，电弧形态发生明显的改变，形成锥形电弧，电磁收缩力进一步增大，金属蒸发进一步加剧，产生比较大的反作用力，并产生较强的等离子流力。由于等离子流由上而下的流速沿焊丝轴线最大，造成近缩颈处的等离子流力最大。此时，在上述电弧力的作用下，缩颈被迅速拉细拉长；在等离子流力和金属蒸气的反作用力的作用下，球形熔滴变为扁状（图 2-21c）。这个大熔滴被较大的向下推力推落之后，在电弧力作用下焊丝端头的液态金属呈铅笔尖状液柱（图 2-21d）。由于此液柱的表面张力很小，在较强的等离子流力作用下，细小的熔滴便从液柱尖端一个接一个地以高速冲向熔池（其加速度可达重力加速度的几十倍），这种过渡形式称为射流过渡。该射流过渡是一种稳定的过渡形式。

射流过渡在工艺上的主要优点：

1）焊接过程稳定，飞溅极少，焊缝成形质量好。

2）由于电弧稳定，对保护气流的扰动作用小，故保护效果好。

3）射流过渡电弧功率大，热流集中，对焊件的熔透能力强。而且过渡的熔滴沿电弧轴线高速流向熔池，使焊缝中心部位熔深明显增大而呈指状熔深。所以射流过渡主要用于平焊厚度大于 3mm 的焊件，不宜焊薄件。

产生跳弧现象的最小电流 I_c，称为射流过渡临界电流。当焊接电流小于临界电流时，电流的增大只使熔滴尺寸略有减小，熔滴过渡频率变化不大。电流一旦达到临界电流，熔滴尺寸减小，过渡频率大大增加。随后再增加电流，熔滴过渡频率变化不大。图 2-22 所示为钢焊丝在富 Ar 气氛中焊接时熔滴过渡频率 f 和体积 V 与电流的关系。

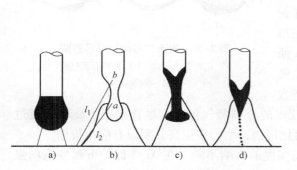

图 2-21 射流过渡形成机理示意图

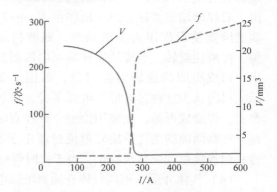

图 2-22 熔滴过渡频率和体积与电流的关系
钢焊丝 $\phi 1.6mm$，气体 $Ar + O_2 1\%$，
弧长 $6mm$，直流反接

射流过渡临界电流 I_c 的大小与下列因素有关：

（1）焊丝成分 焊丝成分不同将引起电阻率、熔点及金属蒸发能力的变化。图 2-23 所示为各种不同成分焊丝的临界电流。

（2）焊丝直径 即使是同种材料的焊丝，直径不同，其临界电流值也不同。由图 2-23 和图 2-24 可见，随焊丝直径的增大，临界电流成比例地增加。这是因为焊丝直径大，则电流密度小，熔化焊丝所需要的热量增加，因而形成射流过渡的临界电流值也随之增大。

（3）焊丝伸出长度 焊丝伸出长度长，电阻热的预热作用增强，焊丝熔化快，易实现射流过渡，使临界电流值降低，如图 2-24 所示。这种现象，电阻率越大的材料越明显。

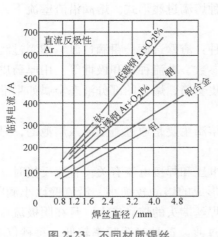

图 2-23 不同材质焊丝
的临界电流

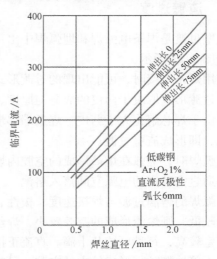

图 2-24 焊丝直径、伸出长度
与临界电流的关系

如果焊丝伸出长度过长，而且焊接电流比临界电流大很多，由于电磁收缩力的作用，使焊丝端部液柱的长度增加，射流过渡的细滴高速喷出，对焊丝端部液柱会产生反作用力。一旦某种偶然因素使反作用力偏离轴线，则液柱端部偏斜，使液柱旋转，熔滴从液柱端部向四周高速甩出，形成所谓的旋转射流过渡，如图 2-25b 所示。以前认为这种过渡形式电弧不稳，金属飞溅严重，焊缝成形差，无使用价值。现在有学者发

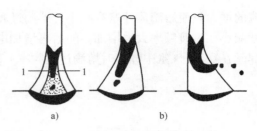

图 2-25　射流过渡时飞溅示意图
a）正常射流过渡　b）旋转射流过渡
1—1—细颈截面

现，在窄间隙的条件下旋转射流过渡由于有较多的金属蒸气包围，尽管产生了旋转射流过渡，但焊接过程仍然很稳定。由于此时焊丝熔化很快，生产率很高，所以有应用价值。

（4）气体介质　不同气体介质对电弧电场强度的影响不同。在 Ar 气保护下弧柱电场强度较低，电弧弧根容易扩展，易形成射流过渡，临界电流值较低。当 Ar 气中加入 CO_2 时，随加入 CO_2 的比例增加临界电流值增大。若 CO_2 的比例超过 30%（体积），则不能形成射流过渡。这是由于 CO_2 气体解离吸热对电弧的冷却作用较强，使电弧收缩，电场强度提高，电弧不易扩展所致。当 Ar 中加入 O_2 时，如果 O_2 的比例小于 5%（体积），因为 O_2 使熔滴表面张力降低，减小过渡阻力，故可降低临界电流值。但若 O_2 加入量增大，因为 O_2 的解离吸热使弧柱电场强度提高，电弧收缩不易扩展，使临界电流 I_c 反而提高，如图 2-26 所示。

（5）电源极性　直流反接时，焊丝为阳极，熔滴上的斑点压力较小，熔滴易脱落，临界电流值较小，易实现射流过渡；直流正接时，焊丝为阴极，熔滴上的斑点压力较大，阻碍熔滴过渡，临界电流值较大，电弧不稳定，不易实现射流过渡。如果采用活化焊丝（在焊丝表面涂敷一层低逸出功的活化剂，例如 Cs_2CO_3）可减弱熔滴上的斑点压力，有利于形成射流过渡。

2.3.4　渣壁过渡

渣壁过渡是焊条电弧焊和埋弧焊中出现的一种熔滴过渡形式。熔滴沿渣壁流下，落入熔池，如图 2-27 所示。

使用焊条焊接时，可能出现的过渡形式有四种：渣壁过渡、粗滴过渡、细滴过渡和短路过渡。过渡形式取决于药皮的成分与厚度、焊接参数、电流种类和极性等。用厚药皮焊条焊接时，由于焊芯熔化先于药皮，焊条端部形成药皮套筒，熔化的部分液态金属如果沿套筒落入熔池，即形成渣壁过渡。

埋弧焊时，电弧在熔渣形成的空腔内燃烧，熔滴主要是通过渣壁流入熔池的，只有少量熔滴是通过空腔内的电弧空间落入熔池。

埋弧焊的熔滴过渡与焊接速度、极性、电弧电压和焊接电流有关。直流反接时，如果电弧电压较低，则熔渣形成的空腔较小，焊丝端头形成的熔滴较细小，沿渣壁以小滴状过渡，过渡频率较高，每秒可达几十滴。直流正接时，焊丝端头的熔滴较大，且在阴极斑点压力的作用下不停地摆动，形成较大的空腔，呈粗滴状过渡。这种过渡频率较低，每秒仅 10 滴左右。焊接电流对熔滴过渡频率有很大影响。熔滴过渡频率随电流的增加而增加。这种现象，直流反接时更为明显，如图 2-28 所示。

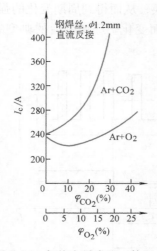

图 2-26　气体介质成分（体积分
数）对临界电流的影响

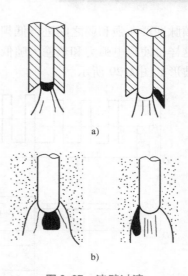

图 2-27　渣壁过渡
a) 焊条电弧焊　b) 埋弧焊

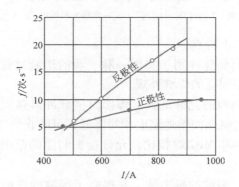

图 2-28　埋弧焊时电流对过渡频率的影响

2.4　熔滴过渡的新理论与新技术

熔滴过渡理论和技术随着焊接电弧物理和焊接工艺技术的发展而发展，铝及其合金双脉冲射滴过渡、双丝 GMAW（即双丝熔化极气体保护焊）熔滴过渡和冷金属过渡（CMT）是近年来涌现出的新技术。

2.4.1　双脉冲射滴过渡焊接技术

连续直流 MIG/MAG 焊的射滴过渡是一种稳定的熔滴过渡形式，但由于射滴过渡焊接电流区间窄（尤其是钢焊丝），使得这种过渡形式难以可靠地使用。为了解决这个问题，人们发明了脉冲 MIG/MAG 焊。该方法通过控制脉冲参数，使一个脉冲只过渡一个熔滴来实现射滴过渡，并使形成射滴过渡的焊接电流区间被拓宽。

双脉冲 MIG 焊是在脉冲 MIG/MAG 焊的基础上针对铝及铝合金焊接发展起来的一项新技术。它实行的仍然是一脉一滴的方式，但是，它用低频脉冲对所用的高频脉冲进行整体调制，使高频脉冲群在强和弱之间进行低频周期性地转换，从而得到周期变化的强脉冲群和弱脉冲群，这样也使得电弧力和热输入随低频调制频率而变化。经调制后的典型的焊接电流、电弧电压波形如图 2-29 所示。

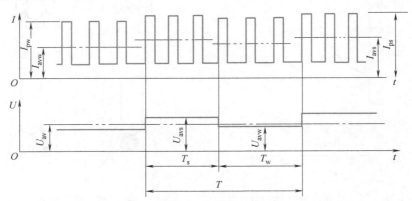

图 2-29　典型的焊接电流、电弧电压波形

I_{ps}—强脉冲峰值电流　I_{avs}—强脉冲平均电流　T_s—强脉冲时间　I_{pw}—弱脉冲峰值电流

I_{avw}—弱脉冲平均电流　T_w—弱脉冲时间　U_{avs}—强脉冲平均电压　U_{avw}—弱脉冲平均电压

双脉冲射滴过渡具有以下特点：

（1）焊缝表面美观　高频脉冲用于实现一脉一滴的熔滴过程，低频脉冲用于控制熔池的鱼鳞纹成形，可以得到很漂亮的焊缝外观。

（2）增大了搭接接头间隙的允许范围　焊接时强脉冲群强大的电弧使接头两边都能被熔化，弱脉冲群期间较弱的电弧使熔池温度相对降低，可防止烧穿、流溢，使熔化金属填充于间隙中，因此与常规的脉冲 MIG 焊相比，允许接头间隙的范围更宽，尤其是高速焊时两者的差别更大。

（3）降低了产生气孔、裂纹的敏感性，并提高了焊缝的性能　双脉冲射滴过渡对熔池有较强的搅拌作用，一方面能使里面的气体容易逸出，从而降低产生气孔的敏感性；另一方面能细化晶粒，降低产生凝固裂纹的敏感性和提高焊缝的力学性能。

除了上述双脉冲 MIG 焊外，还出现了所谓广义的双脉冲 MIG 焊。该方法与前者的不同之处是强脉冲群的熔滴过渡形式一般为一脉一滴，而弱脉冲群既可以是自由过渡，也可以是短路过渡，以满足多种熔化极焊接工艺的需要。

2.4.2　双丝 GMAW 熔滴过渡焊接技术

双丝熔化极气体保护电弧焊（双丝 GMAW）是为了提高单丝 MIG/MAG 焊的焊接生产率而开发出的一种新技术。但它不是由两个保持一定距离的普通单丝 MIG/MAG 焊枪所形成的简单组合，而是采用了以下两种方案：

（1）等电位双丝焊方案　等电位双丝焊也称为双丝并联（Twin DE）焊。该项技术是20世纪70年代在德国最早出现的。该方案如图 2-30a 所示。两根焊丝共用一个电源和一个导电嘴，因而两个电弧的电压降是相同的。两根焊丝分别由各自的送丝机构送出，送丝速度可分别调节。两根焊丝的排列方式有多种，如沿焊接方向前后排列、垂直于焊接方向并行排列、与焊接方向偏离一定角度排列等，但最常见的是沿焊接方向前后排列。前面的焊丝称为前导焊丝，后面的焊丝称为跟随焊丝，两者的电弧共同形成一个熔池。其中，前导焊丝的作用是控制熔深，跟随焊丝的作用是最后形成焊缝，因此，焊接时前导焊丝的送丝速度要大于跟随焊丝的送丝速度，以使前导焊丝的电流大于跟随焊丝的电流。该方案的优点是：焊丝熔敷速度高，焊接速度快，因而焊接生产率高；热输入相对较低，变形小，焊缝致密。缺点是由于两根焊丝的电流方向是相同的，使得两个电弧互相吸引，导致电弧不稳和产生飞溅，也会影响到焊缝成形。

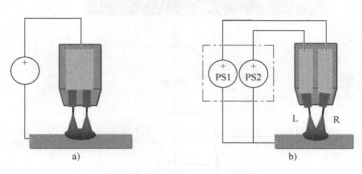

图 2-30　双丝 GMAW 熔滴过渡原理示意图
a）等电位双丝焊　b）协调控制双丝焊

（2）协调控制双丝焊方案　协调控制双丝焊也称为双丝串列（Tandem DE）焊。该项技术是 20 世纪 90 年代由德国 CLOOS 公司提出来的。该方案如图 2-30b 所示。两根焊丝相互绝缘，由两个独立的直流脉冲电源供电；按一定角度放在一个特别设计的焊枪中，并分别由各自的送丝机构送出，两个电弧共同形成一个熔池；排列方式是沿焊接方向前后排列。为了避免同极性电弧互相吸引，在两个电源之间附加了一个协同装置，使两个电弧交替导通，电流的相位差为 180°，如图 2-31 所示。该方法所使用的两根焊丝的直径和种类可以不同，电流大小可以分别控制，熔滴过渡形式也可以不同。该方案的特点是：由于两个电弧电流的相位差为 180°，使电弧稳定、

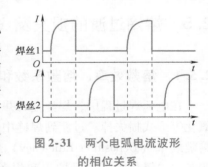

图 2-31　两个电弧电流波形的相位关系

飞溅减小；熔敷速度高，焊接速度快；热输入比单丝气体保护焊小，焊接变形较小；两个电弧交替燃弧，对熔池有搅拌作用，能够改善熔池结晶，并能降低产生气孔、裂纹的敏感性。

2.4.3　冷金属过渡气体保护电弧焊技术

冷金属过渡（Cold Metal Transfer）气体保护电弧焊是在短路过渡的基础上开发出来的一项技术，简称 CMT 焊。其技术核心是在熔滴短路时，焊接电源输出一很小的电流，同时焊丝回抽帮助熔滴从焊丝端部脱落。尽管熔滴过渡时电流非常低，熔滴的温度会迅速降低，但焊丝的机械式回抽运动保证了熔滴的正常脱落，使得在大幅度降低焊接热输入的同时避免了传统短路过渡方式因短路电流大极易引起的飞溅。

冷金属过渡技术将焊丝的运动同熔滴过渡过程相结合，在焊接过程中实现冷-热交替焊

接，大幅度地降低了热输入量。这一焊接工艺热输入量小、变形小、无飞溅、搭桥能力好、焊缝均匀一致、焊接速度高的特点，为薄板的焊接提供了完美的解决方案。CMT 焊的焊接过程如图 2-32 所示，其中，v_D 为送丝速度；I_s 为焊接电流；U_s 为电弧电压。

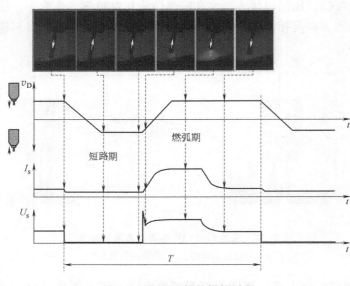

图 2-32　CMT 焊的焊接过程

2.5　熔滴过渡的损失及飞溅

2.5.1　熔敷效率、熔敷系数和损失率

在电弧焊过程中，焊丝金属并没有全部过渡到焊缝中去，其中一部分要以飞溅、蒸发、氧化等形式损失掉。过渡到焊缝中的金属质量与使用的焊丝（条）金属质量之比，定义为熔敷效率（Deposition Efficiency）。一般情况下，熔化极氩弧焊及埋弧焊的熔敷效率可达 90%。二氧化碳气体保护焊和焊条电弧焊熔敷效率有时只能达到 80% 左右。也就是说有 10%~20% 焊丝被氧化、飞溅和蒸发损失掉。这种损失与电流大小、极性和电弧长度有关。一般情况下弧长越大，电流越大，损失量就越大，使熔敷效率降低。

为了评价焊接过程中焊丝金属的损失程度，还常用到熔敷系数和损失率的概念。熔敷系数 a_y 是指单位时间、单位电流所熔敷到焊缝中的焊丝金属质量。若用 a_m 表示熔化系数（单位时间、单位电流熔化焊丝金属的质量），则焊丝金属的蒸发、氧化和飞溅的损失率 φ_δ 为

$$\varphi_\delta = \frac{a_m - a_y}{a_m} \times 100\% \tag{2-10}$$

2.5.2　熔滴过渡的飞溅

焊接过程中，大部分焊丝熔化过渡到熔池冷却成为焊缝，小部分飞落到熔池之外而成为飞溅（Spatter）。焊接飞溅造成了焊接材料的损失，恶化了操作环境，增加了焊接清理工序，

严重时对电弧稳定性及焊接过程构成影响。熔滴过渡形式、焊接参数、焊丝成分、气体介质等因素都能影响焊接过程飞溅的大小。飞溅损失通常用飞溅率 ψ 来表示，其定义为飞溅损失的金属与熔化的焊丝（条）金属的质量百分比。

实际测量焊接飞溅率可以有两种办法；一种是焊接后收集飞溅颗粒的办法，但要保证完全收集也是很困难的，需要对焊接区进行封闭，并且要做到封闭区内部焊接前后状态的一致（特别是各部件的表面状态）；第二种办法是通过测量焊丝损失率 φ_s 来一定程度上表示焊接飞溅率 ψ 大小。

熔化极电弧焊的飞溅率大小首先因焊接方法而有很大的差异，MIG 焊和埋弧焊在焊接参数合适并且工艺配合良好时，飞溅很少，飞溅率在 1% 以下或不产生飞溅。焊条电弧焊和 CO_2 电弧焊的飞溅问题最为突出，也包括 MAG 焊（活性气体保护电弧焊），与采用的焊接参数及电源特性有直接关系，严重时飞溅率高达 20% 以上，较为正常的情况是 3%～5%，控制较好时可以降低到 1%～2%。

从不同的熔滴过渡形式来看，滴状过渡，特别是粗滴过渡通常伴随着大量的飞溅，因此在实际焊接中应用极少；射流过渡，在正常情况下电弧稳定，飞溅率仅为 1% 以下；短路过渡，在细焊丝、小电流、低电压稳定焊接时，飞溅率通常在 5% 以下，如果短路电流峰值控制得当，飞溅率还可降到 2% 左右。但是工艺参数选择不当，电源动态特性不好等原因则可能出现较大的飞溅。

1. 短路过渡飞溅的特点

当采用细丝小电流时，在焊丝与熔滴（熔池）液体小桥发生爆炸时，该爆炸力推动熔滴进入熔池；又因为电流小，所以此时只产生细小颗粒的飞溅，如图 2-33a 所示。

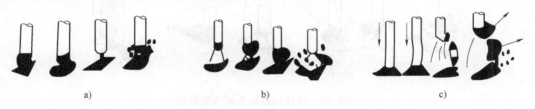

a)   b)   c)

图 2-33　短路过渡时的飞溅

a）细丝小电流时　b）中等电流小电感时　c）固态焊丝短路时

当电流较大时，在焊丝端头形成较大的熔滴。熔滴在电弧力作用下受到排斥，电弧的弧根集中在熔滴底部，此处温度高，则表面张力减小，熔滴金属在该处局部凸出，该处往往先接触熔池而短路，形成液体小桥。由于较大的电流通过该短路小桥，必然会产生较大的电磁收缩力。在电磁收缩力作用下将发生两种可能的现象：一种是该熔滴被排斥开，犹如小球弹起；另一种是该力作用在熔滴与熔池之间，使之产生缩颈。随着缩颈的变细，电流密度急剧增加，造成过多能量的集聚，最后导致汽化爆炸，将熔滴抛离熔池，因而形成很大的飞溅，如图 2-33b 所示，这种飞溅又称为瞬时短路飞溅。

研究表明，短路过渡时产生的飞溅量与爆炸能量有关。该能量是在小桥破断之前的 $100～150\mu s$ 短时间内聚集起来的，主要由这个时间内的短路峰值电流大小所决定。因此，欲减少飞溅，应改善电源的动特性，限制短路峰值电流。另外，缩颈位置对飞溅的影响很大。如果缩颈出现在熔滴与熔池之间，缩颈爆炸力将阻碍熔滴向熔池过渡，此时会形成大量飞溅；而如果缩颈位置出现在焊丝与熔滴之间，则缩颈爆炸力将促使熔滴向熔池过渡，飞溅较少。因此，应设法减小短路电流上升速度 di/dt（例如在焊接回路中串入合适的直流电感），使得熔滴与熔池接触处不能瞬间形成缩颈，而是在表面张力和重力作用下熔滴向熔池过渡；将缩颈移到焊丝与熔滴之间，此时的缩颈爆炸力能促使熔滴向熔池过渡，就可减少飞溅。

此外，冷态引弧时或焊接时，如果焊接参数不合适（如送丝速度过快而电弧电压过低、焊丝伸出长度过大等）或者焊接回路电感过大等，造成固态焊丝与焊件之间发生短路，这时焊丝可以成段地直接被抛出，熔池金属也会被抛出，从而造成大量的飞溅，如图 2-33c 所示。此时，需要合理地调节焊接参数和控制焊接回路中的电感不要过大。

2. 滴状过渡飞溅的特点

CO_2 电弧焊或 CO_2 含量大于 30%（体积）的混合气体保护焊呈粗滴过渡时，因 CO_2 气体高温解离吸热时对电弧有冷却作用，使电弧电场强度提高，电弧收缩集中于熔滴底部，弧根面积小于熔滴直径，此时形成的电磁收缩力会阻碍熔滴过渡，易形成粗滴飞溅（图 2-34a）。另外，熔滴在焊丝端头停留时间较长，严重过热，此时在熔滴内部发生强烈的冶金反应，析出气体使熔滴爆炸而形成大量金属飞溅（图 2-34b），焊缝成形很差，故不宜采用。

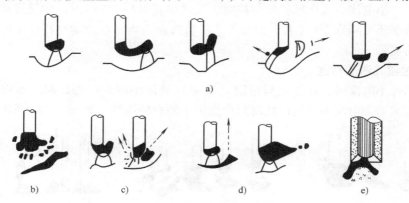

图 2-34　滴状过渡的金属飞溅特点
a）粗滴过渡时的飞溅　b）熔滴爆炸形成的飞溅　c）缩颈爆炸形成的
飞溅　d）气体析出引起的飞溅　e）渣和液体金属爆炸形成的飞溅

细滴过渡时，飞溅较少，主要产生于熔滴与焊丝之间的缩颈处。因为该处电流密度较大，使金属过热而爆断，形成颗粒细小的飞溅（图 2-34c）。但是，如果焊丝或焊件清理不良或焊丝含碳量较大，在熔化金属内部生成 CO 气体，当这些气体从熔化金属中析出时，将造成小滴金属飞溅（图 2-34d）。

酸性焊条焊接一般为细滴过渡。当电流较大，渣与金属生成的气体较多时，由于气体膨胀，将造成渣和液体金属爆炸，形成大量金属飞溅（图 2-34e）。

3. 射流过渡飞溅的特点

在进行富氩气体保护电弧焊接时，熔滴沿焊丝轴线方向以细滴状过渡。对于钢焊丝的射流过渡，焊丝端头呈"铅笔尖"状，被圆锥形电弧所笼罩，如图 2-25a 所示。在细颈断面1—1 处，焊接电流不但由液态金属细颈流过，同时还通过电弧流过。由于电弧的分流作用，减弱了细颈处的电磁收缩力与爆破力，不存在液态小桥过热问题，而促使细颈破断和熔滴过渡的主要原因是受等离子流力作用机械拉断，所以飞溅极少。在正常射流过渡情况下，飞溅率在1%以下。但是，在焊接参数不合理的情况下，如电流过高或焊丝伸出长度过大时，焊丝端头熔化部分变长，而它又被电弧包围着，焊丝端部液体表面能够产生金属蒸气，当受到某一扰动后，液柱发生弯曲，在金属蒸气的反作用推动下旋转，形成旋转射流过渡，此时熔滴可能会被横向抛出成为飞溅，如图 2-25b 所示。

复习思考题

1. 熔化极电弧焊中，焊丝熔化的热源有哪些？
2. 影响焊丝熔化速度的因素有哪些？是如何影响的？
3. 熔滴在形成与过渡过程中受到哪些力的作用？
4. 熔滴过渡有哪些常见的过渡形式？各有什么特点？
5. 解释：熔敷效率、熔敷系数、损失率和飞溅率。
6. 试述短路过渡、滴状过渡和射流过渡可能产生的飞溅形式及其原因。

母材的熔化和焊缝成形

电弧焊时，在电弧的作用下，母材局部和填充金属均被加热熔化并形成熔池，冷却凝固后形成焊缝。这个过程对焊缝的外形和内在质量均产生重要影响。本章将讲述母材熔化和焊缝成形的规律、缺欠形成的原因及其控制措施。

3.1 焊缝形成过程及焊缝形状尺寸

3.1.1 焊缝形成过程

电弧焊时，焊缝的形成一般要经历加热、熔化、化学冶金、凝固和固态相变等一系列冶金过程。其中，熔化和凝固是两个必不可少的过程。

在电弧的作用下，整个焊件上的温度分布是不均匀的，电弧作用中心的温度最高，随着远离电弧作用中心，其温度逐渐降低。在电弧正下方的母材温度超过了熔点，因此必然被熔化，与此同时，填充材料被电弧加热形成熔滴，向母材方向过渡，这两部分金属互相混合在一起，共同形成了具有一定几何形状的液体金属，即所谓的焊接熔池。如果用非熔化极电弧进行焊接并且不加填充焊丝，则熔池仅由局部熔化的母材金属组成。由于焊接电弧是沿着焊件接缝不断移动的，因此熔池也是移动的。在移动的过程中，熔池中电弧正下方的金属在电弧力作用下被排向熔池尾部，并在电弧力、表面张力和本身重力的共同作用下与熔池中部和头部金属保持一定的液面差，熔池保持一定的形状尺寸。

由于熔池内各点与电弧作用中心的距离不同，熔池内的温度分布是不均匀的。离电弧作用中心越近，温度越高，离电弧作用中心越远，温度越低。由于熔池是移动的，也使各点的温度是变化的。沿着熔池的纵向看，熔池头部的固体母材金属处于急剧升温阶段并不断被电弧熔化成为液体金属；熔池尾部的液体金属渐离电弧热源，温度降低，不断凝固形成焊缝，如图3-1所示。

熔池凝固是一个结晶过程。首先在熔池内形成晶核，然后晶体长大，直到全部凝固成焊缝。但形核主要是非自发形核，即金属原子主要是依附在熔合面（熔池与母材的交界面）上的半熔化和未熔化的晶粒形核，然后，以柱状晶的形式向熔池中心生长，直至相遇为止，如图3-2所示。这种结晶方式通常称为联生结晶。当焊接热输入大时，焊缝中心也会产生一些等轴晶。由于焊缝是由熔池凝固而成

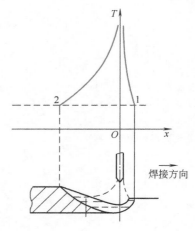

图3-1 熔池内沿焊缝纵向轴线
上的温度分布示意图

1—熔池头部 2—熔池尾部

的，熔池的形状将决定焊缝的形状。

3.1.2 焊缝形状尺寸

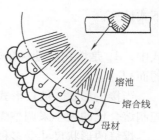

图 3-2 熔池结晶过程示意图

　　焊缝的形状一般是指焊缝横截面的形状，通常用焊缝熔深 H、焊缝熔宽 B 和焊缝余高 h 来描述。其中，焊缝熔深 H 是指母材熔化的深度；焊缝熔宽 B 是两焊趾之间的距离；焊缝余高 h 是焊缝横截面上焊趾连线之上的那部分焊缝金属的最大高度。此外，还常用焊缝成形系数 ϕ（$\phi = B/H$）和余高系数 ψ（$\psi = B/h$）来表征焊缝成形的特点。图 3-3 是对接接头和角接接头的焊缝形状和各参数的意义。

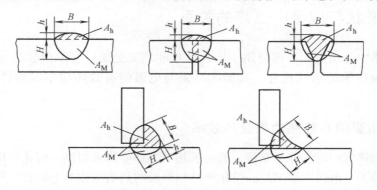

图 3-3　对接接头和角接接头焊缝形状和尺寸

H—焊缝熔深　B—焊缝熔宽　h—焊缝余高　A_h—填

充金属熔化面积　A_M—母材熔化面积

　　焊缝形状合理与否对焊接质量能产生很大的影响。例如，焊缝熔深 H 是对接接头焊缝很重要的尺寸，它直接影响接头的承载能力。焊缝成形系数 ϕ 的大小能影响熔池中气体逸出的难易程度、熔池金属的结晶方向、焊缝中心偏析程度等，因而对焊缝产生裂纹和气孔的敏感性、熔池的冶金条件等均能产生影响。在能够保证焊缝充分熔透的情况下，较小的焊缝成形系数 ϕ，可以缩小焊缝宽度方向的无效加热范围，进而可以提高热效率及减小热影响区。但过小的焊缝成形系数 ϕ，使焊缝截面过窄，熔池中的气体不易逸出，在焊缝中容易产生气孔，结晶条件也恶化，加大焊缝中产生夹渣及裂纹的倾向。不同的焊接方法对焊缝成形系数的要求不同。实际焊接时，在保证焊透的前提下要求匹配合适的 ϕ 值。对于常用的电弧焊方法，焊缝的成形系数 ϕ 一般取 $1.3 \sim 2$；堆焊时，为了保证堆焊层的成分和高的堆焊生产率，要求熔深浅，焊缝宽度大，成形系数 ϕ 可达到 10。

　　焊缝余高在静载下可以增加焊缝的承载能力，但在动载或交变载荷下，不仅不能起加强作用，反而由于能引起应力集中而降低焊缝的疲劳强度，因此需要合适的焊缝余高尺寸。通常，对接接头的余高 $h = 0 \sim 3$mm，或者余高系数 ψ（B/h）为 $4 \sim 8$。当焊件的疲劳寿命是主要问题时，焊后应将余高去除。

　　熔合比 γ 是另一个表征焊缝横截面形状特征的重要参数。所谓熔合比 γ 是指单道焊时，在焊缝横截面上熔化的母材所占的面积与焊缝的总面积之比。它能反映母材成分对焊缝成分的稀释程度。熔合比 γ 越大，说明母材向焊缝中熔入的量越多，稀释程度越大。熔合比 γ 用下式计算：

$$\gamma = A_{M}/(A_{M} + A_{h}) \tag{3-1}$$

式中，A_{M} 是熔化的母材在焊缝横截面积中所占的面积；A_{h} 是填充金属在焊缝横截面中所占的面积。

当接头形式、坡口形式、焊接参数变化时，焊缝的熔合比将发生变化。电弧焊时可通过控制熔合比的大小来调整焊缝的化学成分、降低裂纹的敏感性和提高焊缝的力学性能。

焊缝的形状尺寸受多种因素影响，其中影响比较大的有焊接电弧热、熔池受到的力、焊接参数等，以下将分别讨论这些因素的影响。

3.2 熔池形状与焊接电弧热的关系

焊接电弧热中有相当大一部分用于熔化母材和填充金属，它不仅能决定焊接熔池的体积，而且能影响熔池的形状尺寸。其影响结果与电弧的有效热功率和焊件上的温度分布有关。

3.2.1 焊接电弧的有效热功率及热效率

焊接电弧加热焊件时，并不是所有的电弧热功率都能用来加热、熔化焊件和焊丝，其中有一部分损失掉了。电弧用于加热、熔化焊件和焊丝的热功率称为电弧有效热功率。由于焊接时，焊丝受热后会通过熔滴过渡把热能传递给焊件，因此电弧有效热功率也称为焊件热输入功率。电弧有效热功率与电弧热功率的比值 η 称为电弧热效率。η 可表示为

η = 电弧有效热功率/电弧热功率 = （电弧热功率 − 电弧热损失的总和）/电弧热功率

由于电弧的电能绝大部分都能变成热能，因此，直流电弧焊焊接时，电弧有效热功率计算公式如下：

$$P = \eta UI \tag{3-2}$$

式中，P 是电弧有效热功率；η 是电弧热效率，它与焊接方法、焊接参数、周围条件等有关；U 是电弧电压；I 是焊接电流。

交流电弧焊焊接时，考虑到交流波形的非正弦性，电弧有效热功率计算如下：

$$P = \eta KUI \tag{3-3}$$

式中，K 是系数，$K = 0.7 \sim 0.9$；U、I 是电弧电压、焊接电流的有效值。

其中电弧电压 U 是导电嘴与焊件之间的电压，而不是弧焊电源两个输出端之间的电压。

电弧热效率 η 大小与电弧的热损失有关，电弧热损失越大，η 值越小。电弧热损失包括如下几方面：

1）电弧热辐射和气流带走的热量损失。

2）用于加热和熔化焊条药皮或焊剂的损失（不包括熔渣传导给焊件的那部分热量）。

3）焊接飞溅造成的热损失。

4）用于加热钨极或碳极、焊条头、焊钳或导电喷嘴等的热损失。

焊接方法不同，焊接电弧的热效率 η 不同。熔化极电弧焊电极所吸收的热量由熔滴带入熔池成为输入热的一部分，非熔化极电弧焊电极的热量不能进入熔池而成为热损失，故熔化极电弧焊的热效率比非熔化极的高。埋弧焊时电弧空间被液态的渣膜包围，电弧辐射、气

流和飞溅等造成的热损失很小，因而热效率最高。各种电弧焊方法的热效率 η 见表 3-1。

表 3-1　各种电弧焊方法的热效率 η

电弧焊方法	η
焊条电弧焊	0.65 ~ 0.85
埋弧焊	0.80 ~ 0.90
CO_2 气体保护焊	0.75 ~ 0.90
熔化极氩弧焊（MIG）	0.70 ~ 0.80
钨极氩弧焊（TIG）	0.65 ~ 0.70

焊接条件不同时，焊接电弧的热效率不同。例如，焊条的药皮厚度增加时，电弧用于熔化药皮的热量增加，导致热损失增加，电弧热效率 η 减小；明弧焊时如果电弧长度增加，热能通过辐射和对流的损失增大，电弧热效率 η 减小；窄间隙焊接时的热效率比平板上堆焊时的热效率高等。

3.2.2　焊接温度场

所谓焊接温度场，是指焊接过程中某一瞬间焊件上各点的温度分布状态，通常用等温线或等温面来表示。为了了解熔池形状与焊接电弧热之间的关系，人们试图利用焊接温度场解析法求出熔池的形状和尺寸。

1. 焊接温度场的解析计算

利用焊接温度场解析法来求解熔池的形状和尺寸的基本思路是：由于影响焊件实际温度场的因素很多，为了使问题简化，首先做一些假设，然后利用热传导微分方程式进行求解。

热传导微分方程式如下：

$$\frac{\partial T}{\partial t} = \frac{\lambda}{c\rho}\left(\frac{\partial^2 T}{\partial x^2} + \frac{\partial^2 T}{\partial y^2} + \frac{\partial^2 T}{\partial z^2}\right) = a\nabla^2 T$$

式中，T 是温度；t 是时间；λ 是热导率，表示金属导热的能力；c 是比热容；ρ 是材料密度；a 是热扩散率，表示温度传播的速度，$a = \lambda/c\rho$；∇^2 是拉普拉斯运算符号。

计算焊接温度场时做如下假定：

1）材料的热导率、密度、比热容等均不随温度变化。

2）在任何时刻和任何温度下材料都处于固态，不发生任何相变。材料各向同性，材质均匀。

3）焊件为半无限大体，热源集中作用在半无限大体表面上的体积为零的点上。

4）半无限大体表面为绝热面，即热源的热能全部向物体内部传导。

5）初始温度为零。

6）不考虑力的作用和熔池金属的流动。

7）物体上的传热过程已达到极限饱和状态，即 $t = \infty$。

设 $Oxyz$ 坐标系的 xy 坐标处于半无限大体的表面上，z 坐标垂直于半无限大体的表面。点状热源的作用点与坐标系 $Oxyz$ 的原点重合，两者一起以速度 v 沿 x 轴正向运动。对热传导微分方程式求特解，即可求出焊件上任意一点 A 的温度解析表达式：

$$T(r,x) = \frac{P}{2\pi\lambda r}\exp{-v(x+r)/2a} \tag{3-4}$$

式中，T 是点 A 的加热温度；r 是点 A 到运动坐标系原点 O 的空间距离；x 是运动坐标系中点 A 在 x 轴上的坐标；v 是点热源的运动速度；λ 是热导率；a 是热扩散率。

由式（3-4）可以计算出匀速移动的点状热源作用于半无限大体的表面所形成的温度场。由于在半无限大体内等于材料熔点的等温面所包围的液体金属区域即是焊接熔池，因此可以计算得到熔池形态及其温度分布，如图 3-4 所示。

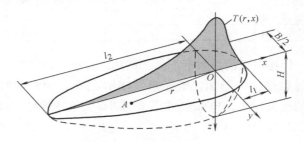

图 3-4 熔池形状示意图

2. 焊接熔池的特征参数

焊接熔池的特征参数有熔池头部长度 l_1、熔池尾部长度 l_2、熔池长度 l（$= l_1 + l_2$）、熔池宽度 B、熔池深度 H 等。由于 l_1 在 x 轴上，用式（3-4）计算 l_1 时取 $l_1 = x = r$；同理计算长度 l_2 时取 $l_2 = x = -r$，并令 $T(r, x) = T_m$。通过计算，得到 l_1 及 l_2 的表达式如下：

$$l_1 = \frac{a}{v}\left(\ln\frac{P}{2\pi\lambda T_m} - \ln l_1\right) \approx \frac{a}{v}\ln\frac{P}{2\pi\lambda T_m} \tag{3-5}$$

$$l_2 = \frac{P}{2\pi\lambda T_m} \tag{3-6}$$

式中，T_m 是被焊材料的熔化温度。

式（3-5）表明，熔池头部长度 l_1 随电弧有效热功率 P 的增加而增加，但不是正比关系；熔池头部长度 l_1 与焊接速度 v 成反比。式（3-6）表明，熔池尾部的长度 l_2 与 P 成正比，与热源移动速度 v 无关。当 v 较大时，l_1 很小，此时熔池长度 l 近似等于熔池的尾部长度 l_2。

此外，根据式（3-4）、式（3-5）、式（3-6）计算的结果表明，熔池宽度和熔池深度近似地与 $\sqrt{P}$ 成正比关系，与 $\sqrt{v}$ 成反比的关系；用点状热源公式计算出的 $B = 2H$。在电弧有效热功率 P 等其他参数一定的情况下，随热源移动速度 v 的增加，熔池体积减小，熔池长度变化不大，熔池宽度 B 减小；在热源移动速度等其他参数一定的情况下，随电弧有效热功率 P 的增加，熔池体积、熔池长度、熔池宽度 B 均增加。

3. 实际焊接条件与解析计算的假设条件的差异

实际焊接时，焊接条件与解析计算的假定条件间存在很大差异，例如，材料具有熔化及相变过程，不是始终处于固态；熔池头部的金属熔化时吸收熔化潜热，熔池尾部的金属凝固时放出潜热；焊件尺寸总是有限的，边界上的散热条件与假设条件不同；实际焊接热源是分布热源，热源作用在焊件的一定的区域上，在不同的条件下以不同的分布形态输入焊件，而不是作用于一点上的点状热源；实际熔池的液体金属表面在电弧力等各种力的作用下会发生变形；熔池金属的流动使传热不再局限于固体内的热传导等。因此，用点状热源等公式计算出的熔池形状和尺寸与实际情况有较大差异。尽管如此,式(3-4)~式(3-6)等解析计算公式仍可以清楚地表述各个物理量之间的关系以及某些条件变化时的焊接温度场分布的变化规律,这也是很有意义的。例如,解析计算表明,熔池头部长度 l_1 与焊接速度 v 成反比,熔池尾部的长度 l_2 与焊速 v 无关等。

3.2.3 焊件比热流与焊接参数的关系

实际焊接电弧不是点状电源,电弧输入焊件的热量不是由一点输入的,而是在一个区域输入的,因此促使人们对焊件的比热流进行研究。

1. 焊件的比热流分布

所谓比热流,是指单位时间内通过单位面积传入焊件的热能。电弧热输入量是通过半径为 r_a 的圆面积输入焊件的,可以近似地认为在分布半径 r_a 的区域内电弧输入焊件的比热流以正态规律分布,如图 3-5 所示。解析计算公式如下:

$$q(r) = q_m e^{-kr^2} \tag{3-7}$$

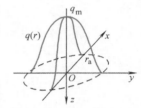

式中,r 是焊件表面加热斑点中任意一点到电弧轴线的距离;k 是电弧集中系数;$q(r)$ 是焊件表面加热点距离电弧轴线为 r 处的比热流值;q_m 是焊件表面电弧轴线上的比热流值,$q_m = Pk/\pi$。

设在 $r = r_a$ 处的 $q(r_a) = 0.05 q_m$,则 $r_a = 1.73/\sqrt{k}$。

式中,r_a 与 $\sqrt{k}$ 成反比,表明电弧集中系数 k 越大,则分布半径 r_a 越小。在电弧有效热功率 P 一定时,电弧集中系数 k 越大,则 q_m 越大。电弧集中系数 k 或 r_a 与弧柱气体的成分、电弧电压(弧长)和焊接电流等有关。

图 3-5 正态分布比热流

2. 比热流分布与电弧参数之间的关系

(1)弧长对比热流的影响 试验测得的弧长对比热流分布的影响规律如图 3-6 所示。试验条件:电弧为钨极氩弧,直流正接,焊接电流为 200A。图示数据表明,电弧长度 l 增加时,电弧电压增加,电弧功率 P_T 及阳极功率 P_A 均增大,阳极功率 P_A 增加意味着电弧输入焊件的功率增加。但是,由于弧长增加导致散热增加,电弧的热效率 η 减小,故能反映电弧热输入大小的阳极功率 P_A 比电弧功率 P_T 增加得小,同时焊件表面的加热斑点面积扩大,r_a 增大,即电弧集中系数 k 减小,所以比热流 q_m 减小,$q(r)$ 的分布渐趋平缓。

(2)电弧电流对比热流的影响 试验测得的电弧电流 I 对比热流分布的影响规律如图 3-7 所示。试验条件:电弧为钨极氩弧,直流正接,电弧长 $l = 6.3mm$。图示数据表明,电弧电流增加时,电弧功率 P_T 及阳极功率 P_A 均增加,由于电弧有效热功率 P 增加,q_m 有所增大;同时弧柱也扩张,分布半径 r_a 增大,q_m 虽然有所增大,但电弧集中系数 k 有所减小。

(3)钨极端部角度和端部直径对比热流的影响 钨极端部的角度和端部直径影响比热流分布。钨极端部角度 θ 对比热流 $q(r)$ 的影响如图 3-8a 所示。试验条件:电弧电流 $I = 200A$,直流正接,电弧长 $l = 5mm$。在其他条件一定的情况下,随着钨极端部角度 θ 减小,焊件表面电弧轴线上的比热流值 q_m 增加。钨极端部直径 d 对比热流的影响如图 3-8b 所示,在其他条件一定的情况下,随着钨极端部直径 d 减小,焊件表面电弧轴线上的比热流值 q_m 增加。

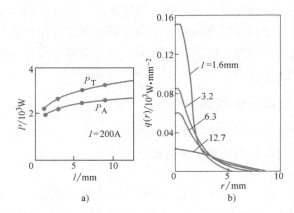

图 3-6 弧长与比热流分布 $q(r)$ 之间的关系

a）电弧功率 P_T 和阳极功率 P_A 与弧长 l 的关系 b）不同弧长 l 时的 $q(r)$

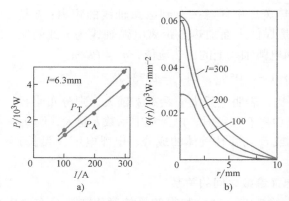

图 3-7 电弧电流与比热流分布 $q(r)$ 之间的关系

a）电弧功率 P_T 和阳极功率 P_A 与电流的关系 b）不同电流 I 时的 $q(r)$

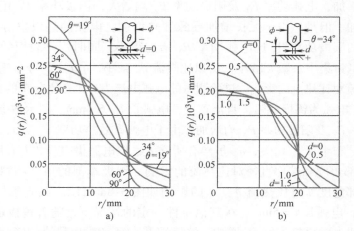

图 3-8 钨极端部角度 θ 和端部直径 d 对比热流分布 $q(r)$ 的影响

a）θ 变化 b）d 变化

3.2.4 熔池尺寸与比热流分布的关系

电弧焊单道焊的熔池形状与电弧的集中系数 k 及焊件表面电弧轴线上的比热流值 q_m 有关。在电弧有效热功率 P、电弧力等其他条件一定的条件下，电弧的集中系数 k 增加，熔池的熔深（即焊缝熔深）增加，熔池的熔宽（即焊缝熔宽）减小；反之，则熔池的熔深减小，熔池的熔宽增加。在电弧有效热功率、电弧力等其他条件一定的情况下，焊件表面电弧轴线上的比热流值 q_m 增加，熔池的熔深（即焊缝熔深）增加，熔池的熔宽（即焊缝熔宽）减小；反之，则熔池的熔深减小，熔池的熔宽增加。例如，在电弧有效热功率等其他条件相同的情况下，等离子弧焊的电弧集中系数 k 及比热流值 q_m 均比钨极氩弧焊的 k、q_m 大，所以等离子弧焊的焊接熔池比钨极氩弧焊的焊接熔池的熔深大，熔宽小。

实际上，电弧焊形成的焊接熔池形状受电弧有效热功率、热输入分布形态、电弧力、接头形式、空间位置等许多因素的影响，是一个非常复杂的问题，解析法有一定的局限性。为了得到与实际更接近的结果，近些年来，数值解法逐渐得到人们的重视和应用。常用的数值解法有有限元法、有限差分法以及数值积分法等。虽然数值解法的计算工作量都很大，但在电子计算机日益发达的今天，已不再是难以解决的问题。

3.3 熔池受到的力及其对焊缝成形的影响

在电弧焊焊接过程中，熔池不仅受到热的作用，还受到力的作用。在电弧力和其他各种力的作用下熔池表面产生凹陷，液体金属被排向熔池尾部，使熔池尾部的液面高于焊件表面，从而产生焊缝余高。同时，电弧力及其他力还使熔池金属产生流动，一方面促使熔池内部的对流换热和填充金属与母材金属的混合，从而使焊缝各处的成分比较均匀一致；另一方面也必然影响熔池的形状和焊缝的成形。

3.3.1 熔池金属的重力

熔池金属的重力的大小正比于熔池金属的体积和密度。熔池金属的重力对熔池金属流动的作用与焊缝的空间位置有关。水平位置焊接时，熔池金属的重力有利于熔池的稳定性。空间位置焊接时，熔池金属的重力可能会破坏熔池的稳定性，使焊缝成形变坏。

3.3.2 表面张力

表面张力将阻止熔池金属在电弧力或熔池金属重力作用下的流动，同时对熔池金属在熔池界面上的接触角（即润湿性）的大小也有直接影响。所以，表面张力既影响熔池的轮廓形状，也影响熔池金属在坡口里的堆敷情况，即熔池表面的形状。

熔池金属的表面张力的大小取决于液体金属的成分和温度。大多数液体金属中当含有氧、硫等表面活性元素时，能够明显降低表面张力。液体金属的表面张力随温度升高而降低。

此外，熔池金属由于各处成分和温度的不均匀性，各处表面张力大小也不同，这样形成沿表面方向的表面张力梯度 $d\sigma/dr$（σ 为表面张力，r 为熔池半径），这种表面张力梯度将促使液体金属流动。

在电弧轴线下的熔池表面的温度最高，熔池四周的温度较低。如果熔池表面处材料的成分是均匀一致的，那么表面张力梯度 $d\sigma/dr > 0$，即熔池四周的表面张力大，电弧轴线下熔池中心处的表面张力最低，在这样一种表面张力梯度作用下，熔池表面的金属从中心流向四周，因而形成的熔池宽而浅（图 3-9）。当熔池金属中含有易于在表面偏析的活性元素（如硫和氧等）时，在熔池表面较热的地方通过蒸发或者减小表面偏析使表面张力增大，在这种情况下表面张力梯度 $d\sigma/dr < 0$，熔池四周的表面张力低，因而熔池表面的金属从四周流向中心，形成的熔池窄而深（图 3-10）。

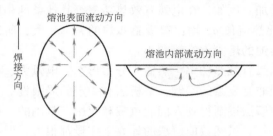

图 3-9　熔池金属流动与表面张
力梯度的关系（$d\sigma/dr > 0$）

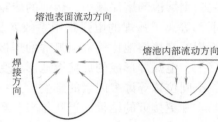

图 3-10　熔池金属流动与表面张
力梯度的关系（$d\sigma/dr < 0$）

3.3.3　焊接电弧力

焊接电流流入焊接熔池时，由于斑点面积较小，电流密度较大，因而斑点处的压力较大，而熔池表面内的其他处的电流密度较小，压力也较小。这种压力差促使熔池金属流动，在熔池中心处，较大的斑点压力促使液体金属向下流动，而熔池四周的液体金属流向熔池中心，形成涡流现象。金属流动时，由于熔池中心的高温金属能把热量带向熔池底部，因而会使熔深加大。

电弧静压力作用于熔池液体表面，使熔池形成下凹的形态，如图 3-11 所示。

当等离子流力（电弧动压力）比较明显时，也对焊缝成形产生较大影响。例如，在富氩气体保护熔化极电弧焊射流过渡时，等离子流力与熔滴的冲击力共同作用于熔池，能使熔池形成指状形态，焊缝形成指状熔深，如图 3-12 所示。

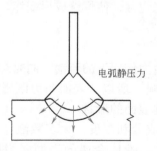

图 3-11　电弧静压力对焊缝成形的影响

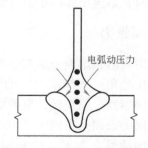

图 3-12　电弧动压力对焊缝成形的影响

3.3.4　熔滴冲击力

富氩气体保护熔化极电弧焊射流过渡时，焊丝前端熔化金属以较小的熔滴及很高的速度沿焊丝轴向冲向熔池，对熔池形成较大的冲击力，因此也容易形成指状熔深。

3.4 焊接参数和工艺因素对焊缝成形的影响

前面介绍了电弧热源及电弧力对熔池及焊缝成形的影响规律。实际上影响熔池及焊缝成形的因素很多，影响关系也很复杂。下面介绍焊接参数及工艺因素对焊缝成形的影响规律。

3.4.1 焊接参数对焊缝成形的影响

1. 焊接电流对焊缝成形的影响

在其他条件一定的情况下，随着电弧焊焊接电流的增加，焊缝的熔深和余高均增加，熔宽略有增加。其原因如下：

1) 随着电弧焊焊接电流的增加，作用在焊件上的电弧力增加，电弧对焊件的热输入增加，热源位置下移，有利于热量向熔池深度方向传导，使熔深增大。熔深与焊接电流近似成正比关系，即焊缝熔深 $H \approx K_m I$。式中 K_m 为熔深系数（焊接电流增加 100A 导致焊缝熔深增加的毫米数），它与电弧焊的方法、焊丝直径、电流种类等有关，见表 3-2。

表 3-2 不同焊接方法及其焊接参数条件下的熔深系数（焊钢）

电弧焊方法	电极直径 /mm	焊接电流 /A	电弧电压/V	焊接速度 /m·h^{-1}	熔深系数 /mm·(100A)$^{-1}$
钨极氩弧焊	3.2	100 ~ 350	10 ~ 16	6 ~ 18	0.8 ~ 1.8
等离子弧焊	1.6 喷嘴孔径	50 ~ 100	20 ~ 26	10 ~ 60	1.2 ~ 2
	3.4 喷嘴孔径	220 ~ 300	28 ~ 36	18 ~ 30	1.5 ~ 2.4
埋弧焊	2	200 ~ 700	32 ~ 40	15 ~ 100	1.0 ~ 1.7
	5	450 ~ 1200	34 ~ 44	30 ~ 60	0.7 ~ 1.3
熔化极氩弧焊	1.2 ~ 2.4	210 ~ 550	24 ~ 42	40 ~ 120	1.5 ~ 1.8
CO$_2$ 焊	0.8 ~ 1.6	70 ~ 300	16 ~ 23	30 ~ 150	0.8 ~ 1.2
	2 ~ 4	500 ~ 900	35 ~ 45	40 ~ 80	1.1 ~ 1.6

2) 电弧焊的焊芯或焊丝的熔化速度与焊接电流成正比。由于电弧焊的焊接电流增加导致焊丝熔化速度增加，焊丝熔化量近似成正比地增多，而熔宽增加较少，所以焊缝余高增大。

3) 焊接电流增大后，弧柱直径增大，但是电弧潜入焊件的深度增大，电弧斑点移动范围受到限制，因而熔宽的增加量较小。

熔化极氩弧焊时，焊接电流增加，焊缝熔深增加。若焊接电流过大、电流密度过高，容易出现指状熔深，尤其焊铝时较明显。

2. 电弧电压对焊缝成形的影响

在其他条件一定的情况下，提高电弧电压，电弧功率相应增加，焊件输入的热量有所增加。但是电弧电压增加是通过增加电弧长来实现的，电弧长度增加使得电弧热源半径增大，电弧散热增加，输入焊件的能量密度减小，因此熔深略有减小而熔宽增大。同时，由于焊接电流不变，焊丝的熔化量基本不变，使得焊缝余高减小。

　　各种电弧焊方法，为了得到合适的焊缝成形，即保持合适的焊缝成形系数 ϕ，在增大焊接电流的同时要适当提高电弧电压，要求电弧电压与焊接电流具有适当的匹配关系。这点在熔化极电弧焊中最为常见。

3. 焊接速度对焊缝成形的影响

　　在其他条件一定的情况下，提高焊接速度会导致焊接热输入减少，从而焊缝熔宽和熔深都减小。由于单位长度焊缝上的焊丝金属熔数量与焊接速度成反比，所以也导致焊缝余高减小。

　　焊接速度是评价焊接生产率的一项重要指标，为了提高焊接生产率，应该提高焊接速度。但为了保证结构设计上所需的焊缝尺寸，在提高焊接速度的同时要相应提高焊接电流和电弧电压，这三个量是相互联系的。同时，还应考虑在提高焊接电流、电弧电压、焊接速度（即采用大功率焊接电弧、高焊接速度焊接）时，有可能在形成熔池过程中及熔池凝固过程中产生焊接缺陷，如咬边、裂纹等，所以提高焊接速度是有限度的。

3.4.2　焊接电流种类和极性、电极尺寸对焊缝成形的影响

1. 焊接电流的种类和极性

　　焊接电流的种类分为直流和交流。其中，直流电弧焊根据电流有无脉冲又分为恒定直流和脉冲直流；根据极性分为直流正接（焊件接正）和直流反接（焊件接负）。交流电弧焊根据电流波形的不同又分为正弦波交流和方波交流等。焊接电流种类和极性能影响电弧输入焊件热量的大小，因此能影响焊缝成形，同时还能影响熔滴过渡过程和对母材表面氧化膜的去除。

　　钨极氩弧焊焊接钢、钛等金属材料时，直流正接时形成的焊缝熔深最大，直流反接时的焊缝熔深最小，交流介于两者之间。由于直流正接时焊缝熔深最大，而且钨极烧损最小，所以钨极氩弧焊焊接钢、钛等金属材料时应采用直流正接。钨极氩弧焊采用脉冲直流焊接时，由于能够调整脉冲参数，因而可以根据需要控制焊缝成形尺寸。钨极氩弧焊焊接铝、镁及其合金时，需要利用电弧的阴极清理作用来清理母材表面的氧化膜，采用交流为好。由于方波交流的波形参数可调，则焊接效果更好。

　　熔化极电弧焊时，直流反接时的焊缝熔深和熔宽都要大于直流正接的情况，交流焊接的熔深和熔宽介于两者之间。因此，埋弧焊时，多采用直流反接以获得较大的熔深；而埋弧堆焊时，则采用直流正接以减小熔深。熔化极气体保护电弧焊时，由于直流反接时不仅熔深大，而且焊接电弧和熔滴过渡过程都较直流正接和交流时稳定，而且具有阴极清理作用，因此被广泛采用，而直流正接和交流则一般不被采用。

2. 钨极端部形状、焊丝直径和伸出长度的影响

　　钨极前端角度和形状对电弧的集中性（图3-8）及电弧压力（图1-37）影响较大，应根据焊接电流大小及焊件厚薄选取。通常电弧越集中、电弧压力越大，所形成的熔深越大，而熔宽相应减小。

　　熔化极气体保护电弧焊时，在焊接电流一定的条件下，焊丝越细，电弧加热越集中，熔深增加，熔宽减小。但在实际焊接工程中选择焊丝直径时，还要考虑电流大小和熔池形态，避免出现不良焊缝成形。

　　熔化极气体保护电弧焊的焊丝伸出长度增加时，焊接电流流过焊丝伸出部分产生的电阻

热增加，使焊丝熔化速度增加，因此焊缝余高增大，而熔深有所减小。由于钢焊丝的电阻率比较大，因而在钢质、细焊丝焊接中焊丝伸出长度对焊缝成形的影响比较明显。铝焊丝的电阻率比较小，其影响不大。虽然增加焊丝伸出长度可以提高焊丝的熔化系数，但从焊丝熔化的稳定性和焊缝成形方面综合考虑，焊丝伸出长度存在一个允许的变化范围。

3.4.3 其他工艺因素对焊缝成形的影响

除了上述工艺因素外，其他焊接工艺因素，如坡口尺寸和间隙大小、电极和工件的倾角、接头的空间位置等也能对焊缝成形及焊缝尺寸产生影响。

1. 坡口和间隙

用电弧焊焊接对接接头时，通常根据焊件板厚确定是否预留间隙、间隙大小以及所开坡口的形式。在其他条件一定时，坡口或间隙的尺寸越大，所焊出焊缝的余高越小，相当于焊缝位置下降（图3-13），此时熔合比减小。因此，留间隙或开坡口可用来控制余高的大小和调整熔合比。

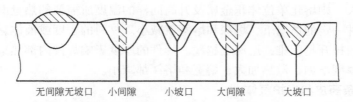

无间隙无坡口　　小间隙　　小坡口　　大间隙　　大坡口

图3-13　间隙和坡口对焊缝成形的影响

2. 电极（焊丝）倾角

电弧焊时，根据电极倾斜方向与焊接方向的关系，分为电极前倾和电极后倾两种，焊丝倾斜时，电弧轴线也相应倾斜。焊丝前倾时（图3-14a），电弧力对熔池金属向后排出的作用减弱，熔池底部的液体金属层变厚，熔深减小，电弧潜入焊件的深度减小，电弧斑点移动范围扩大，熔宽增大，余高减小。焊丝前倾 α 角越小，这一影响越明显（图3-14c）。焊丝后倾时（图3-14b），情况则相反。焊条电弧焊时，多数采用电极后倾法，倾角 α 在 $65° \sim 80°$ 之间比较合适。

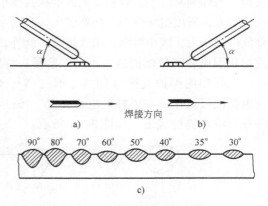

图3-14　焊丝倾角对焊缝成形的影响
a）前倾　b）后倾　c）焊缝形状变化（前倾）

3. 焊件倾角

焊件倾斜在实际生产中经常碰到，可分为上坡焊和下坡焊。此时，熔池金属在重力的作用下有沿斜坡向下流动的倾向。上坡焊时（图3-15a），重力有助于熔池金属排向熔池尾部，因而熔深大，熔宽窄，余高大。当上坡角度 α 为 $6° \sim 12°$ 时，余高过大，且两侧易产生咬边。下坡焊时（图3-15b），这种作用阻止熔池金属排向熔池尾部，电弧不能深入加热熔池底部的金属，熔深减小，电弧斑点移动范围扩大，熔宽增大，余高减小。焊件倾角过大，会导致熔深不足和熔池液体金属溢流。

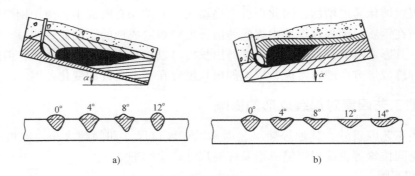

图 3-15　工件倾角对焊缝成形的影响

a）上坡焊　b）下坡焊

4. 焊件材质和厚度

焊缝熔深与焊接电流有关，也与材料的导热性能及容积热容有关。材料的导热性能越好、容积热容越大，则熔化单位体积金属及升高同样的温度所需要的热量就越多，因此在焊接电流等其他条件一定的情况下，熔深和熔宽就减小。材料的密度或液体黏度越大，则电弧对液体熔池金属的排开越困难，熔深也越浅。焊件的厚度影响焊件内部热量的传导，其他条件相同时，焊件厚度增加，散热加大，熔宽和熔深都减小。

5. 焊剂、焊条药皮和保护气体

焊剂或焊条药皮的成分不同，导致电弧的极区压降和弧柱电位梯度不同，必然会影响焊缝成形。当焊剂密度小、颗粒度大或堆积高度小时，电弧四周的压力低，弧柱膨胀，电弧斑点移动范围大，所以熔深较小，熔宽较大，余高小。用大功率电弧焊焊接厚件时，用浮石状焊剂可降低电弧压力，减小熔深，增大熔宽。此外，焊接熔渣应有合适的黏度和熔化温度，黏度过高或熔化温度较高使熔渣透气不良，容易在焊缝表面形成许多压坑，焊缝表面成形变差。

电弧焊用保护气体（如 Ar、He、N_2、CO_2）的成分不同，其热导率等物理性能不同，使电弧的极区压降和弧柱的电位梯度、弧柱导电截面、等离子流力、比热流分布等不同，这些都影响焊缝的成形，如图 3-16 所示。

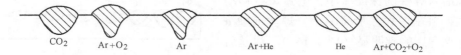

图 3-16　GMAW 保护气体的成分对焊缝成形的影响

总之焊缝成形的影响因素很多，要想获得良好的焊缝成形，需要根据焊件的材质和厚度、焊缝的空间位置、接头形式和工作条件对接头性能和焊缝尺寸的要求等来选择合适的焊接方法和焊接条件进行焊接。否则，焊缝成形及其性能就可能达不到要求，甚至出现各种焊接缺欠。

3.5　焊缝成形缺欠及其防止

焊接缺欠是指在焊接接头中因焊接而产生的金属不连续、不致密或连接不良的现象。焊接缺陷是指超过规定限值的缺欠。

金属熔化焊焊接缺欠有多种，按照 GB/T 6417.1—2005《金属熔化焊接头缺欠分类及说明》，焊接缺欠根据其性质和特征，可以分为 6 种，即裂纹、孔穴、固体夹杂、未熔合及未焊透、形状和尺寸不良，以及其他缺欠。每种缺欠又可根据其位置及状态进行分类。

各种焊接缺欠的产生与焊接冶金因素和焊接工艺因素有关，有的是焊接冶金因素起主要作用，有的是焊接工艺因素起主要作用。这里所介绍的焊缝成形缺欠指的是在焊缝成形方面所表现出的缺欠，包括未熔合和未焊透、焊缝形状不良等，它主要与焊接工艺因素有关。

3.5.1 未熔合和未焊透

未熔合是指焊缝金属和母材或焊缝金属各焊层之间未结合的部分，主要有如下几种形式：侧壁未熔合、焊道间未熔合和根部未熔合，如图 3-17 所示。单层焊、多层焊或双面焊时，当焊道与母材之间、焊道与焊道之间未能完全熔化结合时就会产生未熔合。当正反面焊道虽然在中部熔合到一起，但相互熔合搭接量少，焊缝强度仍然受到影响时，称作熔合不良。

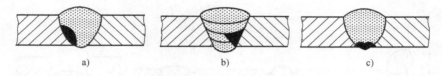

图 3-17 未熔合

a）侧壁未熔合　b）焊道间未熔合　c）根部未熔合

未焊透是指焊接接头实际熔深小于公称熔深的现象，如图 3-18 所示。未焊透的主要形式是根部未焊透，如图 3-19 所示。

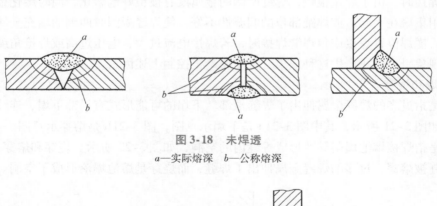

图 3-18 未焊透

a—实际熔深　b—公称熔深

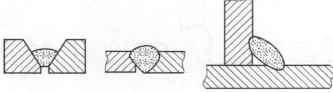

图 3-19 根部未焊透

未熔合和未焊透缺欠主要是由于焊接电流小、焊接速度过快造成的。另外当焊接坡口尺寸不合适，或电弧中心线偏离焊缝中心线，或电弧产生偏吹时，也将造成这种焊接缺欠。

未熔合和未焊透缺欠处将减小接头承载截面、引起应力集中，和降低接头力学性能。

为防止产生这种焊接缺欠，应选择合适的焊接参数及焊接热输入量，设计合适的焊接坡口形式及装配间隙，确保焊丝对准焊缝中心，进行正确的施焊过程等。

3.5.2 焊缝形状不良

焊缝形状不良是指焊缝的外表面形状或接头的几何形状不良。焊缝形状不良有咬边、下塌、烧穿、焊瘤、焊缝超高、凸度过大、角度偏差、下垂、未焊满、焊脚不对称等形式。下面简要介绍其中几种。

1. 咬边

咬边是指母材（或前一道熔敷金属）在焊缝的焊趾处因焊接而产生的不规则缺口，如图 3-20 所示。咬边有连续咬边、间断咬边、缩沟、焊道间咬边、局部交错咬边等。连续咬边是指具有一定长度且无间断的咬边。

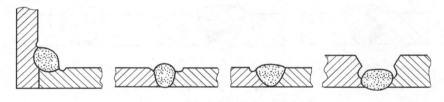

图 3-20　咬边

咬边一方面使接头承载截面减小、强度降低，另一方面造成应力集中，易引起开裂。

高速焊接时，由于焊速很快，焊缝两侧的金属没有被很好地熔化，同时熔化金属受表面张力的作用集聚在一起，或焊趾部位的润湿性不好，使焊缝凝固时两侧的填充金属不足就会出现咬边。横焊位置焊接或角焊缝焊接时，若焊接电流过大、电压过高或焊枪角度不当也会产生咬边现象。要防止产生这种缺欠，就需要严格控制上述因素。

2. 下塌和烧穿

下塌是指过多的焊缝金属伸出了焊缝根部。下塌的可能形式有局部下塌、连续下塌和熔穿。下塌如图 3-21 所示，其中图 3-21a 是下塌示意图，图 3-21b 是熔穿示意图。

烧穿是指焊接熔池塌落导致形成焊缝内的空洞，如图 3-22 所示。烧穿和熔穿是不同的，熔穿是焊缝被熔穿，过多的焊缝金属伸出了焊缝，而烧穿是熔池塌落形成了空洞。

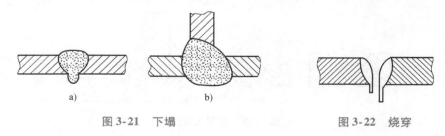

a)　　　　　　　　　b)

图 3-21　下塌　　　　　　　　　图 3-22　烧穿

下塌和烧穿都是比较严重的焊接缺欠，尤其是烧穿，它等同于切割。

当焊接电流过大、焊接速度过小及坡口间隙过大时，就可能出现这两种焊接缺欠。焊接薄板时也最容易出现这两种焊接缺欠；焊接厚板时，当熔池过大，固态金属对熔化金属的表面张力不足以承受熔池金属重力和电弧力的作用时，也容易形成熔池下塌或形成空洞。要防止产生这两种缺欠，就需要正确选择焊接参数和合理地确定坡口间隙。

3. 焊瘤

电弧焊时熔化的金属液体流淌到焊缝区以外未熔化的母材表面，凝固成金属瘤，这种现象称为焊瘤，如图3-23 所示。

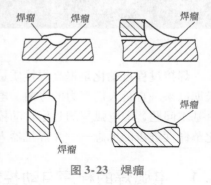

图 3-23　焊瘤

焊瘤是由于填充金属过多引起的，或者是由于熔池的重力作用形成的。当焊接电流大、焊接速度慢、坡口尺寸小时，容易形成焊瘤。在焊接横焊位置焊缝或角焊缝时，如果焊条角度或位置不合适，也容易形成焊瘤。因此，焊接时应该选用合适的焊接电流及焊接速度，并应采用合适的焊条角度及焊接位置。

复习思考题

1. 解释焊缝成形系数、焊缝熔合比的概念。
2. 分析焊缝成形系数的大小对焊接质量的影响规律，说明常用电弧焊方法的焊缝成形系数的取值范围。
3. 分析电弧集中系数 k、工件表面电弧轴线上的比热流值 q_m 两个参数的大小对焊缝成形的影响规律，说明电弧弧长、焊接电流等参数对比热流分布的影响情况。
4. 分析熔池所受到的力及其对焊缝成形的影响规律。
5. 分析焊接参数和工艺因素对焊缝成形的影响规律。
6. 什么是焊接缺欠？什么是焊接缺陷？
7. 焊接缺欠是如何分类的？
8. 说明未熔合与未焊透的区别，阐述产生未熔合和未焊透的原因及防止措施。

电弧焊自动控制基础

焊接过程自动化是提高焊接质量、降低劳动强度和提高焊接生产率的重要途径，因此，长期以来一直是人们努力的方向。电弧焊过程自动化涉及很多方面，本章主要讲述其中的两个基本问题，即电弧焊的程序自动控制和电弧焊的自动调节系统。此外，对作为电弧焊自动化革命性进步的标志——弧焊机器人做简要介绍。

4.1 电弧焊的程序自动控制

所谓电弧焊程序自动控制，就是以合理的次序使自动电弧焊设备的各个部件进入特定的工作状态，从而使电弧焊设备的各环节能够协调地工作。而要做到这一点，必须明确程序自动控制的对象和基本要求，了解程序自动控制的转换方法以及电弧焊各个基本环节的实现方法。

4.1.1 电弧焊程序自动控制的对象和基本要求

1. 控制对象

电弧焊程序自动控制的对象就是自动电弧焊设备中即将投入工作的各个部件的执行机构，主要有：

1）提供焊接能量的焊接电源。

2）焊车行走或焊件移动的拖动电动机。

3）送丝电动机。

4）控制保护气或离子气的电磁气阀。

5）引弧用的高频高压发生器或高压脉冲发生器。

6）焊件定位或夹紧用的控制阀，以及焊剂回收装置等。

2. 基本要求

不同的电弧焊方法和不同的工作条件对程序自动控制有不同的要求，归纳起来主要有以下几点基本要求：

（1）按照要求提前送气和滞后停气 气体保护焊时为了加强对焊接区的保护，防止空气侵入，要求在电弧引燃前提前送气和熄弧后滞后停气。

（2）可靠地一次引燃电弧 如前所述，接触式引弧需要经历短路、分离、燃弧三个阶段，非接触式引弧需要借助于高频高压引弧或高压脉冲引弧，这些都需要在程序自动控制中加入必要的动作程序。

（3）顺利地熄弧收焊 要求熄弧时要填满弧坑，并防止焊丝粘在焊缝上，而且希望焊丝的端部不结球，以利于重复引弧。

（4）对受控对象的特征参数进行程序自动控制 对特征参数进行程序自动控制，实际上就是对受控对象进行程序自动控制。特征参数主要有电弧电压、焊接电流、送丝速度、焊接速度、保护气流、离子气流、高频引弧电压等。要使这些特征参数按照预定的要求，以一定的次序进入工作状态或退出工作状态。

可以用程序循环图来表示受控对象的特征参数与时间的函数关系。每一个图都概括了一台弧焊设备的程序自动控制系统的工作过程，它也是程序自动控制电路的设计依据。图 4-1 是熔化极气体保护焊的一个典型的程序循环图。上面的坐标图中的三条曲线分别表示焊接电流、送丝速度和电弧电压随时间的变化；下面的坐标图中的三条曲线分别表示保护气体流量、冷却水流量和焊接速度随时间的变化。也可将这些曲线放到一个坐标图中。

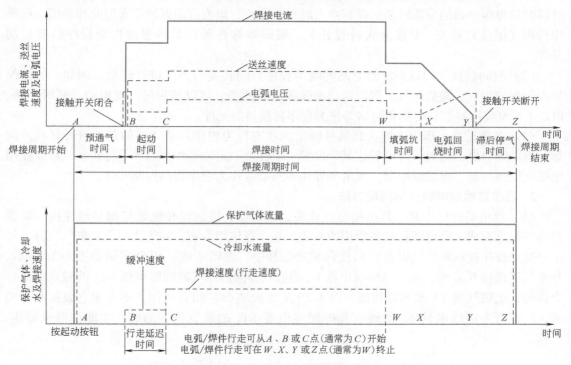

图 4-1 熔化极气体保护焊程序循环图示例

焊接时，按下起动按钮，首先是提前输送保护气体和冷却水。经过一段预设的时间（即预通气时间）后，主电源接触器开关闭合，缓慢送丝并引燃电弧，且电弧电压和焊接电流均低于焊接时的正常值；与此同时，焊车也开始行走，行走速度也低于正常值。经过一段时间（即起动时间）后，电弧电压、焊接电流、送丝速度和焊接速度都升到焊接正常值，进入正常焊接。

焊接结束时，首先停止焊车移动；与此同时，电弧电压、焊接电流和送丝速度均降低到一个预先设定值，并持续一段时间，目的是将弧坑填满。经过这段时间后，停止送丝，电弧进入回烧阶段，电弧电压和弧长逐渐增大，电流逐渐减小至零，电弧熄灭，这可以防止焊丝粘连到焊缝上。随后主电源接触器开关断开，切断电源。切断电源后，经过一段时间（即滞后停气时间）后，关闭保护气体和冷却水，整个焊接周期结束。

此外，程序自动控制中还应包括必要的指示和保护环节。指示环节通常用的有指示灯、电表、数显或荧光示波屏等。保护环节常用的有过电流继电器、水压开关、风压开关、门开关等。

4.1.2 电弧焊程序自动控制转换的类型和实现方法

1. 程序自动控制转换的类型

除了需接受必要的外部人工操作指令（如起动、停止、急停）以外，电弧焊的程序转换都应自动地实现。根据程序转换所依据的条件，自动转换有以下三种类型：

（1）行程转换 即以预定的空间距离为程序转换的条件进行的转换。例如，全位置环缝焊时的焊接参数的分段转换、焊到终点时自动停止、焊枪自动返回等常用此种类型。可采用行程（限位）开关、非接触式行程开关、编码器等各种位置传感器作为程序转换控制元件。

（2）时间转换 即以预定的时间间隔为程序自动转换的条件进行转换。例如，气体保护焊中提前送气、滞后停气、焊丝返烧熄弧等即属此类。可以使用延时继电器、延时电路、PLC（可编程控制器）中的定时器等作为程序转换控制元件。

（3）条件转换 即以系统达到某种特定的状态作为程序自动转换的条件进行转换。例如，将电弧引燃、熄灭、焊枪到达某个位置、焊件装卡定位等作为条件进行转换。可以使用电弧电压继电器、电流继电器、光电半导体传感器等作为程序转换控制元件。

2. 程序自动控制转换的实现方法

（1）继电器程序控制 其由按钮、开关、继电器、接触器和电磁气阀等器件按一定逻辑条件组合而成，是电弧焊设备常用的方法。基本逻辑组合有"或""与""非"三种，复杂一些的程序控制系统可以由它们复合而成。其中，逻辑"或"组合实例如图4-2a所示，只要气流预检开关 S_1、提前送气继电器 K_1 的触点和滞后停气时间继电器 KT_1 的触点中有一个接通，电磁气阀 YV 就可以接通。图4-2b是逻辑"与"组合实例，不考虑空载接通开关 S_2，只有当中间继电器 K_1 的触点和时间继电器 KT_2 的触点都接通时，才能使继电器 K_2 工作。

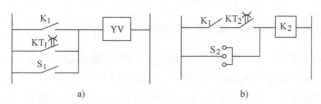

图4-2 继电器控制电路组合
a)"或"组合 b)"与"组合

（2）无触点程序控制 这是一种利用晶体管门电路、晶闸管等功率开关等构成的程序控制系统，已在专用弧焊设备中得到应用。

（3）数字程序控制 这是一种以单片机、可编程控制器（PLC）或数字信号处理器（DSP）等为核心控制元件制成的程序控制系统，它具有更大的机动灵活性，已经成为专用焊接设备和弧焊机器人等主要的程序控制方式。

4.1.3 电弧焊程序自动控制的基本环节及其实现方法

电弧焊程序控制主要包括延时、引弧和熄弧等基本环节。每个环节中都有多种实现方法。

1. 延时控制环节

电弧焊时，经常有延时关断保护气、延时关断电源等工艺要求，此时，需要在程序自动控制中加入延时控制环节。常见的电路结构有：

（1）并联电容式 图 4-3 所示为一直流继电器 KT_1 并联电容 C 后构成的延时电路。当按下按钮 SB_1 时，中间继电器 K_1 动作，KT_1 因电容 C 的充电过程而延时吸合。当按下按钮 SB_2 时，K_1 释放，KT_1 释放，KT_1 因 C 的放电过程而延时断开。这样 KT_1 具有了延时吸合和延时断开的双重功能。图中 YV 是电磁气阀，利用该电路

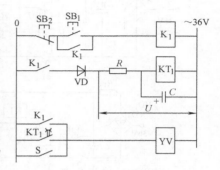

图 4-3 并联电容延时电路

可以实现提前送气和滞后停气。通过调节电阻 R、电容 C，可以改变延时时间。该电路的缺点是延时精度易受网压波动的影响。

（2）半导体器件式 半导体器件式延时电路具有控制精度高、调节方便等优点。常用的电路有以下几种：

1）单结晶体管式。其电路如图 4-4a 所示。当合上开关 S 时电源接通，由整流桥 $VD_{1\sim4}$ 整流和稳压管 VS 稳压的控制电压经 R_6、R_4 向电容 C_2 充电，当 C_2 两端的电压达到单结晶体管 VU 的导通电压时，单结晶体管 VU 导通，使时间继电器 KT 吸合（在此之前由 R_1 和 KT 线圈构成的通路中的电流不能够使 KT 吸合）。C_2 的充电时间即为 KT 的延时吸合时间，变动 R_6 可以调节这一时间。KT 动作后 C_2 被 R_5 短接，以免 C_2 重复充电。当切断电源时，KT 立即释放。

2）晶闸管式。其电路如图 4-4b 所示。原理同上，只是用晶闸管 VT 作为输出开关。

3）晶体管式。其电路如图 4-4c 所示。利用电容 C_2 充放电来控制晶体管 V 的基极电流，进而控制其集电极电流，实现继电器的延时吸合。利用同样的原理也可设计延时断开电路。

4）IC 器件式。其电路如图 4-4d 所示。合上开关 S 以后，由于电容 C_2、可变电阻 RP_2 的充电过程，使 IC555 输出延时，导致继电器 KT 延时吸合。调节 RP_2 即可调节延时时间。

（3）数字控制式 数字控制可以提供更为精确、灵活的延时控制。以 PLC 为例，利用 PLC 中的定时器制成的时间继电器可以很方便地进行控制。

通电延时型时间继电器的控制梯形图和动作时序图如图 4-5 所示。当输入 X000 接通，辅助继电器 M0 通电，M0 常开触点闭合，与 X000 常开触点并联起自锁作用。同时，定时器 T0 线圈通电，但其触点不动作，当 T0 定时到预定值 K100（10s）时，T0 的常开触点才闭合，并驱动输出 Y000。

断电延时型时间继电器的控制梯形图和动作时序图如图 4-6 所示。当输入 X001 接通，辅助继电器 M1 常开触点立即闭合。当输入 X001 断开后，M1 常开触点没有立即断开，而是

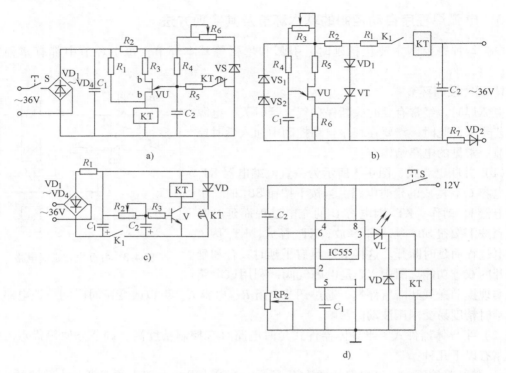

图 4-4　半导体器件式延时继电器

a）单结晶体管式　b）晶闸管式　c）晶体管式（延时吸合型）　d）用 IC555 构成的基本延时电路

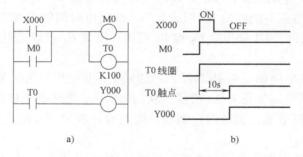

图 4-5　通电延时型时间继电器

a）梯形图　b）动作时序图

在定时器 T1 线圈通电延时 5s 以后才断开。

2. 引弧控制环节

为了可靠地一次性引燃电弧，可以采用下述引弧方法：

（1）接触式引弧

1）爆裂引弧法。引弧时，将焊接主回路通电，然后送进焊丝，使其与焊件短路。由于短路电流迅速增加，焊丝与焊件接触处产生很大的电阻热，造成焊丝迅速熔化和汽化，发生爆裂，并引燃电弧。这种方法主要适用于细焊丝的熔化极电弧焊。

2）慢送丝引弧法。当焊丝比较粗时，若以正常焊接时的送丝速度直接送进焊丝，常因

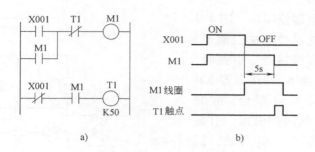

图 4-6　断电延时型时间继电器

a）梯形图　b）动作时序图

送丝速度过快，使短路接触面积迅速增加，局部加热不足而使引弧失败，而减慢引弧时的送丝速度则可以提高引弧的可靠性。图 4-7 是实现这种引弧方式的例子。为了介绍方便起见，电路中，做了一些假定（注：后面的图也采用了这些假设），即假定中间继电器和接触器线圈电压相同（实际上往往不相同）；假定接触器 KM 的触点接在焊接主回路里（实际上一般接在电源变压器的原边）。送丝电动机 M 的触发电路的输入端由电位器 RP_1 和 RP_2 分别给出引弧前慢送丝给定信号 U_{C1} 和正常焊接时的送丝给定信号 U_{C2}。当没有焊接电流时，单相饱和电抗器 LA 的电抗很大，K_3 不能吸合。当 K_1 触头合上时，继电器 K_2 动作，接通 U_{C1}，慢送丝引弧；引弧后，LA 电抗急剧下降，K_3 吸合，断开 U_{C1}，接通 U_{C2}，正常送丝焊接。如果在慢送丝的同时使焊车开始移动，则可构成慢送丝划擦引弧，可使引弧更为可靠。

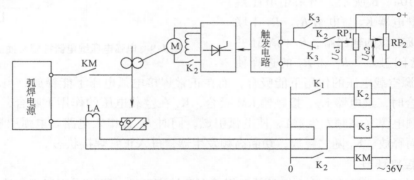

图 4-7　慢送丝引弧电路

3）回抽引弧法。该方法是引弧前使焊丝与焊件接触，先接通焊接电源，然后回抽焊丝使电弧引燃。燃弧后迅速改变送丝电动机的转向，使焊丝送进，进入正常焊接状态。主要有以下引弧方法：

① 发动机—电动机可逆拖动法。图 4-8 是发动机—电动机可逆拖动系统电路。送丝发电机 G 有两个励磁线圈 LG_1 和 LG_2，其中 LG_1 通电后产生的磁通 Φ_1 方向将使电动机 M 向退丝方向转动；LG_2 通电后产生的磁通 Φ_2 方向将使电动机 M 向送丝方向转动。当接通电源时，由于焊丝与焊件短路接触，电弧电压为零，只有 LG_1 作用，使焊丝回抽并引弧。当电弧电压增加到一定程度时，LG_2 产生的磁通 Φ_2 大于 LG_1 产生的磁通 Φ_1，使焊丝给送，并稳定在一定值。该方法主要应用于埋弧焊。

② 电弧电压继电器控制法。图 4-9 是实现电弧电压继电器控制法的例子。焊前，须使焊丝与焊件接触。引弧时，按下按钮 SB_1，继电器 K_1 和接触器 KM 吸合，而电压继电器 K_4 不吸合，故继电器 K_2 吸合，使焊丝回抽引弧。引弧后，电压继电器 K_4 吸合，K_2 释放，而继电器 K_3 吸合，使焊丝送进，进入正常焊接。

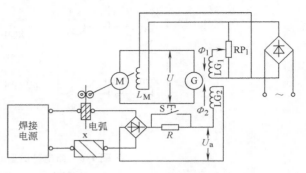

图 4-8　发电机—电动机系统

（2）非接触式引弧　非接触式引弧主要有高频高压引弧法和高压脉冲引弧法，它们分别利用高频振荡器和高压脉冲发生器产生高电压击穿两电极间隙而使电弧引燃。该方法不会污染焊件和电极，也不会损坏电极端部的几何形状，因而有利于电弧的稳定。这种方法主要用于非熔化极电弧焊。

非接触引弧控制可采用电压继电器法或电流继电器法。以高频高压引弧为例，分别如图 4-10a、b 所示。当采用电压继电器法时，继电器 K_3 与电阻 R_1、R_2 串联后并联在焊接电源的输出端，R_1 两端还并接有 K_3 的常闭触点。R_1 和 R_2 的选择使

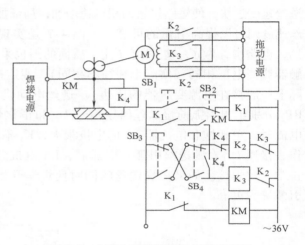

图 4-9　电弧电压继电器控制回抽引弧

K_3 在焊接电源空载电压的作用下能吸合，而在正常焊接电弧电压下能释放。当时间继电器触点 KT_1 闭合时，继电器 K_2、接触器 KM 吸合，K_3 在空载电压的作用下吸合，K_4 因 K_3 而吸合接通高频电源（高频发生器），使电弧引燃，同时 R_1 被串入电路。电弧引燃后，K_3 因端电压降低而释放，K_4 随之释放，切断高频发生器，进入正常焊接状态。

3. 熄弧控制环节

熄弧控制环节的目的是防止焊丝粘在焊缝上和填满弧坑。可以采用以下方法：

（1）焊丝回烧熄弧法　该方法是停焊时先停止送丝，经过一定时间后再切断焊接电源，这样可以使电弧回烧并自然熄弧，防止焊丝由于惯性插到焊缝上。如果在停丝的同时停止电弧移动，则还能填满弧坑。该方法常用于熔化极电弧焊。常用的方法有：

1）按钮控制法。可以使用一个同时带有两个常闭触点的二次按钮开关，停焊时按下按钮的一半，先切断送丝电动机电源，焊丝返烧一段时间后，再按下另一半，切断焊接电源。

2）时间继电器控制法。如图 4-11 所示，焊接停止时，按按钮 SB_2，继电器 K_1、K_2 释放，送丝电动机 M 的回路电源被切断，与电阻 R 并接，使电动机能耗制动，送丝迅速停止。焊丝返烧一定时间后，时间继电器 KT_1 释放，并使接触器 KM 释放，切断焊接电源，熄弧。焊丝返烧时间可由变位器 RP 调整。

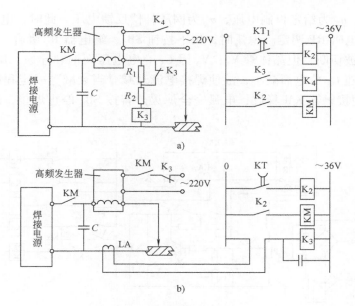

图 4-10 高频引弧控制电路

a）电压继电器控制　b）电流继电器控制

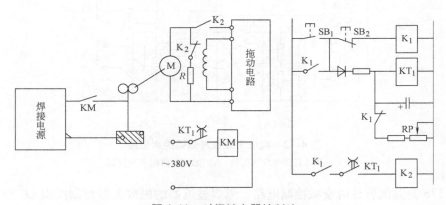

图 4-11 时间继电器控制法

3）电压继电器控制法。其方法是在控制电路中使用一个吸合动作电压高于正常焊接电弧电压的电压继电器，而不使用时间继电器。当焊丝返烧时，由于电弧电压升高，使电压继电器吸合，从而切断电源而使电弧熄灭。这种方法可以解决当用下降外特性电源时，采用时间继电器控制法时容易产生的回烧导电嘴的问题。

（2）电流衰减熄弧法　该方法是停焊时先将焊接电流逐渐降低到某一数值，然后再切断焊接电源熄弧。对于环缝自动焊，有时采用先提升电流然后再衰减的熄弧方法，以保证搭接点焊透。常用的方法有：

1）无级衰减法。该方法是利用电容放电使电源的控制电流逐渐衰减来实现焊接电流衰减熄弧的，常用于钨极氩弧焊和等离子弧焊。

图 4-12a 是晶体管延时衰减控制电路。正常焊接时，中间继电器 K_2、K_3、接触器 KM、电流继电器 K_5 吸合，弧焊整流器的磁放大器控制线圈 LC 经 K_2、K_3 常开触点和 K_4 常闭触

点获得控制电流。u_c 为给定控制电压，u_a 为网压补偿反馈电压。此时，电容 C_5 获得充电，电压大小由可变电阻 RP 调定。熄弧时，按下按钮 SB_2，继电器 K_4 吸合，K_2 释放，LC 的控制电流原通路被切断，但晶体管 V_1、V_2 因 C_5 充电电压而饱和导通，LC 的控制电流仍可流通，但其值随 C_5 放电而减小，故使焊接电流衰减。当衰减到一定程度时使电流继电器 K_5 释放，致使接触器 KM 释放，电弧完全熄灭。若按 SB_3 停止焊接，熄弧过程将不带衰减。

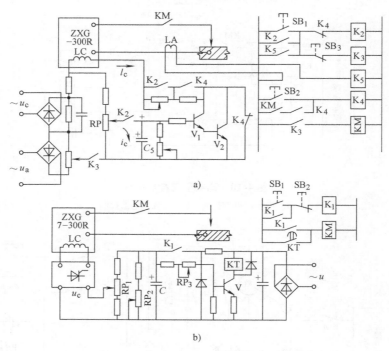

图 4-12 电流无级衰减熄弧控制电路

a）晶体管延时衰减控制 b）晶闸管延时衰减控制

图 4-12b 是晶闸管延时衰减控制电路。弧焊整流器的磁放大器控制线圈 LC 经晶闸管供电，u_c 为触发电路给定控制电压。正常焊接时，继电器 K_1、接触器 KM、时间继电器 KT 吸合。熄弧时，K_1 断开，电容 C 放电，维持 LC 的衰减控制电流和 KT 的吸合状态，直到放电结束。KT 释放使 KM 释放而熄弧。RP_2、RP_3 用于调节衰减速率和时间。

2）分级衰减法。此法常用于熔化极电弧焊。其方法是在熄弧前先将焊接电流减小到预定数值，然后停止送丝和切断电源，使电弧熄灭。如果焊接电流是通过改变送丝速度来实现调节的，熄弧前可以先使送丝速度减小到一定值，即将焊接电流减小到预定值，然后停止送丝和切断电源熄弧。

上述引弧环节控制和熄弧环节控制的方法均是传统的模拟控制方法，随着数字化控制技术在焊接中的应用，对引弧环节和熄弧环节的控制变得更加方便灵活。利用单片机、PLC 等作为核心控制元件，通过软件编程与硬件密切配合，可以根据需要实现各种更为复杂的控制。

4.2 电弧焊的自动调节系统

焊接参数是焊接时为保证焊接质量而选定的各项参数的总称。其中最重要的参数是焊接电流、电弧电压和焊接速度。这些参数在焊接过程中能否始终保持恒定,不仅影响到焊丝熔化和熔滴过渡、母材熔化和焊缝形成等过程,而且影响到焊缝的最终质量,包括焊缝成形、焊缝的组织和性能,以及有无缺欠等。因此,保持电弧焊参数恒定也是电弧焊自动控制的重要内容。

4.2.1 自动调节的必要性及原理

1. 自动调节的必要性

在焊接过程中要保持焊接速度不变相对比较容易,可以通过在行走小车的直流电动机驱动电路中加入电枢电压负反馈、电枢电流正反馈等反馈环节,来校正由于网路电压和驱动负载阻力矩波动而造成的转速变动。而保持焊接电流和电弧电压始终不变,则比较困难,这是因为在焊接过程中经常要受到外界各种因素的干扰而导致焊接电流和电弧电压偏离预定值。因此,在这里主要讨论关于焊接电流和电弧电压的自动调节问题。

电弧稳定燃烧时的焊接电流和电弧电压是由焊接电源的外特性曲线和电弧静特性曲线的交点决定的。如图 4-13 所示的 O 点所对应的电流和电压值,即是稳定燃烧时的焊接电流和电弧电压,O 点称为电弧稳定工作点。但是在焊接过程中,一些外界干扰或者使电弧静特性曲线变化,或者使电源外特性曲线变化,这些都使电弧工作点发生变化。干扰因素可以分为两类:

(1) 使电弧静特性发生变化的外界干扰 主要有:由于焊件表面起伏不平、坡口加工或装配不均匀、焊道上有定位焊缝、焊丝打滑等引起的电弧长度的变化;由于焊剂、保护气体、母材和电极材料成分不均匀,或有污染物等引起弧柱电场强度变化而使电弧静特性发生变化等。电弧静特性变化而电源外特性不变化时,必然使焊接电流和电弧电压发生变化,例如当电弧缩短时 ($l_1 < l_0$),电弧工作点从 O 点移到 O_1 点,如图 4-13 所示。

(2) 使电源外特性发生变化的外界干扰 主要有:大容量电气设备(如电阻焊机、大功率电动机等)突然起动或切断造成的电网电压波动;弧焊电源内部的电阻元件和电子器件受热后使其输出发生波动等。电源外特性发生变化而电弧静特性不变化时也要引起电弧工作点的变化,如图 4-14 中的 O_1 点所示。

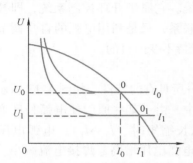

图 4-13 电弧静特性变化引起的焊接参数变化
l_0,l_1—弧长

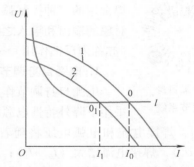

图 4-14 电源外特性变化引起的焊接参数变化
1,2—电源外特性

在实际焊接中，上述干扰是不能避免的。自动弧焊机只有具有自动调节系统，才能消除或减弱干扰所带来的不利影响。

2. 自动调节的基本原理

在上述各种干扰中，弧长发生变化的干扰影响最为突出，发生也最为频繁，因此，电弧焊自动调节的主要目标是克服因电弧长度变化而引起的焊接参数的波动。

在人工操作进行焊条电弧焊时，焊工是利用自己的眼睛观测电弧长度的变化，通过大脑分析比较，然后指挥手臂来克服弧长的波动的，如图 4-15 所示。那么自动电弧焊时如何克服弧长的波动呢？还需要从决定电弧长度的根本因素说起。电弧的长度是由焊丝的熔化速度和焊丝的送进速度共同决定的。如果焊丝的熔化速度 v_m 始终等于焊丝的送进速度 v_f，即 $v_m = v_f$，处于平衡状态，电弧长度保持不变；而如果焊丝的熔化速度 v_m 大于焊丝的送进速度 v_f，电弧长度逐渐拉长，直至熄灭；如果焊丝的熔化速度 v_m 小于焊丝的送进速度 v_f，电弧长度逐渐缩短，直至焊丝插入熔池而熄弧。因此，要想使电弧稳定燃烧，并且弧长保持不变，必须使 $v_m = v_f$，这是一个必要的条件。由此，我们可以通过两种方法使受干扰的电弧恢复到原来的长度：一个是当弧长发生变化时，通过自动调节焊丝的熔化速度，使其等于焊丝的送进速度；另一个是当弧长发生变化时，通过自动调节焊丝的送进速度，使其等于焊丝的熔化速度。

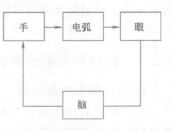

图 4-15　焊条电弧焊的人工调节系统

正是依据以上基本原理，开发了几种电弧焊自动调节系统，如电弧自身调节系统、电弧电压反馈调节系统、焊接电流反馈变速送丝调节系统等。其中，电弧自身调节系统的特点是：采用开环控制，送丝速度预选后在焊接过程中保持恒定不变，当弧长变化时，依靠电弧的自身调节作用来调整焊丝的熔化速度，并使其最后重新等于焊丝送进速度，从而恢复电弧长度。电弧电压反馈调节系统的特点是：采用闭环控制，当弧长发生波动而引起电弧电压变化时，将此变化量（或其一部分）反馈到自动调节系统的输入端，强迫改变送丝速度，并使其最后重新等于焊丝熔化速度，从而恢复电弧长度。

4.2.2　电弧自身调节系统

电弧自身调节系统也称为 等速送丝调节系统。这是细焊丝熔化极电弧焊常用的一种控制弧长的自动调节系统。它属于开环控制系统，即被调节对象的输出和输入之间没有外部反馈联系，只是利用电弧的自身调节作用（亦称内反馈作用）来达到控制弧长保持不变的目的。

电弧自身调节系统

1. 电弧自身调节作用的实质

电弧自身调节作用是焊接电弧本身所具有的特性。如图 4-13 所示，在采用下降外特性电源时，在焊接过程中，由于某些原因使电弧长度增长或缩短时，焊接电流和电弧电压将随着发生变化。当弧长缩短时（$l_0 \rightarrow l_1$），电弧电压降低（$U_0 \rightarrow U_1$），焊接电流增大（$I_0 \rightarrow I_1$）；弧长增长时，则电弧电压增高，焊接电流减小。这种因弧长变化所引起的焊接电流和电弧电压的变化，如第 2 章所述，能够影响焊丝熔化速度的变化。当电源的种类、极性、焊丝直径、焊丝伸出长度、焊剂已定时，焊丝的熔化速度 v_m 与焊接电流 I_a 和电弧电压 U_a 的关系，用公式可以表示为

$$v_m = k_i I_a - k_u U_a \tag{4-1}$$

式中，k_i 是焊丝熔化速度随焊接电流变化的系数 $[\text{cm} \cdot (\text{s} \cdot \text{A})^{-1}]$，其值取决于焊丝的电阻率、焊丝直径、伸出长度及电流值；k_u 是焊丝熔化速度随电弧电压变化的系数 $[\text{cm} \cdot (\text{s} \cdot \text{V})^{-1}]$，其值取决于弧柱电位梯度、弧长值。

由上述讨论和式（4-1）可以看出，当送丝速度 v_f 是恒定而弧长变化时，将出现以下两种情况：

1）弧长缩短时，焊接电流 I_a 增大，电弧电压 U_a 减小，引起焊丝熔化速度 v_m 加快，使 $v_m > v_f$，弧长增大，自动恢复到原来的长度。

2）弧长增长时，焊接电流 I_a 减小，电弧电压 U_a 增大，引起焊丝熔化速度 v_m 减慢，使 $v_m < v_f$，弧长缩短，自动恢复到原来的长度。

在这种自动调节系统中，弧长的调整不是靠外界所加的强制作用，而完全是依靠弧长变化所引起的焊接参数变化，使焊丝的熔化速度产生相应的变化来达到恢复弧长的目的，故称为电弧自身调节作用。

2. 电弧自身调节系统的静特性

（1）电弧自身调节系统静特性概念 所谓电弧自身调节系统静特性是在一定的焊接条件下，在给定焊丝送进速度的条件下，由电弧自身调节系统控制的焊接电弧弧长稳定时的电流与电弧电压之间的关系。从理论上可以推导出电弧自身调节系统静特性方程。

如果焊丝以恒定的速度给送，当弧长达到稳定状态时，必然有

$$v_m = v_f \tag{4-2}$$

将式（4-1）代入式（4-2），整理后可以得到下式：

$$I_a = v_f/k_i + k_u U_a/k_i \tag{4-3}$$

式（4-3）即为电弧自身调节系统静特性方程，与之相对应的曲线称为电弧自身调节系统静特性曲线，亦称为焊丝等熔化特性曲线，如图 4-16 所示。图中示出了送丝速度不同的三条电弧自身调节系统静特性曲线，在每一条曲线上，每一点的焊接电流 I_a 和电弧电压 U_a 组合都满足 $v_m = v_f$，即电弧都能稳定燃烧。而当电弧不在该曲线上燃烧时，$v_m \neq v_f$，焊接过程不稳定，故曲线上每一点都是电弧稳定工作点。因此，在某一送丝速度下的电弧稳定工作点，由电源外特性曲线和电弧自身调节系统静特性曲线的交点决定。工作点定了，电弧静特性曲线的位置也就定了，三线应同时交于电弧稳定工作点，如图 4-18 中的 O_0 点。

（2）电弧自身调节系统静特性曲线的测定 由于式（4-3）中的 k_i 和 k_u 求解比较困难，因此电弧自身调节系统静特性曲线一般都是通过实验测量获得。测量的方法是：在给定的保护条件、焊丝直径、焊丝伸出长度的情况下，选定一种焊丝送进速度保持不变，然后调整焊接电源，使其输出外特性曲线 1（图 4-17）。在此条件下焊接，当电弧稳定后，记下焊接电流 I_1 和电弧电压 U_1 值。然后，调整焊接电源，使其输出外特性曲线 2，当焊接电弧稳定后，记下焊接电流 I_2 和电弧电压 U_2。如此重复进行几次后，可以得到几组焊接电流、电弧电压值。然后在 I-U 坐标中描点连线，就可以得到在给定焊丝送进速度下的电弧自身调节系统的静特性曲线 C。每改变一次焊丝送进速度，都可以得到一条在该焊丝送进速度下的电弧自身调节系统静特性曲线。

（3）影响因素 影响电弧自身调节系统静特性曲线特征的因素有：

1）送丝速度 v_f。当 v_f 增加时，电弧自身调节系统静特性曲线向右方移动；反之，向左方移动，图 2-4 所示是两个实例。

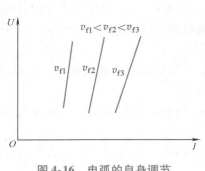

图 4-16 电弧的自身调节
系统静特性曲线

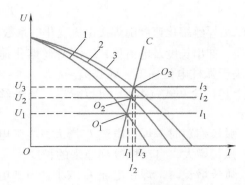

图 4-17 电弧自身调节系
统静特性曲线的测定

2）焊丝伸出长度。当伸出长度增加时，电弧自身调节系统静特性曲线向左移动；反之，向右移动。这是由于伸出长度增加后，电阻的热作用增大，所需的电流减小的缘故。

3）焊丝直径和电阻率。当焊丝直径增大或电阻率减小时，将使 k_i 值减小，电弧自身调节系统静特性曲线向右移动；反之向左移动。

4）电弧的长度。当电弧较长时，电弧自身调节系统静特性曲线几乎垂直于电流轴，这说明 k_u 值很小。电弧电压对焊丝熔化速度的影响可以略去不计。电弧自身调节系统静特性表达式可以写成

$$I_a = v_f/k_i \tag{4-4}$$

当电弧较短时，电弧自身调节系统静特性曲线向左倾斜（图 2-4），这说明 k_u 值随弧长的缩短明显增大，这种情况被称为"电弧的固有自身调节作用"。使用铝焊丝时很显著，而使用钢焊丝时则较弱；送丝速度越大，表现越明显。

3. 电弧自身调节系统的调节过程

图 4-18 所示，当焊接电弧稳定燃烧时，工作点应为电源外特性曲线 1、电弧自身调节系统静特性曲线 4 和电弧静特性曲线 2 的交点 O_0。此时，电弧能同时满足电源与电弧系统的稳定条件和焊丝送进与焊丝熔化的平衡条件，因此焊接过程稳定。

焊接过程中，当由于某种原因使电弧长度由 l_0 缩短到 l_1 时，电弧静特性曲线 3 与电源外特性曲线相交于 O_1 点，由于

$$v_{m0} = k_i I_0 - k_u U_0$$
$$v_{m1} = k_i I_1 - k_u U_1$$

和　　　　$I_1 > I_0,\ U_1 < U_0$

所以　　　$v_{m1} > v_{m0} = v_f$

O_1 点虽然能满足电源与电弧系统的稳定条件，但不能满足焊丝送进与焊丝熔化的平衡条件，因此不是稳定工作点。由于 $v_{m1} > v_f$，因此弧长将增大。如果经自动调节后的焊丝伸出长度仍等于初始时的伸出长度，电弧燃烧点将从 O_1 点沿

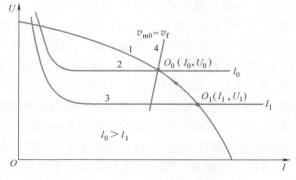

图 4-18 电弧自身调节
系统的调节过程

电源外特性曲线向 O_0 点移动。当到达 O_0 点后，焊丝的熔化速度又等于送进速度，焊接过程重新稳定，并恢复到原来的弧长 l_0、焊接电流 I_0 和电弧电压 U_0。同样，当电弧长度突然变长时，也能恢复到原来的状态。

4. 电弧自身调节系统的调节精度及影响因素

（1）调节精度　所谓调节系统的调节精度是指当系统（在此指电弧）受到干扰而产生工作点偏移时，通过调节系统使系统被调节到一个新的稳定工作点，此时被调节量的稳定值与初始稳定值的偏离程度。它也被称作调节系统的"静态误差"，是衡量调节系统的调节性能的技术指标之一。

由前边的讨论可以看出，如果调节前后的焊丝伸出长度不变时，经电弧自身调节系统调节后，电弧的稳定工作点又回到了 O_0 点，焊接电流和电弧电压均未发生变化，因此系统不存在静态误差，精度很高。

但是，当调节前后的焊丝伸出长度发生变化时，调节系统将产生静态误差。如图 4-19所示，在一定的送丝速度下，最初的稳定工作点在 O_0，由于外界干扰使焊枪与工件距离突然减小，弧长由 l_0 缩短到 l_1，燃烧点由 O_0 移到 O_1，由于 O_1 点的焊丝熔化速度 v_{m1} 增大，因此弧长又被逐渐拉长。但是与此同时，焊丝的伸出长度被逐渐缩小，使得电弧自身调节系统的静特性曲线由 5移到了 6，新的稳定工作点只能移到 O_1'，电弧长度只能恢复到 l_1'，因此产生了系统静态误差。实际上，焊接时产生的弧长波动通常都是由于焊枪相对于工件表面的距离变化而引起的，如环缝存在圆度变化、焊道上存在定位焊缝等，因此调节后都存在静态误差。

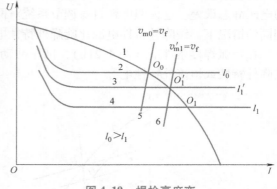

图 4-19　焊枪高度变化时的系统调节精度

（2）影响因素　有以下因素能影响电弧自身调节系统的调节精度：

1）焊丝的伸出长度。调节前后的焊丝伸出长度变化量越大，系统产生的静态误差越大，调节精度越低。

2）焊丝的直径和电阻率。焊丝越细或电阻率越大，越能加剧焊丝伸出长度的影响，因而产生的静态误差越大。

3）焊接电源的外特性。图 4-20 中，曲线 1 为电弧静特性曲线，曲线 2 为焊丝正常伸出长度时的电弧自身调节系统静特性曲线，曲线 3 为经调节后焊丝伸出长度增长时的电弧自身调节系统静特性曲线，曲线 4、5、6 为电源外特性曲线。由图 4-20a 可见，当电弧静特性曲线为平的时候，陡降外特性电源比缓降外特性电源引起的电弧电压静态误差大；由图 4-20b 可见，当电弧静特性曲线为上升时，平特性的电源将比上升或下降特性电源引起的电弧电压静态误差小，但从对电弧长度的影响来看，以上升特性电源为最小。因此，为了减小电弧电压及弧长的静态误差，对于平的电弧静特性，宜采用缓降外特性电源；对于上升特性，宜采用上升外特性电源。在上述各种情况下，电流的静态误差都是相差不大的。

4）网压波动。如图 4-21a 所示，在长弧焊接条件下，由于网压波动，使陡降外特性电

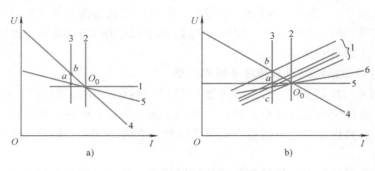

图 4-20 焊接电源外特性对静态误差的影响

a）电弧静特性为平特性 b）电弧静特性为上升特性

源的外特性曲线 2 变为 3，使缓降外特性电源的外特性曲线由 4 变为 5，曲线 1 为电弧自身调节系统静特性曲线，电弧稳定工作点分别由 O_0 移到 O_1' 和 O_1，可以看出，均产生了比较大的电压静态误差。这说明电弧自身调节系统对网压波动没有调节作用，而且，在网压波动值相同的情况下，缓降外特性电源比陡降外特性电源引起的电弧电压静态误差小。

在短弧焊接条件下（图 4-21b），网压波动能产生明显的电流静态误差，此时，宜采用陡降外特性或恒流外特性电源。

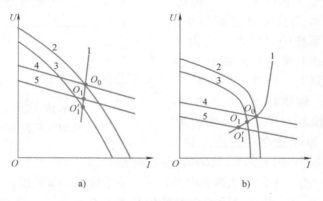

图 4-21 网压波动对静态误差的影响

a）长弧 b）短弧

5. 电弧自身调节系统的调节灵敏度及其影响因素

（1）调节灵敏度 所谓调节系统的调节灵敏度是指调节系统对电弧工作点微小变化的恢复速度。恢复速度越快，所需调节的时间越短，系统的调节灵敏度越高。因此，它反映了调节系统的动态品质，也是衡量调节系统的调节性能的技术指标之一。如果系统的调节灵敏度低，当电弧因受到干扰而使弧长偏离预定值时，焊接电流和电弧电压值就会较长时间地偏离预定值，使焊接过程不能稳定。

如前所述，电弧自身调节系统对于弧长波动是靠改变焊丝的熔化速度来恢复的，显然，系统的调节灵敏度取决于由弧长波动所引起的焊丝熔化速度变化量 Δv_m 的大小。Δv_m 越大，弧长恢复得越快，调节的时间越短，调节的灵敏度越高。

（2）影响因素 由式（4-1）、式（4-4）可以得到下式：

$$\Delta v_{\mathrm{m}} = \begin{cases} k_{\mathrm{i}}\Delta I_{\mathrm{a}}\cdots(长弧焊) \\ k_{\mathrm{i}}\Delta I_{\mathrm{a}} - k_{\mathrm{a}}\Delta U_{\mathrm{a}}\cdots(短弧焊) \end{cases} \tag{4-5}$$

式中，Δv_{m} 是由弧长变化引起的焊丝熔化速度的变化量；ΔI_{a} 是由弧长变化引起的焊接电流的变化量；ΔU_{a} 是由弧长变化引起的电弧电压的变化量。

由式（4-5）可知，电弧自身调节系统的调节灵敏度受以下因素的影响：

1）焊丝直径和电流密度。焊丝直径越细或焊丝中的电流密度越大，k_{i} 越大，使 Δv_{m} 越大，因此调节灵敏度越高。例如，同样用 500A 电流进行埋弧焊，用 $\phi4\mathrm{mm}$ 的焊丝，弧长恢复的时间为 2.5s，而用 $\phi2\mathrm{mm}$ 的焊丝，恢复的时间只有 0.25s，因此电弧自身调节系统适用于细焊丝熔化极电弧焊。当焊丝直径不变时，增大焊接电流，其电流密度增加，也有同样的效果。对于每一种直径的焊丝，都有一个能依靠电弧自身调节作用来保证焊接过程稳定的最小电流值。

2）电源外特性。以图4-22为例，具有平的静特性的电弧，在弧长变化相同的情况下，电源外特性曲线越陡，引起的焊接电流变化值 ΔI 越小，根据式（4-5）可知，焊丝熔化速度的变化量 Δv_{m} 越小，弧长恢复的速度越慢，恢复的时间越长，调节灵敏度越低；而电源外特性曲线越平缓，调节灵敏度越高。

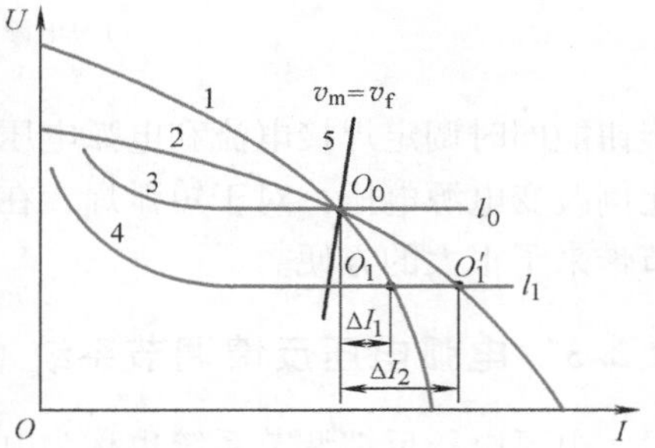

3）弧柱的电场强度。弧柱电场强度越大，弧长变化时焊接电流和电弧电压的变化量越大，因此调节系统的调节灵敏度越高。熔化极气体保护焊时，弧柱

图4-22　电源外特性对调节灵敏度的影响

的电场强度通常比较小，为 $0.7\sim1.5\mathrm{V/mm}$，故弧长的恢复速度较小，必须采用细焊丝和平的外特性才能正常焊接。在埋弧焊时，弧柱的电场强度比较大，为 $3.0\sim3.8\mathrm{V/mm}$，因此弧长的恢复速度较大，这也是采用电弧自身调节特性的焊机进行埋弧焊时，能采用缓降外特性电源的主要原因之一。

4）电弧长度。当弧长足够短时，电弧固有的自身调节（k_{u}）明显增大，即使采用恒流电源，电弧自身调节作用仍然十分灵敏。其缺点是，对于给定的电流值，送丝速度可调的范围很窄，送丝过慢会造成熄弧或回烧导电嘴，送丝过快会造成短路，因此需要精心调节。

6. 电弧自身调节熔化极电弧焊的电流和电压的调节方法

焊接电弧的稳定工作点就是焊接电源的外特性曲线与电弧自身调节系统静特性曲线的交点，因此通过调节这两条曲线就可以调节焊接电流和电弧电压。

在长弧焊的条件下，电弧自身调节系统静特性曲线几乎与电流坐标垂直，应该采用缓降、平的或微升的外特性电源。由于改变送丝速度能改变电弧自身调节系统静特性曲线的位置，而每一条曲线近似地代表一定的电流值，因此可以通过调节送丝速度来调节焊接电流；电弧电压则是通过改变电源外特性曲线的位置来调节。焊接电流的调节范围取决于送丝速度的调节范围，而电弧电压调节范围取决于电源外特性的调节范围，如图4-23a所示。而在短弧焊条件下，电弧自身调节系统静特性曲线向左弯曲，应该采用陡降或恒流外特性电源。焊接电流、电弧电压的调节分别由改变电源外特性、送丝速度来实现（图4-23b）。

由于确定电弧工作点需要同时调节两个控制旋钮以分别改变电源外特性和送丝速度，这增加了调节的难度，而且常常不容易获得最佳工作点，因此，在实际应用中开发了使用单个

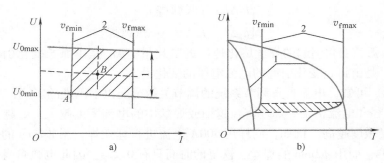

图 4-23 等速送丝电弧焊焊接电流、电弧电压的调节范围

a）长弧焊 b）短弧焊

1—电源外特性 2—电弧自身调节静特性

旋钮能同时调定焊接电流和电弧电压的方法，即对于长弧焊，在改变送丝速度的同时按适当比例改变电源电压；对于短弧焊，在改变焊接电流的同时按适当比例改变送丝速度，这给调节带来了很大的方便。

4.2.3 电弧电压反馈调节系统

电弧电压反馈调节系统也称为电弧电压均匀调节系统。与电弧自身调节系统不同，它不是依靠电弧的自身调节作用来保持电弧长度不变，而是主要依靠电弧电压的负反馈作用来保持电弧长度不变，因此属于闭环控制系统。它适用于粗丝熔化极电弧焊，是目前粗丝埋弧焊时应用的主要方法。

1. 电弧电压反馈调节系统的原理

电弧电压反馈调节系统的原理是：当电弧长度波动而引起焊接参数偏离原来的稳定值时，利用电弧电压作为反馈量，通过一个专门的自动调节装置——电弧电压反馈调节器，强迫改变送丝速度，使电弧长度恢复到原来的长度。例如当电弧长度变短时，由于电弧电压减小，通过反馈作用使送丝速度减慢，从而强迫电弧长度恢复到原来的长度，使焊接参数保持稳定。

目前比较常用的两种电弧电压反馈调节器的电路结构如图 4-24 所示，均是以电弧电压为被调量，以送丝速度为操作量的闭环系统。其中图 4-24a 为发电机—电动机系统，送丝电动机 M 由发电机 G 供电，发电机 G 有两个他激励磁线圈 LG_1 和 LG_2。LG_1 由送丝给定控制电压 U_c 供电产生磁通 Φ_1，其大小由电位器 RP_1 控制，磁通方向使电动机 M 向退丝方向转动；LG_2 由电弧反馈电压 U_a 供电，其磁通 Φ_2 大小正比于电弧电压，方向与 Φ_1 相反，使电动机 M 向送丝方向转动。正常焊接时，$\Phi_2 > \Phi_1$，且 $\Phi_2 - \Phi_1$ 是一个定值，使电动机 M 有一个稳定的送丝速度。根据电工原理可以求得

$$\Phi_1 = K_1 U_c、\Phi_2 = K_2 U_a$$

$$E = C_{eG}(\Phi_2 - \Phi_1)n_G = K_3(U_a - U'_c)$$

$$U = E - IR_{iG} \approx E$$

$$n_M = (U - IR_{iM})/C_{eM}\Phi \approx U/C_{eM}\Phi \approx K_4(U_a - U'_c)$$

$$v_f = K_5 n_M = K(U_a - U'_c) \tag{4-6}$$

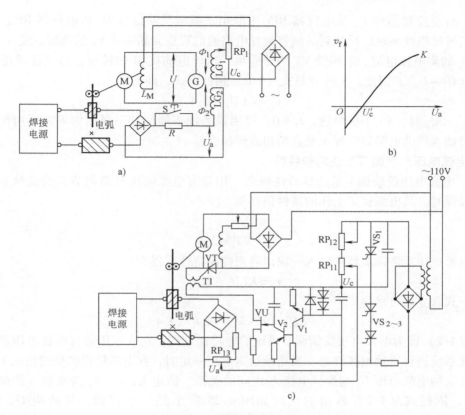

图 4-24　电弧电压反馈调节器

a）发电机—电动机系统　b）调节器静态控制特性　c）晶闸管—电动机系统

式中，K_1、K_2 为由发电机励磁电路电阻、匝数确定的系数，磁路未饱和时均为常数；U_c、U_a 为给定控制输入电压和电弧反馈电压；E 为发电机电枢端输出的感应电动势；C_{eG}、C_{eM} 为发电机、电动机的机电结构常数；U'_c 为给定控制电压折算值，$U'_c = K_1 U_c / K_2$；K_3 为由发电机结构和转速确定的常数，$K_3 = K_2 C_{eG} n_G$；n_G、n_M 为发电机、电动机的转速；R_{iG}、R_{iM} 为发电机、电动机的转子线圈电阻；K_4 为由发电机、电动机结构确定的常数，$K_4 = K_3 / C_{eM} \Phi$；I、U 为电动机转子的电流和电压；K_5 为由送丝机构传动比确定的常数；v_f 为送丝速度；K 为总的调节器变换系数，或称调节器灵敏度，$K = K_4 K_5 = v_f / (U_a - U'_c)$。

式（4-6）是该调节器的输入—输出静态控制特性方程，它反映了送丝速度 v_f 与电弧反馈电压 U_a 之间的关系，其曲线如图 4-24b 所示。由式（4-6）和图 4-24b 可以看出，当电弧处于稳定状态时，$U_a > U'_c$，且是一个定值，送丝速度 v_f 也是一个等于熔化速度的定值。当弧长由于外界干扰变长（或变短）时，U_a 变大（或变小），导致 v_f 增大（或减小），使弧长变短（或变长），直至回到原来的长度。当焊丝与焊件短路时，$U_a = 0$，使 $v_f = -KU'_c$，于是焊丝回抽。埋弧焊正是利用这个特性来实现回抽引弧的。电弧引燃以后，随着弧长的加大，电弧反馈电压 U_a 增大，当 $U_a > U'_c$ 时，焊丝自动换向变成送进。当送丝速度等于熔化速度时，电弧进入稳定燃烧状态。

图 4-24c 是晶闸管整流电动机驱动电路中加入电弧电压反馈控制后构成的电弧电压反馈

调节器。给定控制信号 U_c 从电位器 RP_{11} 中取出，弧压反馈信号 U_a 从电位器 RP_{13} 中取出。这两个信号反极性串联以后加到晶闸管触发电路的前置放大晶体管 V_1 的基极，使 V_1 的基极电流、V_2 的集电极电流、晶闸管 VT 的导通角、送丝电动机 M 的转速，乃至送丝速度 v_f 都正比于 $(U_a - U_c)$。因此，同样有与式（4-6）相似形式，即

$$v_f = K(U_a - U_c)$$

当 $U_a < U_c$ 时，VT 不能导通，$v_f = 0$，说明该系统不能回抽引弧。如果将其用作实用系统，尚需加入辅助电路以实现无触点换相或回抽引弧。

2. 电弧电压反馈调节系统的静特性

（1）电弧电压反馈调节系统静特性概念　用带有电弧电压反馈调节器的送丝系统进行自动电弧焊时，其电弧稳定工作的条件仍然是

$$v_f = v_m$$
$$v_m = k_i I_a - k_u U_a$$

又知道电弧电压反馈调节器的输入—输出静态控制特性方程为

$$v_f = K(U_a - U'_c)$$

将上面三式联立后可求得

$$U_a = KU'_c / (K + k_u) + k_i I_a / (K + k_u) \tag{4-7}$$

式（4-7）即为电弧电压反馈调节系统的静特性方程。它表示用带有电弧电压反馈调节器的送丝系统进行自动电弧焊时，当送丝给定电压一定时，在电弧稳定燃烧的情况下，系统所能够建立的电弧电压 U_a 与焊接电流 I_a 之间的关系。假定 K、k_i、k_u 为常数（严格地讲不为常数），依据式（4-7）画出的曲线如图 4-25 所示是一条直线，其截距 U_{a0} 为 $KU'_c /$ $(K + k_u)$，斜率 $\tan\beta$ 为 $k_i / (K + k_u)$。电弧在这条直线的每一点上燃烧时，焊丝的熔化速度 v_m 都等于焊丝的送进速度 v_f，因此每一点都是电弧稳定工作点。

（2）电弧电压反馈调节系统静特性曲线的测定　测定方法是：在给定的保护条件、焊丝直径、伸出长度的情况下，选定一个送丝给定电压值，使其保持不变，调整焊接电源使其输出外特性为曲线 1，在此条件下焊接，当电弧稳定后，记下焊接电流 I_1 和电弧电压 U_1 值。然后调节焊接电源使其输出外特性为曲线 2，并焊接，当电弧稳定后，记下焊接电流 I_2 和电弧电压 U_2 值。依次类推，可以得到几组焊接电流和电弧电压值，然后在 U-I 坐标中描点连线，就可以得到在选定送丝给定电压下的电弧电压反馈调节系统静特性曲线 C，如图 4-26 所示。

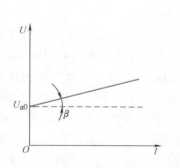

图 4-25　电弧电压反馈调节系统静特性

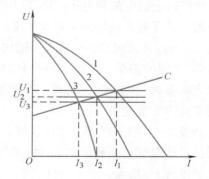

图 4-26　电弧电压反馈调节系统静特性曲线的测定

（3）影响因素　有以下因素能够影响电弧电压反馈调节系统的静特性：

1）送丝给定电压。其他条件不变，当增加送丝给定电压 U_c 时，系统静特性曲线平行上移；反之，则平行下移。

2）系数 K、k_i 和 k_u。当 $K \gg k_i$、k_u 时，$\tan\beta \to 0$，系统静特性曲线为接近于平行电流坐标轴的直线。当系统机电结构改变而导致 K 值改变时，其斜率随之变动。

3）焊丝直径和伸出长度。其他条件不变而减小焊丝直径或增大伸出长度时，k_i 增加，使曲线斜率 $\tan\beta$ 增大。

4）焊丝材料和保护条件。这些因素发生变化时，使系统静特性曲线斜率略有变化。

3. 电弧电压反馈调节系统的调节过程

如图 4-27 所示，如果电弧稳定燃烧的最初工作点是 O_0 点，对应的焊接电流为 I_0，电弧电压为 U_0。当外界干扰使弧长突然缩短时，$l_0 \to l_1$，工作点从 O_0 点移到了 O_1 点，相应的焊接电流从 I_0 增大到 I_1，电弧电压从 U_0 减小到 U_1。根据 $v_f = K(U_a - U'_c)$，电弧电压 U_a 减小，使焊丝送进速度 v_f 减慢；根据 $v_m = k_i I_a - k_u U_a$，焊接电流 I_a 增大，又使焊丝的熔化速度 v_m 增大。这两者作用的结果都使电弧长度增加。如果调节前后焊丝伸出长度不变，工作点会自动地从 O_1 点返回到稳定工作点 O_0，即恢复到原来的焊接电流 I_0 和电弧电压 U_0 值。由以上可以看出，这里既有电弧电压反馈调节作用，也有电弧自身调节作用。双重作用的结果，使电弧恢复的速度大大加快。但是，其中电弧自身调节作用要远远小于电弧电压反馈调节作用。

4. 电弧电压反馈调节系统的调节精度及其影响因素

如前所述，如果系统调节后的工作点能回到调节前的工作点，系统将不产生静态误差；反之，如果不能回到调节前的工作点，就会产生静态误差，因此凡是能影响新的工作点位置的因素都能影响系统的调节精度。

有以下因素能影响电弧电压反馈调节系统的调节精度：

（1）焊丝伸出长度　当系统调节过程结束后焊丝伸出长度增加（或减小）时，由于导致调节系统静特性曲线斜率计算公式 $\tan\beta = k_i / (K + k_u)$ 中的 k_i 增大（或减小），使得调节系统静特性曲线的斜率增大（或减小），因而能使电弧电压产生正偏差（或负偏差），而焊接电流产生负偏差（或正偏差）。图 4-28 是调节后焊丝伸出长度变长后由新的稳定工作点 O'_0 带来静态误差的示例。实际焊接中，弧长变化常常是由于焊枪相对于焊件表面的距离变化引起的，由于它使焊丝伸出长度发生变化，因此必然会产生静态误差。但是，如果系统调节器的灵敏度 K 很大，则由于焊丝伸出长度变化引起的这种误差很小，可以忽略不计。

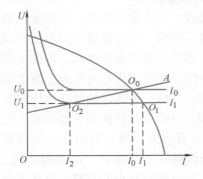

图 4-27　弧长波动时的调节过程

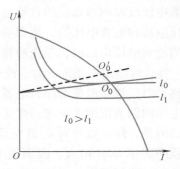

图 4-28　焊丝伸出长度增加时系统调节的静态误差

（2）焊丝直径、电阻率和电流密度　当其他条件不变时，减小焊丝直径，或增加焊丝电阻率，或提高电流密度均能使 k_i 增大，使调节系统静特性曲线的斜率 $\tan\beta$ 增大，因而使系统的静态误差增大。因此，这种调节系统通常用于 $\phi4mm$ 及其以上的粗焊丝低电流密度条件下的焊接。

（3）焊接电源的外特性　当系统调节过程结束后，由于焊丝伸出长度发生变化等因素引起调节系统静特性曲线斜率发生变化时，焊接电源外特性的下降率不同，系统产生的静态误差大小也不同。电源外特性下降率越大，焊接电流的静态误差越小，恒流特性几乎没有电流改变。因此这种调节系统适宜采用陡降外特性电源。

（4）网压波动。如图 4-29 所示，当网压波动使电源外特性曲线从 1 变到 2 时，电弧工作点将从 O_0 点变为 O_1 点，这时电弧电压不变，而焊接电流从 I_0 减小到 I_1。电弧电压不变，使送丝速度 v_f 不变，而焊接电流减小，则使焊丝熔化速度 v_m 减小，使 $v_f > v_m$，因此 O_1 点不是电弧稳定工作点。它强迫工作点 O_1 沿曲线 2 下移到 O_2 点，电弧电压随之从 U_1 下降到 U_2，而焊接电流从 I_1 回升到 I_2，但不能恢复，因此

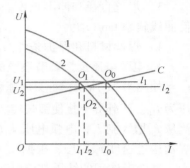

图 4-29　网压波动对静态误差的影响

产生了静态误差。静态误差的大小与电弧电压反馈调节系统静特性和电源外特性曲线斜率有关。调节器的灵敏度 K 值越大，即调节系统静特性越平，或者电源外特性越平硬，网压波动引起的电流误差就越大。

5. 电弧电压反馈调节系统的调节灵敏度及其影响因素

电弧电压反馈调节系统的调节灵敏度主要取决于弧长变化时送丝速度变化量 Δv_f 的大小。由式（4-6）可以得到

$$\Delta v_f = K\Delta U_a \tag{4-8}$$

由式（4-8）可知，影响系统调节灵敏度的因素有：

（1）电弧电压反馈调节器的灵敏度 K　K 值越大，系统调节灵敏越大。但 K 值也不宜过大，由于系统中存在机电惯性，如果 K 值过大，易产生振荡。

（2）弧柱电场强度　弧柱电场强度越大，单位弧长变化引起的电弧电压变化量 ΔU_a 越大，因此调节灵敏度也越大。

6. 电弧电压反馈调节熔化极电弧焊的电流和电压的调节方法

具有电弧电压反馈调节系统的自动电弧焊机是通过改变焊接电源的外特性和送丝给定电压来调节焊接电流和电弧电压的。当焊接电源的外特性不变时，改变送丝给定电压可以调节电弧电压。当给定电压增加时，系统静特性曲线向上平移，使电弧电压提高，焊接电流减小（图 4-30a）。当送丝给定电压不变时，改变电源的外特性，可以调节焊接电流。当电源外特性曲线向右移动时，焊接电流增加，电弧电压略有增加。因此，电弧焊的电弧电压调节范围由送丝给定电压的调节范围来决定，焊接电流调节范围由电源外特性的调节范围来决定。

需要指出的是，焊丝直径对 k_i 有明显的影响，焊丝直径减小时，k_i 增大，使调节系统的静特性曲线的斜率 $\tan\beta$ 增大，因而使工作点调节范围移向电压增高、电流减小的方向，如图 4-30b 所示。这与细焊丝焊接时电流减小，电弧电压也相应减小的调节要求是不相适应的，因此当应用较细焊丝时，应增大系统的 K 值使调节系统静特性曲线斜率减小。图 4-24a

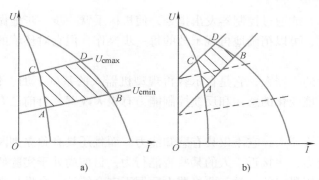

图 4-30　电弧电压反馈变速送丝电弧焊 I_a、U_a 的调节方法

a）焊丝直径 5mm　b）焊丝直径 2mm

中的电阻 R 及并联开关 S 和图 4-24c 中的电位器 RP_{13} 正是为此目的设置的，当开关 S 闭合时，可用于细丝埋弧焊；当开关 S 打开时，则可用于粗丝埋弧焊。但是 K 值也不宜过大，否则易引起系统振荡，因此，该系统不适用于焊丝直径小于 2mm 的自动电弧焊。

电弧自身调节系统与电弧电压反馈调节系统的比较见表 4-1。

表 4-1　电弧自身调节系统与电弧电压反馈调节系统的比较

比较内容	调节方法	
	电弧自身调节系统	弧压反馈调节系统
控制电路及机构	简单	复杂
送丝方式	等速送丝	变速送丝
电源外特性	平或缓降特性	陡降或恒流特性
电流调节方法	调节送丝速度	调节电源外特性
电压调节方法	调节电源外特性	调节送丝给定电压
使用焊丝直径/mm	0.5~3.0	2.0~6.0

4.3　弧焊机器人概述

焊接机器人是从事焊接（包括切割与喷涂）的工业机器人。根据国际标准化组织（ISO）下的定义，工业机器人是一种多用途的、可重复编程的自动控制操作机，它具有三个或更多可编程的轴，用于工业自动化领域。焊接机器人突破了传统的焊接刚性自动化，开始了一种柔性自动化的新方式，因此被认为是具有焊接自动化革命性的进步。

弧焊机器人

4.3.1　发展概况

第一台工业机器人于 1960 年在美国问世。在 20 世纪 80 年代之前，发展比较缓慢，但进入 90 年代以后随着计算机技术、微电子技术、网络技术等的快速发展，工业机器人得到了飞速发展，到今天已发展到第三代。

第一代是示教再现型机器人，目前在国际上已经实用化和商品化。它是由人操纵机械手做一遍应完成的动作，或通过控制器发出指令，使机械手臂一步一步地做一遍应当完成的动作。当其正式工作时，可以精确地再现示教的每一步操作，但它对环境的变化没有感知和反馈控制能力。

第二代是有感觉的机器人，它是在示教再现型机器人的基础上加上传感系统，如视觉、触觉、力觉等，对环境变化的感知和反馈控制能力有很大改善，目前已有部分有感觉的机器人投入实际应用。

第三代是智能型机器人，它不仅具有感知能力，而且还具有独立判断和行动能力，以及记忆、推理和决策能力，更接近于人的某些智能行为，目前尚处于实验研究阶段。

焊接机器人是应用最多的一类工业机器人。据不完全统计，全世界在役的工业机器人中约有一半的工业机器人用于焊接领域。其应用主要集中在汽车、摩托车、工程机械、铁路机车等行业，特别是汽车行业是焊接机器人的最大用户。

焊接机器人应用中最普遍的方式主要有两种，即弧焊机器人和点焊机器人，它们分别能进行电弧焊自动操作和点焊自动操作。今后国内企业对弧焊机器人和点焊机器人的需求量将不断增加。

4.3.2 弧焊机器人在生产中的作用及特点

1. 弧焊机器人在生产中的作用

归纳起来，弧焊机器人在生产中具有以下作用：

1）稳定和提高焊接质量，保证其均一性。在被焊材料和焊接材料确定的情况下，电弧焊的焊接参数如焊接电流、电弧电压、焊接速度、焊丝伸出长度等对焊接结果起决定作用。采用机器人焊接时可以保证每条焊缝的焊接参数稳定不变，使焊缝质量受人的因素影响降低到最小，因此焊接质量很稳定。

2）实现小批量产品的焊接自动化，并可缩短产品改型换代的周期。焊接专机适合批量大、改型慢的产品，以及焊件的焊缝数量较少、较长、形状规矩（直线、圆等）的情况，而弧焊机器人不仅能胜任这些工作，而且适应中、小批量生产，以及焊件焊缝短而多、形状较复杂的情况，特别是产品品种多、批量又很少或经常需要改型换代的情况。它只要通过修改程序就可以适应不同焊件的焊接，这样不仅可以缩短调整的周期，而且可以减少相应的设备投资。

3）改善劳动条件。电弧焊时，存在弧光、烟尘、飞溅、热辐射等不利于操作者身体健康的因素，而使用弧焊机器人以后，可以使焊接操作者远离上述不利因素。

4）提高焊接生产率。任何焊接专机都不可能做到一天 24h 连续生产，而弧焊机器人可以做到这一点。对于一条弧焊机器人生产线来说，它由一台调度计算机控制，只要白天装配好足够的焊件，并放到存放工位，夜间就可以实现无人或少人生产。

5）可用在核能设备制造、空间站建设、深水焊接等极限条件下，完成人工难以进行的焊接作业。

6）为建立柔性焊接生产线提供技术基础。

2. 弧焊机器人的特点

与点焊机器人相比，弧焊机器人有以下特点：

1）点焊机器人受控运动方式是点位控制型，即机器人终端是从一个点位目标移向另一个点位目标，只在目标点上完成操作；而弧焊机器人受控运动方式是连续轨迹控制型，即机械手总成终端按预期的轨迹和速度运动。

2）由于弧焊过程比点焊过程复杂得多，要求机器人终端的运动轨迹的重复精度、焊枪的姿态、焊接参数都要有更精确的控制。为了满足填丝条件下角焊缝及多焊道的成形要求，弧焊机器人还应具有终端横向摆动的功能。

3）弧焊机器人经常工作在焊缝短而多的情况下，需要频繁地引弧和收弧，因此要求机器人具有可靠的引弧和收弧功能。对于空间焊缝，为了确保焊接质量，还需要机器人能实时调整焊接参数。

4）电弧焊时容易发生粘丝、断丝等故障，如不及时采取措施，将会损坏机器人或报废焊件，因此要求机器人必须具有及时检出故障并实时自动停车、报警等功能。

4.3.3 示教再现型弧焊机器人

目前在役的弧焊机器人大多数为示教再现型弧焊机器人。这种机器人可以在其工作空间内精确地再现已示教过的操作。

1. 示教再现型弧焊机器人及其系统的构成

示教再现型弧焊机器人的构成如图4-31所示。其由机器人部分和焊接设备部分两部分构成。其中，机器人部分由机械手总成、控制器（软件及硬件）和示教盒组成。机械手总成又称为操作机，是机器人的操作部分，由机械臂直接带动终端的焊枪实现各种运动和操作（图4-32），通常有5个自由度，如果有6个自由度可以实现焊枪的任意空间轨迹和姿态；控制器是弧焊机器人的核心部件，它利用计算机实施机器人的全部信息处理和对机器人机械手总成的运动控制；示教盒是人对机器人进行示教的人机交互接口，通过示教盒，人可以操纵机器人进行示教。

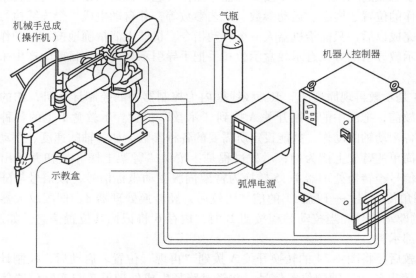

图4-31 示教再现型弧焊机器人的构成

焊接设备部分由弧焊电源、送丝系统、焊枪等组成。其中，送丝系统必须保证能稳定地送丝，并能调节送丝速度；弧焊电源对气体保护电弧焊来说，可以采用晶闸管式弧焊整流器、弧焊逆变器、晶体管脉冲电源等。由于选择参数的需要，焊接设备必须由机器人控制器直接控制。由于机器人控制器采用数字控制,而弧焊电源多为模拟控制,因此需要在弧焊电源与控制器之间加一个接口。

作为示教再现型弧焊机器人系统,除了上述外还包括一些周边设备,如焊件夹持装置、旋转工作台等。弧焊机器人工作站是能用于焊接生产的、最小组成的弧焊机器人系统。一个正在工作的弧焊机器人工作站如图4-33所示。

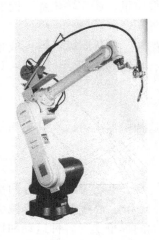

图4-32 弧焊机器人的机械手总成

图4-33 正在工作的弧焊机器人工作站

2. 示教再现型弧焊机器人的工作过程

示教再现型弧焊机器人的显著特征是焊接前先示教。所谓示教,就是焊接前由用户导引机器人机械手总成的末端,一步步按实际任务操作一遍,机器人在导引的过程中自动记忆示教的每个动作的位置、姿态、运动参数、工艺参数等,并自动生成一个连续执行全部操作的程序。示教完成以后,只需给机器人一个启动指令,机器人能精确地按示教动作一步步完成全部操作。示教导引的方式有示教盒示教和手把手导引示教两种,目前生产中采用的主要是示教盒示教。

图4-34是示教再现原理图。点画线线框内为控制器中的控制计算机,它的任务是规划和管理。示教前,把图中的转换开关A拨到"示教"位置。示教盒1上的各种按钮可单独控制机器人各运动轴的动作,并能设定所需要的各种参数,如各轴的速度、摆动参数、焊接参数等。以简单的臂架上摆为例,示教过程是:按动"臂架上摆"按钮并给出相应摆角位置,其指示信号经转换处理器4、5转换为臂架伺服驱动坐标信号,该信号与随伺服电动机10转动的测角传感器——码盘11的信号比较后,经转换处理器8、伺服放大器9成为伺服电动机10的驱动信号。当按动编程按钮B时,内存6将记忆其位置信息。如此依次进行,即可完成全部示教。

经过示教后,将图4-34的转换开关A拨到"再现"位置。启动后,控制计算机将从内存6中依次读出各运动轴的位置信号,并经过路径生成处理器7与实际位置信号比较后输出,就可通过伺服放大器至伺服电动机控制各运动轴。如此一步一步地再现示教动作,即可完成整个焊接工作。

示教再现型弧焊机器人也存在明显的缺点:由于焊接路径和焊接参数是根据实际作业条件预先设置的,焊接时缺少外部信息传感和实时调整功能,使得机器人不能适应焊接环境和

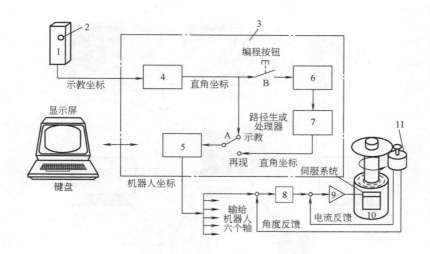

图 4-34 示教再现原理

1—示教盒 2—编程按钮 3—控制计算机 4、5、8—转换处理器 6—内存
7—路径生成处理器 9—伺服放大器 10—交流伺服电动机 11—码盘

焊接过程的变化。在实际焊接过程中，焊接条件经常是要变化的，如加工和装配上的误差会造成焊缝位置和尺寸的变化，焊接过程中焊件由于加热和冷却会产生变形等，这些都会导致示教再现型弧焊机器人的焊接质量下降。

为了克服示教再现型弧焊机器人存在的缺点，科学工作者围绕焊接机器人的智能化进行了广泛的研究，因此出现了有感觉弧焊机器人和智能型弧焊机器人。其中，有感觉弧焊机器人是指基于某种传感信息的离线编程弧焊机器人，能够改善弧焊机器人对环境的适应能力；智能型弧焊机器人是指装有多种传感器，接收作业指令后能根据客观环境自行编程的具有高度适应能力的弧焊机器人。

4.3.4 智能型弧焊机器人

智能型弧焊机器人是基于多种传感器能够感知环境，通过高级智能计算能够自主决策和灵活运动的、类似人的思维与动作的高级机器人，因此，能很好地克服上述示教再现型弧焊机器人存在的各种缺点。由于人工智能技术的发展相对滞后，智能型弧焊机器人目前尚处于实验室研究阶段，但是已经取得了许多重要成果。

1. 智能型弧焊机器人系统的构成

图 4-35 是智能型弧焊机器人系统主要的硬件构成，包括具有 6 自由度的弧焊机器人机械手总成、机器人控制单元、系统仿真单元、知识库单元、焊缝导引单元、焊缝跟踪单元、熔透控制单元以及中央控制计算机等。除此以外，还包括弧焊电源、送丝机、变位机，以及作为视觉传感器的焊缝识别摄像机、熔池监视摄像机、环境监控摄像机、焊机接口控制盒等。其中，焊缝识别摄像机是为了实现初始焊位导引、焊缝跟踪传感；熔池监视摄像机是为了检测熔池尺寸，从而实现对熔透和焊缝成形的控制；环境监控摄像机是为了实现焊接现场场景的视觉反馈。

图 4-35 中"系统仿真单元"有两个功能：一个是机器人运动控制仿真，负责机器人运

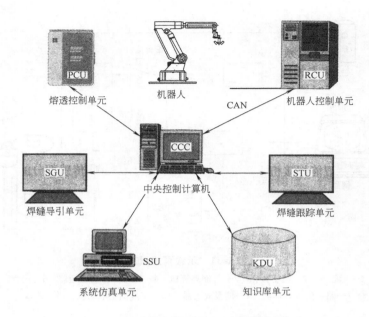

图 4-35　智能型弧焊机器人主要的硬件构成

动模型的创建、焊接过程仿真、焊接路径规划等；另一个是焊接动态过程仿真，负责焊接参数与焊缝成形的动态过程仿真。

"知识库单元"是一个焊接机器人专家系统，负责焊接工艺的制订和选择、焊接顺序的规划等。

"焊缝导引单元"的功能是利用焊缝识别摄像机 CCD1 拍摄焊件的图像，通过计算机图像处理和立体匹配，提取焊缝的初始点在三维空间内的坐标，并将检测到的坐标点上传到中央控制计算机，由中央控制计算机和机器人控制器来控制焊枪到达初始焊位，准备焊接。其原理如图 4-36 所示。

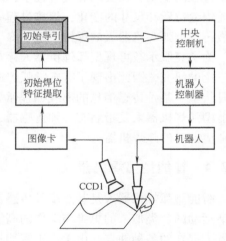

图 4-36　基于视觉传感的焊缝导引单元原理图

"焊缝跟踪单元"的功能是在机器人导引到初始焊接位置并开始焊接以后，利用焊缝识别摄像机 CCD1 在工作空间内实时拍摄焊缝的图像，通过计算机图像处理，提取焊缝形状和方向特征，并根据焊缝位置确定焊枪下一步纠偏运动方向和位移的量，并将这些信息上报中央控制计算机，通过中央控制计算机和机器人控制器来驱动机器人焊枪端点，以跟踪焊缝走向和位置纠偏。其原理如图 4-37 所示。

"熔透控制单元"的功能是利用熔池监视摄像机 CCD2 获取机器人运动后方的半部熔池变化图像，通过计算机图像处理，提取熔池形状特征。通过中央控制计算机结合相应的工艺参数和预先建立的焊接熔池动态过程模型预测熔深、熔宽、余高和熔透等参数，调用合适的控制策略，给出适当的焊接参数调整以及机器人运动速度、姿态和送丝速度的调节变化，通过弧焊电源和机器人执行，实现对焊缝熔透和成形的控制。其原理如图 4-38 所示。

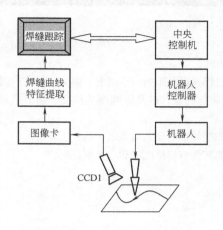

图 4-37　基于视觉传感的焊
缝跟踪单元原理图

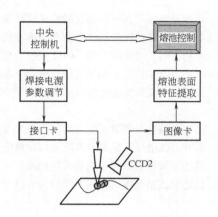

图 4-38　基于视觉传感的熔
透控制单元原理图

"机器人控制单元"即机器人控制器，它主要是接受中央控制计算机发出的指令，根据传感信息、知识库以及任务规划的综合比较，实现机器人机械手总成的运动轨迹、姿态的调整与控制。它将控制量送至对应的电动机的功率放大器，以控制机器人机械手总成的运动。同时，它还负责上报机器人的状态、报警信息等。

"中央控制计算机"是机器人的上位机和控制中心，它利用软件与机器人控制单元、焊缝导引单元、焊缝跟踪单元和熔透控制单元通信，与系统仿真单元和知识库单元交换信息，并协调各组成部分的功能，从而实现对整个弧焊机器人系统的管理。

2. 智能型弧焊机器人的工作过程

在开始焊接之前，通过视觉传感器（摄像机）观察并识别焊接环境、条件，提取焊件的形状、结构、连接方式、坡口形式、运动障碍等特征信息。然后根据环境和焊件接缝信息，利用知识库单元和系统仿真单元来选择合适的焊接参数和控制方法，以及进行必要的机器人焊接运动路径、焊枪姿态规划与焊接过程仿真。

确定焊接任务可实施以后，通过焊缝导引单元，运用安装在机械手总成末端的视觉传感器（摄像机）在局部范围内搜索机器人初始焊接位置。确定初始焊接位置后，自主引导机器人焊枪到达初始焊接位置。

焊接开始以后，采用视觉传感器（摄像机）观察熔池的变化，提取熔池特征，判断熔池变化状态，采取适当的控制策略，实现对焊接熔池动态变化的智能控制，以克服焊接参数、焊接环境、焊件装配和散热条件以及变形的影响，保证适当的熔深、熔宽以及理想的焊缝成形。同时，利用焊缝跟踪单元直接通过机器人运动前方的视觉传感器（摄像机）实时提取焊缝形状和方向特征，获得焊枪与焊缝中心的偏差，并通过中央控制计算机和机器人控制器驱动机器人焊枪端点进行位置纠偏和运动导引，以实现焊缝跟踪。

复习思考题

1. 什么是电弧焊程序自动控制？试述其控制对象和应达到的基本要求。

2. 电弧焊程序控制的转换类型和实现方法有哪些？

3. 举例说明实现延时控制、引弧控制和熄弧控制的方法。

4. 试述当电弧长度变化时电弧自身调节系统的调节过程，以及影响调节精度、调节灵敏度的因素。

5. 试述当电弧长度变化时电弧电压反馈调节系统的调节过程，以及影响调节精度、调节灵敏度的因素。

6. 具有电弧自身调节系统的熔化极电弧焊机是如何调节焊接电流和电弧电压的？

7. 具有电弧电压反馈调节系统的熔化极电弧焊机是如何调节焊接电流和电弧电压的？

8. 试述示教再现型弧焊机器人的构成及其工作过程。

9. 试述智能型弧焊机器人系统的构成以及各部分的作用。

埋弧焊（Submerged Arc Welding）是电弧在焊剂层下燃烧以进行焊接的熔焊方法。按照机械化程度，可以分为自动焊和半自动焊两种。两者的区别是：前者焊丝送进和电弧相对移动都是自动的，而后者仅焊丝送进是自动的，电弧移动是手动的。由于自动焊的应用远比半自动焊广泛，因此，通常所说的埋弧焊一般指的是自动埋弧焊。本章将讲述埋弧焊的原理、冶金特点、焊接材料及其选配、焊接设备以及焊接工艺，并简要介绍多丝埋弧焊、窄间隙埋弧焊和埋弧堆焊。

5.1 埋弧焊原理、特点及应用

5.1.1 埋弧焊的工作原理

埋弧焊的工作原理如图 5-1 所示，焊接电源的两极分别接至导电嘴和焊件。焊接时，颗粒状焊剂由焊剂漏斗经软管连续均匀地堆敷到焊件的待焊处，焊丝由送丝机构驱动，从焊丝盘中拉出，并通过导电嘴送入焊接区，电弧在焊剂层下面的焊丝与母材之间燃烧。电弧热使焊丝、焊剂及母材的局部熔化和部分蒸发。金属蒸气、焊剂蒸气和冶金过程中析出的气体在电弧的周围形成一个空腔，熔化的焊剂在空腔上部形成一层熔渣膜。这层熔渣膜如同一个屏障，使电弧、液体金属与空气隔离，而且能将弧光遮蔽在空腔中。在空腔的下部，母材局部熔化形成熔池；空腔的上部，焊丝熔化形成熔滴，并主要以渣壁过渡的形式向熔池中过渡，只有少数熔滴为自由过渡（图 5-2）。随着电弧的向前移动，电弧力将液态金属推向后方并逐渐冷却凝固成焊缝，熔渣则凝固成渣壳覆盖在焊缝表面。

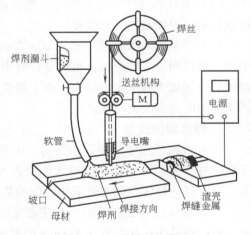

图 5-1 埋弧焊工作原理

在焊接的过程中，焊剂不仅起着保护焊接金属的作用，而且起着冶金处理的作用，即通过冶金反应清除有害的杂质和过渡有益的合金元素。

5.1.2 埋弧焊的特点

1. 埋弧焊的优点

（1）生产效率高　埋弧焊所用的焊接电流可大到 1000A 以上，比焊条电弧焊高 5～7

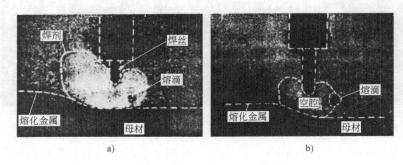

图 5-2 埋弧焊电弧空腔与熔滴过渡（X 光透视）

a）焊丝接正，自由过渡 b）焊丝接负，渣壁过渡

倍，因而电弧的熔深能力和焊丝熔敷速度都比较大。这也使得焊接速度可以大大提高。以板厚为 8~10mm 的钢板对接焊为例，焊条电弧焊的焊接速度一般不超过 6~8m/h，而单丝埋弧焊速度可达 30~50m/h，如果采用双丝或多丝埋弧焊，速度还可提高 1 倍以上。

（2）焊接质量好 这一方面是由于埋弧焊的焊接参数通过电弧自动调节系统的调节能够保持稳定，对焊工操作技术要求不高，因而焊缝成形好、成分稳定；另一方面也与采用熔渣进行保护，隔离空气的效果好有关。据资料介绍，在焊条电弧焊时，焊缝中氮的质量分数为 0.02%~0.03%，而使用 HJ431 焊剂进行埋弧焊时，焊缝中氮的质量分数仅为 0.002%，这可以使焊缝的力学性能显著提高。

（3）劳动条件好 埋弧焊时，没有刺眼的弧光，也不需要焊工手工操作。这既能改善作业环境，也能减轻劳动强度。

（4）节约金属及电能 对于 20~25mm 厚以下的焊件可以不开坡口焊接，这既可节省由于加工坡口而损失的金属，也可使焊缝中焊丝的填充量大大减少。同时，由于焊剂的保护，金属的烧损和飞溅也大大减少。由于埋弧焊的电弧热量能得到充分的利用，单位长度焊缝上所消耗的电能也大大降低。

2. 埋弧焊的缺点

（1）焊接适用的位置受到限制 由于采用颗粒状的焊剂进行焊接，因此一般只适用于平焊位置（俯位）或倾斜度不大的位置焊接，如平焊位置的对接接头、角接接头以及堆焊等。对于其他位置，则需要采用特殊的装置以保证焊剂对焊缝区的覆盖。

（2）焊接厚度受到限制 这主要是由于当焊接电流小于 100A 时电弧的稳定性通常变差，因此不适于焊接厚度小于 1mm 的薄板。

（3）对焊件坡口加工与装配要求较严 这是因为埋弧焊时不能直接观察电弧与坡口的相对位置，故必须保证坡口的加工和装配精度，或者采用焊缝自动跟踪装置才能保证不焊偏。

5.1.3 埋弧焊的应用

埋弧焊已有 80 多年的历史，至今仍是现代焊接生产中生产效率高、应用广泛的熔焊方法之一。由于埋弧焊具有生产效率高、焊缝质量好、熔深大、机械化程度高等特点，其应用很广泛，至今仍是锅炉、压力容器、船舶、桥梁、起重机械、工程机械、冶金机械以及海洋结构、核电设备等制造的主要焊接手段，特别是对于中厚板、长焊缝的焊接具有明显的优越性。

可焊接的钢种有：碳素结构钢、低合金结构钢、不锈钢、耐热钢以及复合钢等。此外，用埋弧焊堆焊耐热、耐蚀合金，或焊接镍基合金、铜基合金等也能获得很好的效果。

5.2 埋弧焊的冶金特点

5.2.1 冶金特点

埋弧焊的冶金过程与焊条电弧焊很相似，也是经历了加热、熔化、化学冶金、熔池凝固和焊接接头固态相变等过程。其中，在液态金属、液态熔渣和各种气体之间发生的化学冶金过程能最后决定焊缝的化学成分，熔池凝固和焊接接头固态相变过程能决定焊缝的微观组织。但由于埋弧焊方法的特殊性，也使埋弧焊具有许多自己的冶金特点。

（1）机械保护作用好 焊接时，焊剂在电弧的作用下发生熔化，并围绕电弧空间形成一个由液态熔渣膜构成的天然屏障，能有效地阻止空气侵入电弧空间。其保护作用好于焊条电弧焊时的气—渣联合保护，这可以从焊缝中的含氮量得到证明。

（2）冶金反应充分 这主要与埋弧焊使用的焊接热输入有关。焊接热输入大，使焊缝区的金属处于液态的时间长（比焊条电弧焊时长几倍），因而使得液态金属、液态熔渣和气相之间的化学冶金反应更充分，有利于焊缝得到预期的化学成分。同时熔池中的气体、夹杂物容易逸出，有利于消除气孔、夹渣等缺欠。

（3）焊缝的化学成分稳定 在母材一定的情况下，焊缝的化学成分主要受两方面因素的影响：一个是焊接材料，即焊丝和焊剂，能够决定焊缝的合金系统；另一个是焊接参数。当焊接参数变化时，一方面要影响熔合比，使母材熔入量发生变化，进而影响焊缝的化学成分；另一方面能够影响焊剂的熔化率，影响化学冶金反应进行的程度，从而使焊缝的化学成分受到影响。由于埋弧焊时的焊接参数稳定，因此当焊接材料、母材和焊接参数确定以后，焊缝的化学成分波动较小。

（4）焊缝的组织易粗化 这与埋弧焊时使用的焊接电流大，因而热输入大有关。热输入大，使得熔池的体积大，熔池金属高温停留时间长，冷却速度慢，这些因素都使得埋弧焊焊缝晶粒容易长大，因此，在许多情况下需要考虑通过焊接材料向焊缝中渗入微量合金元素（如 Ti、B 等）来抑制组织粗化，以获得比较好的韧性。

同时，较大的焊接热输入也能使热影响区的金属晶粒长大和冲击韧度降低。

5.2.2 低碳钢埋弧焊的主要化学冶金反应

埋弧焊时使用的焊接材料是焊丝和焊剂。焊接时，在电弧热的作用下焊剂熔化后形成液态熔渣，焊丝熔化后形成熔滴，母材局部熔化后与熔滴一起形成熔池。此外，在电弧空间还有由金属和焊剂的蒸气以及在冶金过程中析出的气体组成的气相。因此，埋弧焊时的化学冶金反应是在液态金属、液态熔渣和气相三者之间进行的。在生产中被焊的母材的种类繁多，不同的母材焊接时选用的焊丝和焊剂不同，因此在液态金属、液态熔渣和气相之间发生的化学冶金反应也不尽相同。现以低碳钢埋弧焊为例，主要发生以下化学冶金反应。

1. 锰、硅的还原反应及过渡

（1）锰、硅的还原反应　锰和硅均是低碳钢埋弧焊焊缝中的基本成分。其中，锰可以提高焊缝金属的强度和韧度，并能提高焊缝的抗热裂性能；硅能镇静熔池，有利于获得致密的焊缝。但是，锰、硅的含量也不宜过高，因为当锰含量 $w_{Mn} > 1.5\%$ 时会增加焊缝的冷脆性；当硅含量 $w_{Si} > 0.5\%$ 时能降低焊缝的室温冲击韧度，因此，必须控制焊缝中的锰和硅含量。

焊接低碳钢时，通常采用锰、硅含量均比较低的焊丝（例如 H08A、H08 等），母材中锰、硅的含量也不高，但是，焊后焊缝中锰、硅的含量均有增加，见表 5-1。其原因是埋弧焊时使用的焊剂（如 HJ430、HJ431 等）中一般都含有比较多的 MnO 和 SiO_2，见表 5-2。焊接时能够通过焊剂与金属发生还原反应向焊缝中渗锰、渗硅。反应如下：

$$[Fe] + (MnO) \rightleftharpoons [Mn] + (FeO) \qquad (5\text{-}1)$$

$$2[Fe] + (SiO_2) \rightleftharpoons [Si] + 2(FeO) \qquad (5\text{-}2)$$

上述还原反应在焊丝端部形成熔滴时就已经开始，一直到熔滴过渡到熔池，在熔池的头部仍在进行。有人做过实验，得出了表 5-3 所列的结果。从表中可以看出，锰、硅的还原反应在熔滴过渡阶段最激烈，其次是焊丝的端部，再次是熔池的头部。在这些部位之所以会发生锰、硅的还原反应，是由于上述部位均是升温区，有利于反应向右进行，因此使锰、硅的含量增加，同时由于金属被氧化，也使焊缝中的氧含量增加。

当电弧移动使这部分金属转为熔池的尾部时，由于温度急剧下降，使反应式（5-1）、式（5-2）向左进行，使得熔池中已还原出来的锰、硅含量有所减少，含氧量也有所减少。但是，由于熔池尾部的温度较低，已接近于金属凝固结晶的温度，反应是比较缓慢的，因此，锰、硅的含量虽然有所减少，但是与母材、焊丝的原始含量相比，焊缝中锰、硅的含量仍是增加的，含氧量也有所增加。这也就是为什么能够利用焊剂使焊缝增锰、增硅的原因。

表 5-1　焊缝金属的化学成分

材　料	化学成分（质量分数,%）					
	C	Mn	Si	S	P	O
母材（Q235A）	0.14～0.22	0.30～0.60	≤0.07	≤0.045	≤0.055	
焊丝（H08A）	≤0.10	0.30～0.55	≤0.03	≤0.03	≤0.03	0.02
焊缝	0.15	0.66	0.20	0.025	0.025	0.04

表 5-2　HJ430 焊剂及其焊渣的化学成分

焊　剂	化学成分（质量分数,%）						
	SiO_2	MnO	CaO	MgO	Al_2O_3	FeO	CaF_2
HJ430	42.4	45.0	1.9	0.50	1.5	0.61	8.16
HJ430 焊渣	38.5	43.0	1.7	0.45	1.3	4.70	6.00

（2）影响锰、硅过渡的因素

⊖　[　]表示在金属中；（　）表示在熔渣中。

1）焊剂的成分。当焊剂中的 MnO、SiO_2 增多时，会使锰和硅的过渡量增加，如图 5-3 和图 5-4 所示。当焊剂中 SiO_2 的质量分数为 42%～48%、MnO 的质量分数小于 10% 时，锰会被烧损；当 MnO 的质量分数从 10% 增加到 25%～30% 时，锰的过渡量 ΔMn 显著增大；但当 MnO 的质量分数 >30% 以后再增加 MnO，对锰过渡量的影响较小。另外，还可以看出锰的过渡量与焊剂中的 SiO_2 含量也有关。当焊剂中 MnO 含量相同、SiO_2 含量多时，Mn 的过渡量少，这是因为 SiO_2 增加时，下列反应易向右进行所致。

$$SiO_2 + 2Mn \rightleftharpoons Si + 2MnO$$

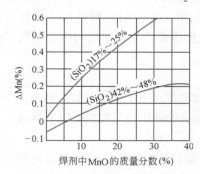

图 5-3　焊剂中 MnO 含量与锰的
过渡量 ΔMn 的关系
焊丝：H08，$I_a = 600～700A$，
$U_a = 30～32V$，母材：低碳钢

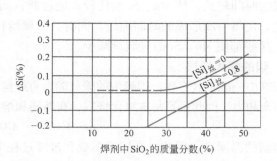

图 5-4　焊剂中 SiO_2 含量
与硅的过渡量 ΔSi 的关系
$I_a = 600～700A$，$U_a = 32～36V$，
母材：低碳钢

表 5-3　焊丝各部及焊缝金属的 Si、Mn 含量

材　　料	化学成分（质量分数，%）	
	Si	Mn
母材（Q235A）	0.01	0.45
焊丝（H08）	0.01	0.52
焊丝端的熔滴	0.15	0.63
在弧柱中过渡的熔滴	0.20	0.86
熔化的母材（用非熔化极）	0.04	0.56
正常焊接的焊缝（用 HJ431）	0.1～0.15	0.60～0.65

从图 5-4 可以看出，当采用 SiO_2 的质量分数为 15%～25% 的焊剂和不含硅的低碳钢焊丝时，焊缝中的 Si 含量不增加，当 SiO_2 的质量分数增加到 40% 以上时，Si 的过渡量 ΔSi 增加很多。

2）锰、硅的原始含量。焊丝和母材中 Mn、Si 的原始含量越低，越有利于 Mn、Si 的还原；反之，则会阻碍 Si、Mn 的还原，甚至造成 Mn、Si 的氧化烧损。此外，如果熔池中 Mn 的原始含量高，可使 Si 的过渡量增加；而 Si 的原始含量高，则可使 Mn 的过渡量增加。这是因为金属中 Mn 和 Si 与熔渣中的 SiO_2 和 MnO 存在下列反应所致。

$$(SiO_2) + 2[Mn] \rightleftharpoons 2(MnO) + [Si] \tag{5-3}$$

当熔池中 Mn 的含量多时，可促使反应向右进行，使 Si 的过渡量增加；而当熔池中 Si

的含量多时，则有利于上述反应向左进行，使 Mn 的过渡量增加。

3）焊剂碱度。提高焊剂的碱度，使 Mn 的过渡量增加，而使 Si 的过渡量减少。其原因是焊剂碱度提高，意味着焊剂中强碱性氧化物 CaO、MgO 等含量增加，这样一方面可以替换出熔渣中复合物 $MnO \cdot SiO_2$ 中的弱碱性氧化物 MnO，使其处于自由状态，促使式（5-1）反应向右进行；另一方面，使熔渣中自由状态的 SiO_2 减少，使式（5-2）反应不易向右进行。

4）焊接参数。当电弧电压提高时，焊剂的熔化量增加，使得液态熔渣与液态金属量的比值增大，因此使 Mn、Si 的过渡量增多；当焊接电流小时，焊丝熔化后呈大颗粒过渡，熔滴形成的时间较长，使 Mn、Si 能比较多地过渡；而当增大电流时，焊丝熔化加快，形成细滴过渡，使得熔滴形成的时间缩短，同时，金属熔化量增多，液态熔渣与液态金属量的比值减小，这些都使 Mn、Si 的过渡量减少。

2. 碳的氧化烧损

焊剂中一般不含有碳，焊缝中的碳只能来自焊丝和母材。由于碳与氧的亲和力大于硅、锰与氧的亲和力，因此很容易被氧化烧损，在熔滴和熔池中的碳均能与氧发生以下反应：

$$C + O = CO$$

由于熔滴的温度高，因此，在熔滴形成和过渡过程中氧化最为剧烈，熔池中氧化弱一些。碳的氧化结果使焊缝中的含碳量降低。熔化金属中的合金成分对碳的氧化有一定影响，硅的含量增加，能抑制碳的氧化；锰的含量增加，对碳的氧化无明显影响；当碳的含量增加时，碳的氧化烧损会增大。

3. 去氢反应

氢是导致焊接接头产生冷裂纹的因素之一，同时也是埋弧焊焊缝产生气孔的主要原因（CO 气孔被认为不是主要的），因此必须减少焊缝中的氢。减少的措施主要有两方面：一是焊前清除铁锈、水分和有机物等，以杜绝氢的来源；二是通过冶金反应将氢结合成不溶于液态熔池金属的化合物，并排出熔池。有以下两种方式：

（1）形成 HF　当焊剂中同时含有大量 CaF_2 和 SiO_2 时，能发生下列反应：

$$2CaF_2 + 3SiO_2 = 2CaSiO_3 + SiF_4$$

产生的 SiF_4 沸点只有 90℃，故以气态存在，能与气相中的原子氢和水蒸气发生下列反应：

$$SiF_4 + 3H = SiF \text{ 气} + 3HF$$

$$SiF_4 + 2H_2O = SiO_2 \text{ 气} + 4HF$$

由于 HF 在高温下比较稳定，而且不溶于液态金属，因此能排出熔池。

（2）形成 OH　在电弧高温的作用下，OH 可以通过下列反应形成：

$$MnO + H = Mn + OH$$

$$SiO_2 + H = SiO + OH$$

$$CO_2 + H = CO + OH$$

生成的 OH 不溶于液态金属，因此也能排出熔池。

4. 脱硫和脱磷反应

硫和磷都是促使焊缝产生热裂纹的有害杂质，此外，硫还会降低焊缝金属的冲击韧度和耐蚀性，磷还会增加焊缝金属的冷脆性。因此，埋弧焊时必须将硫、磷在焊缝中的含量控制在很低的水平。可以通过两个途径来减少硫、磷在焊缝中的含量：一是严格限制焊接材料和被焊材料中硫、磷的含量，这是最根本的途径；二是通过以下冶金反应减少硫、磷的含量。

1）增加焊丝中的含锰量，或增加焊剂中的 CaO、MnO 等碱性氧化物含量，可以减少焊缝中的含硫量，反应如下：

$$[FeS] + [Mn] = (MnS) + [Fe]$$
$$[FeS] + (CaO) = (CaS) + (FeO)$$
$$[FeS] + (MnO) = (MnS) + (FeO)$$

生成的 CaS、MnS 不溶于液态金属而进入熔渣。

2）增加焊剂中的 CaO 等碱性氧化物的含量也可以减少焊缝中磷的含量，反应如下：

$$2[Fe_3P] + 5(FeO) + 3(CaO) \rightleftharpoons ((CaO)_3 \cdot P_2O_5) + 11[Fe]$$
$$2[Fe_3P] + 5(FeO) + 4(CaO) \rightleftharpoons ((CaO)_4 \cdot P_2O_5) + 11[Fe]$$

但是，焊剂碱度提高，其焊接工艺性能往往下降，故碱度不能太大，因此通过上述冶金方法脱硫、脱磷的效果是有限度的。特别是受焊缝中含氧量尽量低的限制，焊剂中不可能含有较多的 FeO，因此脱磷的效果更不显著。生产中采取的主要措施是严格限制焊接材料和被焊母材中硫、磷杂质的含量。

5.3 埋弧焊用焊接材料

埋弧焊用的焊接材料是焊剂和焊丝。其中，焊剂的作用如前所述，焊接时形成熔渣，一方面起着隔离空气、保护焊接金属不受空气侵害的作用；另一方面起着对熔化金属进行冶金处理的作用，即通过冶金反应清除有害的杂质和过渡有益的合金元素。焊丝的作用是：焊接时熔化后进入熔池，起到填充和合金化的作用；另外，尚未熔化的焊丝还起着导电的作用。这两种材料都直接参与焊接化学冶金过程，因此对焊缝的化学成分能产生很大影响。当被焊材料确定以后，焊缝的化学成分在很大程度上取决于焊剂和焊丝的选配，因此，正确选配焊剂和焊丝是埋弧焊工艺的一项重要内容。

5.3.1 焊剂

1. 焊剂的分类

焊剂的分类有许多方法，比较常用的是按照制造方法、化学成分、颗粒结构等方法来分类，如图 5-5 所示。

（1）按照制造方法分类　可以分为熔炼焊剂和非熔炼焊剂两大类。非熔炼焊剂又可分为黏结焊剂和烧结焊剂两类。熔炼焊剂是将一定比例的各种配料放在高温炉内熔炼，然后经过水冷粒化、烘干、筛选而制成的一种焊剂。黏结焊剂是将一定比例的各种粉状配料加入适量黏结剂（如水玻璃），经过混合搅拌、粒化和低温（一般在 400℃ 以下）烘干而制成的一种焊剂，过去也称为陶质焊剂；烧结焊剂是将一定比例的各种粉状配料加入适量黏结剂（如水玻璃），经混合搅拌后，在高温（400～1000℃）下烧结成块，然后粉碎、筛选而成的一种焊剂。其中，熔炼焊剂比黏结焊剂和烧结焊剂的吸潮性小，颗粒强度高；而黏结焊剂和烧结焊剂则能通过焊剂加入合金剂和脱氧剂，向焊缝中过渡合金元素和使焊缝含氧量大大减少，而且生产能耗低，因此，近些年烧结焊剂获得很大发展。

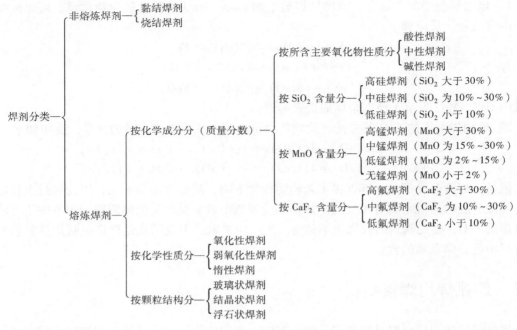

图 5-5　焊剂的分类

（2）按照化学成分分类　根据 SiO_2 的含量（质量分数），分为高硅焊剂（$SiO_2 > 30\%$）、中硅焊剂（$SiO_2 = 10\% \sim 30\%$）和低硅焊剂（$SiO_2 < 10\%$）；根据 MnO 的含量（质量分数），分为高锰焊剂（$MnO > 30\%$）、中锰焊剂（$MnO = 15\% \sim 30\%$）、低锰焊剂（$MnO = 2\% \sim 15\%$）和无锰焊剂（$MnO < 2\%$）；根据 CaF_2 的含量（质量分数），可分为高氟焊剂（$CaF_2 > 30\%$）、中氟焊剂（$CaF_2 = 10\% \sim 30\%$）和低氟焊剂（$CaF_2 < 10\%$）。此外，根据焊剂的碱度 B_{IIW}，可以分为酸性焊剂（$B_{IIW} < 1$）、中性焊剂（$B_{IIW} \approx 1$）和碱性焊剂（$B_{IIW} > 1$）。国际焊接学会推荐的碱度 B_{IIW} 计算公式（公式中各化合物均表示各在焊剂中的质量分数）如下：

$$B_{IIW} = \frac{CaO + MgO + BaO + SrO + Na_2O + K_2O + CaF_2 + 0.5(MnO + FeO)}{SiO_2 + 0.5(Al_2O_3 + TiO_2 + ZrO_2)}$$

（3）按照焊剂的化学性质分类　可以分为氧化性焊剂、弱氧化性焊剂和惰性焊剂。

（4）按照颗粒结构分类　可以分为玻璃状焊剂、结晶状焊剂和浮石状焊剂等。

常用的国产熔炼焊剂、烧结焊剂的牌号、化学成分见表 5-4、表 5-5。

表 5-4　常用熔炼焊剂的牌号、化学成分[2]

焊剂牌号	焊剂类型[1]	化学成分（质量分数,%）									
		SiO_2	Al_2O_3	MnO	CaO	MgO	TiO_2	CaF_2	FeO	S	P
HJ130	1	35~40	12~16	—	10~18	14~19	7~11	4~7	2.0	0.05	0.05
HJ250	2	18~22	18~23	5~8	4~8	12~16	—	23~30	1.5	0.05	0.05
HJ350	3	30~35	13~18	14~19	10~18	—	—	14~20	1.0	0.06	0.07
HJ360	4	33~37	11~15	20~26	4~7	5~9	—	10~19	1.0	0.10	0.10
HJ430	5	38~45	5	38~47	6	—	—	5~9	1.8	0.06	0.08
HJ431	5	40~44	4	34~38	6	5~8	—	3~7	1.8	0.06	0.08

① 1—无锰高硅低氟；2—低锰中硅中氟；3—中锰中硅中氟；4—中锰高硅中氟；5—高锰高硅低氟。

② 表中所列单值为最大值。

表 5-5　常用烧结焊剂的牌号、化学成分

牌　号	碱度 B_{IIW}	化学成分（质量分数，%）
SJ101	1.8	（$SiO_2 + TiO_2$）25，（$CaO + MgO$）30，（$Al_2O_3 + MnO$）25，CaF_2 20
SJ301	1.0	（$SiO_2 + TiO_2$）40，（$CaO + MgO$）25，（$Al_2O_3 + MnO$）25，CaF_2 10
SJ401	0.8	（$SiO_2 + TiO_2$）45，（$CaO + MgO$）10，（$Al_2O_3 + MnO$）40
SJ501	0.5 ~ 0.8	（$SiO_2 + TiO_2$）30，（$Al_2O_3 + MnO$）55，CaF_2 3 ~ 10
SJ502	< 1	（$SiO_2 + TiO_2$）45，（$CaO + MgO$）10，（$Al_2O_3 + MnO$）30，CaF_2 5

2. 对焊剂的要求

1）焊剂应具有良好的焊接工艺性能，即具有良好的稳弧性、脱渣性、焊缝成形性等。

2）焊剂应具有良好的焊接冶金性能，即与合适的焊丝配合，焊缝能得到所需要的化学成分，足够低的硫、磷、氧、氢等杂质含量以及良好的力学性能，并具有较强的抗裂性和抗气孔性。

3）其他要求，要求焊剂颗粒应具有所要求的尺寸，颗粒强度要足够高，吸潮性要小，焊剂中夹杂物含量要少等。

以上指标均应符合相应技术标准的规定。

5.3.2　焊丝

焊丝主要是按照被焊材料的种类进行分类，可以分为碳素结构钢焊丝、合金结构钢焊丝、不锈钢焊丝、有色金属焊丝和堆焊用的特殊合金焊丝等。表 5-6 是 GB/T 14957—1994

表 5-6　国产焊丝标准化学成分（GB/T 14957—1994）

钢种	牌号	化学成分（质量分数，%）									S ≤	P ≤	用　途
		C	Mn	Si	Cr	Ni	Mo	V	Cu	其他			
碳素结构钢	H08A	≤0.10	0.30 ~ 0.55	≤0.03	≤0.20	≤0.30	—	—			0.030	0.030	用于碳素结构钢的电弧焊、埋弧焊、电渣焊和气焊等
	H08E	≤0.10	0.30 ~ 0.55	≤0.03	≤0.20	≤0.30	—	—			0.020	0.020	
	H08C	≤0.10	0.30 ~ 0.55	≤0.03	≤0.10	≤0.10	—	—	≤0.2%		0.015	0.015	
	H08MnA	≤0.10	0.80 ~ 1.10	≤0.07	≤0.20	≤0.30	—	—			0.030	0.030	
	H15A	0.11 ~ 0.18	0.35 ~ 0.65	≤0.03	≤0.20	≤0.30	—	—			0.030	0.030	
	H15Mn	0.11 ~ 0.18	0.80 ~ 1.10	≤0.03	≤0.20	≤0.30	—	—			0.035	0.035	
合金结构钢	H10Mn2	≤0.12	1.50 ~ 1.90	≤0.07	≤0.20	≤0.30	—	—			0.035	0.035	用于合金结构钢的电弧焊、埋弧焊、电渣焊和气焊等
	H08Mn2Si	≤0.11	1.70 ~ 2.10	0.65 ~ 0.95	≤0.20	≤0.30	—	—			0.035	0.035	
	H08Mn2SiA	≤0.11	1.80 ~ 2.10	0.65 ~ 0.95	≤0.20	≤0.30	—	—	≤0.2%		0.030	0.030	
	H10MnSi	≤0.14	0.80 ~ 1.10	0.60 ~ 0.90	≤0.20	≤0.30	—	—			0.035	0.035	
	H10MnSiMo	≤0.14	0.90 ~ 1.20	0.70 ~ 1.10	≤0.20	≤0.30	0.15 ~ 0.25	—			0.035	0.035	

（续）

钢种	牌号	化学成分（质量分数,%）									S	P	用途
		C	Mn	Si	Cr	Ni	Mo	V	Cu	其他	≤		
合金结构钢	H10MnSiMoTiA	0.08 ~ 0.12	1.00 ~ 1.30	0.40 ~ 0.70	≤0.20	≤0.30	0.20 ~ 0.40	—	≤0.2%	Ti0.05 ~0.15	0.025	0.030	用于合金结构钢的电弧焊、埋弧焊、电渣焊和气焊等
	H08MnMoA	≤0.10	1.20 ~ 1.60	≤0.25	≤0.20	≤0.30	0.30 ~ 0.50	—		Ti0.15 (*)[1]	0.030	0.030	
	H08Mn2MoA	0.06 ~ 0.11	1.60 ~ 1.90	≤0.25	≤0.20	≤0.30	0.50 ~ 0.70	—		Ti0.15 (*)	0.030	0.030	
	H10Mn2MoA	0.08 ~ 0.13	1.70 ~ 2.00	≤0.40	≤0.20	≤0.30	0.60 ~ 0.80	—		Ti0.15 (*)	0.030	0.030	
	H08Mn2MoVA	0.06 ~ 0.11	1.60 ~ 1.90	≤0.25	≤0.20	≤0.30	0.50 ~ 0.70	0.06 ~ 0.12		Ti0.15 (*)	0.030	0.030	
	H10Mn2MoVA	0.08 ~ 0.13	1.70 ~ 2.00	≤0.40	≤0.20	≤0.30	0.50 ~ 0.70	0.06 ~ 0.12		Ti0.15 (*)	0.030	0.030	
	H08CrMoA	≤0.10	0.40 ~ 0.70	0.15 ~ 0.35	0.80 ~ 1.10	≤0.30	0.40 ~ 0.60	—		—	0.030	0.030	
	H13CrMoA	0.11 ~ 0.16	0.40 ~ 0.70	0.15 ~ 0.35	0.80 ~ 1.10	≤0.30	0.40 ~ 0.60	—		—	0.030	0.030	
	H18CrMoA	0.15 ~ 0.22	0.40 ~ 0.70	0.15 ~ 0.35	0.80 ~ 1.10	≤0.30	0.15 ~ 0.25	—		—	0.025	0.030	
	H08CrMoVA	≤0.10	0.40 ~ 0.70	0.15 ~ 0.35	1.00 ~ 1.30	≤0.30	0.50 ~ 0.70	0.15 ~ 0.35		—	0.030	0.030	
	H08CrNi2MoA	0.05 ~ 0.10	0.50 ~ 0.85	0.10 ~ 0.30	0.70 ~ 1.00	1.40 ~ 1.80	0.20 ~ 0.30			—	0.025	0.030	
	H30CrMoSiA	0.25 ~ 0.35	0.80 ~ 1.10	0.90 ~ 1.20	0.80 ~ 1.10	≤0.30				—	0.025	0.025	
	H10MoCrA	≤0.10	0.40 ~ 0.70	0.15 ~ 0.35	0.45 ~ 0.65	≤0.30	0.40 ~ 0.60	—		—	0.030	0.030	

① 表中 * 号为加入量。

《熔化焊用钢丝》标准列出的碳素结构钢、合金结构钢焊丝的化学成分。焊丝除要求其化学成分符合要求外，还要求其外观质量满足要求，即焊丝直径及其偏差应符合相应标准规定，焊丝表面应无锈蚀、氧化皮等。此外，为了便于机械送丝，焊丝还应具有足够的挺度。

5.3.3 焊剂与焊丝的匹配

埋弧焊焊剂与焊丝的匹配是获得高质量焊缝的关键，在生产中应正确地选用焊剂和焊丝。埋弧焊焊剂和焊丝的匹配主要依据以下两个方面。

1. 被焊材料的类别及对焊接接头性能的要求

这是选配焊剂和焊丝的主要根据。当被焊材料的种类不同时，或对焊接接头性能的要求不同时，应选择不同的焊剂与焊丝组合。

1）在焊接低碳钢和强度等级较低的低合金钢时，应按等强原则选用与母材相匹配的焊接材料，可选用高锰高硅焊剂（如 HJ431、HJ433、HJ430）与低碳钢焊丝（如 H08A）或含锰的焊丝（如 H08MnA）相配合，或用中锰、低锰或无锰焊剂与含锰量较高的焊丝（如

H08MnA、H10Mn2）相配合。

2）在焊接低合金高强钢时，除要使焊缝与母材等强度外，还要特别注意保证焊缝的塑性和韧度，可选用中锰中硅或低锰中硅型焊剂，配合相应的合金钢焊丝。当焊接强度级别比较高的钢时，为了得到高韧度，一般选用碱度高的烧结焊剂。

3）在焊接耐热钢、低温钢和耐蚀钢时，除了要使焊缝与母材等强度外，还要保证焊缝具有与母材相同或相近的耐热性、耐低温性或耐蚀性，可选用中硅或低硅型焊剂与相应的合金钢焊丝相配合。

4）焊接奥氏体或铁素体高合金钢时，主要是保证焊缝与母材有相近的化学成分，使焊缝具有与母材相匹配的特殊性能（如耐蚀性等），同时也要满足力学性能和抗裂性能等方面的要求。这时，一般选用碱度比较高的中硅或低硅型熔炼焊剂，与合适的高合金钢焊丝相配合焊接，而不采用高硅型熔炼焊剂，其原因是防止大量渗硅，以避免焊缝的性能下降。考虑到焊接过程中铬、钼等主要合金元素会被烧损，通常选用合金元素含量比母材高一些的焊丝。如果没有合金成分较高的焊丝，也可配以专门的黏结焊剂或烧结焊剂焊接，可从焊剂中过渡所需要的合金元素，也能得到令人满意的焊缝化学成分和性能。

2. 埋弧焊的工艺特点

（1）稀释率高　在进行不开坡口的对接焊缝单道焊或双面焊，以及开坡口的对接焊缝根部焊道焊接时，由于埋弧焊焊缝熔透深度大，母材熔化量大，焊缝的稀释率可高达70%，这使得焊缝的成分在很大程度上取决于母材的成分，因此选用合金元素含量低于母材的焊丝焊接并不能降低焊接接头的强度。例如，焊接不开破口的Q345钢的对接接头时，选用含锰量低于母材的H08MnA焊丝和HJ431焊剂，能够获得足够的接头强度。

（2）热输入高　埋弧焊是一种高效的焊接方法，为了获得高的熔敷速度，通常选用大电流焊接，这导致焊接接头的焊接热输入比较大，焊接接头的冷却速度比较慢，带来的后果是焊接接头组织易粗大，强度和韧度降低。为了提高接头的强度和韧度，在焊接厚板坡口的填充焊道时，应选用合金成分略高于母材的焊丝并配用中性焊剂焊接。

（3）焊接速度快　埋弧焊的焊接速度一般为25m/h左右，最高时可达100m/h。在要求速度较高的情况下，焊缝良好的成形不仅取决于焊接参数的合理调整，而且取决于焊剂的特性，应选择适宜快速焊的焊剂，例如铝钛型的烧结焊剂SJ501、SJ502等。

此外，如果是用于窄间隙埋弧焊，还应考虑选用脱渣性好的焊剂。

各种常用钢材埋弧焊焊丝与焊剂选配组合见表5-7。

表 5-7　各种常用钢材埋弧焊焊丝与焊剂选配组合

序　　号	使用钢种	推荐用焊丝/焊剂	
		焊丝牌号	焊剂牌号
1	Q215、Q235、10 钢	H08A	HJ431 SJ501
2	20 钢、20G、22G、20R	H08MnA	HJ431 SJ501
3	Q345、19Mn6（DIN）	H10Mn2	H431、SJ501
		H08MnMoA	HJ350、SJ101

（续）

序 号	使用钢种	推荐用焊丝/焊剂	
		焊丝牌号	焊剂牌号
4	Q390、Q420、Q345、25Mn、20MnMo	H08MnMoA	HJ350、SJ101
5	18MnMoNb、20MnMoNb、13MnNiMo	H08Mn2MoA	HJ250 （或 HJ350 + HJ250） SJ101
6	14MnMoV、15MnMoVN、HQ70、12Ni3CrMoV、WCF 60、14MnMoNbB、30CrMnSiA	H08Mn2MoA H08Mn2NiMoA	HJ250 SJ101
7	12CrMo、A213-T2、A335-P2（ASTM）	H10CrMoA	HJ350 SJ101
8	15CrMo、20CrMo、13CrMo-44、A213-T12、A335-P11、A387-11（ASTM）	H13CrMoA	HJ350 SJ101
9	12Cr1MoV、13CrMoV42	H08CrMoVA	HJ350 SJ101
10	2.25Cr1Mo、10CrMo910、A213-T22、A387-22、A335-P22（ASTM）	H10Cr3-MoMnA	HJ350 或 HJ350 + HJ250

5.4 埋弧焊设备

5.4.1 埋弧焊设备的分类与组成

1. 埋弧焊设备的分类

（1）按照用途 可分为通用焊接设备和专用焊接设备两种。前者适于焊接各种焊接结构的对接接头、角接接头的直缝和环缝等；后者只用于某些特定的焊缝或结构，如堆焊焊缝、T形梁、工字梁、螺旋焊管等。

（2）按电源类型 可分为交流、直流以及交流和直流两用焊机。交流设备多用于焊接电流比较大或采用直流时产生严重磁偏吹的场合。直流设备多用于对焊接参数的稳定性有较高要求，或焊剂的稳弧性较差，或电流比较小，快速引弧、短焊缝、高速焊的场合。

（3）按行走机构形式 可分为焊车式、悬挂式、车床式、悬臂式以及门架式等，如图5-6所示。

（4）按送丝方式 可分为等速送丝式和变速送丝式两种。前者具有电弧自身调节特性，适于细焊丝、大电流密度的情况；后者一般具有电弧电压反馈调节特性，适于粗焊丝、小电流密度的情况。

（5）按焊丝数量和截面形状 可分为单丝、双丝、多丝和带状电极等设备。其中单丝设备用得最多，双丝、多丝设备的应用逐渐增多，带状电极设备主要用于大面积堆焊。

2. 埋弧焊设备的组成

埋弧焊设备包括埋弧焊机和各种辅助设备。其中，埋弧焊机是核心部分，由机械系统、

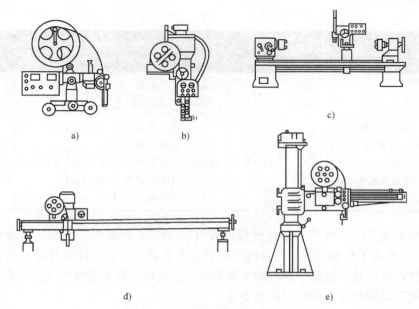

图 5-6　常见埋弧焊设备的形式

a）焊车式　b）悬挂式　c）车床式　d）门架式　e）悬臂式

焊接电源和控制系统三部分组成。机械系统的作用是焊接时使焊丝不断地向电弧区给送，使焊接电弧沿焊接接头移动，以及在电弧的前方不断地铺撒焊剂等；焊接电源的作用是向焊接电弧提供电能，以及提供埋弧焊工艺所需的电气特性，如外特性、动特性等，同时参与焊接参数的调节；控制系统的作用是实现包括引弧、送丝、移动电弧、停止移动电弧、熄弧等在内的程序自动控制，并进行焊接参数调节和保持在焊接过程中稳定，使电弧稳定燃烧。表 5-8 是国产埋弧焊机的主要技术数据。

表 5-8　国产埋弧焊机主要技术数据

型号 技术参数	NZA—1000	MZ—1000	MZ1—1000	MZ2—1500	MZ3—500	MZ6—2×500	MU—2×300	MU1—1000
送丝方式	变速送丝	变速送丝	等速送丝	等速送丝	等速送丝	等速送丝	等速送丝	变速送丝
焊机结构特点	埋弧、明弧两用焊车	焊车	焊车	悬挂式自动机头	电磁爬行小车	焊车	堆焊专用焊机	堆焊专用焊机
焊接电流/A	200～1200	400～1200	200～1000	400～1500	180～600	200～600	160～300	400～1000
焊丝直径/mm	3～5	3～6	1.6～5	3～6	1.6～2	1.6～2	1.6～2	焊带宽30～80厚0.5～1
送丝速度/cm·min^{-1}	50～600（弧压反馈控制）	50～200（弧压35V）	87～672	47.5～375	180～700	250～1000	160～540	25～100
焊接速度/cm·min^{-1}	35～130	25～117	26.7～210	22.5～187	16.7～108	13.3～100	32.5～58.3	12.5～58.3

（续）

技术参数	型号 NZA—1000	MZ—1000	MZ1—1000	MZ2—1500	MZ3—500	MZ6—2×500	MU—2×300	MU1—1000
焊接电流种类	直流	直流或交流	直流	直流或交流	直流或交流	交流	直流	直流
送丝速度调整方法	用电位器无级调速（用改变晶闸管导通角来改变电动机转速）	用电位器调整直流电动机转速	调换齿轮	调换齿轮	用自耦变压器无级调节直流电动机转速	用自耦变压器无级调节直流电动机转速	调换齿轮	用电位器无级调节直流电动机转速

　　辅助设备是为了使焊缝处于最佳施焊位置（例如为了提高焊接效率，常常希望焊缝处于平焊位置），或为了达到某些工艺目的所配置的工艺装置，包括使焊件准确定位和夹紧的焊接夹具，使焊件旋转、倾斜、翻转的焊件变位机，使焊接机头准确送到待焊位置的焊机变位机，以及能自动回收焊剂的焊剂回收器等。

　　典型的焊车式埋弧焊设备构成如图5-7所示。

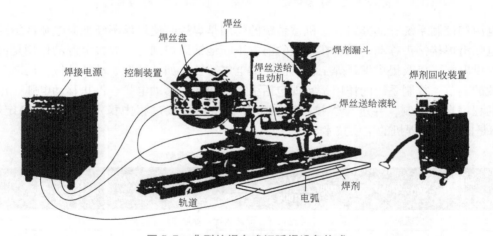

图5-7　典型的焊车式埋弧焊设备构成

5.4.2　机械系统

　　埋弧焊机的机械系统包括送丝机构、焊车行走机构、机头调节机构、导电嘴、焊剂漏斗、焊丝盘等部件，通常焊机上还装有控制盒等。各种埋弧焊机不尽相同，但大同小异。

1. 送丝机构

　　送丝机构一般都包括送丝电动机、传动系统、送丝滚轮、矫直滚轮等。拖动方式有直流电动机拖动和交流电动机拖动两种，图5-8和图5-9是两个实例。焊丝靠送丝滚轮夹紧和转动送入导电嘴。直流电动机拖动是靠改变直流电动机电枢的输入电压来改变送丝速度；交流电动机拖动是靠更换可换齿轮副来改变送丝速度。

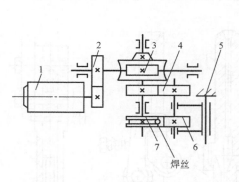

图 5-8　直流电动机拖动的送丝机构

1—电动机　2、4—圆柱齿轮　3—蜗轮蜗杆

5—摇杆　6、7—送丝滚轮

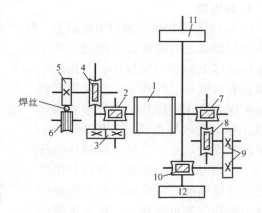

图 5-9　交流电动机拖动的送丝机构和行走机构

1—电动机　2、4、7、8、10—蜗轮蜗杆

3、9—可换齿轮副　5、6—送丝滚轮　11、12—行走轮

2. 焊车行走机构

焊车行走机构由电动机、传动机构、行走轮、离合器、车架等组成。交流电动机拖动的焊车行走机构如图 5-9 所示，它与送丝机构合用一台电动机；直流电动机拖动的焊车行走机构如图 5-10 所示。行走轮一般采用橡胶绝缘轮，目的是避免焊接电流流经车轮而短路。当离合器合上时，焊车由电动机拖动行走，当离合器脱离时焊车可用手推动。

3. 机头调节机构

机头调节机构的作用是使焊机能适应各种不同类型焊缝的焊接，并使焊丝对准焊缝，因此送丝机头应有足够的调节自由度。例如，MZ—1000 型埋弧焊机的机头有 X、Y 两个方向的移动调节，调节行程分别为 60mm 和 80mm，还有 α、β、γ 三个方向的手工转动角度调节，如图 5-11 所示。

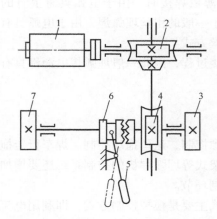

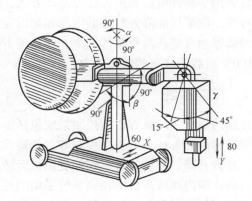

图 5-10　直流电动机拖动的焊车行走机构

1—电动机　2、4—蜗轮蜗杆

3、7—行走轮　5—手柄　6—离合器

图 5-11　MZ—1000 型焊车的调节自由度

4. 导电嘴

图 5-12 是常用的三种导电嘴形式，其中滚轮式和夹瓦式导电嘴均用螺钉压紧弹簧，使导电嘴与焊丝之间有良好的接触，适用于 ϕ3mm 以上粗焊丝的焊接。夹瓦式导电嘴在有效地导引焊丝方向和允许有较大的磨损方面优点比较突出。偏心式导电嘴亦称为管式导电嘴，适用于 ϕ2mm 以下的细焊丝焊接，其导电嘴和导电杆不在一个同心度上，因此，可以利用焊丝进入导电嘴前的弯曲而产生必要的接触压力来确保导电接触。三种导电嘴中的滚轮、导电嘴、衬瓦均应采用耐磨铬铜合金制成。

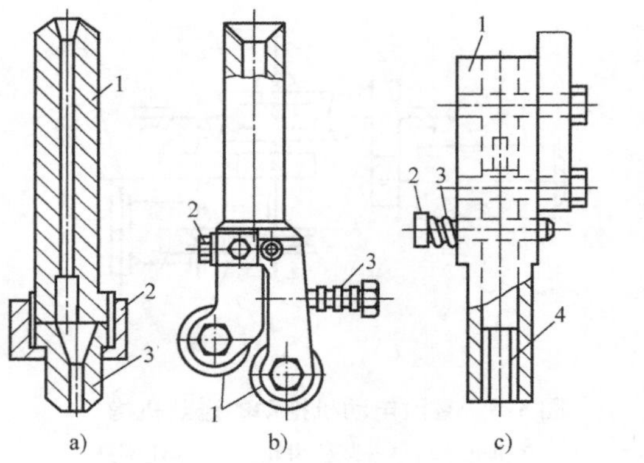

图 5-12　埋弧焊机的导电嘴结构

a）偏心式　1—导电杆　2—螺母　3—导电嘴

b）滚轮式　1—导电滚轮　2—旋紧螺钉　3—弹簧

c）夹瓦式　1—接触夹瓦　2—旋紧螺钉　3—弹簧　4—可换衬瓦

5.4.3　焊接电源

埋弧焊电源按照电流种类可以分为直流电源和交流电源两种。直流电源有直流弧焊发电机、磁放大器式弧焊整流器、晶闸管式弧焊整流器、弧焊逆变器等，前两种因不节能而被淘汰，后两种的应用日益增多；交流电源主要是弧焊变压器，在某些特殊工艺要求情况下也采用晶闸管式或逆变器式矩形波交流电源。一般直流电源用于焊接电流较小、所采用的焊剂稳弧性较差以及对焊接参数有较高要求的场合，通常采用反接，以获得较大熔深；交流电源多用于大电流和采用直流时磁偏吹严重的场合。

按照输出的外特性，焊接电源可以分为具有陡降特性和恒流特性的电源、具有平特性和缓降特性的电源以及具有多特性的电源。其中具有多特性的电源可以根据需要，提供上升、平、缓降、陡降或恒流等多种外特性输出。在细丝薄板焊接时，由于电弧具有上升的静特性，宜采用平特性电源和配以等速送丝方式，而对于一般的粗丝埋弧焊，由于电弧具有水平的静特性，应采用陡降外特性的电源和配以变速送丝方式。

埋弧焊通常是在高负载持续率、大电流下的焊接过程，因此一般埋弧焊电源都具有大电流、100% 负载持续率的输出能力。

5.4.4　控制系统

常用的焊车式埋弧焊机的控制系统包括焊接电源控制、送丝拖动控制、焊车行走拖动控制、引弧和熄弧等环节的程序控制等。悬臂式、门架式等埋弧焊机的控制系统还要增加悬臂伸缩、悬臂升降、立柱旋转、焊件变位机运转等控制环节。

目前，国内埋弧焊机的控制系统采用的控制方式主要是模拟控制方式，即利用电流、电压的模拟信号，通过由电子元件、电磁器件等组成的模拟电路对被控对象进行控制。随着科学技术的发展，埋弧焊机控制向数字化方向发展成为必然趋势。在数字化控制中，用电流、电压的数字信号代替模拟信号，用数字信号处理代替模拟信号处理，用数字电路和软件程序控制代替模拟电路控制。数字化控制可以对弧焊电源、送丝机构、小车行走机构、焊接过程等实施非常精确的控制。目前用得比较多的是用单片机作为核心控制元件的数字化控制。

5.4.5　MZ—1000 型埋弧焊机

MZ—1000 型埋弧焊机是应用最早的埋弧焊机之一。到今天，其技术已不算先进，但由于其在结构和原理上很具代表性，加之具有耐用和经济等优点，现在仍被大量使用。它是根据电弧电压反馈调节原理设计的变速送丝式焊机，有交流和直流两种，适合于焊接水平位置或与水平面倾斜不大于 15° 的开坡口和不开坡口的平板对接、角接和搭接的焊缝，借助于转胎或滚轮架等辅助设备也可以焊接圆筒件的内、外环缝，适用的焊丝直径为 3~6mm。

1. 焊机结构

MZ—1000 型埋弧焊机主要由焊车、焊接电源和控制系统三部分组成，相互之间由焊接电缆和控制电缆连接在一起。

（1）焊车　焊机机械系统的各个组成部分都集中在焊车上，其中，送丝机构采用直流电动机拖动，其传动系统如图 5-8 所示。焊车行走机构传动系统如图 5-10 所示，机头调节机构如图 5-11 所示。此外，还装有焊丝盘、控制盒、焊剂漏斗等。

（2）焊接电源　MZ—1000 型埋弧焊机可配用交流电源，也可配用直流电源。配用交流电源时，一般用 BX2—1000 型弧焊变压器，空载电压分为 69V 和 78V 两档，可根据网压的实际情况和焊接参数的要求选用，工作电流调节范围为 400~1200A，额定负载持续率为 60%；配用直流电源时，常用 ZXG—1000 型弧焊整流器，空载电压为 95V，工作电流调节范围为 250~1200A，额定负载持续率为 60%。上述电源的输出特性均为陡降外特性。

（3）控制系统　配用 BX2—1000 型弧焊变压器作为电源的 MZ—1000 型交流埋弧焊机的电气原理图如图 5-13 所示。其控制系统的电气原理如下：

1）焊接电源控制电路。该电路包括焊接电源主电路和焊接电流调节电路两部分。其中，焊接电源主电路的通断电是由接触器 KM 的两个常开触点 KM_1 来控制的，电源输出的空载电压 69V 和 78V 两档通过换接抽头来选用；焊接电流调节是通过改变电源输出的外特性来实现的，它利用交流电动机 MA 经减速后带动电抗器的活动铁心移动来进行调节，继电器 K_1 和 K_2 控制电动机 MA 的正、反转，使焊接电流增大或减小。

2）送丝拖动电路。该电路是一个由发电机 G_1 和电动机 M_1 组成的电弧电压反馈自动调节器。其作用有两个：一个作用是如第 4 章所述，可以稳定电弧长度，使焊接参数稳定；另一个作用是可以通过调节电位器 RP_2 改变送丝给定电压，使调节系统静态特性改变，达到调节电弧电压的目的。发电机 G_1 有两个励磁线圈 LG_{11} 和 LG_{12}，当调节 RP_2 使 LG_{11} 励磁电压增大时，电弧电压增大；反之则减小。为了扩大电弧电压的调节范围，在 LG_{12} 回路中接入了一个镇定电阻 R_1，开关 S_4 与它并联。S_4 闭合，R_1 被短接，LG_{12} 励磁电压增大，焊丝送进速度加快，电弧长度缩短，电弧电压降低；开关 S_4 断开，R_1 串入回路，则电弧电压升高。

3）焊车拖动电路。焊车是由发电机 G_2—电动机 M_2 机组来拖动的。调节电位器 RP_1 使励磁线圈 LG_{21} 的电压增大时，G_2 输出的电压高，使 M_2 转速提高，焊车行走速度加快；反之则速度减慢。在 M_2 的电枢回路中装有一个转换开关 S_3，其作用是改变 M_2 的旋转方向，使焊车前进或后退。S_2 是焊车空载行走开关，供空载调整时使用。

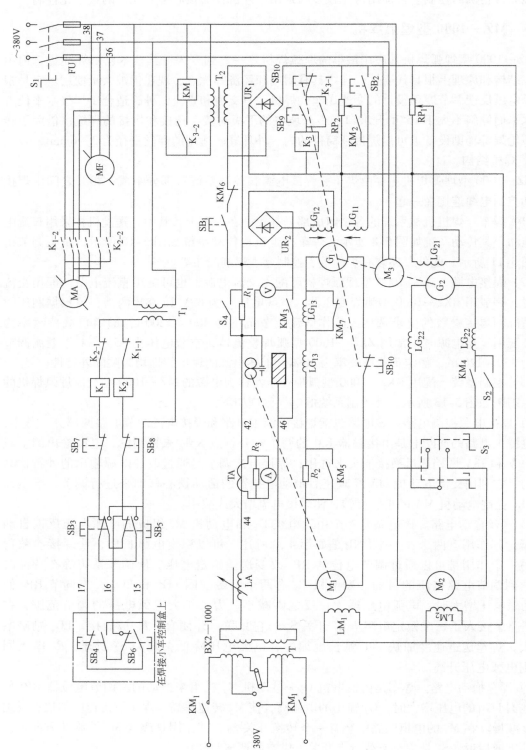

图 5-13　MZ—1000 型交流埋弧焊机的电气原理图

4）程序控制电路。电路由按钮开关 SB_9、SB_{10}、继电器 K_3、接触器 KM 以及送丝拖动电路和焊车拖动电路等组成。其任务是对焊机的焊接起动和停止等环节实施程序控制。引弧采用的是由 G_1—M_1 可逆拖动系统实施的短路回抽引弧法，即接通焊接电源时，已与焊件短路的焊丝先回抽引弧，然后再送进，并稳定在一定值，电弧电压和电流也稳定在预定值；由于在接通焊接电源的同时，焊车已开始行走，因此，焊接进入正常状态。熄弧采用的是由二次按钮实施的焊丝返烧熄弧法，即停止焊接时，先按动按钮 SB_{10} 至一半，停止送丝，使电弧拉长至自然熄灭，使焊丝不能被粘到焊缝上；然后按下另一半，使焊接电源断电，焊车停止行走。图 5-14 是该焊机的程序循环图。

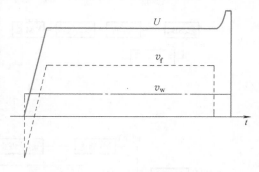

图 5-14 MZ—1000 型埋弧焊机程序循环图
U—电弧电压　v_f—送丝速度　v_w—焊接速度

2. 焊机操作程序

（1）焊前调整与准备 目的是焊前将焊机的各种功能及焊接参数调整好，使其进入准备状态。

1）接通三相转换开关 S_1，冷却风扇电动机 MF、三相异步电动机 M_3 起动，G_1、G_2 转子转动；控制变压器 T_1、T_2 获得输入电压，整流器 UR_1 有直流输出。

2）将开关 S_2 拨到"空载"位置（接通），S_3 拨到"向左"或"向右"位置并合上离合器，M_2 获得 G_2 供给的转子电压带动焊车移动，移动速度可由 RP_1 调定。由此可选定焊接方向和焊接速度，调整好后应把 S_2 拨到"焊接"位置（断开）。

3）按下 SB_1，LG_{12} 从 UR_2 获得励磁电流，G_1 有输出电压使 M_1 正转，焊丝下送；按下 SB_2，LG_{11} 从 UR_1 获得励磁电流，G_1 有输出电压使 M_1 反转，焊丝上抽。

4）电弧电压由送丝速度决定，通过调整 RP_2 调定拟采用的电弧电压。

5）按下 SB_3（SB_4）或 SB_5（SB_6），K_1 或 K_2 动作，使电动机 MA 正转或反转，带动铁心 LA 移动，改变电源外特性，将拟采用的焊接电流预调好。

6）开关 S_4 用于调节电弧电压反馈的深度。当 S_4 使 R_1 短路时，反馈深度增大，在其他条件不变时，焊丝送进加快，电弧长度缩短，电弧电压降低，适于较细焊丝焊接。

7）按动 SB_1，使焊丝下送，并轻微接触焊件，然后打开焊剂漏斗阀门，使焊剂堆敷在起焊点。

（2）焊接起动和停止

1）焊接起动。按下起动按钮 SB_9，控制系统将按图 5-15a 所示完成动作程序。

2）焊接停止。分两次（前半和后半）按下按钮 SB_{10}，即可完成图 5-15b 所示的停止控制程序。在焊接停止的同时，关闭焊剂漏斗阀门。

5.4.6 MZ—1—1000 型埋弧焊机

MZ—1—1000 型埋弧焊机是在 MZ—1000 型埋弧焊机的基础上经过改进的直流埋弧焊机。它采用晶闸管等电子器件进行控制，也具有电弧电压反馈调节特性。由于采用电子器件进行控制，与 MZ—1000 型焊机相比，它不仅体积大大减小，成本降低，而且性能得到进一步提高，这是因为电子电路控制灵活，容易得到最佳的工作状态，而且由于电子电路的惯性

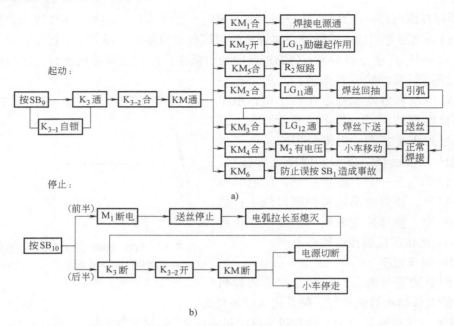

图 5-15　MZ—1000 型埋弧焊机动作程序框图

比电磁惯性小，其响应速度也比较快所致。此外，该焊机还增加了慢送丝刮擦引弧和电压继电器熄弧功能，使焊机的操作更为方便。

1. 焊机结构

MZ—1—1000 型埋弧焊机也是由焊车、焊接电源和控制系统三部分组成的，只是由于控制系统采用了电子器件，体积大大缩小，不再单设控制箱，而是装在焊车的控制盒里。

（1）焊车　焊车上装有送丝机构、焊车行走机构、机头调节机构、焊丝盘、控制盒、焊剂漏斗等部分。各部分的结构与 MZ—1000 型埋弧焊机基本相同，不再赘述。

（2）焊接电源　焊机配用 ZX5—1000 型具有陡降带外拖外特性的晶闸管式焊接整流器作为电源。其空载电压为 70V，焊接电流调节范围为 100～1000A，额定负载持续率为 60%。

该电源的工作原理框图如图 5-16 所示，网路电压经三相主变压器降压，由晶闸管进行

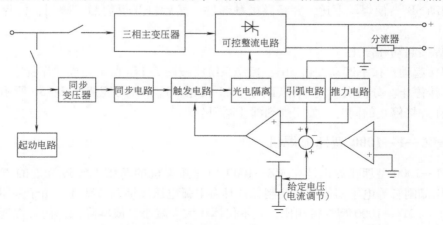

图 5-16　ZX5—1000 型焊接整流器工作原理框图

可控整流，通过改变晶闸管的控制角来控制电源输出直流电压的大小。从直流输出端的分流器上取出电流负反馈信号。引弧后，随着直流电流输出的增加，负反馈亦随之增加，使晶闸管控制角增加，输出电压降低，从而获得下降外特性。为方便起见，在焊车的控制盒上装有能够远程调节焊接电源外特性的旋钮电位器，通过旋钮电位器就能预调焊接电流。"推力电路"是当电源输出电压低于 15V 时，相当于有一个增量电压叠加在给定电压上，在输出端短路时，此增量电压达到最大值，短路电流形成外拖的外特性，使焊丝不被粘住。"引弧电路"是当每次引弧时，短时间内增加给定电压，使引弧时电流较大，易于引弧。

（3）控制系统   MZ—1—1000 型埋弧焊机控制系统电气原理如图 5-17 所示。其控制电路工作框图如图 5-18 所示。基本上可以分为以下几个部分：

1）送丝拖动电路。该电路由采样电路、指令电路、比较电路、送丝电动机触发电路、送丝电动机换向电路、送丝特性控制电路、送丝电动机可控整流电路和送丝电动机 M_1 组成，具有短路回抽引弧和电弧电压反馈自动调节功能。

"采样电路"由 $R_3 \sim R_5$ 等元件构成。从 R_4 取得电弧电压反馈信号 U_{af}，并与电弧电压调节电位器 RP_1 上的"指令电压" U_{c1}（其大小随电位器滑臂位置确定）反向串联后送到整流桥 $VD_{12\sim15}$ 上，这一整流桥的交流端和直流端各有一电压，分别控制由晶体管 V_1、V_2、继电器 K_4 等元件组成的"送丝电动机换向电路"及由晶体管 V_3、单结晶体管 VU_4、触发变压器 TI_3 等组成的"送丝电动机触发电路"。"送丝电动机可控整流电路"由整流桥 $VD_{34\sim37}$、晶闸管 VT_1、二极管 VD_{25} 等组成，它受"送丝电动机触发电路"控制，并馈电给送丝电动机 M_1 进行回抽、送丝动作。

焊机短路引弧时，焊丝与焊件先短路。当按下起动按钮 SB_1 时，由于电弧电压为零，R_4 上只有 RP_1 给出的电压，$VD_{12\sim15}$ 交流端的电压为上正下负，V_1 因此而导通，V_2 截止，K_4 为释放状态，其常闭触点接通 M_1 电枢，使之处于焊丝准备回抽状态；同时 $VD_{12\sim15}$ 直流端也输出一个电压使 V_3 导通，触发电路工作，"送丝电动机可控整流电路"供电给 M_1，使焊丝回抽。产生电弧后，电弧电压上升，R_4 两端的电压 U_{af} 逐渐升高，由于其与 RP_1 给出的电压 U_{c1} 反向，因而在 $VD_{12\sim15}$ 上的电压逐渐降低，V_3 导通电流逐渐变小，M_1 的抽丝速度逐渐减慢。当 $U_{af} = U_{c1}$ 时，V_3 截止，M_1 停止转动，V_1 也随之截止，于是 V_2 导通，K_4 吸合，K_4 常开触点闭合，使 M_1 处于焊丝准备下送的状态。随着电弧电压的继续升高，$U_{af} > U_{c1}$，$VD_{12\sim15}$ 交流端变为下正上负，V_1 继续截止，V_2 导通，K_4 保持吸合，而 $VD_{12\sim15}$ 直流端电压开始上升，V_3 又开始导通，并逐渐增加电流，M_1 的送丝速度便从零逐步加快，直到与焊丝熔化速度相等时为止，电弧电压就稳定在这个数值上。

如果焊接过程中电弧电压由于某种原因变动时，则在 $VD_{12\sim15}$ 上的电压将使送丝速度自动变化，强制电弧电压恢复到原来的值，起到自动稳定电弧电压的作用。

"送丝特性控制电路"由 R_{13} 和 R_{14} 组成。两者接在 V_3 的输入端，前者引入 V_3 一个控制电压，用来调整及校正送丝最大速度，后者引入 V_3 一个偏置电流，用来调整与校正送丝的起始速度，以改善控制特性。由 R_{59}、R_{19}、R_{17}（R_{18}）、R_{16}、R_{10} 取得电枢电压负反馈。

2）焊车拖动电路。该电路包括由电位器 RP_2 实现控制的"焊车速度控制电路"，由晶体管 V_5、单结晶体管 VU_6、触发变压器 TI_4 等组成的"焊车电动机触发电路"，由整流桥 $VD_{34\sim37}$、晶闸管 VT_2、二极管 VD_{32} 等组成的"焊车电动机整流电路"，以及转换开关 S_5 和电动机 M_2。

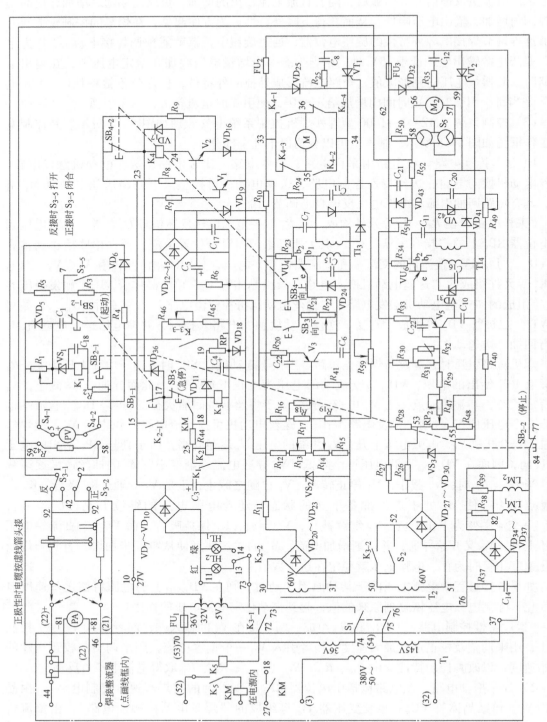

图 5-17 MZ—1—1000 型埋弧焊机控制系统电气原理图

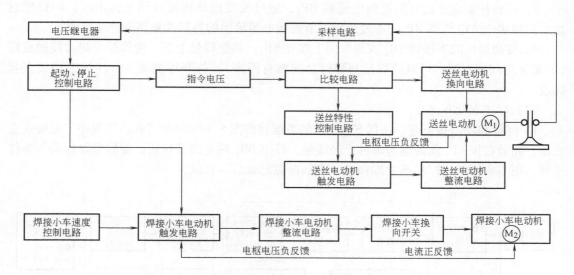

图 5-18　MZ—1—1000 型埋弧焊机控制电路工作框图

　　焊车拖动电路的供电方式与送丝拖动电路基本相同，也是使用晶闸管进行可控整流，从 RP_2 取出给定控制信号加到 V_5 基极，利用改变晶闸管 VT_2 的控制角来控制电动机的转速。但是由于该电路没有承担送丝拖动电路所具有的其他功能，因此线路比较简单。

　　为了增加焊车的负载能力，该电路在触发电路中增加了电枢电压负反馈和电枢电流正反馈。由 R_{49}、R_{40} 等引出电枢电压负反馈，由 R_{50}、R_{51}、R_{52} 等取得电枢电流正反馈。

　　3）慢送丝刮擦引弧电路。电路由起动按钮 SB_1、继电器 K_1、稳压管 VS_1 以及送丝拖动电路和焊车拖动电路组成。在继电器 K_2 线圈上并接了继电器 K_1 的常开触点，在引弧时，按下 SB_1 不立即释放，由于焊丝与焊件不接触，在焊丝与焊件之间出现空载电压，使 VS_1 击穿，K_1 动作，K_2 不动作，信号电压经 R_{45}、R_{46} 使 V_3 的输入端得到的从 $VD_{12\sim15}$ 输出的控制电压很小，因此 M_1 仅以一个很慢的速度向下送丝，这时焊车已在前进，于是形成刮擦引弧。电弧引燃后，松开 SB_1，焊机就自动转入正常焊接。

　　4）电压继电器熄弧电路。电路由停止按钮 SB_2、继电器 K_1、稳压管 VS_1、电阻 R_1、电容 C_1、二极管 VD_5 以及送丝拖动电路和焊车拖动电路组成。当焊接结束时，按下 SB_2，其常开触点短路电阻 R_2，常闭触点切断焊丝和焊车供电电源，使送丝和焊车立即停止工作。但电源未切断，电弧继续燃烧。由于送丝停止了，电弧电压升高，当升高到使 VS_1 击穿时 K_1 动作，其常开触点使 K_2 线圈短路，K_{2-1} 又打开了 K_3 线圈，使电源切断，工作停止。这样就避免焊丝与熔池粘结。接入 C_1、VD_5 的目的是使 K_1 在正常焊接时不受电弧瞬时不良变化的影响。

2. 焊机操作程序

（1）焊前准备与调整

　　1）将焊车控制盒上的电源开关 S_1 拨到"通"的位置。

　　2）将控制盒上的焊车调试开关 S_2 拨到"调试"位置，观察焊车行走情况，并将焊接速度电位器 RP_2 调节到焊接工艺所需要的速度。调整好以后，将 S_2 拨到"焊接"位置。

3）调整控制盒上的电弧电压电位器 RP_1，通过改变送丝速度预调电弧电压；调整控制盒上的焊接电流电位器 RP_3，通过远程调节焊接电源输出的外特性来预调焊接电流。

4）按动焊丝向下按钮 SB_3 或焊丝向上按钮 SB_4，调整焊丝上下，使焊丝与焊件接触良好（如果采用刮擦引弧，可以使焊丝与焊件之间略有距离）。打开焊剂漏斗，使焊剂堆敷在起焊点。

（2）焊接起动和停止

1）焊接起动。按下起动按钮 SB_1，控制系统将按图 5-19a 所示完成动作程序。需要注意的是，如果在按 SB_1 前焊丝与焊件已经接触，按下 SB_1 后立即可释放；而如果焊丝未与焊件接触，则需要按下 SB_1 后不立即释放，直到刮擦起弧后再释放。

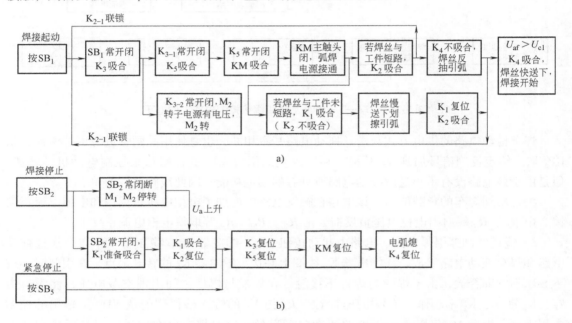

图 5-19   MZ—1—1000 型焊机起动和停止的动作程序

2）焊接停止。按下停止按钮 SB_2，控制系统将按图 5-19b 所示完成动作程序。如遇事故，需要立即停止时，可按紧急停车按钮 SB_5，使焊接立即停止，但无焊丝返烧及填弧坑过程。

上述的 MZ—1000 型埋弧焊机和 MZ—1—1000 型埋弧焊机均属于模拟控制方式。现在，先进的数字控制方式焊机已得到开发并得到应用。数字控制系统一般是以高性能的单片机为核心构成，对电源外特性、焊接速度、送丝速度以及焊接过程实施数字控制。单片机控制有很多优点，例如，通过灵活的软件编程可以获得具有恒流、陡降、缓降或水平输出特性的电源外特性；电源稳定性好，不会出现因零点漂移及元件分散性等因素造成的稳定性下降现象；能存储和重复调用焊接参数，并能根据焊件不同的厚度实现所需焊接参数的一元化调节；电源动特性好；具有良好的人机交互界面；可与自动化焊接装备实现无缝连接；能对焊接过程中的各种故障进行诊断和报警等。图 5-20 是采用数字控制的 MZ—1000MC 型埋弧焊机的控制系统构成图。其工作原理是：利用单片机对焊接电流和电弧电压实时采样，与给定的电流和电压进行比较，依据电流偏差调节晶闸管控制角来控制电源输出特性，同时依据电压偏差来调节送丝伺服电动机的电枢电压以控制送丝速度，达到稳定焊接参数和焊接过程的目的。

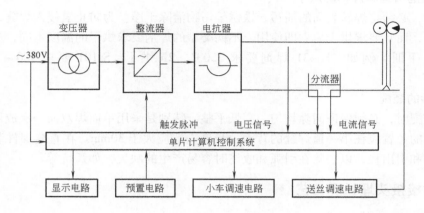

图 5-20　数字控制的 MZ—1000MC 型埋弧焊机控制系统构成图

5.5　埋弧焊工艺

5.5.1　埋弧焊工艺的内容

焊接工艺是指与制造焊件有关的加工方法和实施要求，包括焊接准备、焊接工艺方法选择、焊接材料选用、焊接参数选取、操作要求等。因此，埋弧焊工艺应包括以下内容：

（1）焊接准备　包括选择与加工焊件坡口、焊前清理焊丝和焊件、对焊件进行装配等。

（2）选择焊接工艺方法　包括选择单丝焊或多丝焊，加焊剂衬垫或悬空焊，单面焊或双面焊，单层焊或多层多道焊等。

（3）选择焊接材料　包括选择焊剂和焊丝。

（4）选择焊接参数　包括选择焊接电流、电弧电压、焊接速度等，还包括是否采用焊前预热、焊后缓冷或后热、焊后热处理等工艺措施，并确定相关的工艺参数。

（5）明确操作要求　包括确定所需的工艺装备、焊缝层间清理的方法等。

（6）制订检查方法及修补技术　制订焊缝缺欠的检查方法及修补技术等。

焊接工艺制订以后，须按照有关标准的规定进行焊接工艺评定，合格后才能用于施工。

5.5.2　焊前准备

1. 坡口的选择与加工

由于埋弧焊使用的电流较大，熔透较深，当焊件的厚度为 3 ~ 12mm 时可以不开坡口。而当焊件较厚时，为了保证根部熔透和消除夹渣等缺欠，则需要开坡口。在国家标准 GB/T 985.2—2008《埋弧焊的推荐坡口》中，对于焊件不同的厚度范围给出了推荐使用的坡口形式和尺寸。生产中，通常采用刨边机、气割机、碳弧气刨等进行坡口加工。

2. 焊件的清理

焊接前，必须将坡口及焊接部位表面的锈蚀、油污、水分、氧化皮等清除干净。方法有手工清除（如钢丝刷、风动砂轮等）、机械清除（如喷丸）等。

3. 焊丝的清理和焊剂的烘干

焊接前，必须将焊丝表面的油污、铁锈等污物清除干净。为防止氢侵入焊缝，对焊剂必须严格烘干，而且要求烘干后立即使用。不同类型的焊剂要求烘干的温度不同，应查阅相关的焊接材料手册。例如，HJ431焊剂要求250℃、2h烘干；SJ101要求300~350℃、2h烘干。

4. 焊件的装配

焊件装配时，必须保证间隙均匀，高低平整，特别是采用单面焊双面一次成形时更应注意。定位焊的位置应在第一道焊缝的背面，长度一般应大于30mm。在直缝焊件装配时，尚需加引弧板和引出板，以去除在引弧和收尾时容易产生的缺欠，如弧坑等。

5.5.3 对接接头埋弧焊工艺

对接接头是焊接结构中使用最多的接头形式。在对接接头焊接中，依据工艺方法可分为对接接头单面焊和对接接头双面焊。下面以低碳钢埋弧焊为例分别予以介绍。

1. 对接接头单面焊

对接接头单面焊是焊缝为对接焊缝，焊接时只在焊件的一面焊，另一面不焊的工艺方法。为了将焊件一次熔透和保证双面一次成形，焊接时使用的焊接电流比较大，且背面需要施加强制成形衬垫。由于这种工艺方法不需要翻转焊件，因此可以提高生产率，减轻劳动强度。但由于焊接热输入容易过大，焊接接头的韧度不易保证，因此主要适用于中、薄板焊接。生产中有以下方法：

（1）焊剂铜衬垫法　该法通常采用龙门压力架进行焊接。龙门压力架上有多个气缸，通入压缩空气后，气缸带动压紧装置将焊件压紧在焊剂铜衬垫上，利用铜衬垫上的成形槽使焊缝背面强制成形。铜衬垫的横截面和尺寸如图5-21所示，槽的尺寸参见表5-9。为了不使铜衬垫过热，在其两侧通常还各放一块具有同样长度的水冷铜块。焊件通常不开坡口，但需要留一定的装配间隙，以使焊剂进入铜衬垫成形槽中。间隙中心线一定要对准成形槽的中心线，焊缝两端还要焊引弧板和引出板。这种方法对焊接参数和装配间隙的要求不是十分严格，且具有焊缝背面成形及尺寸稳定等优点。其焊接参数参见表5-10。

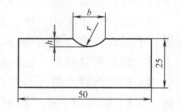

图5-21　铜衬垫的横截面形状

表5-9　铜衬垫成形槽的尺寸　　　　　　　　　　（单位：mm）

焊件厚度	槽宽 b	槽深 h	槽曲率半径 r
4~6	10	2.5	7.0
6~8	12	3.0	7.5
8~10	14	3.5	9.5
12~14	18	4.0	12

表 5-10　在铜衬垫上单面焊的焊接参数

板厚/mm	装配间隙/mm	焊丝直径/mm	焊接电流/A	电弧电压/V	焊接速度/cm·min⁻¹
3	2	3	380 ~ 420	27 ~ 29	78
4	2 ~ 3	4	450 ~ 500	29 ~ 31	68
5	2 ~ 3	4	520 ~ 560	31 ~ 33	63
6	3	4	550 ~ 600	33 ~ 35	63
7	3	4	640 ~ 680	35 ~ 37	58
8	3 ~ 4	4	680 ~ 720	35 ~ 37	53
9	3 ~ 4	4	720 ~ 780	36 ~ 38	46
10	4	4	780 ~ 820	38 ~ 40	46
12	5	4	850 ~ 900	39 ~ 41	38
14	5	4	880 ~ 920	39 ~ 41	36

（2）水冷滑块式铜垫法　该法是用一个短的水冷铜滑块紧贴在焊缝背面，焊接时随同电弧一起移动，强制焊缝背面成形的方法。图 5-22 为其典型结构。铜滑块 1 的长度应能保证熔池的底部凝固而不流失。铜滑块安装在拉紧滚轮架 4 上，利用与焊车上的拉紧弹簧相连的拉片 3 穿过坡口间隙，使其紧紧地贴在焊缝的背面，并随焊车一起移动。装配间隙一般在 3 ~

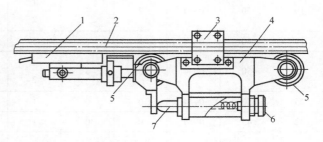

图 5-22　拉紧滚轮架与移动式水冷铜滑块结构
1—铜滑块　2—钢板　3—拉片　4—拉紧滚轮架
5—滚轮　6—加紧调节装置　7—顶杆

6mm 之间。其缺点是铜滑块易磨损。该方法适合于焊接厚度为 6 ~ 20mm 的钢板。

（3）热固化焊剂衬垫法　该法是将热固化焊剂衬垫贴紧在焊缝背面，承托熔池，帮助焊缝背面成形的方法。它可以解决上述方法不能解决的曲面焊缝单面焊双面成形的问题。热固化焊剂垫的典型结构如图 5-23a 所示，可使用磁铁夹具 9 将其固定在焊件上（图 5-23b）。所谓热固化焊剂，就是在一般焊剂中加入了一定比例的热固化物质（如酚醛树

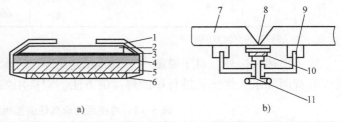

图 5-23　热固化焊剂垫构造和装配示意图
a）焊剂垫构造　b）装配示意图
1—双面粘贴带　2—热收缩薄膜　3—玻璃纤维布　4—热固化焊剂
5—石棉布　6—弹性垫　7—焊件　8—焊剂垫
9—磁铁夹具　10—托板　11—调节螺钉

脂、苯酚树脂等）的焊剂。当温度升高到 80 ~ 100℃ 时软化或液化，将周围的焊剂粘接在一起。当温度升高到 100 ~ 150℃ 时，树脂固化，使焊剂垫变成具有一定刚性的板条，能有效地阻止熔池金属流溢，并帮助焊缝背面成形。焊件一般开 V 形坡口，为提高生产率，坡口内可堆覆一定高度铁合金粉末。采用该法常用的焊接参数参见表 5-11。

表 5-11 热固化焊剂垫单面埋弧焊焊接参数

焊件厚度 /mm	V 形坡口		焊件倾斜角度		焊道顺序	焊接电流 /A	电弧电压 /V	金属粉末高度/mm	焊接速度 /m·h⁻¹
	角度/(°)	间隙/mm	垂直/(°)	横向/(°)					
9	50	0~4	0	0	1	720	34	9	18
12	50	0~4	0	0	1	800	34	12	18
16	50	0~4	3	3	1	900	34	16	15
19	50	0~4	0	0	1 2	850 810	34 36	15 0	15
19	50	0~4	3	3	1 2	850 810	34 36	15 0	15
19	50	0~4	5	5	1 2	820 810	34 36	15 0	15
19	50	0~4	7	7	1 2	800 810	34 34	15 0	15
19	50	0~4	3	3	1	960	40	15	12
22	50	0~4	3	3	1 2	850 850	34 36	15	15 12
25	50	0~4	0	0	1	1200	45	15	12
32	45	0~4	0	0	1	1600	53	25	12
22	40	2~4	0	0	前 后	960 810	35 36	12	18
25	40	2~4	0	0	前 后	990 840	35 38	15	15
28	40	2~4	0	0	前 后	900 900	35 40	15	15

注:"前""后"为双丝焊的顺序。

除了上述方法外,对于厚度小于 10mm 且允许焊后保留永久性垫板的焊件,还可以采用在焊缝背面加永久性垫板进行单面焊接的方法。对接用的永久性钢垫板的尺寸参见表 5-12。

表 5-12 对接用的永久性钢垫板的尺寸 (单位:mm)

板 厚 δ	垫板厚度	垫板宽度
2~6	0.5δ	$4\delta + 5$
6~10	$(0.3~0.4)\delta$	$4\delta + 5$

2. 对接接头双面焊

对接接头双面焊是埋弧焊用得最多的工艺方法。其特点是焊完一面后,翻转焊件再焊另一面,焊接过程全部在平焊位置完成,因此焊接质量比较容易控制,对焊接装配的要求不是太高,对焊接参数的波动敏感性不大。需要注意的问题是,在第一面焊接时既要保证足够的熔深,又要防止熔化金属的流溢和烧穿。因此,有必要在焊接时采取一些有效的工艺措施。

这些措施有：

（1）悬空双面焊法　焊接第一面时，焊件背面不用任何衬垫或其他辅助装置。为防止液态金属从间隙中流失或引起烧穿，要求焊件在装配时不留间隙或间隙小于 1mm。焊接第一面时所用的焊接参数稍小，通常使焊缝的熔深达到或略小于焊件厚度的一半即可，然后翻转焊件，采用比较大的焊接参数，使焊缝的熔深达到焊件厚度的 60%～70%，以保证焊件焊透。不开坡口的对接接头悬空双面焊的焊接参数参见表 5-13。

表 5-13　不开坡口的对接接头悬空双面焊的焊接参数

工件厚度/mm	焊丝直径/mm	焊接顺序	焊接电流/A	电弧电压/V	焊接速度 /cm·min⁻¹
6	4	正	380～420	30	58
		反	430～470	30	55
8	4	正	440～480	30	50
		反	480～530	31	50
10	4	正	530～570	31	46
		反	590～640	33	46
12	4	正	620～660	35	42
		反	680～720	35	41
14	4	正	680～720	37	41
		反	730～770	40	38
16	5	正	800～850	34～36	63
		反	850～900	36～38	43
17	5	正	850～900	35～37	60
		反	900～950	37～39	48
18	5	正	850～900	36～38	60
		反	900～950	38～40	40
20	5	正	850～900	36～38	42
		反	900～1000	38～40	40
22	5	正	900～950	37～39	53
		反	1000～1050	38～40	40

注：装配间隙 0～1mm，MZ1—1000 直流焊机，直流反接。

（2）焊剂垫双面焊法　在焊件装配时，根据焊件的厚度预留一定的装配间隙。为防止熔化金属流溢，在焊接第一面时在接缝的背面衬以焊剂垫，焊剂垫的结构如图 5-24 所示。要求下面的焊剂在焊缝全长上都与焊件贴合，并且压力均匀。第一面焊缝的焊接参数应保证熔深超过焊件厚度的 60%～70%；然后翻转工件进行反面焊接，其焊接参数可以与正面相同，以保证焊件完全焊透。对于重要的产品，在焊接反面焊缝前，应进行根部清理，此时，焊接参数可适当减小。预留间隙的双面埋弧焊的焊接参数参见表 5-14。对于厚度较大或不宜采用较大热输入焊接的焊件，也可采用开坡口的双面焊。当焊件厚度小于 22mm 时，可开 V 形坡口；焊件厚度大于 22mm 时，大多开带钝边的双 V 形坡口。开坡口的双面埋弧焊的焊件坡口的形式和焊接参数参见表 5-15。

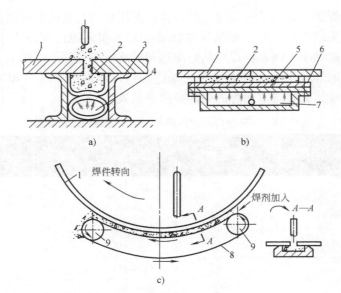

图 5-24 焊剂垫的结构实例

a）软管气压式 b）皮膜气压式 c）平带张紧式

1—焊件 2—焊剂 3—帆布 4—充气软管 5—橡皮膜 6—压板 7—气室 8—平带 9—带轮

表 5-14 预留间隙的双面埋弧焊的焊接参数

钢板厚度/mm	装配间隙/mm	焊丝直径/mm	焊接电流/A	电弧电压/V	焊接速度/m·h⁻¹
14	3 ~ 4	5	700 ~ 750	34 ~ 36	30
16	3 ~ 4	5	700 ~ 750	34 ~ 36	27
18	4 ~ 5	5	750 ~ 800	36 ~ 40	27
20	4 ~ 5	5	850 ~ 900	36 ~ 40	27
24	4 ~ 5	5	900 ~ 950	38 ~ 42	25
28	5 ~ 6	5	900 ~ 950	38 ~ 42	20
30	6 ~ 7	5	950 ~ 1000	40 ~ 44	16
40	8 ~ 9	5	1100 ~ 1200	40 ~ 44	12
50	10 ~ 11	5	1200 ~ 1300	44 ~ 48	10

注：焊接用交流电源，焊剂用 HJ431。

表 5-15 开坡口的双面埋弧焊的焊件坡口的形式和焊接参数

焊件厚度/mm	坡口形式	焊丝直径/mm	焊接顺序	坡口尺寸 α/(°)	b/mm	p/mm	焊接电流/A	电弧电压/V	焊接速度/m·h⁻¹
14		5	正 反	70	3	3	830 ~ 850 600 ~ 620	36 ~ 38 36 ~ 38	25 45
16		5	正 反	70	3	3	830 ~ 850 600 ~ 620	36 ~ 38 36 ~ 38	20 45
18		5	正 反	70	3	3	830 ~ 850 600 ~ 620	36 ~ 38 36 ~ 38	20 45
22		6 5	正 反	70	3	3	1050 ~ 1150 600 ~ 620	38 ~ 40 36 ~ 38	18 45

（续）

焊件厚度 /mm	坡 口 形 式	焊丝直径 /mm	焊接顺序	坡口尺寸			焊接电流 /A	电弧电压 /V	焊接速度 /m·h⁻¹
				$\alpha/(°)$	b/mm	p/mm			
24	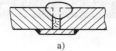	6 5	正反	70	3	3	1100 800	38~40 36~38	24 28
30		6	正反	70	3	3	1000 900~1000	36~40 36~38	18 20

（3）临时工艺衬垫双面焊法　如图 5-25 所示，焊接第一面焊缝之前，用薄钢带、石棉绳或石棉板等作为工艺衬垫，从背面将带有间隙的坡口封住。其作用是托住坡口间隙中的焊剂及熔化金属。用此法焊接时，一般都要求接头处留有一定的间隙，以保证焊剂能填满其中。焊完第一面后，翻转焊件，清除临时衬垫以及间隙中的焊剂和焊缝底层的熔渣，用相同的焊接参数焊接第二面，要求每面的熔深均要达到板厚的 60%~70%。

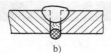 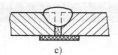

图 5-25　临时工艺衬垫结构

a）薄钢带垫　b）石棉绳垫　c）石棉板垫

（4）焊条电弧焊封底双面焊法　对于不便翻转且无法使用衬垫的焊件可以采用此方法。这类焊缝可根据板厚情况开或不开坡口。一般厚板焊件背面封底的坡口形式为 V 形，并保证封底厚度大于 8mm，以免正面埋弧焊时被烧穿。先用焊条电弧焊从背面仰焊封底，再用埋弧焊焊接正面的焊缝，当板厚大于 40mm 时宜采用多层多道焊。图 5-26 是厚板焊条电弧焊封底的多层埋弧焊典型的坡口形式。

（5）多层双面焊法　当板厚超过 40mm 时，宜采用多层焊。多层焊时的坡口一般多采用 V 形和双 V 形，但都必须留有 4mm 的钝边和适当的坡口角度，如果角度太小，易产生梨形焊道，增加产生中心线裂纹的倾向，如图 5-27 所示。

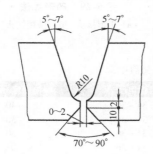 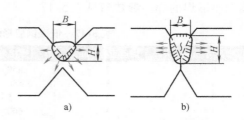

图 5-26　厚板焊条电弧焊封底的多层　　　图 5-27　多层焊坡口角度对焊缝的影响
　　　　埋弧焊典型的坡口形式　　　　　　　a）坡口角度适当　b）坡口角度较小

5.5.4　T形接头和搭接接头埋弧焊工艺

T形接头和搭接接头的焊缝均是角焊缝，埋弧焊时，一般采用平角焊和船形焊两种方法。

1. 平角焊法

当焊件不易于翻转或焊件尺寸很大时，可采用平角焊法（图5-28）。这种方法的优点是对装配间隙的敏感性小，即使间隙达到2～3mm，一般也不致产生金属和熔渣的满溢现象。缺点是这种方法不利于立板侧的焊缝成形。单道焊的焊脚尺寸很难超过8mm，因为如果焊脚过大，将引起咬边和满溢。如果需要更大的焊脚尺寸，只能采用多道焊。另外，焊丝与焊件的相对位置对焊缝成形的影响很大，焊丝与立板的夹角α一般为20°～30°，否则易产生不良影响。同时，电弧电压也不宜太高，这样可以减少熔渣量和防止熔渣满溢。低碳钢平角焊的焊接参数推荐值见表5-16。

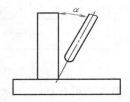

图 5-28　平角焊法

表 5-16　低碳钢平角焊的焊接参数推荐值

焊脚尺寸/mm	焊丝直径/mm	焊接电流/A	电弧电压/V	焊接速度/m·h⁻¹
3	2	200～220	25～28	60
4	2	280～300	28～30	55
4	3	350	28～30	55
5	2	375～400	30～32	55
5	3	450	28～30	55
7	2	375～400	30～32	28
7	3	500	30～32	28

注：表中除第1组电源为直流反接外，其余均为交流。

2. 船形焊法

船形焊法主要用于焊件易于翻转的场合。它是将角焊缝的两边置于与垂直线呈45°的位置，如图5-29所示。这是焊缝成形最有利的位置，因此容易保证焊缝质量。船形焊时对装配质量要求较高，装配间隙不得大于1mm，否则，易焊穿和产生液体金属溢漏。船形焊时单道焊可以增大电流，得到较大的焊脚尺寸，不会产生咬边和溢漏缺欠。低碳钢船形焊的焊接参数参见表5-17。

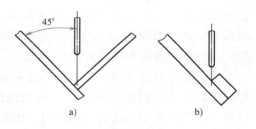

a)　　　　　　　　　　b)

图 5-29　船形焊法

a) T形接头　b) 搭接接头

表 5-17　低碳钢船形焊的焊接参数（交流电源）

焊脚尺寸/mm	焊丝直径/mm	焊接电流/A	电弧电压/V	焊接速度/m·h⁻¹
6	2	450～475	34～36	40
8	3	550～600	34～36	30
8	4	575～625	34～36	30
10	3	600～650	34～36	23
10	4	650～700	34～36	23
12	3	600～650	34～36	15
12	4	725～775	36～38	20
12	5	775～825	36～38	18

可见，对于 T 形接头和搭接接头宜采用船形焊法，只有在焊件难以翻转时才使用平角焊法。

5.5.5　20G 钢蒸汽锅炉上锅筒埋弧焊工艺实例

某锅炉厂生产的蒸汽锅炉上锅筒的工作条件是：工作压力为 2.5MPa，额定蒸发量为 20t/h，饱和蒸汽温度为 225℃。采用 20G 镇静钢制造，板厚为 30mm。为了保证焊接质量和提高生产率，纵缝和环缝均采用直流埋弧焊方法焊接，定位焊采用焊条电弧焊。其结构和纵缝、环缝对接接头的坡口形式和尺寸如图 5-30 所示。所采用的埋弧焊工艺如下：

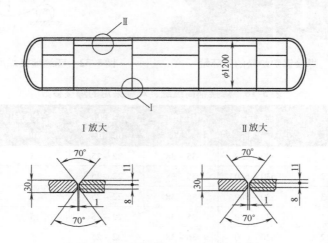

图 5-30　锅炉上锅筒结构及坡口形式和尺寸

（1）焊前准备　采用刨边机制作接头坡口，并对坡口及其两侧各 20～30mm 范围的铁锈、油污等杂质进行清理，使其露出金属光泽。在焊剂垫上进行定位焊，与此同时，在筒体纵缝两端装配引弧板和引出板，尺寸均为 150mm×100mm×30mm，坡口与产品相同。

（2）焊接材料　焊剂采用 HJ431，焊丝采用 φ5mm 的 H08MnA；定位焊的焊条采用 φ4mm 的 E4303（牌号为 J422）。焊前，焊剂在 250℃烘干 2h；焊条在 150℃烘干 2h。经过烘干的焊剂、焊条放在 100℃左右的封闭保温筒里，随用随取。

（3）焊接参数　由于锅筒的纵缝和环缝的钢板厚度一致，材质相同，坡口尺寸一致，因此焊接时选用相同的焊接参数。均采用较小的热输入进行多层焊，以提高焊接接头的塑性和韧性。焊接锅筒纵缝、环缝采用的焊接参数见表 5-18，均采用直流反接。

（4）操作技术　采用悬臂式焊接操作机、滚轮架、焊剂垫等辅助设备进行焊接（图 5-31）。施焊内纵缝、内环缝的第一道焊缝时，在背面（指锅筒的外面）加平带张紧式焊剂垫。要求纵缝的焊剂垫在焊缝整个长度上与焊件紧密贴合，且压力均匀，以防止液态金属下淌（图 5-24c）。焊完内环缝以后，焊接外环缝。层间温度均控制在低于 250℃。环缝焊接时，无论是内环缝，还是外环缝，焊丝均与筒体中心线偏离 35～45mm 的距离（图 5-32）。其中，内环缝为上坡焊，外环缝为下坡焊。

（5）检验　对锅筒的纵缝、环缝，按照有关技术标准进行检验，结果为合格。

图 5-31　焊接锅炉炉筒的外环缝

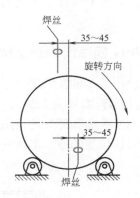

图 5-32　环缝埋弧焊焊丝偏离位置示意图

表 5-18　焊接锅筒纵缝、环缝采用的焊接参数

钢板厚度 /mm	焊缝层次	焊接电流 /A	电弧电压 /V	焊接速度 /m·h⁻¹	焊丝直径 /mm	焊丝伸出长度 /mm
30	正1	680~730	35~38	22~25	5	40
	正2	630~670	35~38	22~25	5	40
	正3	530~580	36~38	22~25	5	40
	背1	630~670	35~38	22~25	5	40
	背2	620~670	36~38	22~25	5	40
	背3	620~670	36~38	22~25	5	40
	背4	530~580	36~38	22~25	5	40

5.6　埋弧焊的其他方法

　　埋弧焊在长期的应用过程中派生出许多新的工艺方法，并在生产中得到实际应用。下面介绍几种较为重要的埋弧焊新方法。

5.6.1　多丝埋弧焊

　　多丝埋弧焊（Multiple Wire Submerged Arc Welding）是同时使用两根或两根以上焊丝，完成同一条焊缝的埋弧焊方法。其特点是在保证良好的焊缝成形和焊接质量的同时，能够提高熔敷速度和焊接速度。多丝埋弧焊多用于厚板焊接，如厚壁压力容器、大型船体、H型钢梁等。焊接时，一般采用焊件背面加衬垫的单面焊双面成形焊接工艺，最多焊丝可达 8~12 根，焊接速度可达 120m/h 以上，因此，具有比较高的焊接生产率。

　　目前生产中应用最多的是双丝埋弧焊和三丝埋弧焊。双丝埋弧焊可以分用两个独立焊接电源，也可合用一个焊接电源。前者设备较复杂，但两个电弧都可独立地调节功率，而且可以采用不同的电流种类和极性，可以获得理想的焊缝成形；后者设备简单，但每一个电弧功率难于单独调节。依据焊丝排列方式和电源接法，可以分为纵列双丝埋弧焊、横列双丝并联埋弧焊和横列双丝串联埋弧焊，如图 5-33 所示。其中，纵列双丝埋弧焊是采用两个独立的焊接电源，两根焊丝沿接缝前后排列，各自独立形成电弧进行焊接，所形成的焊缝深而窄，焊接速度可大大提高，主要用于连接焊件；横列双丝并联埋弧焊是两根焊丝并联于同一个焊接电源，且横跨接缝两侧，焊接时并列行进，所形成的焊缝浅而宽，稀释率低，多用于表面堆焊；横列双丝串联埋弧焊是两根焊丝分别接于同一个交流焊接电源的两极，且横跨接缝两侧，利用焊丝间的间接电弧进行焊接，也可获得浅的熔深和低的稀释率，也多用于表面堆焊。目前用得比较多的是纵列双丝埋弧焊。根据焊丝间距离的不同，又可分为单熔池式和双熔池式两种（图 5-34）。单熔池时，两根焊丝间距为 10~30mm，两个电弧形成一个熔池和空腔。前导电弧通常垂直于钢板或稍做后拖，并采用比较大的电流以保证熔深；后续电弧一般前倾，并采用较小的电流和稍高的电压，以调节熔宽，形成平整光滑的焊道外形。该方法不仅可以大大提高焊接速度，而且因熔池体积大，存在时间长，冶金反应充分，使气孔产生的敏感性大大减小。双熔池时，两根焊丝间距大于 100mm。每个电弧都形成各自的熔池且不在一个高度上。焊接时，后续电弧首先冲开已被前导电弧熔化而尚未凝固的熔渣层，然后作用在被前导电弧熔化并已凝固的焊道上，使其重新熔化。该方法在提高熔敷速度的同时，能使焊缝结晶条件及组织性得到一定控制，适合于水平位置平板拼接的单面焊双面成形工艺。

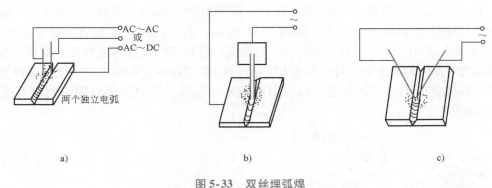

图 5-33 双丝埋弧焊

a）纵列双丝　b）横列双丝并联　c）横列双丝串联

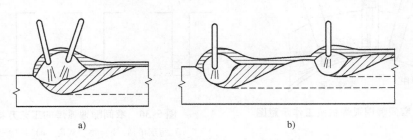

图 5-34 纵列双丝埋弧焊示意图

a）单熔池式　b）双熔池式（分列电弧）

5.6.2 窄间隙埋弧焊

窄间隙埋弧焊（Nerrow-Gap Submerged Arc Welding）是一种用于厚板对接接头焊接，焊前焊件不开坡口或只开小角度坡口而留有窄而深的间隙，采用多层埋弧焊进行焊接的高效率焊接方法。它特别适用于厚壁压力容器、涡轮机转子、原子能反应堆外壳等厚板结构的焊接。当板厚超过 50mm 时，如果采用常规的埋弧焊方法，为了保证根部和侧壁熔透，需要开 U 形或双 U 形坡口，坡口的加工量和焊接量都很大，生产效率低，而且焊接质量难以保证。而采用窄间隙埋弧焊，则可以不开坡口或只开小角度（1°～7°）坡口，因而大大减少坡口的加工量和熔敷金属量，同时由于坡口截面小，可以减少焊缝的热输入，既可节省焊接材料又能节省能耗，因此具有明显的优越性。

　　成功地进行窄间隙埋弧焊必须具备两个条件：第一，必须有在窄缝内容易脱渣的焊剂（常用高碱度烧结焊剂）；第二，必须采用机头能自动跟踪焊缝的焊接设备。

　　窄间隙埋弧焊设备中的送丝机构和焊接电源可以采用标准的埋弧焊设备，而机头和导电嘴则必须经专门设计制造成扁平形，导电嘴表面须涂以绝缘层，以防止导电嘴与焊件短路而被烧毁。窄间隙埋弧焊机头工作示意图如图 5-35 所示。机头应具有随焊道厚度增加而自动提升的功能，导电嘴应具有随焊道的切换而自己偏转的功能。在焊接厚壁环缝时，焊件下面的滚轮架还应装设防止工件轴向窜动的自动防偏移装置。在窄间隙内容易产生电弧磁偏吹，因此通常采用交流电源，晶闸管控制的矩形波交流焊接电源是一种比较理想的电源。

　　焊件间隙的大小取决于焊件的厚度。对于单丝窄间隙埋弧焊，当厚度为 50～200mm 时，间隙为 14～20mm；当厚度为 200～350mm 时，间隙为 20～30mm。焊接有三种工艺方案，即每层单道、每层双道和每层三道，如图 5-36 所示。其中，每层单道方案适宜在宽度为 14～17mm 的间隙内实施，这种方案焊接时间最短，但对坡口间隙的误差要求较高，而且焊丝必须始终对准间隙的中心；每层双道方案通常在 18～24mm 宽的间隙内实施，这种方案便于操作，容易获得无缺欠的焊缝，目前用得最多；每层三道的方案只用于间隙宽度大于 24mm 的情况下。

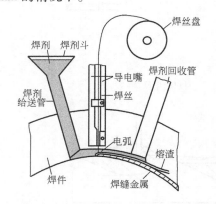

图 5-35　窄间隙埋弧焊机头工作示意图

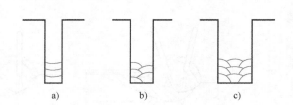

图 5-36　窄间隙埋弧焊的工艺方案
a) 每层单道　b) 每层双道　c) 每层三道

5.6.3　埋弧堆焊

　　堆焊是为增大或恢复焊件尺寸，或使焊件表面获得具有特殊性能的熔敷金属而进行的焊接。对堆焊的基本要求是熔敷速度快和稀释率低。能够进行堆焊的方法很多，如焊条电弧堆焊、氧乙炔堆焊、熔化极气体保护电弧堆焊、等离子弧堆焊等。由于埋弧堆焊（Submerged

Arc Surfacing）熔敷速度快，堆焊层质量稳定，外表美观，便于机械化和自动化，以及无弧光辐射，目前应用最为广泛。

埋弧堆焊有单丝埋弧堆焊、多丝埋弧堆焊和带极埋弧堆焊三种。它们的特点分别是：

（1）单丝埋弧堆焊　该方法适用于堆焊面积小，或者需要对工件限制热输入的场合。减小焊缝稀释率的措施有：采用下坡焊，增大焊丝伸出长度，增大焊丝直径，焊丝前倾，减小焊道间距以及摆动焊丝等。

（2）多丝埋弧堆焊　该方法一般采用横列双丝并联埋弧焊和横列双丝串联埋弧焊工艺。该方法能够获得比较浅的熔深和低的稀释率。

（3）带极埋弧堆焊　该方法采用厚 0.4~0.8mm、宽 25~80mm 的钢带作为电极进行堆焊，其工作情况如图 5-37 所示。带极埋弧堆焊具有生产率高、熔敷面积大、稀释率低、焊道平整、成形美观以及焊剂消耗少等优点，因此是当前大面积堆焊中应用很广的堆焊方法。

埋弧堆焊可以使用直流电源，也可以使用交流电源。从提高熔敷速度和减小熔深方面考虑，多采用直流电源正接。电弧电压对稀释率的影响不太明显，一般取 30~35V；增加焊接电流时，稀释率、熔深和堆焊层厚度都会加大；提高堆焊速度也会增加稀释率；焊丝伸出长度对熔深和稀释率有很大影响，一般取为焊丝直径的 8 倍左右。在生产中应使堆焊的工艺参数达到最佳的组合，以获得理想的生产率和堆焊质量。

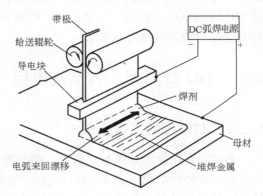

图 5-37　带极埋弧自动堆焊示意图

复习思考题

1. 试述埋弧焊的工作原理及其应用范围。
2. 埋弧焊在冶金方面有哪些特点？
3. 利用国际焊接学会推荐的计算公式，分别计算焊剂 HJ431、HJ350、HJ250 的碱度 B_{IIW}。
4. 埋弧焊焊剂与焊丝匹配的主要依据是什么？
5. 埋弧焊设备由哪几部分组成？各部分有什么作用？
6. 试述 MZ—1000 型交流埋弧焊机控制系统的电气原理。
7. 试述 MZ—1—1000 型直流埋弧焊机控制系统的电气原理。
8. 什么是焊接工艺？埋弧焊工艺通常包括哪些内容？
9. 试制订板厚为 20mm、接头为对接接头的 Q345R 钢的埋弧焊工艺。

钨极惰性气体保护焊（TIG）

钨极惰性气体保护焊（Tungsten Inert Gas Arc Welding）是使用纯钨或活化钨（如钍钨、铈钨等）作为非熔化电极，采用惰性气体（如氩气、氦气等）作为保护气体的电弧焊方法，简称 TIG 焊。当采用氩气作为保护气体时，钨极惰性气体保护焊称为钨极氩弧焊。本章将讲述 TIG 焊的原理及应用、焊接设备、焊接材料以及焊接工艺，并简要介绍热丝 TIG 焊、活性焊剂氩弧焊和钨极脉冲氩弧焊。

6.1 TIG 焊原理、特点及应用

6.1.1 TIG 焊的工作原理

TIG 焊工作原理如图 6-1 所示。钨极被夹持在电极夹上，从 TIG 焊焊枪的喷嘴中伸出一定长度。在伸出的钨极端部与焊件之间产生电弧，对焊件进行加热。与此同时，惰性气体进入枪体，从钨极的周围通过喷嘴喷向焊接区，以保护钨极、电弧、填充焊丝端头及熔池，使其免受大气的侵害。当焊接薄板时，一般不需加填充焊丝，可以利用焊件被焊部位自身熔化形成焊缝。当焊接厚板和开有坡口的焊件时，可以从电弧的前方把填充金属以手动或自动的方式，按一定的速度向电弧中送进。填充金属熔化后进入熔池，与母材熔化金属一起冷却凝固形成焊缝。

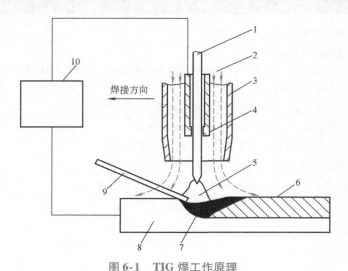

图 6-1　TIG 焊工作原理

1—钨极　2—惰性气体　3—喷嘴　4—电极夹　5—电弧
6—焊缝　7—熔池　8—母材　9—填充焊丝　10—焊接电源

钨的熔点高达 3653K，与其他金属相比，具有难熔化、可长时间在高温状态下工作的性质。TIG 焊正是利用了钨的这一性质，在圆棒状的钨极与母材间产生电弧进行焊接。电弧燃烧过程中，钨极是不熔化的，故易于维持恒定的电弧长度，保持焊接电流不变，使焊接过程稳定。

惰性气体也称作非活性气体，泛指氩、氦等气体，具有不与其他物质发生化学反应和不溶于金属的性质。利用这一性质，TIG 焊使用惰性气体完全覆盖电弧和熔化金属，使电弧不受周围空气的影响和避免熔化金属与周围的氧、氮等发生反应，从而起到保护的作用。在惰性气体中，由于氩气是由空气中分馏获得，资源丰富（在空气中含有 1% 左右），成本较低，因此是用得比较多的一种气体。

6.1.2 TIG 焊的特点

1. TIG 焊的优点

1）能够实现高品质焊接，得到优良的焊缝。这是由于电弧在惰性气氛中极为稳定，保护气对电弧及熔池的保护很可靠，能有效地排除氧、氮、氢等气体对焊接金属的侵害。

2）焊接过程中钨电极是不熔化的，故易于保持恒定的电弧长度、不变的焊接电流和稳定的焊接过程，使焊缝很美观、平滑、均匀。

3）焊接电流的使用范围通常为 5～500A。即使电流小于 10A，仍能正常焊接，因此特别适合于薄板焊接。如果采用脉冲电流焊接，可以更方便地对焊接热输入进行调节控制。

4）在薄板焊接时无须填充焊丝。在厚板焊接时，由于填充焊丝不通过焊接电流，所以不会因熔滴过渡引起电弧电压和电流变化而产生的飞溅现象，为获得光滑的焊缝表面提供了良好的条件。

5）钨极氩弧焊时的电弧是各种电弧焊方法中稳定性最好的电弧之一。电弧呈典型的钟罩形形态（图 6-2），焊接熔池可见性好，焊接操作十分容易进行，因此应用比较普遍。

6）可以焊接各种金属材料，如：钢、铝、钛、镁等。

7）TIG 焊可靠性高，所以可以焊接重要构件，可用于核电站及航空、航天工业等。

2. TIG 焊的缺点

1）焊接效率低于其他电弧焊方法。由于钨极的承载电流能力有限，且电弧较易扩展而不集中，所以 TIG 焊的功率密度受到制约，致使焊缝熔深浅、熔敷速度小，焊接速度不高和生产率低。

图 6-2　钨极氩弧焊时的电弧形态

2）氩气没有脱氧或去氢作用，所以焊前对焊件的除油、去锈、去水等准备工作要求严格，否则易产生气孔，影响焊缝的质量。

3）焊接时钨极有少量的熔化和蒸发，钨微粒如果进入熔池会造成夹钨，影响焊缝质量，电流过大时尤为明显。

4）由于生产效率较低和惰性气体的价格相对较高，生产成本比焊条电弧焊、埋弧焊和

CO_2 气体保护焊都要高。

6.1.3　TIG 焊的应用

　　TIG 焊的应用很广泛，它可以用于几乎所有金属和合金的焊接，比如钢铁材料、有色金属及其合金，以及金属基复合材料等。特别是对铝、镁、钛、铜等有色金属及其合金、不锈钢、耐热钢、高温合金和钼、铌、锆等难熔金属等的焊接最具优势。

　　TIG 焊有手工焊和自动焊两种方式。它适用于各种长度焊缝的焊接；既可以焊接薄件，也可以用来焊接厚件；既可以在平焊位置焊接，也可以在各种空间位置焊接，例如仰焊、横焊、立焊等焊缝及空间曲面焊缝等。

　　钨极氩弧焊通常被用于焊接厚度为 6mm 以下的焊件。如果采用脉冲钨极氩弧焊，焊接厚度可以降到 0.8mm 以下。对于大厚度的重要结构（如压力容器、管道等），TIG 焊也有广泛的应用，但一般只是用于打底焊，即在坡口根部先用 TIG 焊焊接第一层，然后再用其他焊接方法焊满整个焊缝，这样可以确保底层焊缝的质量。

6.2　TIG 焊设备

6.2.1　TIG 焊设备的组成

　　（1）手工 TIG 焊设备　包括焊接电源、控制系统、引弧装置、稳弧装置（交流焊接设备用）、焊枪、供气系统和供水系统等部分。其中，控制系统包括两部分：一部分是为了保证焊接电源实现 TIG 焊所要求的下降（或恒流）外特性、电流调节特性等而设置的；另一部分是为了协调 TIG 焊设备其他组成部分与电源之间先后顺序而设置的程序控制系统。现在生产的新型直流 TIG 焊设备及方波交流 TIG 焊设备中，控制系统等已经和焊接电源合为一体，如图 6-3 所示。在普通的交流 TIG 焊设备中仍将控制系统、引弧装置、稳弧装置以及隔直装置等单独安装在一个控制箱内。表 6-1 是常用的国内 TIG 焊机的主要技术数据。

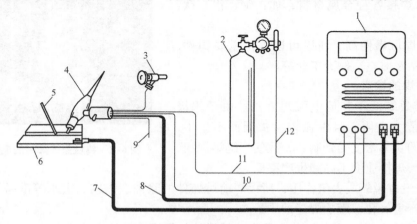

图 6-3　手工钨极气体保护焊设备
1—焊接电源及控制系统　2—气瓶　3—供水系统　4—焊枪　5—焊丝
6—工件　7—工件电缆　8—焊枪电缆　9—出水管
10—开关线　11—焊枪气管　12—供气气管

表 6-1 常用国内 TIG 焊机的主要技术数据

类　别	直流氩弧焊机	交流氩弧焊机	交直流两用氩弧焊机		脉冲氩弧焊机
型号	WS—160	WSJ—500	WSE—315	WSE—315	WSM—200
电流调节范围/A	5 ~ 160	50 ~ 500	30 ~ 315	20 ~ 315	10 ~ 200
额定焊接电流/A	160	500	315	315	200
额定负载持续率（%）	35	60	60	60	60
脉冲频率/Hz	—	—	—	0.5 ~ 20	0.5 ~ 25
正负半波宽度比（%）	—	—	30 ~ 70	20 ~ 80	—
空载电压/V	70	80、88	80	90	70
引弧方式	高频	高压脉冲	高频	高频	高频
电源类型	MOSFET 逆变	弧焊变压器	晶闸管电抗器	IGBT 逆变	IGBT 逆变
质量/kg	13	210	35	18	

（2）自动 TIG 焊设备　比手工 TIG 焊设备多了焊枪移动装置。如果需要填充焊丝，则还包括一个送丝机构，通常将焊枪和送丝机构共同安装在一台可行走的焊接小车上。图 6-4 为焊枪与导丝嘴在焊接小车上相互的位置。专用自动 TIG 焊机机头是根据用途和产品结构而设计的，如管子-管板孔口环缝自动 TIG 焊机、管子对接内环缝或外环缝自动 TIG 焊机等。

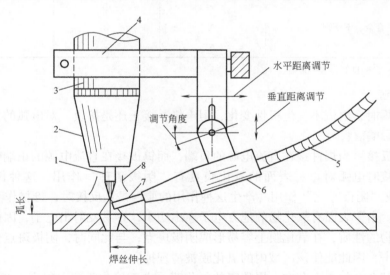

图 6-4　自动焊焊枪与导丝嘴的调节
1—钨极　2—喷嘴　3—焊枪　4—焊枪夹　5—焊丝软管
6—导丝嘴　7—焊丝　8—保护气流

当然，在多品种小批量焊件生产中，也可以采用弧焊机器人进行 TIG 焊，可以实现柔性自动化程度更高的焊接。

6.2.2　焊接电源

TIG 焊焊接电源分为交流电源和直流电源。焊接时选择哪种电源，以及选定直流电源时选择哪种极性接法是十分重要的，应该根据被焊材料来选择。对不同的被焊材料可以参照表 6-2 进行选择。

表 6-2　根据被焊材料选择电源种类和直流接法

材　　料	直　　流		交　　流
	正 极 性	反 极 性	
铝（2.4mm 以下）	×	○	△
铝（2.4mm 以上）	×	×	△
铝青铜、铁青铜	×	○	△
铸铝	×	×	△
黄铜、铜基合金	△	×	○
铸铁	△	×	○
异种金属	△	×	○
合金钢堆焊	○	×	△
低碳钢、高碳钢、低合金钢	△	×	○
镁（3mm 以下）	×	○	△
镁（3mm 以上）	×	×	△
镁铸件	×	○	△
高合金、镍及镍基合金、不锈钢	△	×	○
钛	△	×	○

注：△—最佳；○—良好；×—最差。

1. 直流电源

直流 TIG 焊时，电流不发生极性变化，但电极是接正还是接负，对电弧的性质及对母材的熔化有很大影响。

（1）直流反接　当焊件接在直流电源的负端，而钨极接在直流电源的正端时，称为直流反接。直流反接时电弧对母材表面的氧化膜具有"阴极清理"作用，这种作用也被称为"阴极破碎"或"阴极雾化"作用。产生这种作用的原因是：反接时，母材作为阴极承担发射电子的任务。由于表面有氧化物的地方电子逸出功小，容易发射出电子，因此电弧有自动寻找金属氧化物的性质，在氧化膜上容易形成阴极斑点；与此同时，阴极斑点受到质量较大的正离子的撞击，因此能使该区域内的氧化膜被清理掉。

铝、镁及其合金的表面存在一层致密的氧化膜，由于氧化膜熔点很高（例如 Al_2O_3，熔点为 2050℃），焊接时难以熔化，不仅覆盖在焊件表面，而且还漂浮在焊接熔池表面上，如不及时清除，冷却凝固后会造成未熔合，使焊缝表面形成皱皮或内部产生气孔、夹渣等缺欠，直接影响焊缝质量。如果利用上述对氧化膜的清理作用，采用直流反接焊接就可以获得表面光亮美观、成形良好的焊缝。

但是，反接时钨极是电弧的阳极，焊接时接受大量电子及其携带的大量能量，因而钨极易产生过热，甚至熔化，所以钨极为阳极时的许用电流仅为阴极时的 1/10 左右，钨极端头形状都是圆球状。另一方面，焊件为阴极，阴极斑点常常在熔池边缘寻找氧化膜而不断游动，使得电弧分散，加热不集中，因而得到浅而宽的焊缝（图 6-5a），生产率低。由于上述原因，TIG焊直流反接用得较少，偶尔用于厚度约3mm以下的铝、镁及其合金焊接。

（2）直流正接　当焊件接在直流电源的正端，钨极接在直流电源的负端时，称为直流正接。直流正接的TIG焊是所有电弧焊方法中电弧过程最为稳定的焊接方法。直流正接时虽然没有阴极清理作用，但由于下述各项原因，它适用于除铝、镁及其合金以外的其他金属材料焊接。原因如下：

1）钨极作为阴极时，钨极发射电子能力强，在其发射电子的同时，电子从阴极带走了相当于钨极逸出功的能量，对钨极具有冷却作用；同时接受正离子轰击时得到的能量较少，因此钨极不易过热烧损，可以采用较细的钨极，通过较大的电流。例如，同样通过125A的焊接电流，作为阳极时为了不使钨极熔化，钨极直径需要达到6mm；而作为阴极时选用1.6mm直径的钨棒就够了。而且，电极形状保持良好，如在钨极端头磨成圆锥状的情况下仍能保持圆锥状，寿命较长。

2）焊件作为阳极时，焊件接受电子轰击时释放的全部动能和位能（逸出功），能产生大量的热量。同时，由于电子从锥形尖端的钨极端头发射，电弧集中，因而能得到深而窄的焊缝（图6-5b），生产率高，焊件的收缩和变形也较小。

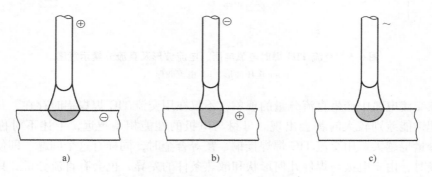

图6-5　TIG焊电流种类与极性对焊缝形状的影响示意图

a）直流反接　b）直流正接　c）交流

3）钨棒的热发射能力很强，当采用小直径钨棒时，电流密度可以增大，即使在小电流下电弧也能稳定。

具有陡降外特性的磁放大器式弧焊整流器可用作TIG焊的直流电源。近些年来，新型电子弧焊电源，如晶闸管式弧焊整流器、晶体管弧焊整流器和IGBT逆变式弧焊整流器等，因性能好、高效节电，已在TIG焊中得到大量应用。这些电源都能够获得恒流的外特性，并能自动补偿电网电压的波动，具有较宽的电流调节范围。

2. 交流电源

在生产中，焊接铝、镁及其合金时一般都采用交流电源。这是因为在工件为阴极的半周里有去除工件表面氧化膜的作用，在钨极为阴极的半周里钨极可以得到冷却，并能发射足够的电子以利于电弧稳定。实践证明，采用交流电源能够两者兼顾，对于焊接铝、镁合金是很适合的。

但是，交流电源也产生如下问题：一是能产生有害的直流分量，必须予以消除；二是在50Hz频率下交流电流每秒钟经过零点100次，电流过零点时电弧熄灭，则必须采取稳弧措施。

在普通交流电弧的情况下，由于电极和母材的电性能、热物理性能以及几何尺寸等方面存在的差异，造成在交流电在两半周中的弧柱电导率、电场强度和电弧电压不对称，致使电弧电流也不对称。在钨极为阴极的半周时，由于钨极为热阴极材料，其热发射电子的能力强，弧柱的电导率高，电场强度小，电弧电压低而电流大；而在母材为阴极的正半周时，由于母材是冷阴极材料，它主要是靠场致发射电子，因而使得电弧电压高而电流小。由于在两半周中电流不对称，可以认为交流电弧的电流由两部分组成：一部分是交流电流，另一部分是叠加在交流电流上的直流电流，后者称为直流分量，如图 6-6 所示。

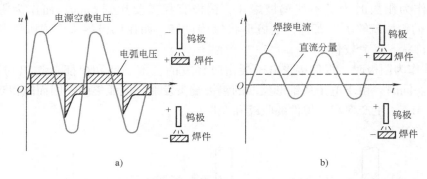

图 6-6　交流 TIG 焊时电弧电压、电流波形及直流分量示意图

a）电压波形　b）电流波形

这种在交流电弧中产生直流分量的现象，不仅在用交流 TIG 焊焊铝时存在，凡两种电极材料的物理性能差别较大时都会出现。母材与电极的性能相差越远，上述不对称现象越严重，直流分量也越大。用交流 TIG 焊焊接铜、镁等合金时，同样有这个问题。即使是同种材料交流焊接时，由于电极与焊件几何形状和散热条件的差异，也会有直流分量，只是其直流分量数值很小，不会影响设备正常工作而已。例如，熔化极氩弧焊时，焊丝和焊件通常用同一种材料，上述电流不对称的情况就不显著，因此可以忽略直流分量。

由于直流分量的存在，首先会使阴极清理作用减弱，其次会使焊接变压器铁心相应产生直流磁通，可使变压器达到磁饱和状态，从而导致变压器励磁电流大大增加。这样，一方面变压器的铁损和铜损增加，效率降低，温升提高，甚至烧毁变压器；另一方面会使焊接电流波形严重畸变，降低功率因数。这些都会给电弧的稳定燃烧带来不利影响，有必要采取措施来消除直流分量。

最常见的消除直流分量的方法是在焊接回路中串联电容。其他消除直流分量的方法还有串接蓄电池、采用电阻和二极管电路等，但都不是理想的方法，很少被采用。电容只允许交流电通过而不允许直流电通过，因此串联电容可以起到隔离直流分量的作用。电容上仅承受电压而基本不消耗能量，所以在交流钨极氩弧焊设备中得到普遍应用。为了隔离直流所需要的电容量，一般按每安培电流需要 $300\mu F$ 以上的电容容量来计算。适当加大电容量不仅对电容器的安全使用有好处，而且能改善电弧的稳定性，例如 WSJ—500 型钨极氩弧焊机并联使用了 30 只耐压 12V、电容量为 $8000\mu F$ 的电容进行隔直，取得了焊缝熔深良好、焊波均匀和去氧化膜好的效果。

另外还必须指出，由于交流电弧不如直流电弧稳定，实际应用的交流 TIG 焊机还需配备引弧装置和稳弧装置，后面将予以详述。

　　凡是具有下降（或恒流）外特性的弧焊变压器都可以用作普通 TIG 焊用的交流电源。国产的钨极交流氩弧焊机中主要采用具有较高空载电压的动圈式弧焊变压器作电源，例如在 WSJ—400 型和 WSJ—500 型交流 TIG 焊机中分别配用了 BX3—400 型和 BX3—500 型弧焊变压器。

3. 方波（矩形波）交流电源

　　普通交流 TIG 焊的波形为正弦波，存在电弧稳定性差的缺点。为了提高交流 TIG 焊电弧稳定性，同时也为了保证在铝、镁合金焊接时既有满意的阴极清理作用，又可获得较为合理的两极热量分配，所以发展了方波交流弧焊电源。

　　方波电源焊接电流的波形如图 6-7 所示，设 K_R 表示负极性半周（焊件为阴极）通电时间的比例，则一般 K_R 可在 10% ~ 50% 范围内调节。K_R 用下式计算：

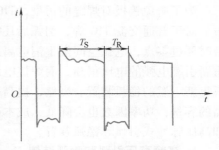

$$K_R = T_R / (T_R + T_S) \times 100\%$$

式中，K_R 为交流方波正、负极性半周宽度可调值，或称为反转比；T_R 为周期中负极性半周时间；T_S 为周期中正极性半周时间。

　　当 K_R 增大时，阴极清理作用加强，但熔深变得较浅，熔宽加大，钨极烧损加快；反之，K_R 减小时，对

图 6-7　方波电源焊接电流波形图

两极热量分配有利，而阴极清理作用减弱。通常是选择最小而必要的反极性时间以去除氧化膜，用余下的正极性时间加速母材的熔化，以便进行深熔透的高速焊。

　　要实现交流方波焊接，根据电源种类的不同，可以采用晶闸管电抗器式矩形波电源，也可以采用逆变式矩形波电源。

　　近年来逆变电源技术迅速发展，在电源直流输出之后加双逆变电路，利用电子电路控制，可以更灵活地进行不对称方波交流和脉冲调制方波交流的控制。TIG 焊双逆变电源的原理图如图 6-8 所示。这种电源更多用计算机智能控制，精度高，稳定性好，可自动完成输出的同步控制，诊断故障并分类显示，焊接性能优异，通用性很强，是先进的焊接设备之一。

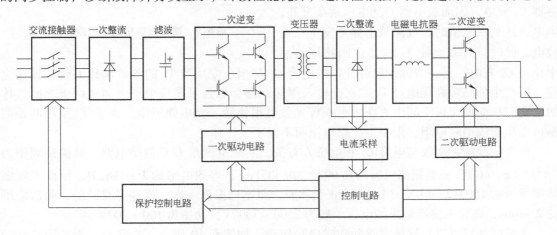

图 6-8　TIG 焊逆变电源的原理图

与普通正弦波交流电源相比，方波电源的优点是：

1）方波电流过零后增长快，再引燃容易，大大提高了稳弧性能。如果空载电压在70V以上，不需再加稳弧装置，可使10A以上的电弧稳定燃烧。

2）可以根据焊接条件选择最小而必要的K_R，使其既能满足清除氧化膜的需要，又能获得最小的钨极损耗和可能的最大熔深。

3）由于采用电子电路控制，正、负半周电流幅值可调，焊接铝、镁及其合金时，无须另加消除直流分量装置。

6.2.3 引弧装置和稳弧装置

为了避免钨极对焊缝的污染，TIG焊时宜采用非接触式引弧，因而需要使用辅助引弧装置。对于普通交流TIG焊，引弧后还需要采用稳弧措施，这是因为焊接电流在正、负半周交替时要过零点，电弧空间发生消电离过程，而且，当电弧由焊件接正转向接负的瞬间，需要重新引燃电弧的电压很高，而焊接电源往往不能提供这样高的电压，因此，就需要有能使电弧重新引燃的稳弧装置。当然，提高交流电源空载电压也可以起到稳弧作用，但会增大变压器的容量，功率因数也会降低，成本高，不经济且不安全。目前，应用最多的是高频高压式和高压脉冲式引弧和稳弧装置。

1. 高频高压引弧和稳弧装置

采用高频振荡器，产生高频高压电击穿钨极与焊件之间的气隙（约3mm左右），是引燃电弧常用的方法。通常需要产生的高频高压大约为3000V，这时电源的空载电压只要65V左右就可以了。

高频振荡器的电气原理如图6-9所示。高频振荡器由升压变压器T_1、火花气隙放电器P、振荡电容C_1、高频耦合变压器T_2组成。火花气隙放电器由两只钨棒组成，两者间只留0.1～1.0mm间隙。当高频振荡器的输入端接通电源后，交流电源经变压器T_1升压并对电容器C_1充电，因而放电器P端电压逐渐升高，当电压达到一定值时，气隙被击穿并发生火花放电。此时，一方面使T_1的二次回路短路而

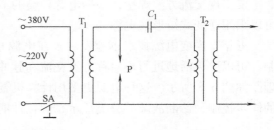

图6-9 高频振荡器的电气原理图

中止对C_1充电；另一方面使已经充电的电容C_1与耦合变压器T_2的等效电感L组成振荡电路，所产生的高频高压电经T_2二次侧输入焊接回路，加强了阴极电子发射及两极之间气体的电离，从而使两极空间由火花放电或辉光放电很快转变到电弧放电。由于T_1采用的是高漏抗变压器或串联电阻，限制了短路电流而不至于被烧坏。

产生振荡的频率仅与电容C_1和电感L有关，实质上就是L-C振荡电路。其振荡频率为$f=1/(2\pi\sqrt{LC})$。一般振荡电容为0.0025～0.0051μF，等效电感约为0.16μH，因此实际振荡频率可达150～260kHz。当电源为正弦波时，每半周振荡一次，振荡是衰减的，每次能维持2～6ms，高频振荡器输出的电压一般为2500～3000V，功率为100～200W。

高频振荡器可以与焊接回路并联或串联使用，如图6-10所示。并联时，为了防止高频电压窜入焊接电源和测量仪表，在主回路中串联一个电感L_1和并联一个电容C_2。但由于这

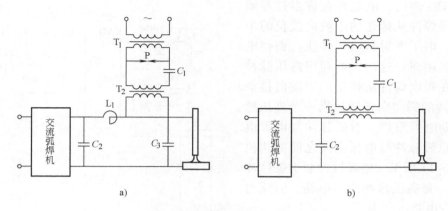

图 6-10　高频振荡器的连接方式

a）并联式　b）串联式

个回路会消耗振荡器输出的引弧能量，因而削弱了引弧效果。目前，还是多用串联使用。串联时耦合变压器二次侧是焊接回路的一部分，要通过焊接电流，所以导线较粗。为了减小截面，导线可用铜管绕制，里面通冷却水。为了防止高频窜入电源内，在焊接回路中须加高频旁路电容 C_2。

直流 TIG 焊接开始时，使用高频振荡器引弧效果很好，引燃后可以通过控制电路实现自动关闭。交流 TIG 焊一般也只用于在焊接开始时引弧。如果引弧后还希望利用其在焊接过程中稳弧，则用于稳弧时理想的波形应如图 6-11 所示，但高频高压的输出和交流电弧过零点的时间不易保证一致，故稳弧不够可靠；加之高频振荡对电源和控制电路的正常工作有干扰作用，甚至损坏器件，对人体健康也不利，因此在稳弧方面已很少采用。

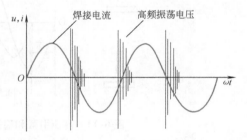

图 6-11　高频振荡电压波形与电流波形的相位关系

2. 高压脉冲引弧和稳弧装置

采用高压脉冲发生器引弧和稳弧可以克服高频振荡器的上述不足。高压脉冲引弧方式是在钨极与焊件之间加一高压脉冲，加强阴极发射电子及两极间气体介质电离而实现引弧。在交流 TIG 焊时，既可用它来引弧又可用它来稳弧。

高压脉冲发生器的原理如图 6-12 所示。变压器 T_1 为升压变压器，二次电压可达 800V，经整流桥 $VD_{1~4}$ 整流以后对电容 C_1 充电。当需要产生脉冲时，晶闸管 VH_1 和 VH_2 被引弧脉冲触发电路或稳弧脉冲触发电路的信号触发导通，C_1 经过 R_2、VH_1 和 VH_2 向脉冲输出变压器 T_2 的一次侧放电，T_2 的二次侧即可感应出 2000～3000V 的高压脉冲，用于引弧或者稳弧。

交流 TIG 焊引弧时，由于电极与焊件材料的物理性质相差较大，因而当焊件处于电源电压的负极性半周时引燃电弧比较困难。为了使高压脉冲引弧可靠，应当在此半周的峰值时叠加高压引弧脉冲，此时效果最好。

交流 TIG 焊时，电流存在许多过零瞬间，特别是焊件从接正的半波向接负的半波转换时，电子发射转由焊件执行而使电弧重新引燃困难。这时，可利用高压脉冲稳弧器，在每次焊件从接正的半波向接负的半波转换的瞬间向弧隙提供一个高压脉冲，以帮助电弧重燃。引弧脉冲与电源电压之间、稳弧脉冲与电弧电流之间的相位关系如图 6-13 所示。稳弧脉冲和引弧脉冲可以共用一套高压脉冲发生电路，但须有各自的触发电路。

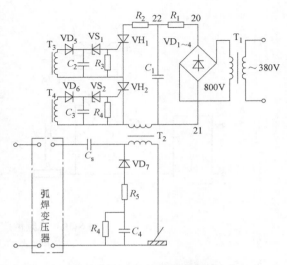

图 6-12 高压脉冲发生器的原理

利用高压脉冲代替高频振荡引弧和稳弧，可以避免高频对人体的危害和对电子器件及仪器的干扰，而且简单易行，成本不高，效果好。但须注意，只有在所产生的高压脉冲与电源电压和焊接电流之间保持严格的相位关系时，才能收到好的效果。

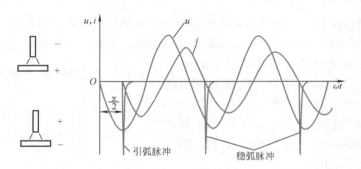

图 6-13 高压引弧和稳弧脉冲与电压、电流的相位关系

u—电源电压　i—电弧电流

6.2.4　焊枪

1. 作用与要求

焊枪的作用是夹持钨极、传导焊接电流和输送并喷出保护气体。它应满足下列要求：①喷出的保护气体具有良好的流动状态和一定的挺度，以获得可靠的保护；②枪体有良好的气密性和水密性（用水冷时），传导电流的零件有良好的导电性；③枪体能被充分冷却，以保证持久地工作；④喷嘴与钨极之间有良好绝缘，以免喷嘴和工件不慎接触而发生短路、打弧；⑤质量轻、结构紧凑，可达到性好，装拆维修方便。

2. 类型与结构

焊枪分气冷式和水冷式两种。前者用于小电流（一般≤150A）焊接，其冷却作用主要是由保护气体的流动来完成，其质量轻、尺寸小、结构紧凑、价格比较便宜；后者用于大电流（≥150A）焊接，其冷却作用主要通过流过焊枪内导电部分和焊接电缆的循环水来实现，结构比较复杂，比气冷式重而贵。使用时两种焊枪均应注意避免超载工作，以延长焊枪寿命。图6-14是手工TIG焊用的典型水冷式焊枪。

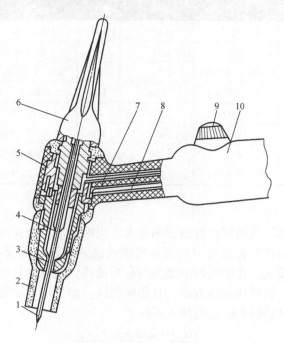

图6-14　水冷式TIG焊焊枪结构

1—钨电极　2—陶瓷喷嘴　3—导气套管　4—电极夹头　5—枪体　6—电极帽
7—进气管　8—冷却水管　9—控制开关　10—焊枪手柄

自动TIG焊用的是水冷、笔式的焊枪，往往是在大电流条件下连续工作，其内部结构与手工TIG焊焊枪相似。当必须在非常局限的位置上焊接时，可自行设计专用的焊枪。

焊枪的各种规格是按它能采用的最大电流来划分的，它们可采用不同规格的电极和不同类型与尺寸的喷嘴。焊枪头部的倾斜角度（即电极与手柄之间的夹角）在0~90°之间。表6-3为部分国产手工TIG焊焊枪的型号及技术规格。

表6-3　部分国产手工TIG焊焊枪的型号及技术规格

型　　号	冷却方式	头部倾斜角度 /(°)	额定焊接电流 /A	适用钨极尺寸/mm		开关 形式	质量 /kg
				长度	直径		
PQ1—150	循环水冷却	65	150	110	1.6、2、3	推键	0.13
PQ1—350		75	350	150	3、4、5	推键	0.3
PQ1—500		75	500	180	4、5、6	推键	0.45
QS—0/150		0（笔式）	150	90	1.6、2、2.5	按钮	0.14
QS—65/70		65	200	90	1.6、2、2.5	按钮	0.11
QS—85/250		85（近直角）	250	160	2、3、4	船形开关	0.26
QS—65/300		65	300	160	3、4、5	按钮	0.26
QS—75/400		75	400	150	3、4、5	推键	0.40

（续）

型　　号	冷却方式	头部倾斜角度 /（°）	额定焊接电流 /A	适用钨极尺寸/mm 长度	适用钨极尺寸/mm 直径	开关 形式	质量 /kg
QQ—0/10	气冷却 （自冷）	0（笔式）	10	100	1.0、1.6	微动开关	0.08
QQ—65/75		65	75	40	1.0、1.6	微动开关	0.09
QQ—0～90/75		0～90（可变角）	75	70	1.2、1.6、2	按钮	0.15
QQ—85/100		85（近直角）	100	160	1.6、2	船形开关	0.2
QQ—0～90/150		0～90	150	70	1.6、2、3	按钮	0.2
QQ—85/150—1		85	150	110	1.6、2、3	按钮	0.15
QQ—85/150		85	150	110	1.6、2、3	按钮	0.2
QQ—85/200		85（近直角）	200	150	1.6、2、3	船形开关	0.26

3. 喷嘴

喷嘴的形状尺寸对气流的保护性能影响很大。当喷嘴出口处获得较厚的层流层时，保护效果良好，因此，有时在气流通道中加设多层铜丝网或多孔隔板（称气筛）以限制气体横向运动，以利于形成层流。在喷嘴的下部为圆柱形通道，通道越长保护效果越好；通道直径越大，保护范围越宽，但可达到性变差，且影响视线。如果以 mm 为单位，通常，圆柱通道内径 D_n、长度 l_0 和钨极直径 d_w 之间的关系约为

$$D_n = (2.5 \sim 3.5) d_w$$

$$l_0 = (1.4 \sim 1.6) D_n + (7 \sim 9) \text{mm}$$

试验证明，圆柱形喷嘴保护效果最好，收敛形喷嘴（其内径向出口方向逐渐减小）次之。但收敛形喷嘴的电弧可见度好，便于操作，应用较普遍。喷嘴内表面应保持清洁，若喷孔粘有其他物质，将会干扰保护气柱或在气柱中产生紊流，从而影响保护效果。

实用的喷嘴材料有陶瓷、纯铜和石英三种。高温陶瓷喷嘴既绝缘又耐热，应用广泛，但焊接电流一般不超过300A；纯铜喷嘴使用电流可达500A，需用绝缘套将其与导电部分隔离；石英喷嘴透明，焊接可见度好，但价格较贵。

6.2.5　供气系统与水冷系统

1. 供气系统

一般钨极氩弧焊时，供气系统由气源（高压气瓶）、气体减压阀、气体流量计、电磁气阀和软管等组成，如图 6-15 所示。气体减压阀将高压气瓶中的气体压力降至焊接所要求的压力，气体流量计用来调节和标示气体流量大小，电磁气阀用以控制保护气流的通断。

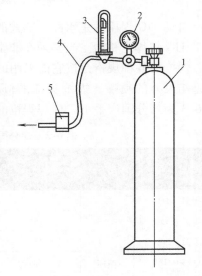

图 6-15　供气系统
1—高压气瓶　2—气体减压阀
3—气体流量计　4—软管
5—电磁气阀

氩气瓶与氧气瓶一样,其标称容量为 40L,满瓶压力为 15.2MPa,气瓶外涂蓝灰色,并标以"氩气"字样。减压阀和流量计常组合为一体,这样使用方便可靠,表 6-4 列出了 JL—15 和 JL—30 型减压流量计的技术数据。电磁气阀有交流和直流两种,通常采用 AC36V、AC110V 交流电磁气阀,或 DC24V、DC36V 直流电磁气阀,它的开与关由控制电路决定。输送保护气体的软管一般采用聚氯乙烯塑料软管,使用时要防止水、水气及其他脏物进入气路系统内。

表 6-4　JL—15 和 JL—30 型减压流量计技术数据

型　　号	流量范围 /L·min^{-1}	耐压 /MPa	出气孔直径 /mm
JL—15	0 ~ 15	15(最低进口压力不小于 2.5 倍工作压力)	3.6
JL—30	0 ~ 30		

如果采用以氩气为主的富氩混合保护气体进行焊接,还要采用气体配比器,把两路或者三路不同的保护气体接入配比器的进气端,通过调节得到合适的混合气体。

2. 水冷系统

水冷系统主要用来冷却焊接电缆、焊枪和钨棒。当焊接电流小于 150A 时不需要水冷;当焊接电流大于 150A 时需要使用水冷式焊枪。对于手工水冷式焊枪,通常将焊接电缆装入通水的软管中做成水冷电缆,这样可大大提高电流密度、减轻电缆质量,使焊枪更轻便。每种型号的焊枪都有安全使用电流值,它是指水冷条件下的许用电流值。

为了保证冷却水能可靠地接通,并在一定的压力下才能起动焊接设备,可在水路中串接水压开关。常用的 LF 型水压开关最高水压为 0.5MPa,动作的最小流量为 1L/min,水管直径为 ϕ6.35mm (1/4″)。目前的 TIG 焊设备中还设置了电磁阀,以控制冷却水的流通。较为先进的焊机,通常带有冷却水自动循环装置,也可以使用独立的自动循环冷却水箱,可以收到很好的冷却和节水效果。

6.2.6　程序控制系统

TIG 焊焊接过程涉及送气、引弧、电源输出、焊丝送进以及焊车行走等。为了获得优质焊缝,无论是手工 TIG 焊还是自动 TIG 焊都必须有序地进行。通常对 TIG 焊程序控制系统的要求如下:

1)起弧前,必须由焊枪向起始焊点提前 1.5 ~ 4s 送气,以排除气管内和焊接区的空气。灭弧后应滞后 5 ~ 15s 停气,以保护尚未冷却的钨极与熔池。焊枪须待停气后才离开终焊处,以保证焊缝末端的质量。

2)焊接时,在接通焊接电源的同时就起动引弧装置,应自动控制引弧器、稳弧器的起动和停止。

3)焊接开始时,为了防止大电流对焊件熔池的冲击,可以使电流从较小的引弧电流逐渐上升到焊接电流。焊接即将结束时,焊接电流应能自动地衰减,直至电弧熄灭,以消除和防止产生弧坑及弧坑裂纹。

4）电弧引燃后即进入焊接，焊枪的移动和焊丝的送进应同时协调地进行。

5）用水冷式焊枪时，送水与送气应同步进行。

图 6-16a、b 分别为手工和自动 TIG 焊的程序循环图。这种焊接程序控制通常用继电器和晶体管等组成的模拟电路实现。近些年来，随着计算机的发展，以单片机为代表的数字控制在 TIG 焊机中得到越来越多的应用，它可以大大简化电路，提高可靠性，并能实现更灵活的控制。

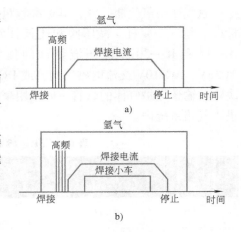

图 6-16　TIG 焊的程序循环图

a）手工 TIG 焊　b）自动 TIG 焊

6.2.7　WSJ—500 型手工交流 TIG 焊机

国产 TIG 焊机类型很多，既有模拟控制的 TIG 焊机，也有数字控制的 TIG 焊机。目前在生产中应用比较多的尚属模拟控制的 TIG 焊机，其中，比较典型的是 WSJ—500 型手工交流 TIG 焊机。其主要技术数据见表 6-1。

WSJ—500 型焊机主要由焊接电源、控制箱、焊枪、供气系统和供水系统等部分组成。焊接电源采用 BX3—500 型动圈式弧焊变压器，额定焊接电流为 500A，具有陡降外特性，其大电流档空载电压为 60V，小电流档为 88V。该机配备三种焊枪，即 QS—85/500—C 型、QS—85/350—C 型和 QQ—85/150—C 型。控制箱内装有程序控制电路、高压脉冲引弧和稳弧器、消除直流分量的电容器组、气路的电磁气阀和水路的水压开关等。控制箱上部还装有电流表、电源与水流指示灯、电源转换开关、气流检测开关和粗调气体延时开关等元件。

WSJ—500 型焊机电气原理如图 6-17 所示。它由焊接主电路、脉冲引弧电路、脉冲稳弧电路和程序控制电路等组成。

1. 焊接主回路

焊接主回路中除了 BX3—500 型弧焊变压器外，还有串联在焊接回路中的脉冲变压器 T_2 的二次绕组，它将引弧和稳弧脉冲输送到钨极与焊件的间隙中。由 VD_9、R_5 和 C_{10} 组成了高压脉冲通路，VD_9 的作用是只允许正向脉冲通过，也防止脉冲电流振荡。由隔直电容 C_{11}、VD_{10} 和 R_6 组成消除直流分量电路。由于引弧选择在焊件为负半波时，所以在 C_{11} 两端按图示方向并联二极管 VD_{10}，引弧时使焊接电流从 VD_{10} 直接通过，以利于引弧。当电弧稳定燃烧后，在焊件为负的半波时 VD_{10} 将 C_{11} 短接，从而使 C_{11} 更有效地消除直流分量。主接触器的常闭触点 KM_2 在焊接时打开，焊接结束时闭合，可使 C_{11} 上储存的电荷通过 R_6 释放，避免 C_{11} 带电产生危险。

2. 脉冲引弧电路与脉冲稳弧电路

脉冲引弧电路是由引弧脉冲触发电路和高压脉冲发生器电路组成的。脉冲稳弧电路是由稳弧脉冲触发电路和高压脉冲发生器电路组成的。在该焊机中，脉冲引弧电路与脉冲稳弧电路共用了一套高压脉冲发生器电路，这部分电路的工作原理在前面已介绍过（图 6-12），在此不再赘述。

（1）引弧脉冲触发电路　引弧脉冲触发电路由阻容移相电路、触发电路和低压脉冲电路组成。其中，阻容移相电路由 R_{16}、C_8、R_{15}、RP_{17} 及 C_9 组成；触发电路由 V_4、V_5、R_{18}、

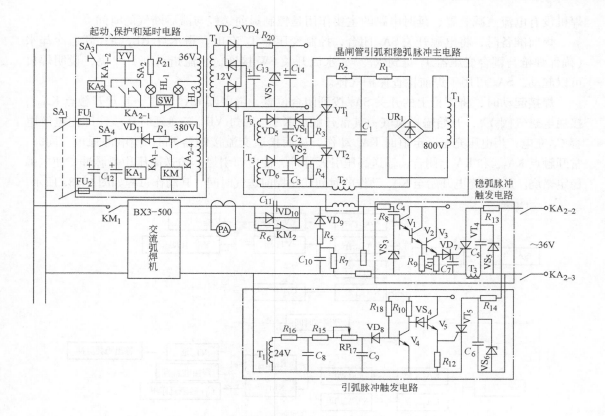

图 6-17 WSJ—500 型手工交流 TIG 焊机电气原理图

R_{10}、R_{12}、VD_8 等组成；低压脉冲电路由 VT_5、C_6、VS_6、R_{14} 等组成。触发电路的信号取自变压器 T_1 的一个二次侧绕组，输出 24V 电压，经过阻容移相电路移相 90°，且当 C_9 上的电压为上负下正时（即焊件为负半周时），通过 VD_8 加到触发电路的 V_4 基极上而被截止，使 R_{12} 上有正电压输出。在这个电压的作用下，低压脉冲电路中的晶闸管 VT_5 被触发，在脉冲变压器 T_3 的次级感应出一个低压脉冲，使高压脉冲发生器电路中的 VT_1 及 VT_2 被触发导通，产生一个高压脉冲，使钨极与焊件之间的气隙击穿，从而达到引弧的目的。当 C_9 上的电压为上正下负时，由于不能通过 VD_8，则不能产生高压脉冲。

（2）稳弧脉冲触发电路 稳弧脉冲触发电路由信号衰减电路、触发电路和低压脉冲电路组成。其中，信号衰减电路由 R_8、C_4 及 VS_3 组成，其作用是为了避免引弧脉冲对稳弧脉冲触发电路的冲击；触发电路是一个由三极管 V_1、V_2、V_3 等组成的射极输出器；低压脉冲电路由 VT_4、C_5、VS_5、R_{13} 等组成。触发电路的信号取自电弧电压，经过衰减电路衰减以后，加到触发电路。很显然，由于稳压管 VS_3 的存在，只有在焊件由正半波向负半波转变，电流经过零点的瞬间，才能在 V_1 的基极输入一个正向的同步信号电压使 V_1 导通，并在 R_{11} 上输出正电压，触发晶闸管 VT_4，进而在 T_3 的次级感应出一个低压脉冲，使高压脉冲发生器电路中的 VT_1 及 VT_2 被触发导通，产生一个高压脉冲，达到稳弧的目的。

3. 程序控制电路

WSJ—500 型焊机的程序控制是由开关、继电器、接触器以及延时电路等来实现的。该焊机没有电流衰减装置，延时电路的主要作用是控制提前送气与滞后断气的时间。

焊前准备时，将电源开关 SA_1 闭合，控制变压器 T_1 有电，指示灯 HL_2 亮；开通冷却水（确保焊枪与耦合变压器 T_2 得到水冷），水流开关 SW 接通，水流指示灯 HL_1 亮，说明焊机可以起动。SA_2 可用于焊前检查保护气体。

焊接起动时，将焊枪上的开关 SA_3 拨到闭合位置，继电器 KA_2 动作，其常开触点 KA_{2-1} 接通电磁气阀 YV，开始输送氩气；其常开触点 KA_{2-4} 通过 VD_{11} 接通延时环节，即向电解电容 C_{12} 充电；当电压充至一定值时 KA_1 动作，从而接通交流接触器 KM，使电源通电。同时，常开触点 KA_{2-2} 和 KA_{2-3} 闭合，输送高压引弧脉冲，使电弧引燃；输送高压稳弧脉冲，使电弧稳定燃烧。从 C_{12} 充电开始至 KA_1 动作的时间就是提前送气时间。其动作过程如图 6-18a 所示。

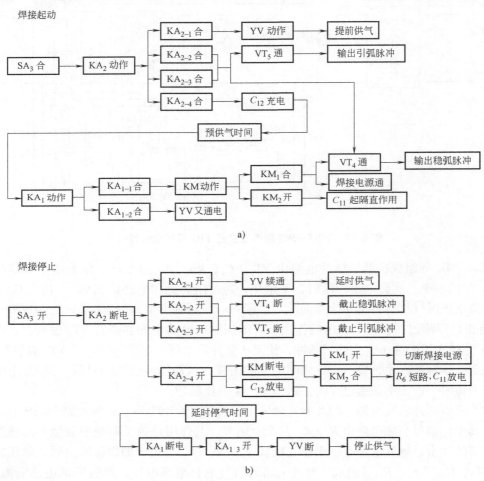

图 6-18　WSJ—500 型焊机控制电路动作过程方框图

焊接结束时，使 SA_3 断开，KA_2、KM 立即释放，其触点切断焊接电源。但由于 C_{12} 向 KA_1 放电，至电压降低到一定值后 KA_1 才释放，所以 YV 延时断电，继续输送氩气，至 KA_1 释放为止。从 C_{12} 放电开始至 KA_1 释放的时间就是气体滞后时间。其动作过程如图 6-18b 所示。开关 SA_4 是为了改变 C_{12} 大小，从而为调整气体提前和滞后的时间而设置的。

这种焊机适应性强，在焊接生产中应用比较普遍。不足之处是电流调节范围有限，缺乏电流缓升缓降控制功能。随着计算机技术和方波交流电源技术的发展和推广，功能齐全的数字化控制的双逆变焊机将会得到越来越多的应用。

6.3 TIG 焊用焊接材料

6.3.1 保护气体

1. 保护气体特性比较

TIG 焊用的保护气体主要是氩气、氦气或氩与氦混合的惰性气体，其他如氖、氙、氪等惰性气体太稀缺而不用于焊接。

氩气（Ar）是无色无味的气体，比空气重 25%，在平焊时用作焊接保护气体不易漂浮散失，有利于保护作用。氩在空气中的含量是 0.935%（按容积计），沸点为 -186℃，介于氧与氮的沸点之间，是分馏液态空气制取氧气的副产品。氩气中有害的杂质是氧、氮及水蒸气，它们能使金属在焊接过程中被氧化和氮化，降低接头的质量与性能。工业纯氩的纯度可达 99.99%，完全能满足焊接铝、钛等活泼金属的要求。由于氩气的热导率很小，而且是单原子气体，高温时不分解吸热，所以在氩气中燃烧的电弧热量损失较少。氩弧焊时，电弧一旦引燃就很稳定，在各种保护气体中稳定性最好，一般电弧电压仅为 8～15V，因此氩气是 TIG 焊中使用最广泛的气体。但电弧容易扩展，呈典型的钟罩形，加热不够集中。

除了氩气之外，氦气（He）也是 TIG 焊中常用的保护气体。氩气的电离电压为 15.7V，而氦为 24.5V，说明氦弧不如氩弧容易引燃和稳定。氩弧和氦弧各自的电弧静特性如图 6-19 所示。在一定的电流和弧长下，氩弧电压较低，产生的热量较小，约只有氦弧的 2/3。显然，氦弧比氩弧更集中，并具有较大的熔透能力。两者比较而言，采用氩气保护有利于薄板手工焊，当弧长发生较大变化时其热输入的变化较小，从而可以减少烧穿倾向，也有利于立焊和仰焊。对于厚板、热导率高或熔点较高的材料用氦气更为有利，在同样

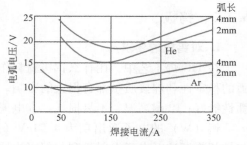

图 6-19　氩弧和氦弧各自的电弧静特性

电弧功率的情况下，氦弧焊可以使用比氩弧焊高 30%～40% 的焊接速度而不会产生咬边现象。但是氦气比氩气昂贵而且轻，氦气相对原子质量是氩气的 1/10，焊接时要获得同样的保护效果，氦气流量必须是氩气的 2～3 倍，显然焊接成本很高，因此限制了它在工业上的广泛应用。

对于铝、镁及其合金焊接，氩弧的阴极清理作用比氦弧大。但是采用直流正接的氦弧焊时，虽然没有阴极清理作用，当电弧相当短时电子撞击也能得到同样的效果，因而可以顺利地焊接铝及铝合金。焊后焊缝表面有一层薄的氧化层，用刷子轻轻刷去即可获得平滑而光亮的焊缝。实践证明，氦弧焊单道焊可以焊接 12mm 厚的铝板，正反两面焊可焊到 20mm 厚的铝板，焊接速度两倍于钨极交流氩弧焊。直流正接时钨极受热温度低，向焊缝渗钨的可能性大为减小；同时，电弧热量更集中，熔深大，焊缝窄，变形小，接头性能可以得到提高。

2. 保护气体种类的选择

氩气、氦气或者它们的混合气均能成功地应用于焊接各种金属材料。一般说来，氩气产

生的电弧比较平稳，较容易控制而穿透性不强。此外，氩气的成本较低，而且流量要求较小。因此，从经济观点一般应优先选用氩气。当焊接热导率高的原材料（如铝、铜）时，可以考虑选用氦气。另外，焊接不锈钢时可以在氩或氦中加入少量氢气；焊接铜及其合金时，有些情况下也加入少量氮气。

在实际生产中有时采用氩—氦混合气体。氩气电弧稳定而柔和，阴极清理作用好；氦气电弧发热量大而集中，具有较大的熔深。如果两者混合使用就可同时具有上述两者的优点。按体积分数计算，以氦占 75% ~ 80% 、氩气占 25% ~ 20% 比较有效。当用氩气保护焊接铝时，为了获得较大熔深而加入氦。随着氦的加入量增加，熔深也随之增加，实际使用时，以加至达到所需熔深为准。

氩—氢混合气体只用于焊接不锈钢和镍基合金。使用氩—氢混合气体的目的是提高焊接速度（因为能提高弧压从而提高电弧热功率）和有助于控制焊缝金属成形，使焊道更均匀美观。按体积分数计算，氢含量一般 ≤15% 。当焊接厚度为 1.6mm 以下的不锈钢对接接头时，焊接速度比纯氩气焊时快 50% 。氢添加量过多会引起气孔，手工 TIG 焊时以 5% 为好。氩气中加入氢气后，其电弧电压变化如图 6-20 所示，与氦弧焊接相当。

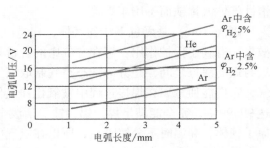

图 6-20　氩氢混合气体电弧电压与电弧长度的关系

6.3.2　钨极

1. 对钨极的要求

在 TIG 焊工艺中，用什么钨极材料作电极是一个重要的问题，它对钨极材料的损耗、电弧的稳定性和焊接质量都有很大的影响。对钨极的要求，一般应满足三个条件：①引弧及稳弧性能好；②耐高温、不易损耗；③电流容量大。

钨（W）的电子逸出功为 4.54eV（$1eV = 1.602 \times 10^{-19}J$，下同），高于铝、钾等材料，与铁相当，这对电子发射不利，但因为熔点（3653K）比其他金属高，在高温时有强烈的电子发射能力，因此是一种目前最好的非熔化电极的材料。钨的纯度约 99.5%（质量分数），当在钨中加入微量逸出功较小的稀土元素，如钍（Th）、铈（Ce）、锆（Zr）等，或它们的氧化物，如氧化钍（ThO_2）和氧化铈（CeO）等，则能显著地提高电子发射能力。钍钨极的逸出功为 2.7eV，铈钨极为 2.4eV，既易于引弧和稳弧，又可提高其电流的承载能力。

钨极是 TIG 焊焊枪中的易耗材料。焊接时，通常在钨极端部要达到 3000K 以上的高温，本身受高温蒸发和缓慢氧化均会产生烧损。钨极的烧损及形状的变化会带来如下几方面的问题：①焊缝夹钨，这对重要构件是不允许的；②形状的变化会带来电弧形态的改变，影响电弧力及对母材的热输入；③影响引弧性能和电极使用寿命，需要频换电极。因此，如何维持钨极形状的稳定，减少钨极烧损是很重要的，这就需要合理地选择钨极材料。

2. 钨极材料

（1）纯钨电极　与钍钨极、锆钨极相比，纯钨电极要发射出等量的电子，需要有较高的工作温度，在电弧中的消耗也较多，需要经常重新研磨。纯钨电极一般在交流 TIG 焊中使用，虽然是交流电弧，亦很稳定。在正常使用状态下，前端在熔化状态下呈现较好的半球状，随后的形状保持比较容易。纯钨材料自身熔点很高，在交流负半波更能抗烧损，因此，当钨电极不需要保持一定的前端角度形状时可以使用纯钨极。

（2）钍钨极　虽然钍（Th）的熔点不是很高（2008K），但是 ThO_2 的熔点为3327K，接近钨的熔点。钍钨极是在钨材料中加入质量分数为 1% ~ 2% 的 ThO_2，这使电子发射所需要的能量显著降低。与纯钨极比较，能够在较低的温度下发射出同等程度的电子数目，因而电弧容易引燃，并且电极的许用电流值增加，即相同直径的电极可以流过较大的电流，一般用于 TIG 直流正接焊接。电极前端的熔化、烧损也少于纯钨极。然而，在直流反接或交流焊接中，钍钨极效果不明显，在铝合金交流焊接中，还会增加直流分量。由于钍元素具有一定的放射性，因此在应用上受到一定限制。

（3）铈钨极　在纯钨材料中加入少量微放射性稀土元素铈（Ce）的氧化物（CeO_2）就做成了铈钨极，CeO_2 的加入量通常质量分数为 1% ~ 2%。铈钨极是我国首先试制并应用的。国际标准化组织焊接材料分委员会根据我国应用铈钨极的情况，已经把铈钨极列入非熔化极标准中，并确定其代号为 WCe。它的使用性能在某些方面优于钍钨极，表现如下：①在相同参数下，弧束较细长，光亮带较窄，温度更集中；②直流焊接时，阴极压降降低 10%，比钍钨极更容易引弧，电弧稳定性也好；③在小电流下有着极佳的起弧性能。其缺点是不适合于大电流条件下使用，因为在这种条件下氧化物会快速地移动到高热区，即电极的顶端，这样对氧化物的均匀度造成破坏，致使由于氧化物的均匀分布所带来的好处将不复存在。

（4）其他电极　这里包括锆钨极、镧钨极和钇钨极等。锆钨极中氧化锆（ZrO）的质量分数为 0.15% ~ 0.40%，通常是以烧结的方式制造成棒材，然后对表面进行化学研磨或机械研磨。它具有适当的硬度、均匀的直径和清洁的表面。锆钨极在电弧中的烧损较小，在需要特别防止电极对焊缝产生污染时可以选用锆钨极。锆钨极也适合于在交流焊接中使用，因为锆钨极形状的保持性良好。此外，人们正在研制的电极还有镧钨极（$W + 1\% LaO_2$）、钇钨极（$W + 2\% Y_2O_3$）等，也适合于在中、大电流和交流焊接中使用，具有烧损小的特点。表 6-5 列出了常用国产钨电极的种类与化学成分。

表 6-5　常用国产钨电极的种类与化学成分

种类与牌号		化学成分（质量分数，%）						
		ThO_2	CeO	SiO_2	$Fe_2O_3 + Al_2O_3$	CaO	Mo	W
纯钨极	W	—	—					
钍钨极	WTh—7	0.7 ~ 0.99	—	0.06	0.02	0.01	0.01	余量
	WTh—10	1.0 ~ 1.49						
	WTh—15	1.5 ~ 2.0						
	WTh—30	3.0 ~ 3.5						
铈钨极	WCe—5	—	0.50	<0.1				余量
	WCe—13	—	1.30					
	WCe—20	—	2.00					

6.3.3　焊丝

　　薄板 TIG 焊可以不加填充金属，厚板的 TIG 焊须采用带坡口的接头，因此焊接时需用填充金属。手工 TIG 焊用的填充金属是直棒（条），其直径范围为 0.8 ~ 6mm，长度在 1m 以内，焊接时用手送向焊接熔池；自动焊用的是盘状焊丝，其直径最细为 0.5mm，大电流或堆焊用的焊丝直径可达 5mm。

　　一般要求其化学成分与母材相同，这是因为在惰性气体保护下焊接时不会发生金属元素的烧损，填充金属熔化后其成分基本不变。因此，在对焊缝金属没有特殊要求的情况下，可以采用从母材上剪下的具有一定规格的条料，或采用成分与母材相当的标准焊丝作填充金属材料。

　　为了满足特殊接头尺寸形状的需要，可以专门设计可熔夹条（又称接头插入件）。由于焊接时夹条也熔入熔池并成为焊缝的组成部分，故亦视为填充金属。实质上使用可熔夹条是对接接头单面焊背面成形工艺中采取的一种特殊措施。焊前把它放在接头根部，焊接时被熔透，从而获得良好的背面成形。可熔夹条在管子对接中常采用，有些兼顾定位作用。可熔夹条的材质与母材相同，其断面形状由用途决定，有些已规格化而专门制造。

6.4　TIG 焊工艺

6.4.1　接头及坡口形式

　　TIG 焊最常见的应用是板材对接。当焊接厚度在 3mm 以下的薄板时，一般不需加工坡口和填充焊丝，焊件装配后可以利用自身的熔化形成焊缝，这样所得到的焊缝表面实际上略有凹陷，如图 6-21a 所示，因此，有时也将焊件卷边后装配焊接。在焊接厚度为 6mm 以上的厚板时，通常需要焊件开有坡口，并需加填充金属，形成的焊缝如图 6-21b 所示。在焊接厚度超过 10mm 的铝及铝合金时，为了保证焊透，还需要预热，温度为 150 ~ 250℃ 。

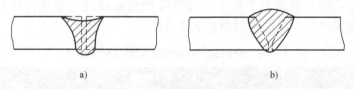

a)　　　　　　　　　　　　　　　b)

图 6-21　TIG 焊焊缝截面形状

a) 无坡口，不填充焊丝　b) 开坡口，填充焊丝

　　适于 TIG 焊的接头还有搭接、角接和 T 形接头等基本类型。焊前须根据焊件的材料、厚度和工作要求预先制作出适当形状的坡口。对于碳钢和低合金钢的焊接接头的坡口形式和尺寸，可按 GB/T 985.1—2008《气焊、焊条电弧焊、气体保护焊和高能束焊的推荐坡口》选用。铝及铝合金的焊接接头的坡口形式和尺寸可按 GB/T 985.3—2008《铝及铝合金气体保护焊的推荐坡口》选用。不同材料焊接接头的坡口形式和尺寸也可参考表 6-10 ~ 表 6-13。

6.4.2　焊件和焊丝的焊前清理

　　氩气是惰性气体，在焊接过程中既不与金属发生化学作用，也不溶解于金属中，这为获得高质量焊缝提供了良好条件。但是氩气不像还原性气体或氧化性气体那样具有脱氧或去氢能力，因此 TIG 焊焊接过程对焊件上的污染极为敏感。为了确保焊接质量，焊前必须将焊件和焊丝清理干净，不残留污染物。须清除的污染物有油脂、油漆、涂层、加工时用的润滑剂、尘土和氧化膜等。如果采用工艺垫板，同样也要进行清理，否则，它们会从内部破坏氩气的保护作用，这往往是造成焊接缺欠（如气孔）的重要原因。常用的清理方法有：

1. 清除油污、灰尘

常用汽油、丙酮等有机溶剂清洗焊件和焊丝表面，然后擦干。也可按焊接生产说明书规定的其他方法进行。

2. 清除氧化膜

常用的方法有机械清理和化学清理两种，或两者联合进行。

（1）机械清理 主要有机械加工、打磨、刮削、喷砂及抛光等方法。清理工作量较大的宜用喷砂处理。对于不锈钢或高温合金的焊件，常用砂布打磨或抛光法，将焊件接缝两侧一定范围（30～50mm 宽度内）的氧化膜清除掉。对于铝及其合金，由于材质较软，用钢丝刷、电动钢丝轮（用直径小于 0.15mm 的不锈钢丝或直径小于 0.1mm 的钢丝刷）及用刮刀清除表面氧化膜较有效，用锉刀则不能清除彻底。但这些方法生产效率低，所以在成批生产时常用化学清理。

（2）化学清理 主要用于铝、镁、钛及其合金等有色金属的焊件与焊丝表面的氧化膜清理，其效果好，且生产率高。化学清理适宜对小焊件及焊丝等体积不大的对象并在大批量生产时采用，因化学清理大工件时必须具备盛化学清理剂的大容器。清理方法视材质的不同而不同，不同金属材料所采用的化学清理剂与清理程序是不一样的，可按有关标准或焊接生产说明书的规定进行。铝及其合金的化学清理工序是先清洗油脂，按表 6-6 的清洗液配方和工艺进行，然后进行脱氧化膜处理，按表 6-7 的处理程序进行。当金属表面氧化膜较厚，用化学清理难以去除或者化学清理局部不彻底时，还需要用机械清理。

表 6-6 表面去脂清洗液的配方及清洗工艺

配　方	温　度	清　洗　时　间	清水冲洗		干　燥
			热　水	冷　水	
Na_3PO_4，50g Na_2CO_3，50g Na_2SiO_3，30g H_2O，100g	60℃	5～8min	30℃	室温	用布擦干

表 6-7 铝及其合金表面脱氧化膜处理程序

材料	碱　洗			冲洗	光　化			冲　洗	干　燥
	NaOH （%）	温度 /℃	时间 /min		HNO_3 （%）	温度 /℃	时间 /min		
铝	15	室温	10～15	冷净水	30	室温	≤2	冷净水	100～110℃ 烘干，再低温 干燥
	4～5	60～70	1～2		30	室温	≤2		
铝合金	8	50～60	5～10		30	室温	≤2		

通常在清理后立即焊接，或者妥善放置与保管焊件和焊丝，一般应在24h内焊接完。为防止再次沾上油污，通常焊前再用酒精或丙酮在坡口处擦一遍。当大型焊件的生产周期较长时，为保证焊缝质量，必须在焊前重新清理。

6.4.3 焊接参数的选择

TIG焊的焊接参数有：焊接电流、电弧电压、焊接速度、保护气流量、钨极直径与形状、钨极伸出长度、填丝速度等。合理的焊接参数是获得优质焊接接头的重要保证。

（1）焊接电流 焊接电流是决定焊缝熔深的最主要参数，要按照焊件材料、厚度、接头形式、焊接位置等因素来选定。一般先确定电流类型和极性，然后确定电流的大小。

焊接电流通过工位操作盒或焊机上的电流调整旋钮设定。TIG焊开始和结束时对焊接电流通常都采取缓升和缓降，即在焊接引弧时采用较小的电流引燃电弧，然后焊机自动按所设定的时间速率提升至所要使用的焊接电流值。这一点主要是为了减少钨极的过热与烧损，同时给焊接行走（动作开始）提供一个缓冲时间，也利于对电弧引燃后初始状态进行观察（比如电弧是否在焊接线上燃烧）。在焊接结束时，焊接电流按设定的时间速率下降，最后熄灭，这主要是使电弧下方的熔池凹陷区有一个金属回填过程，因为此时焊车已停止行走，如果仍维持大电流时在焊缝上能形成弧坑；同时在封闭形焊缝焊接时，使焊缝的最后连接部位不致产生过量熔化。

（2）电弧电压 电弧电压主要影响焊缝宽度，它由电弧长度决定。TIG焊电弧长度根据电流值的大小通常在1.2～5mm之间选择，需要填加焊丝时，要选择较长的电弧长度。

如果电弧长度增加，钨极与母材的距离过大，会使电弧对母材的熔透能力降低，也会降低对焊接保护的效果，引起钨极的异常烧损，在焊缝中易产生气孔。反之，如果钨极过于接近母材，电弧长度过短，容易造成钨极与熔池接触产生断弧和在焊缝中出现夹钨缺欠。

（3）焊接速度 当焊接电流确定后，焊接速度决定单位长度焊缝的热输入。提高焊接速度，则减小热输入，熔深和熔宽均减小；反之，则增大。如果要保持一定的焊缝成形系数，焊接电流和焊接速度应同时提高或减小。

TIG焊在5～50cm/min的焊接速度下能够维持比其他焊接方法更为稳定的电弧形态。利用这一特点，TIG焊常用于高速自动焊中。但是，高速自动焊容易产生咬边及焊缝不均匀缺欠。咬边不仅使焊缝外观恶化，还会引起应力集中，对接头强度有不良影响。因此在进行高速自动TIG焊时，必须均衡确定焊接电流和焊接速度。如果采用高频脉冲电流进行钨极氩弧焊，则可以提高对高速焊的适应性。

（4）焊丝直径与填丝速度 焊丝直径与焊接板厚及接头间隙有关。当板厚及接头间隙大时，焊丝直径应选大一些。焊丝直径选择不当可能造成焊缝成形不好、焊缝余高过高或未焊透等缺欠。焊丝的送丝速度则与焊丝的直径、焊接电流、焊接速度和接头间隙等因素有关。一般焊丝直径大时送丝速度慢，焊接电流、焊接速度和接头间隙大时，送丝速度快。送丝速度选择不当，可能造成焊缝出现未焊透、烧穿、焊缝凹陷、焊缝余高太高、成形不光滑等缺欠。

（5）保护气流量 TIG焊决定保护效果的主要因素有保护气流量、喷嘴尺寸、喷嘴与母材的距离、外来风及焊接参数等。保护气流量的选择通常先要考虑所需保护的范围、焊枪喷嘴尺寸以及所使用焊接电流的大小。对于一定孔径的喷嘴，流量过小，气流挺度太小，排除周围空气的能力弱，保护效果不好。但流量过大，则可能会形成紊流，并导致空气卷入。每一口径的喷嘴都有一个合适的保护气流量范围，这个范围可以通过试验确定。通常钨极氩弧焊喷嘴内径在 5~20mm 之间，气体流量在 5~25L/min 之间，表 6-8 给出了对不同的焊枪喷嘴尺寸所推荐的气流量。

表 6-8　钨极氩弧焊焊枪喷嘴孔径与保护气流量的选用范围

焊接电流 /A	直流正极性		交流	
	喷嘴孔径 /mm	保护气流量 /L·min⁻¹	喷嘴孔径 /mm	保护气流量 /L·min⁻¹
10~100	4~9.5	4~5	8~9.5	6~8
100~150	4~9.5	4~7	9.5~11	7~10
150~200	6~13	6~8	11~13	7~10
200~300	8~13	8~9	13~16	8~15
300~500	13~16	9~12	16~19	8~15

选择喷嘴尺寸和喷嘴形状时，有时还要求其对熔池周围的高温母材区给予充分的保护，例如钛等在高温下对空气污染很敏感，焊接时可以使用带拖罩的喷嘴。

（6）钨极直径与形状　钨极直径要根据焊接电流值和极性来选取。由于钨极作为阴极时从电弧得到的热量小于作为阳极时的情况，因此，在同一直径下，直流正接时允许的电流数值较大，而直流反接及交流焊接时允许的电流小。表 6-9 示出钨极直径与最大允许电流的对应关系。

表 6-9　钨极直径与最大允许电流的对应关系

钨极直径 /mm	焊接电流/A			
	交流		直流正极性	直流反极性
	W	ThW	W, ThW	W, ThW
0.5	5~15	5~20	5~20	—
1.0	10~60	15~80	15~80	—
1.6	50~100	70~150	75~150	10~20
2.4	100~160	140~235	150~250	15~30
3.2	150~210	225~325	250~400	25~40
4.0	200~275	300~425	400~500	40~55
4.8	250~350	400~525	500~800	55~80
6.4	325~475	500~700	800~1100	80~125

钨极的端部形状对电弧的稳定性及自身的损耗有影响。例如，端面凸凹不平时，产生的电弧既不集中又不稳定，因此钨极端部必须磨光。钨极前端通常采取图 6-22 所示的几种形式。在直流正接和小电流薄板焊接时，可使用小直径钨极并将末端磨成尖锥角，这样电弧较集中且容易引燃和稳定；但随着焊接电流的增大，将会因电流密度过大而使末端过热熔化和烧损，电弧弧根也会扩展到钨极前端的锥面上，使弧柱明显地扩散漂移而影响焊缝成形。因

此在大电流焊接时，应将钨极前端磨成带有平台的锥形或纯钝角，这样可使电弧稳定，弧柱扩散减少，对焊件加热集中，增加焊缝熔深，如图6-23所示。焊接电流在200A以下时，钨极前端角度为30°~50°可以得到较大的熔深，因此均可以采用这一电极角度；当焊接电流超过250A后，钨极前端会产生熔化损失，因此都是在焊接前把电极前端磨出一个具有一定尺寸的平台。

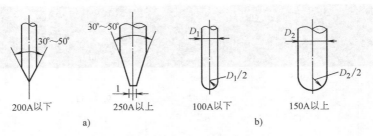

200A以下　　　　250A以上　　　　100A以下　　　　　150A以上

a)　　　　　　　　　　　　　　b)

图6-22　焊接中采用的钨极形状

a) 直流正接（ThW极）　b) 直流反接（W极）

直流反接和交流焊接时，由于在同一电流下电弧对钨极的热输入大于直流正接时的热输入，同时电流也不是集中在阳极的某一区域，这时把电极前端形状磨成圆形最合适。如果所使用的焊接电流处于钨极最大允许电流值附近，则不论钨极开始是何种形状，一旦电弧引燃，钨极前端都会熔化，自然形成半球形。

（7）钨极伸出长度　钨极伸出长度是指钨极从喷嘴端部伸出的距离。它对焊接保护效果及焊接操作性均有影响。该长度应根据接头的形状确定，并对气体流量做适当的调整。

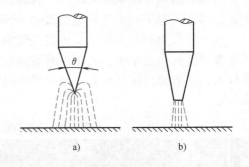

a)　　　　　　　b)

图6-23　电极前端形状对电弧形态的影响

a) 前端呈尖锥角　b) 前端呈平顶锥形

通常钨极伸出长度主要取决于焊接接头的外形。内角焊缝要求钨极伸出长度最长，这样电极才能接近该接头的根部，并能较多地看到焊接熔池。卷边焊缝只需很短的钨极伸出长度，甚至可以不伸出。常规的钨极伸出长度一般为1~2倍钨极直径。在短弧焊时，其伸出长度通常比常规的大些，以便给焊工提供更好的视野，并有助于控制弧长。但是，外伸过长，为了维持良好的保护状态，势必要加大保护气体流量。此外，由于钨极本身的电阻热，钨极伸出长度增加使电极最大允许电流值降低。比如1.6mm直径的钨极，从电极夹中伸出20mm，在200A电流下仍然可以使用，但当伸出长度增加到40mm后，在150A下就会被烧断。

实际焊接时，确定各焊接参数的顺序是：根据被焊材料的性质，先选定焊接电流的种类、极性和大小，然后选定钨极的种类和直径，再选定焊枪喷嘴直径和保护气体流量，最后确定焊接速度。在施焊的过程中根据情况适当地调整钨极伸出长度和焊枪与焊件相对的位置。

表6-10是纯铝手工TIG焊焊接参数推荐值。表6-11是不锈钢和某些碳钢对接焊的手工TIG焊焊接参数推荐值。表6-12是不锈钢和某些碳钢角焊缝的手工TIG焊焊接参数推荐值。表6-13是钛合金钨极氩弧焊焊接参数推荐值。

表 6-10 纯铝手工 TIG 焊焊接参数推荐值（交流，平焊位置）

接头形状与尺寸		焊 接 参 数							消 耗		
示 意 图	厚度 /mm	层数	喷嘴直径 /mm	焊丝直径 /mm	钨极直径 /mm	氩气流量 /L·min⁻¹	焊接电流 /A	焊接速度 /m·h⁻¹	焊丝 /kg·m⁻¹	氩气 /L·m⁻¹	燃弧时间 /min·m⁻¹
	0.9	1	9.5	1.6	1.6	5	45 ~ 60	21	0.007	14	2.8
	1.2	1	9.5	2.4	2.4	5	60 ~ 70	18	0.018	17	3.3
	1.6	1	9.5	2.4	3.2	5	75 ~ 90	18	0.024	17	3.3
	2.0	1	12.7	2.4	3.2	5	90 ~ 110	18	0.028	17	3.3
	2.6	1	12.7	3.2	3.2	6	110 ~ 120	18	0.034	20	3.3
	3.3	1	12.7	3.2	3.2	6	135 ~ 150	17	0.047	21	3.5
	4.8	1	12.7	3.2	4.8	7	150 ~ 200	15	0.09	28	4.0
	6.4	1	16	4.8	4.8	7	200 ~ 250	15	0.13	28	4.0
	9.5	2	16	4.8	6.4	8	270 ~ 320	10 ~ 12	0.22	87	10.9
	12.7	2	16	6.4	8.0	9	320 ~ 380	9 ~ 10	0.28	108	12.0

表 6-11 不锈钢和某些碳钢对接焊的手工 TIG 焊焊接参数推荐值（直流正接，平焊）

接头形状与尺寸		焊 接 参 数							消 耗		
示 意 图	厚度 /mm	层数	喷嘴直径 /mm	焊丝直径 /mm	钨极直径 /mm	氩气流量 /L·min⁻¹	焊接电流 /A	焊接速度 /m·h⁻¹	焊丝 /kg·h⁻¹	氩气 /L·m⁻¹	燃弧时间 /min·m⁻¹
	0.25	1	6.4 或 9.5	—	0.8	2	8	23	—	5.2	2.6
	0.35	1		—	0.8	2	10 ~ 12	23	—	5.2	2.6
	0.56	1		1.2	1.2	3	15 ~ 20	23 ~ 18	0.013	7.8 或 9.9	2.6 或 3.3
	0.9	1	6.4 或 9.5	1.2 或 1.6	1.2 或 8.6	3	25	15	0.015	12	4.0
	1.2	1	9.5	1.6	1.6	3	35	15	0.018	12	4.0
	1.6	1	9.5	1.6	1.6	4	50 ~ 60	12	0.022	20	5.0
	2.0	1	9.5	1.6 或 2.4	1.6	4	25	12	0.037	20	5.0
	2.6	1	9.5 或 12.7	2.4	1.6	4	85 ~ 90	9	0.045	27	6.7
	3.3	1	9.5 或 12.7	2.4 或 3.2	1.6 或 2.4	5	125	9	0.074	67	13.4

（续）

接头形状与尺寸			焊接参数						消耗		
示意图	厚度/mm	层数	喷嘴直径/mm	焊丝直径/mm	钨极直径/mm	氩气流量/L·min⁻¹	焊接电流/A	焊接速度/m·h⁻¹	焊丝/kg·h⁻¹	氩气/L·m⁻¹	燃弧时间/min·m⁻¹
	3.3	2	9.5 或 12.7	2.4 或 3.2	1.6 或 2.4	5	一层125 二层90	9	0.074	6.7	13.4
	4.8	2	12.7	3.2	2.4	5	一层100 二层125	9	0.30	6.7	13.4
	6.4	3	12.7	3.2	2.4	5	一层100 二层150	9	0.45	100	20.1
	6.4	3	12.7	3.2	2.4	5	一层125 二层150	9	0.30	100	20.1

表 6-12 不锈钢和某些碳钢角焊缝的手工 TIG 焊焊接参数推荐值（直流正接，横焊）

接头形状与尺寸			焊接参数						消耗		
示意图	焊脚尺寸K/mm	层数	喷嘴直径/mm	焊丝直径/mm	钨极直径/mm	氩气流量/L·min⁻¹	焊接电流/A	焊接速度/m·h⁻¹	焊丝/kg·m⁻¹	氩气/L·m⁻¹	燃弧时间/min·m⁻¹
	0.56	1	6.4	1.2	1.2	2	15~20	15	0.018	8	4
	0.9	1	6.4	1.2	1.2	2	25~30	14	0.024	8.6	4.3
	1.2	1	9.5	1.6	1.6	3	35~40	14	0.046	12.9	4.3
	1.6	1	9.5	1.6	1.6	3	50~60	11	0.06	15.4	5.5
	2.0	1	9.5	1.6	1.6	3	65~75	11	0.074	15.4	5.5
	2.6	1	9.5	2.4	1.6	3	85~90	9	0.116	26.6	6.7
	3.3	1	9.5	3.2	2.4	4	110~130	8	0.141	30	7.5
	4.8	1	12.7	3.2	2.4	5	130~170	8	0.15	37.5	7.5
	6.4	1	12.7	3.2	2.4	5	170~200	8	0.22	37.5	7.5

表 6-13 钛合金钨极氩弧焊焊接参数推荐值（直流正接）

| 接头形状和尺寸 | | | | | | | | 消　耗 | | |
示　意　图	厚度/mm	层数	焊丝直径/mm	钨极直径/mm	氩气流量/L·min⁻¹	焊接电流/A	焊接速度/m·h⁻¹	焊丝/kg·m⁻¹	氩气/L·m⁻¹	燃弧时间/min·m⁻¹
	0.35	1	—	0.8	7	10~15	21~24	—	18	2.5
	0.45	1	—	0.8	7	15~20	21~24	—	18	2.5
	0.56	1	—	1.2	9	20~25	18~21	—	25	2.8
	0.70	1	—	1.2	9	25~30	18~21	—	25	2.8
	0.9	1	—	1.2	9	25~30	15~18	—	30	3.3
	1.2	1	1.6	1.6	9	30~40	15	0.014	36	4.0
	1.6	1	1.6	1.6	9	50~75	15	0.014	36	4.0
	3.3	1	2.4	2.4	12	100~140	12~15	0.029	48	4.0
	6.4	2	3.2	2.4	12	1层 60~80	15	0.046	108	90
						2层 120~180	9~12			
	9.5	2	3.2	2.4	12	1层 60~80	15	0.046	108	90
						2层 120~180	912			

6.4.4　1035（原L4）工业纯铝卧式储罐手工 TIG 焊工艺实例

4m³ 卧式储罐的外形如图 6-24 所示。筒体由三个筒节组成，每个筒节由两块 6mm 厚的 1035 工业纯铝焊成；封头由 8mm 厚的 1035 工业纯铝板拼焊后压制而成。采用手工交流钨极氩弧焊焊接。经过焊接工艺评定合格的焊接工艺如下：

（1）焊前准备　筒体用板不开坡口，装配定位焊后的间隙为 2mm；封头用板开 70°的 V 形坡口，钝边为 1~1.5mm，装配定位焊后的间隙为 3mm。焊前，对焊件进行清理，先用丙酮清洗油污，然后用直径小于 0.15mm 不锈钢钢丝刷对坡口及其两侧来回刷几次，并用刮刀将坡口内清理干净。对焊丝用化学法清洗（见表 6-6、表 6-7）。

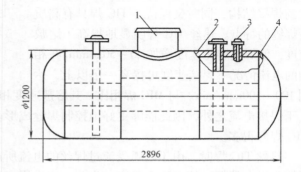

图 6-24　4m³ 工业纯铝储罐外形
1—人孔　2—筒体　3—管接头　4—封头

（2）焊接材料　采用与母材同牌号的焊丝；氩气纯度（体积分数）为 99.89%，氮气不超过0.105%，氧气不超过0.0031%；钨极采用铈钨极。

（3）焊接参数　对于6mm厚的板，焊丝直径为5~6mm，钨极直径为5mm，焊接电流为190A，喷嘴直径为14mm，电弧长度为2~3mm，焊前不预热；对于8mm厚的板，焊丝直径为6mm，钨极直径为6mm，焊接电流为260~270A，喷嘴直径为14mm，电弧长度为2~3mm，焊前预热150℃。

焊后，对储罐所有的环缝、纵缝进行煤油试验及100% X射线无损检测，未发现任何焊接缺欠，质量合格。

6.5　TIG焊的其他方法

6.5.1　热丝TIG焊

传统的TIG焊由于其电极载流能力有限，电弧功率受到限制，焊缝熔深浅，焊接速度低。尤其是对中等厚度的焊接结构（10mm左右）需要开坡口和多层焊，焊接效率低的缺点更为突出。因此，很多年来许多研究都集中在如何提高TIG焊的焊接效率上。热丝TIG焊就是为了提高TIG焊的焊接效率发展起来的新工艺之一。

热丝TIG焊是利用附加电源预先加热填充焊丝，从而提高焊丝的熔化速度，增加熔敷金属量，达到生产高效率的一种TIG焊方法。其原理如图6-25所示，在普通TIG焊的基础上，以与钨极成40°~60°角从电弧的后方向熔池输送一根焊丝，但在焊丝进入熔池之前约100mm处由附加电源通过导电块对其通电，使其产生电阻热，因此能提高热输入量，增加焊丝熔化速度，从而提高焊接速度。

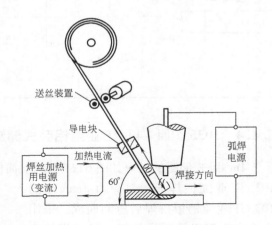

与普通TIG焊相比，由于热丝TIG焊大大提高了热量输入，因此适合于焊接中等厚度的焊接结构，同时又保持了TIG焊具有高质量焊缝的特点。热丝TIG焊明显地提高了熔敷速度，使焊丝熔化速度增加20~50g/min。在相同的电流情况下焊接速度可提高一倍以上，达

图6-25　热丝TIG焊原理

到100~300mm/min。与MIG焊相比，其熔敷速度相差不大，但是热丝TIG焊的送丝速度独立于焊接电流之外，因此能够更好地控制焊缝成形。对于开坡口的焊缝，其侧壁的熔合性比MIG焊好得多。

热丝TIG焊时，由于电弧受流过焊丝的电流所产生磁场的影响而产生磁偏吹，即电弧沿焊缝作纵向偏摆，使电弧不稳定。为此，应采用交流电源加热填充焊丝以减少磁偏吹。在这种情况下，当加热电流不超过焊接电流的60%时，电弧摆动的幅度可以被限制在30°左右，为此，通常焊丝最大直径限为1.2mm。如果焊丝过粗，由于电阻小需增加加热电流，这对防止磁偏吹是不利的。

热丝TIG焊已成功地用于焊接碳钢、低合金钢、不锈钢、镍和钛等。但对于高导电性材

料如铝和铜，由于电阻率小，需要很大的加热电流，造成过大的磁偏吹，影响焊接质量，则不适宜采用这种方法。

表 6-14 是使用冷丝和热丝两种不同方法焊接窄间隙试样时焊接参数的比较，可以看出，热丝 TIG 焊焊接速度整整提高了一倍。此外热丝法还可减少焊缝中的裂纹。可以预料，热丝焊方法在海底管线、油气输送管线、压力容器及堆焊等领域中的应用将会进一步扩大，是一种很有发展前途的焊接方法。

表 6-14 冷丝 TIG 焊与热丝 TIG 窄间隙焊焊接参数比较

冷丝		焊层	1	2	3	4	5	6
		焊接电流/A	300	350	350	350	300	330
		焊接速度/mm·min^{-1}	100	100	100	100	100	100
		送丝速度/m·min^{-1}	1.5	2	2	2	2	2.7
热丝		焊层	1	2	3	4	5	
		焊接电流/A	300	350	350	310	310	
		焊接速度/mm·min^{-1}	200	200	200	200	200	
		送丝速度/m·min^{-1}	3	4	4	4	4	

6.5.2 活性焊剂氩弧焊（A-TIG 焊）

1. A-TIG 焊的原理

活性焊剂氩弧焊（Activating Flux-TIG，简称 A-TIG 焊）可改进 TIG 焊的焊接质量并提高其生产效率，其主要特征是在施焊板材的表面涂上一层很薄的活性剂（一般为 SiO_2、TiO_2、Cr_2O_3 以及卤化物的混合物），使得电弧收缩和改变熔池流态，从而大幅度增加 TIG 焊的焊接熔深。

图 6-26 为普通 TIG 焊与 A-TIG 焊电弧燃烧形态与焊缝横截面形貌对比。试验证明，在相同的焊接规范下，同普通 TIG 焊相比，A-TIG 焊可以大幅度提高焊接熔深，最大可达 300%，而不增加正面焊缝宽度。

关于活性剂对 TIG 焊熔深的增加作用，一般认为有以下三种作用机制：

（1）电弧收缩的"负离子理论" 该理论认为，活性剂在电弧高温下蒸发后以原子形态包围在弧柱周围区域，由于弧柱周边区域温度较低，活性剂蒸发原子捕获该区域中的电子形成负离子并散失到周围空间。负离子虽然是带电粒子，但因质量比电子大得多，不能有效担负导电任务，导致为了保持电流不变电弧电场强度要增大。按最小电压原理，电弧有自动使电场强度增加到最小限度的倾向。为了使电场强度增加的幅度减小，结果造成电弧自动收缩，使得热量集中；由于电弧收缩是有限度的，因此电弧电压也要增加，使得用于熔化母材的能量也增多，从而使焊接熔深增大。

（2）阳极斑点收缩理论 该理论认为，在熔池中填加硫化物、氯化物、氧化物等活性剂后，熔池产生的金属蒸气受到抑制。由于金属蒸气粒子更容易被电离，当它减少时，只能形成较小范围的阳极斑点，电弧导电通道紧缩，在激活了熔池内部电磁对流的同时，熔池表面的等离子对流受到减弱，从而形成较大的熔深。这种解释对非金属化合物的活性剂较有说服

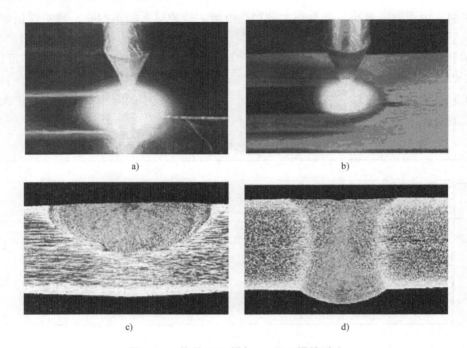

图 6-26　普通 TIG 焊与 A- TIG 焊的对比

a）TIG 焊的电弧　b）A- TIG 焊的电弧　c）TIG 焊缝横截面　d）A- TIG 焊缝横截面

力，但对金属化合物型的活性剂却不适用。

（3）表面张力理论　该理论认为，熔池金属流动状态对焊缝的熔深起到重要影响，一般熔池金属具有负的表面张力温度系数，在熔池表面形成从熔池中心向熔池周边的表面张力流，结果得到浅而宽的焊缝。但当熔池金属中存在某些微量元素或接触到活性气氛时，熔池金属的表面张力数值降低，转变为正温度系数，从而使熔池金属形成从熔池周边流向熔池中心的表面张力流，在熔池中心的液态金属携带电弧热量从熔池表面直接流向熔池底部，从而加强了对熔池底部的加热效率，而增大了熔深。

不同的活性剂对电弧及熔池可能有不同的作用，氟化物和氯化物影响电弧的可能性较大，非金属氧化物影响阳极区的可能性较大，而金属氧化物影响熔池表面张力的作用可能较大。无论哪种作用，最终是活性剂的作用增大了焊接熔深。

2. A- TIG 焊的主要特点

（1）对提高焊接效率具有明显作用　在焊接参数不变的情况下，与常规 TIG 焊相比，A- TIG 焊可以提高熔深一倍以上（例如，厚 12mm 的不锈钢可以单道焊一次焊透），而且正面焊缝宽度不增加。更厚的焊件可以减少焊道的层数，不仅能提高效率，而且能降低成本。焊接薄板时，A- TIG 焊可以提高焊接速度，或者使用小的焊接参数焊接。

（2）提高焊接质量　A- TIG 焊在同等速度下使用小的焊接参数焊接，可以有效地减小焊接变形。通过调整活性剂成分，可以改善焊缝的组织和性能。此外，使用钛合金活性剂焊接能够消除常规 TIG 焊时所出现的氢气孔，也可以净化焊缝（降低焊缝中的含氧量）。当表面清理不当或在潮湿气候下采用常规 TIG 焊焊接钛合金时容易出现气孔，而采用活性剂以后，可避免气孔产生，而且焊缝正、反面成形好。A- TIG 焊焊缝正反面熔宽比例更趋合理，熔宽均匀稳定，由于焊接散热条件或夹具（内胀环）压紧程度不一致所导致的背面出现蛇形焊道及不均匀熔透（或非对称焊缝）的程度也能降低。

（3）操作简单、方便，成本低　A-TIG 焊时，焊前将活性剂涂敷到被焊工件的表面，使用普通的 TIG 焊接设备就可以进行焊接。焊后附在焊缝周围的熔渣可以方便地用刷洗的方法去除，不会对焊缝产生污染。

（4）适用范围广　目前 A-TIG 焊可以用在钛合金、不锈钢、镍基合金、铜镍合金和碳钢的焊接。不仅可以用于要求一般的产品焊接，而且可以用于航空航天、造船、汽车、锅炉等要求较高的产品焊接。

6.5.3　钨极脉冲氩弧焊

脉冲电流技术应用于钨极氩弧焊中是钨极氩弧焊的一大进步。它提供了一种高效、优质、经济和节能的先进焊接工艺，而且可以用来焊接过去被认为难焊的热敏感性高的金属材料，以及不易施焊的场合，如全位置焊、窄间隙焊和要求单面焊双面成形的薄件和管件焊接等。

1. 钨极脉冲氩弧焊的原理及特点

钨极脉冲氩弧焊的脉冲分为直流和交流两种。直流脉冲根据波形又有矩形波、正弦波、三角波三种基本波形。下面以钨极直流矩形波脉冲氩弧焊为例介绍该方法的工作原理。

图 6-27a 是直流矩形脉冲焊接电流的波形示意图，图中，I_m 是直流脉冲电流，I_j 是直流基值电流。焊接时，钨极脉冲氩弧焊利用可控的脉冲电流 I_m 加热工件，以较小的基值电流 I_j 来维持电弧燃烧，这也是该方法与普通钨极氩弧焊的主要区别。当每一次脉冲电流 I_m 通过时，焊件上就形成一个点状熔池，待脉冲电流停歇时，点状熔池就冷凝，与此同时电弧由基值电流 I_j 维持稳定燃烧，以便下一次脉冲电流通过时，脉冲电弧能可靠地燃烧，又形成一个新的焊点。只要合理地调节基值电流持续时间 t_j 和保持适当的焊枪移动速度，保证相邻两焊点之间有一定相互重叠量，就可获得一条连续致密的焊缝，如图 6-27b 所示。通过调节脉冲波形、脉冲电流的幅值、基值电流的大小、脉冲电流持续时间和基值电流持续时间，就可以对焊接热输入进行控制，从而控制焊缝及热影响区的尺寸和质量。

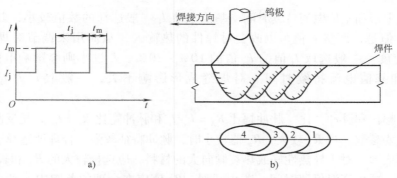

图 6-27　钨极矩形脉冲氩弧焊电流波形与焊点重叠形成的连续焊缝

a）直流矩形脉冲电流波形　b）焊点重叠形成的连续焊缝

I_m—直流脉冲电流　I_j—直流基值电流

t_m—脉冲电流持续时间　t_j—基值电流持续时间

无论是钨极直流脉冲氩弧焊，还是钨极交流脉冲氩弧焊，都具有以下特点：

1）由于采用脉冲电流，可以减小焊接电流的平均值，可以用较低的热输入而获得足够的熔深，这样可以减小焊接热影响区和焊件变形，对于焊接薄板或超薄板很有利。

2）可调焊接参数多，便于精确地控制电弧能量及其分布，易获得合适的熔池形状和尺寸，因而，可以提高焊缝抗烧穿和熔池保持能力，保证均匀熔深和焊缝根部均匀熔透，所以特别适用于全位置焊接以及单面焊双面成形的焊接工艺。

3）在焊接过程中，脉冲电流对点状熔池有较强的搅拌作用，而且熔池金属冷凝快，高温停留时间短，焊缝金属组织细密，可以减小对热敏感的金属材料产生裂纹的倾向。

4）每个焊点加热和冷却迅速，很适于焊接导热性能强或厚度差别大的焊件。

在钨极脉冲氩弧焊的各种方法中，钨极交流脉冲氩弧焊适用于焊接表面易形成高熔点氧化膜的金属，如铝、镁及其合金等；钨极直流脉冲氩弧焊，则适用于焊接其他金属材料。

2. 钨极脉冲氩弧焊焊接参数的选择

钨极脉冲氩弧焊的焊接参数有脉冲电流 I_m、基值电流 I_j、脉冲电流时间 t_m、基值电流时间 t_j、脉冲幅比 $R_A = I_m/I_j$、脉冲宽比 $R_w = t_m/t_j$、脉冲周期 $T = t_m + t_j$ 和脉冲频率 $f = 1/T$ 等。对钨极交流脉冲氩弧焊来说，I_m 和 I_j 分别指脉冲电流和基值电流在其持续时间内的有效值。

钨极脉冲氩弧焊焊接参数的正确选择是获得优质焊接接头的关键，只有善于调整脉冲焊的参数才能充分发挥这种工艺的优越性。选择脉冲焊参数时必须考虑到被焊材料的种类、厚度和焊缝空间位置等特点。通常按下述原则和步骤选择这些工艺参数：

（1）脉冲电流和脉冲持续时间　脉冲电流 I_m 和脉冲持续时间 t_m 是决定焊缝成形尺寸的主要参数之一。一般随着 I_m 和 t_m 的增大，焊缝熔深和熔宽都会增大。实际使用中，脉冲电流 I_m 的选定主要取决于焊件材料的性质与厚度。当焊件的导热性好时，应选择较大的脉冲电流。但如果 I_m 过大，焊缝易产生咬边缺欠。在其他参数不变的条件下，脉冲持续时间 t_m 增大，焊缝的熔深及熔宽增大，但其影响不如脉冲电流显著。

在钨极脉冲氩弧焊时，如果电弧电压保持恒定，采用不同的脉冲电流 I_m 和脉冲持续时间 t_m 的匹配组合，可获得不同的熔深和熔宽，即可在一定的范围内调节焊缝成形尺寸。

（2）基值电流和基值电流持续时间　基值电流 I_j 一般选择的数值较小，其作用只是维持电弧燃烧。但是，调整 I_j 值可以改变对焊件的热输入，从而用来调节对焊件的预热和熔池的冷却速度。一般选取 I_j 值为 I_m 值的 $10\% \sim 20\%$，I_j 过小则会影响电弧的稳定性。基值电流 I_j 和基值电流持续时间 t_j 对焊缝成形影响不大，一般取 t_j 为 t_m 的 $1 \sim 3$ 倍为宜。

（3）脉冲幅比和脉冲宽比　脉冲幅比 $R_A = I_m/I_j$ 和脉冲宽比 $R_w = t_m/t_j$ 是反映脉冲焊特征强弱的一个重要参数。当 R_A 较大，R_w 值较小时，脉冲特征较强。合理地选择这两个参数有利于保证焊缝成形。对于导热性好或热裂倾向大的材料，应选择较大的 R_A 和较小的 R_w，以提高加热速度，减少高温停留时间，防止开裂。R_w 值应在合理的范围内，过小时，电弧燃烧不稳定；过大时，接近于连续电流，脉冲的特征不明显。

（4）脉冲频率　脉冲频率 f 也是保证焊接质量的重要参数。不同场合要求选择不同的脉冲频率范围。钨极脉冲氩弧焊使用的脉冲频率范围目前主要有两个区域：一个区域是 $0.5 \sim 10Hz$，是用得最广泛的一种，称为钨极低频脉冲氩弧焊；另一个区域是 1 ~ 30kHz，常称钨极高频脉冲氩弧焊。

钨极低频脉冲氩弧焊时，每次脉冲电流通过时焊件上都会产生一个点状熔池。在基值电流期间，点状熔池不继续扩大，而是冷却结晶。如此重复进行，就能获得一条由许多焊点连续搭接而成的脉冲焊缝。为了获得连续的、气密的焊缝，要求在焊点之间应有一定相互重叠量，因而，提出了脉冲频率必须与焊接速度相匹配的问题，也就是焊点间距的选定问题。对于给定的焊点间距，可以用下式确定脉冲频率 f：

$$f = \frac{v_w}{60 l_s}$$

式中，v_w 是焊接速度（mm/min）；l_s 是给定焊点间距（mm）。

脉冲钨极氩弧焊常采用的低频焊接频率范围参见表 6-15。

表 6-15　脉冲钨极氩弧焊常采用的低频焊接频率范围

焊接方法	手工焊	自动焊焊接速度/mm·min^{-1}			
		200	283	366	500
脉冲频率/Hz	1 ~ 2	3	4	5	6

一般钨极脉冲氩弧焊的脉冲频率是较低的，这主要是由这种脉冲工艺特点决定的。如果频率过高，第一个焊点来不及形成，第二个脉冲电流又来到，这就不能显示出脉冲工艺的特点。但是，如果脉冲的频率提高到几千赫兹以上，甚至到几万赫兹的高频段，则电弧形态和热分布将起显著的变化。在平均电流相同的情况下，高频脉冲电弧比连续直流电弧的电磁收缩效应增加，电弧刚性增大，轴向的指向性增强，电弧压力也增大，熔透性增加。同时熔池受到超声振动，能够改善焊缝物理化学冶金过程及增加熔池流动性，对焊接较薄的金属材料有利于焊缝质量的提高，特别是适于高速焊接。

钨极脉冲氩弧焊要选择的焊接参数较多，首先按焊件材料的厚度初步选择脉冲电流和脉冲持续时间，再根据焊件材料的性质，确定脉冲幅比和脉冲宽比。随后还要确定基值电流和基值电流持续时间及电弧长度，气体流量等。当确定焊接参数后要进行试焊，通过试焊观察焊缝成形尺寸和焊点间距是否满足焊接接头设计要求，以及是否存在焊缝中部下凹深度过大或两侧咬边等缺欠。如果不符合要求，应针对性地调整某些参数再继续试焊，直到满意为止。表 6-16 列举了薄板不锈钢直流正接钨极脉冲氩弧焊的焊接参数。钛合金、铝合金等材料钨极脉冲氩弧焊的焊接参数可参考其他有关资料。

表 6-16　不锈钢钨极脉冲氩弧焊焊接参数（直流正接）

板厚 /mm	电流/A		持续时间/s		脉冲频率 /Hz	弧长 /mm	焊接速度 /cm·min^{-1}
	脉冲	基值	脉冲	基值			
0.3	20 ~ 22	5 ~ 8	0.06 ~ 0.08	0.06	8	0.6 ~ 0.8	50 ~ 60
0.5	55 ~ 60	10	0.08	0.06	7	0.8 ~ 1.0	55 ~ 60
0.8	85	10	0.12	0.08	5	0.8 ~ 1.0	80 ~ 100

复习思考题

1. TIG 焊具有哪些特点？主要应用范围有哪些？
2. 手工和自动 TIG 焊设备各自包括哪些组成部分？
3. TIG 焊可以采用哪几种焊接电流波形？分析各有什么特点？
4. 简述高频高压与高压脉冲引弧和稳弧装置的工作原理，并分析用于引弧和稳弧时各有什么特点？
5. 试画出 TIG 焊的程序循环图，并予以说明。
6. 简述保护气体、电极和焊丝的种类及其对焊接效果的影响。
7. 热丝 TIG 焊与普通 TIG 焊相比其效率如何？说明其原理。
8. A-TIG 焊有何优点？试解释其机理。
9. 简述钨极脉冲氩弧焊的特点及其焊接参数的调节原则。

熔化极氩弧焊（MIG、MAG） 第7章

熔化极氩弧焊（Metal Argon Arc Welding）是使用焊丝作为熔化电极，采用氩气或富氩混合气作为保护气体的电弧焊方法。当保护气体是惰性气体 Ar 或 Ar + He 时，通常称作熔化极惰性气体保护电弧焊，简称 MIG 焊；当保护气体以 Ar 为主，加入少量活性气体如 O_2 或 CO_2，或 $CO_2 + O_2$ 等时，通常称作熔化极活性气体保护电弧焊，简称 MAG 焊。由于 MAG 焊电弧也呈氩弧特

MIG 焊

征，因此也归入熔化极氩弧焊。本章将讲述熔化极氩弧焊的原理及特点、熔滴过渡及其控制、焊接设备、焊接材料以及焊接工艺，并简要介绍脉冲熔化极氩弧焊、双丝熔化极氩弧焊和 TIME 焊。

7.1 熔化极氩弧焊原理、特点及应用

7.1.1 熔化极氩弧焊的工作原理

熔化极氩弧焊的工作原理如图 7-1 所示。焊接时，氩气或富氩混合气体从焊枪喷嘴中喷出，保护焊接电弧及焊接区；焊丝由送丝机构向待焊处送进；焊接电弧在焊丝与焊件之间燃烧，焊丝被电弧加热熔化形成熔滴过渡到熔池中。冷却时，由熔化的焊丝和母材金属共同组成的熔池凝固结晶，形成焊缝。

MIG 焊时，采用 Ar 或 Ar + He 作为保护气体，可以利用气体对金属的非活性和不溶性有效地保护焊接区的熔化金属；MAG 焊时，在 Ar 气中加入少量 O_2，或 CO_2，或 $CO_2 + O_2$ 等气体，其目的是增加气氛的氧化性，能克服使用单一的 Ar 气焊接钢铁材料时产生的阴极漂移及焊缝成形不良等缺点。

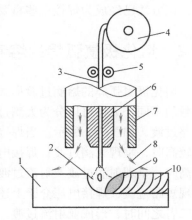

图 7-1 熔化极氩弧焊的工作原理
1—焊件 2—电弧 3—焊丝 4—焊丝盘
5—送丝滚轮 6—导电嘴 7—保护罩
8—保护气体 9—熔池 10—焊缝金属

7.1.2 熔化极氩弧焊的特点

1. 熔化极氩弧焊的优点

1）MIG 焊的保护气体是没有氧化性的纯惰性气体，电弧空间无氧化性，能避免氧化，焊接时不产生熔渣，在焊丝中不需要加入脱氧剂，可以使用与母材同等成分的焊丝进行焊接；MAG 焊的保护气体虽然具有氧化性，但与 CO_2 电弧焊相比较弱。

2）与 CO_2 电弧焊相比较，熔化极氩弧焊电弧稳定，熔滴过渡稳定，焊接飞溅少，焊缝成形美观。

3）与 TIG 焊相比较，熔化极氩弧焊由于采用焊丝作电极，焊丝和电弧的电流密度大，焊丝熔化速度快，母材熔深大，焊接变形小，焊接生产率高。

4）MIG 焊采用焊丝为正的直流电弧来焊接铝及铝合金时，对母材表面的氧化膜有良好的阴极清理作用。

5）MIG 焊几乎可以焊接所有的金属材料，既可以焊接碳钢、合金钢、不锈钢等金属材料，也可以焊接铝、镁、铜、钛及其合金等容易氧化的金属材料。

2. 熔化极氩弧焊的缺点

1）氩气及混合气体均比 CO_2 气体的售价高，故焊接成本比 CO_2 电弧焊的焊接成本高。

2）MIG 焊对工件、焊丝的焊前清理要求较高，即焊接过程对油、锈等污染比较敏感。

3）用纯 Ar 气保护的熔化极氩弧焊焊接钢铁材料时产生阴极漂移，会造成焊缝成形不良。

7.1.3 熔化极氩弧焊的应用

MIG 焊虽然几乎可以焊接所有的金属材料，但是在焊接碳钢和低合金钢等黑色金属时，更多地是采用富氩混合气体的 MAG 焊，因此 MIG 焊主要用于焊接铝、镁、铜、钛及其合金，以及不锈钢等金属材料。

MAG 焊主要用于焊接碳钢和某些低合金钢，在要求不是很高的情况下也可以焊接不锈钢。但由于电弧气氛具有一定的氧化性，它不能焊接铝、镁、铜、钛等容易氧化的金属及其合金。

目前熔化极氩弧焊被广泛应用于汽车制造、工程机械、化工设备、矿山设备、机车车辆、船舶制造、电站锅炉等行业。由于熔化极氩弧焊焊出的焊缝内在质量和外观质量都很高，该方法已经成为焊接一些重要结构时优先选用的焊接方法之一。

7.2 熔化极氩弧焊的熔滴过渡

熔化极氩弧焊的熔滴过渡形式是在一定的焊接电流、电弧电压条件下形成的。按照焊接参数的不同，大体可以分为大滴过渡（即粗滴过渡）、射滴过渡、射流过渡、亚射流过渡和短路过渡，如图 7-2 所示。当焊接电流较小、焊接电压较高时，呈现大滴过渡；焊接电流较大且焊接电压较高时，呈现射滴过渡及射流过渡；焊接电压较低时呈现短路过渡；焊接电压介于上述自由过渡与短路过渡二者之间时，形成亚射流过渡。相对而言，钢焊丝熔化极氩弧焊时亚射流过渡特性不明显，射滴过渡的电流区间很窄，而铝合金熔化极氩弧焊时则比较明显。

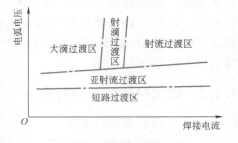

图 7-2　熔化极氩弧焊熔滴过渡与焊接参数的关系

7.2.1 焊接时的极性选择

熔化极氩弧焊一般采用直流反接（焊件接负），很少采用直流正接（焊件接正）或者交流电流。主要原因是为了得到稳定的焊接过程和稳定的熔滴过渡过程，另外在焊接铝、镁及其合金时，也需要利用直流反接时电弧对焊件及熔池表面的氧化膜所具有的阴极清理作用。

　　当熔化极氩弧焊的焊丝为阴极时，焊丝端部被阴极斑点包围。阴极斑点会自动寻找逸出功较低的氧化膜存在点，并且清理这些氧化膜。由于熔化极氩弧焊的保护气体是纯氩气或富氩混合气体，电弧无氧化性或氧化性较弱，阴极清理氧化膜的速度大于生成氧化膜的速度，使得焊丝端部的氧化膜被清理后阴极斑点难以在纯金属点滞留，会向焊丝侧壁寻找氧化膜存在的点，这势必造成阴极斑点跳动及上爬。电流越大，或保护气氛中的氧化性气体越少，上爬越高。阴极斑点上爬到焊丝的固体区（图 7-3）以后，形成分流作用，流经熔滴的电流减小，熔滴上形成的电磁收缩力减弱，熔滴主要靠重力作用过渡，于是形成粗滴过渡。此时电弧不稳定，焊缝成形不良，因此这种极性的接法在焊接工程中基本不用。

　　当熔化极氩弧焊的焊丝为阳极时，电弧的阳极区在熔滴前端形成，如图 7-4 所示。当焊接电流较小时，弧根在熔滴底部，电磁收缩力较小，熔滴呈粗滴过渡（图 7-4a），这是一种不稳定的过渡形式。增大焊接电流以后，弧根面积扩张，形成包围熔滴的态势，电磁收缩力增加，焊丝端被削成尖状，熔滴得以细颗粒化，熔滴直径等于或小于焊丝直径，呈现喷射过渡形式（图 7-4b）。熔滴的这种过渡形式过程稳定，焊缝成形良好，在焊接工程中基本都采用这种极性的接法。由于这种接法具有阴极清理作用，非常适合焊接铝、镁及其合金，下面阐述的熔化极氩弧焊，若无特别说明，都是采用直流反接法。

图 7-3　焊丝为阴极时的电弧行为

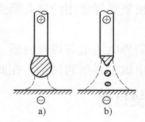

图 7-4　焊丝为阳极时的电弧行为
a) 小电流，粗滴过渡　b) 大电流，喷射过渡

7.2.2　射滴过渡

　　射滴过渡是铝合金 MIG 焊和钢焊丝脉冲氩弧焊经常采用的熔滴过渡形式之一。以铝合金焊接为例，当焊接电流增加到射滴过渡的临界电流值时，熔滴即由粗滴状过渡变为射滴过渡。射滴过渡时的电弧形态如图 7-5 所示，烁亮区呈现钟罩形，弧根面积上爬，包围熔滴大部或全部，熔滴内部的电流线发散。这时阻碍熔滴过渡的力主要是焊丝与熔滴间的表面张力。斑点压力作用在熔滴表面各个部位，其阻碍熔滴过渡的作用降低。作用在熔滴上的电磁收缩力成为过渡的推动力。

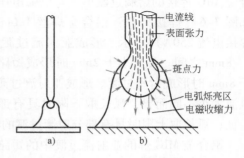

图 7-5　射滴过渡时的电弧形态
及熔滴上的作用力
a) 射滴过渡的熔滴及电弧形态
b) 射滴过渡时熔滴上的作用力

熔滴的尺寸明显变小，接近于焊丝直径，熔滴沿焊丝轴向过渡，过渡加速度大于重力加速

度，过渡频率达到每秒 100 ~ 200 次。这是一种稳定的过渡形式。

射滴过渡主要是低熔点材料焊丝焊接（例如铝合金 MIG 焊）时呈现的熔滴过渡形式。钢焊丝 MIG 焊及富氩混合气体 MAG 焊的射滴过渡区间很窄，在形成射滴过渡后马上就转变为射流过渡，因此可以认为钢焊丝熔化极氩弧焊（MIG/MAG）没有射滴过渡。

但是在脉冲熔化极氩弧焊（MIG/MAG）中通过控制脉冲参数，钢焊丝也会形成射滴过渡。实际上射滴过渡是脉冲熔化极氩弧焊（MIG/MAG）所力求实现的过渡形式。

射滴过渡的临界电流大小与焊丝材质、焊丝直径、保护气体等因素有关。通常钢焊丝的临界电流比铝焊丝的临界电流大。焊丝直径增加，射滴过渡临界电流也增加。

7.2.3　射流过渡

无论是钢材 MIG 焊和 MAG 焊，还是铜及其合金 MIG 焊，当焊接电流进一步增大，并超过射流过渡的临界电流值时，都能产生射流过渡。以钢焊丝焊接为例，产生射流过渡时电弧烁亮区呈现圆锥状，焊丝端部的液体金属呈铅笔尖状，细小的熔滴从焊丝尖端一个接一个向熔池过渡，过渡速度很快，熔滴过渡的加速度可以达到重力加速度的几十倍，过渡熔滴的直径小于焊丝直径的 1/2，过渡频率很高，最大可以达到每秒 500 次。射流过渡时电弧燃烧稳定，对保护气流扰动较小，金属飞溅也小，故容易获得良好的保护效果和焊接质量。因此射流过渡是熔化极氩弧焊常用的过渡形式，尤其是采用钢焊丝的 MIG 焊和 MAG 焊主要采用这种过渡形式。

射流过渡临界电流值与焊丝材质、焊丝直径、焊丝伸出长度、保护气体成分等有直接关系。在第 2 章中做了详细的讨论，在此不再赘述。

7.2.4　亚射流过渡

亚射流过渡是只在铝及铝合金 MIG 焊时才会出现的一种熔滴过渡形式，其特征介于短路过渡与射滴过渡之间。弧长比较短，电弧向四周扩展为碟形，存在熔滴短路过程，电弧略微带有爆破声。铝合金 MIG 焊接的熔滴过渡形式与电弧电压及弧长的关系如图 7-6（焊接条件：铝合金焊丝 1.6mm，焊丝接正，焊接电流 250A）所示。形成亚射流过渡的弧长 l_a 介于 2 ~ 8mm 之间。弧长小于 2mm 时形成短路过渡，弧长大于 8mm 时形成射滴过渡。形成亚射流过渡的弧长因电弧电流大小不同而异，弧长取下限时具有部分短路过渡的特征；弧长取上限时具有部分射滴过渡的特征。

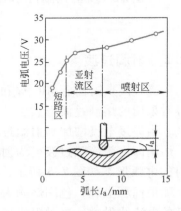

图 7-6　铝合金 MIG 焊熔滴过渡形式与电弧电压及弧长的关系

铝合金 MIG 焊的亚射流过渡中的短路过程与普通的短路过程是有区别的。亚射流过渡过程中在形成短路之前已形成缩颈，并且熔滴在短路过渡之前形成并达到临界脱落状态，因此短路时间很短。焊接时，熔滴尺寸随着燃弧时间的增长而逐步长大，并且在焊丝与熔滴间产生缩颈，在熔滴即将以射滴过渡形式过渡时与熔池发生短路，由于缩颈已经提前出现在焊丝与熔滴之间，在熔池金属表面张力和缩颈部位电磁收缩力的作用下缩颈快速断开，熔滴过渡到熔池中，并重新引燃电弧。因此，熔滴过渡平稳，所形成的焊缝成形美观，基本没有飞溅，在铝合金 MIG 焊中获得广泛应用。

7.3 熔化极氩弧焊的自动调节系统

熔化极氩弧焊焊接时使用的焊丝直径通常较细，一般为 $\phi0.8 \sim \phi2.4mm$。为了消除或减弱外界干扰对焊接弧长的影响，使焊接参数稳定，熔化极氩弧焊主要采用了两种电弧自动调节系统：电弧自身调节系统和电弧固有的自调节系统。只有当使用直径为 3mm 以上的焊丝时，由于自身调节系统的灵敏度降低，才使用电弧电压反馈调节系统进行自动调节。

7.3.1 电弧自身调节系统

熔化极氩弧焊时，当熔滴过渡采用射流过渡、射滴过渡、短路过渡时均采用电弧自身调节系统。电弧自身调节系统是具有较强自身调节作用的电弧，配合以等速送丝方式和平特性（恒压）焊接电源而构成的。它依靠电弧电流的变化使焊丝熔化速度变化来恢复弧长。关于电弧自身调节系统的原理、调节过程、调节精度以及调节灵敏度详见第 4 章中的 4.2.2 节。

7.3.2 电弧固有的自调节系统

电弧固有的自调节系统是在铝焊丝采用亚射流熔滴过渡进行 MIG 焊时所使用的一种弧长自动调节系统。之所以只有铝焊丝 MIG 焊才能使用这种系统，一方面是由于只有铝焊丝 MIG 焊才能产生明显的亚射流过渡；另一方面是在等速送丝的条件下，当铝焊丝实现亚射流过渡时，电弧具有一种特殊的自动调节作用，即"电弧固有的自调节作用"。

1. 电弧固有的自调节作用

在等速送丝的条件下，在送丝速度、可视弧长（焊丝上的阳极弧根至母材表面的距离）、焊丝伸出长度一定的条件下进行铝合金 MIG 焊焊接。当电弧稳定后测量焊接电流及电弧电压，并观察熔滴的过渡形式，可以获得一组数据；其他条件不变，只通过改变电源外特性来改变可视弧长，再次焊接，又可获得一组数据。如此重复进行，即可在焊接电流—电弧电压的坐标中得到一条曲线，这条曲线实际上也就是前边所讲的电弧自身调节系统静特性曲线，亦称为焊丝等熔化特性曲线，它反映了在该送丝速度下铝焊丝的熔化特性。每改变一次送丝速度，都可以得到一条曲线。图 7-7 是一个实例，在曲线上方的数字是对应的送丝速度，曲线旁的数字表示相应点的可视弧长。

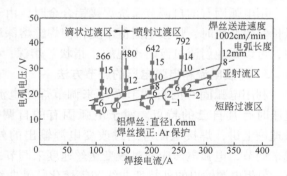

图 7-7　铝焊丝 MIG 焊熔化特性与
熔滴过渡形态间的关系

从图 7-7 可以看到，当送丝速度一定和可视弧长在 8 ~ 10mm 以下至 2mm 时，各条等熔化特性曲线均向左下方弯曲，并形成一个区域，这个区域就是亚射流过渡区。等熔化特性曲线向左弯曲表明，随弧长减小（即弧压减小）熔化一定送丝速度的焊丝所需要的焊接电流减小了，即焊丝熔化系数 $[g/(h \cdot A)]$ 增加了。这是因为弧长减小，熔滴被电弧包围的面积增大，熔化焊丝的电弧热的利用率得以提高，从而提高了焊丝的熔化系数。这样，在弧长由于外界干扰发生变化时，由于熔化系数随之变化，引起焊丝熔化速度的变化，使弧长本身具有了恢复到原来弧长的能力。电弧的这种特性也就是所谓的"电弧固有的自调节作用"。

2. 电弧固有的自调节系统和弧长的自动调节过程

电弧固有的自调节系统，是在铝合金 MIG 焊时所具有的电弧固有自调节作用的基础上建立起来的一种电弧自动调节系统。该系统是由具有固有自调节作用的电弧，配合以等速送丝方式和恒流特性焊接电源而构成的。它与电弧自身调节系统的相同之处是都是利用焊丝熔化速度作调节量来保持焊接弧长的稳定；不同之处是电弧自身调节系统是依靠焊接电流的改变来影响焊丝的熔化速度，而电弧固有的自调节系统是依靠焊丝熔化系数的改变来影响焊丝的熔化速度。

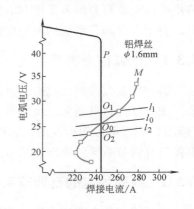

图 7-8　电弧固有的自调节系统的弧长调节过程

电弧固有的自调节系统的弧长调节过程如图 7-8 所示。曲线 P 是弧焊电源的外特性曲线，曲线 M 是某一送丝速度下的焊丝等熔化特性曲线，电弧在该线上燃烧时焊丝熔化速度等于焊丝送进速度。两线的交点 O_0 是电弧的稳定工作点，对应的弧长为 l_0。

焊接过程中，若出现某种干扰使电弧长度从 l_0 减小到 l_2 时，电弧工作点从 O_0 点变到 O_2 点。由于弧焊电源是恒流外特性，焊接电流不变。但是电弧变短后，焊丝的熔化系数变大了，因此，使焊丝的熔化速度增大。此时，焊丝的熔化速度大于送丝速度，因此电弧要逐渐变长，使工作点 O_2 回到 O_0 点，电弧又在 O_0 点稳定燃烧。反之，当外界干扰使弧长突然从 l_0 变到 l_1 时，同样可以很快恢复到 l_0。

用电弧固有的自调节系统焊接铝合金时，由于弧焊电源输出具有恒流特性，焊接过程中弧长发生变化时，焊接电流值不变，使焊缝熔深均匀，表面成形良好；焊缝断面形状比较合理，可以避免射流过渡时出现的"指状"熔深；电弧长度短，抗环境干扰的能力强。

3. 焊接电流和电弧电压的调节方法

利用电弧固有的自调节系统来调节焊接电流、电弧电压时有其自己的特点。对于电弧固有的自调节系统，从理论上讲，焊接电流应通过改变电源输出的外特性曲线来调节，电弧电压应通过改变送丝速度来调节，而且调节后弧焊电源输出的外特性曲线与等熔化特性曲线的交点最好处于亚射流过渡区间段的中心点上。但是，由图 7-9 可以看出，对于一定的焊接电流，当调节电弧电压时，最佳送丝速度范围（影线区）非常窄。送丝速度太大易导致短路，甚至出现焊丝插入熔池形成顶丝现象；送丝速度太小，易引起焊丝回烧。因此用普通的等速送丝焊机调节焊接参数比较困难，必须采用送丝速度与焊接电流一元化调节方法，即在调节弧焊电源的外特性曲线的

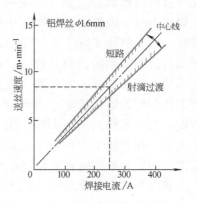

图 7-9　电弧固有自调节系统的焊接参数调节区间

同时自动调节送丝速度，而且应保证电弧在图 7-9 中的阴影区的中心线上燃烧。

7.4 熔化极氩弧焊设备

7.4.1 熔化极氩弧焊设备的组成

熔化极氩弧焊设备，按机械化程度分为自动焊设备和半自动焊设备两类。半自动焊设备不包括行走台车，焊枪的移动由人工操作进行；自动焊设备的焊枪固定在行走台车上进行焊接。

熔化极氩弧焊设备主要由弧焊电源、送丝系统、焊枪、行走台车（自动焊）、供气系统、水冷系统、控制系统等部分组成，图 7-10 是半自动熔化极氩弧焊设备构成图，图 7-11 是自动熔化极氩弧焊设备构成图。

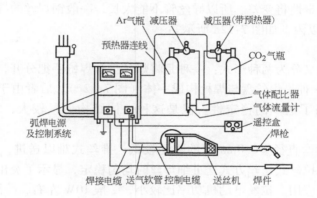

图 7-10　半自动熔化极氩弧焊设备构成

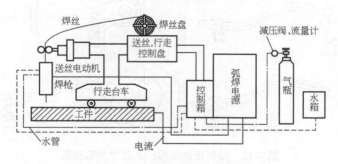

图 7-11　自动熔化极氩弧焊设备构成

7.4.2 焊接电源

熔化极氩弧焊通常采用直流弧焊电源，电源分为变压器抽头二极管整流式、晶闸管可控整流式、逆变式等几种。

熔化极氩弧焊通常使用的焊丝较细，直径为 0.8～2.4mm，因此一般采用等速送丝与平外特性或略微下降外特性焊接电源相配合，利用电弧自身调节作用来调节弧长。当焊丝直径大于 3mm 时，由于焊丝直径较粗，则需采用电弧电压反馈自动调节作用来调节弧长，应配合以变速送丝方式和下降外特性弧焊电源。

铝及铝焊丝 MIG 焊若采用亚射流过渡方式时，可以采用电弧固有的自调节作用来调节弧长，但需配合以等速送丝方式和陡降外特性或恒流外特性焊接电源。

7.4.3 送丝系统

送丝系统直接影响焊接过程的稳定性。送丝系统通常由送丝机构（包括电动机、减速器、矫直轮、送丝轮）、送丝软管（导丝管）、焊丝盘等组成。根据送丝系统的送丝方式不同，半自动焊的送丝系统有三种基本送丝方式。

1. 推丝式

推丝式是应用最广泛的一种送丝方式。其特点是焊枪结构简单轻便，操作和维修比较方便，焊丝被送丝机构推出后经过一段较长的导丝管进入焊枪。导丝管增加了送丝阻力，随着导丝管加长，送丝稳定性将变差。所以导丝管不能太长，一般钢焊丝的导丝管为 2～5m，铝焊丝的导丝管在 3m 以内，如图 7-12a 所示。

2. 拉丝式

拉丝式送丝方式又分为两种形式：一种是将焊丝盘和焊枪手把分开，两者间用导丝管连接（图 7-12b）；另一种是焊丝盘与焊枪构成一体（图 7-12c）。后者由于去掉了导丝管，减小了送丝阻力，提高了送丝的稳定性。但是这种一体结构质量较大，加大了焊工的劳动强度。

由于细焊丝（焊丝直径 <0.8mm）的刚性较低，推丝式难以送进，所以细焊丝多数采用拉丝式送丝方式。拉丝式送丝方式送进细焊丝时均匀稳定，显示了突出的优点，在细焊丝的焊接中得到了广泛应用。拉丝电动机功率比较小，一般 10W 左右，采用直流微型电动机。

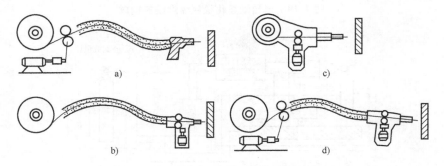

图 7-12 熔化极氩弧焊机送丝方式示意图

a）推丝式　b）、c）拉丝式　d）推拉丝式

3. 推拉丝式

如图 7-12d 所示，在推丝式送丝的同时，焊枪上安装微型电动机提供拉丝动力。焊丝前进时既靠推力，又靠拉力，利用两个力的合力来克服导丝管中的阻力。此送丝方式的导丝管可以加长到 15m 左右，扩大了半自动焊的操作距离。一般在推拉丝式送丝方式中，推丝电动机是主要的送丝动力，它保证等速送进焊丝，拉丝电动机只起到随时将焊丝拉直的作用。推拉丝式两个动力在调试过程中要有一定配合，尽量做到同步，在焊丝送进过程中始终保持焊丝在软管中处于拉直状态。

7.4.4 焊枪和导丝管

熔化极氩弧焊焊枪按其应用方式分为半自动焊枪（手工操作）和自动焊枪（安装在行走台车上）。

1. 半自动焊枪

半自动焊枪按结构分为鹅颈式和手枪式两种；按冷却方式可分为气冷和水冷两种。气冷方式焊枪利用保护气体流过焊枪起到冷却作用。水冷方式焊枪利用循环水进行冷却。若负载持续率为 100%，当焊接电流小于 200A 时，焊枪通常采用气冷；焊接电流大于 200A 时，焊枪采用水冷。

图 7-13 为上述两种推丝式半自动焊枪的典型结构示意图。其组成如下：

（1）导电部分　从焊接电源来的电缆线，在焊枪后部由螺杆与焊枪连接，电流通过导电杆、导电嘴导入焊丝。导电嘴是一个较重要的零件，要求导电嘴材料的导电性好，耐磨性好，熔点高。通常采用纯铜，最好是锆铜。

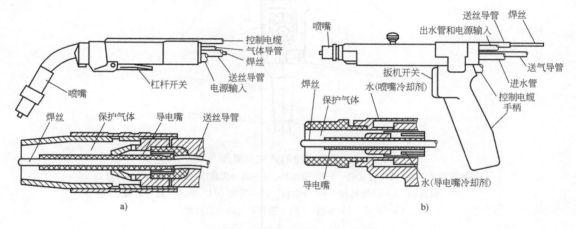

图 7-13　典型半自动焊焊枪示意图
a）鹅颈式（气冷）　b）手枪式（水冷）

（2）导气部分　保护气体从气体导管进入焊枪以后先进入气室，这时气流处于紊流状态。为了使保护气体形成流动方向和速度趋于一致的层流，在气室接近出口处设有分流环，当气体通过这种具有网状密集小孔的分流环从喷嘴喷出时，能够得到具有一定挺度的保护气流。

保护气体流经的最后部分是焊枪的喷嘴部分。喷嘴按材质分为陶瓷喷嘴和金属喷嘴。金属喷嘴必须与焊枪的导电部分之间绝缘。陶瓷喷嘴易破碎，且长时间连续使用后喷嘴端部会变得粗糙和凹凸不平，扰乱气流，破坏保护气对焊接电弧及熔池金属的保护效果。在允许条件下，应尽可能采用小尺寸喷嘴，这样焊工便于观察熔池情况；但大尺寸喷嘴对熔池金属的保护效果较好，所以在焊接高温下对周围大气污染敏感的金属（如钛合金）时，应采用大尺寸喷嘴。

（3）导丝部分　焊丝从焊丝盘进入导丝管，在导丝管出口端进入焊枪。焊丝经过导丝管及焊枪枪体时阻力越小越好。尤其对于鹅颈式焊枪，要求鹅颈角度适合，鹅颈过弯时阻力大，不易送丝，鹅颈过直时操作不方便。焊丝经过导丝管内部及焊枪枪体的各接头处时一定要圆滑过渡，使焊丝容易通过。

若焊丝是硬度较高、刚性较大的钢焊丝，通常用弹簧钢丝绕成的螺旋管作导丝管。若焊丝是硬度较低、刚性较小的铝焊丝，导丝管必须用摩擦阻力小的材料做成，通常用聚四氟乙烯、尼龙等材料做成。

图 7-14 是拉丝式焊枪的结构示意图，主要用于细焊丝（焊丝直径为 0.4～0.8mm）焊接。

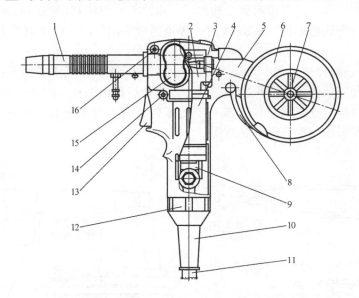

图 7-14 拉丝式焊枪的结构示意图（空冷）

1—枪筒总成 2—减速器总成 3—压臂组件 4—电动机总成 5—枪壳 6—焊丝盘
7—丝盘轴 8—护板组件 9—导电板 10—胶套 11—电缆 12—螺盖
13—开关 14—螺钉 15—透明罩 16—自攻螺钉

拉丝式焊枪在结构上与推丝式焊枪有很大区别，拉丝式焊枪除送电和送气是从外部输入外，送丝部分都安装在枪体上。送丝部分包括微电机、减速箱、送丝轮和焊丝盘等。还有的把电磁气阀也安装在枪体上。这样一来必然使枪体过重，不便操作。为此焊枪的设计原则是尽量减轻枪体质量和增强灵活性。从实际使用的拉丝焊枪来看，其结构特点为：一般均做成手枪式；结构紧凑，组成部件小；引入焊枪的管线小，焊接电缆较细，尤其是其中没有送丝软管，所以管线柔软，操作灵活。由于拉丝式焊枪只用于细丝，焊接电流都较小，所以不需要水冷。

图 7-15a 是拉丝式焊枪照片，图 7-15b 是推丝式焊枪照片。

2. 自动焊焊枪

自动焊焊枪的主要作用与半自动焊焊枪相同，图 7-16 所示的是一种自动熔化极氩弧焊焊枪的结构示意图，采用双层气流保护。

自动焊焊枪固定在焊机机头或焊接行走机构上，经常在大电流情况下使用，除要求其导电部分、导气部分以及导丝部分性能良好外，为了适应大电流和长时间使用需要，焊枪枪体、喷嘴、导电嘴均需要水冷。

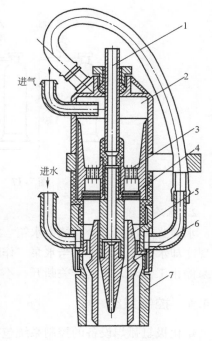

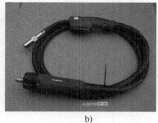

图 7-15 半自动熔化极氩弧焊焊枪照片
a) 拉丝式焊枪 b) 推丝式焊枪

图 7-16 一种自动熔化极氩弧焊枪结构示意图
1—钢管 2—镇静室 3—导流体 4—铜筛网
5—分流套 6—导电嘴 7—喷嘴

7.4.5 供气系统和水冷系统

1. 供气系统

纯惰性气体供气系统与 TIG 焊的供气系统相同，也是由气源（高压气瓶）、气体减压阀、气体流量计、电磁气阀和送气软管等组成，如图 6-15 所示。

气源的压力比较高，随气源中的气体储量下降而下降。实际应用的气体压力比较低，而且要求平稳，所以气体减压阀被用于降低气源输出压力及调节气体压力，流量计用于调节保护气体的流量，电磁气阀用于控制保护气体的通断，通常其控制电压为直流 24V。

富氩混合气体的供气方式有两种：一种是由气体制造公司提供混合好的气源（高压气瓶），其供气系统与图 6-15 所示系统相同；另一种是用户现场配制的惰性气体氩气与 CO_2 气体的混合气体，供气系统构成如图 7-17 所示。供气系统中需要安装气体配比器，另外，CO_2 供气气路中还可以根据需要安装预热器、高压干燥器、低压干燥器等。

当打开 CO_2 钢瓶阀门时，瓶中的液态 CO_2 不断汽化成 CO_2 气体，这个过程要吸收大量的热量。另外，减压后的 CO_2 气体体积膨胀，也导致气体温度下降。为了防止 CO_2 气体中的水分在钢瓶出口处及减压器中结冰，堵塞气路，在减压之前需要将 CO_2 气体预热，这由预热器完成。预热器一般用电热，通常加安全电压（交流 36V），功率在 100 ~ 150W 之间。干燥器用于减少 CO_2 气体中的水分含量，通常为装有干燥剂的吸潮装置。关于预热器和干燥器的结构见第 8 章中的图 8-13 和图 8-14。

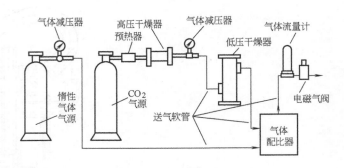

图 7-17　混合气体供气系统构成示意图

2. 水冷系统

水冷式焊枪的水冷系统由水箱、水泵、水管、水流开关等组成,由水泵打压循环流动,实现冷却水的循环应用。当水泵工作时,水流开关合上,在此条件下可以起动焊接电弧;当水泵停止工作时,水流开关断开,不能起动焊接电弧,起到水冷保护的作用。

7.4.6　控制系统

熔化极氩弧焊设备的控制系统包括焊接过程程序控制电路、送丝驱动电路等。其中焊接过程程序控制可以采用两步控制方式,也可以采用四步控制方式。

焊接过程程序控制是由焊接过程控制电路来实现的,两步控制方式和四步控制方式依据控制电路的焊接启动开关的动作次数来命名。图 7-18 所示为熔化极氩弧焊两步控制时序图。图 7-18a 是启动开关(半自动焊时,启动开关安装在焊枪的手把上;自动焊时,启动开关安装在控制操作面板上)的动作时序,"ON"时刻合上启动开关,将启动焊接过程,而且在焊接过程中要保持启动开关的闭合状态;"OFF"时刻打开启动开关,将停止焊接。从中可以看出,启动开关合上——开始焊接,启动开关打开——停止焊接,焊接过程是由启动开关的两个动作进行控制的,所以称为两步控制方式。根据启动开关的控制动作,控制系统按照图 7-18b ~ e 的时序分别控制送保护气(图 7-18b)、送焊丝(图 7-18c)、弧焊电源输出电压(图 7-18d)和弧焊电源输出电流(图 7-18e)。

在图 7-18b 中,送保护气时间区间为 $t_1 \sim t_5$, t_1 称作提前送气时间, t_5 称作滞后停气时间。在图 7-18c 中,在时间 t_2 区间慢送丝,此时焊丝没有接触到焊件,弧焊电源输出空载电压,弧焊电源输出电流为零。当焊丝接触到焊件时,短路引燃电弧,引燃电弧后送丝速度上升到正常焊接的送丝速度,焊接电流上升到正常焊接电流值,正常焊接时间为 t_3。在打开启动开关之后立即停止送丝,在此时之后、熄弧之前的较短的 t_4 时间内,弧焊电源输出电压降低,焊接电流衰减,从焊枪导电嘴送出的焊丝端被回烧,使熄弧之后从焊枪导电嘴送出的焊丝长度不至于过长。

图 7-19 是熔化极氩弧焊四步控制时序图。图 7-19a 是启动开关的动作时序,当启动开关第一次闭合(第一个"ON")时,启动焊接过程;当焊接电弧稳定燃烧之后,就可以打开启动开关(第一个"OFF"),此后保持电弧继续燃烧状态即继续进行焊接;当再次按下启动开关(第二个"ON")时,降低送丝速度,降低焊接电压及焊接电流,进行填弧坑,此时的焊接电压、焊接电流称为填弧坑电压、填弧坑电流;其时间区间称为填弧坑时间;当

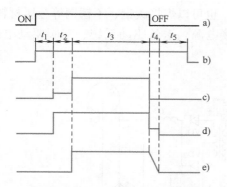

图 7-18　熔化极氩弧焊两步控制时序图

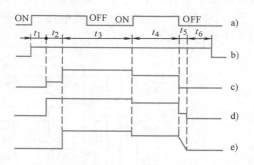

图 7-19　熔化极氩弧焊四步控制时序图

弧坑填满之后打开启动开关（第二个"OFF"），回烧焊丝端、停止焊接。在此焊接过程中，由焊枪启动开关的四个动作来进行控制，所以称为四步控制方式。

控制系统根据启动开关的动作，按照图 7-19b ~ e 的时序分别控制送保护气（图 7-19b 的 t_1 ~ t_6 区间），送焊丝（图 7-19c 的 t_2 ~ t_5 区间），弧焊电源输出电压（图 7-19d 的 t_2 ~ t_5 区间）和弧焊电源输出电流（图 7-19e 的 t_3 ~ t_5 区间）。

上述表明，两步控制方式没有填弧坑的过程，四步控制方式有填弧坑过程。实际焊接时根据需要来选择使用。

7.4.7　熔化极氩弧焊焊机的型号及技术参数

国产熔化极氩弧焊焊机的型号根据 GB/T 10249—2010 的规定命名，例如，焊机型号 NB—200，其中字母"N"表示 MIG/MAG 焊机，"B"表示半自动焊机（自动焊机用"Z"表示），数字"200"表示焊机的额定电流为 200A。表 7-1 是几种国产熔化极氩弧焊焊机的技术参数。

表 7-1　几种国产熔化极氩弧焊焊机的技术参数

型号	输入电压 /V	额定输入 电流/A	额定输入 功率/kVA	空载电压 /V	焊接电压 调节范围/V	焊接电流 调节范围/A	负载持续 率（%）	适应焊丝 直径/mm
NB—200	3-380	9.4	5.6	55	15 ~ 26	40 ~ 200	60	0.8，1.0
NB—250	3-380	15	8	60	15 ~ 36	40 ~ 250	60	0.8，1.0
NB—400	3-380	23	17	70	15 ~ 45	40 ~ 400	60	0.8，1.0，1.2
NB—500	3-380	34	23	70	15 ~ 45	50 ~ 500	60	0.8，1.0，1.2，1.6

7.4.8　NB—400 型半自动熔化极氩弧焊机

NB—400 型半自动熔化极氩弧焊机是比较典型的 MIG/MAG 焊机。其主要特点是：采用 IGBT 逆变技术，单片机控制，具有焊接参数掉电自动锁存及存储调用功能，实现稳定的一脉一滴无飞溅过渡方式。焊接电源的输出特性为平特性。焊机具有一元化调节功能，可以方便调节焊接参数，具有送丝速度、焊接电流、电弧电压预设功能，适应全位置焊接及重要结构件焊接。另外，它既可以焊接铝、镁及其合金，也可以焊接碳钢、不锈钢等金属材料。

图 7-20 是该焊机的基本构成框图，主要由焊接电源、送丝驱动系统、气阀驱动电路、控制系统等部分构成。

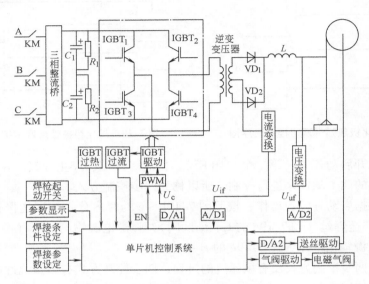

图 7-20　NB—400 型半自动熔化极氩弧焊机的基本构成框图

1. 焊接电源

焊接电源电力电路主要由接触器 KM、三相整流桥、滤波电容（C_1、C_2）、均压电阻（R_1、R_2）、全桥逆变电路（由 $IGBT_1$ ~ $IGBT_4$ 构成）、逆变变压器、带变压器中心抽头的整流电路（由 VD_1、VD_2 构成）、滤波电感 L、电流变换电路、电压变换电路等构成。三相 380V 交流电经接触器 KM 常开触点送入三相整流桥整流，其整流输出电压经滤波电容（C_1、C_2）滤波以后形成 540V 直流电压，该电压就是全桥逆变电路的直流电源。均压电阻 R_1 与 C_1 并联，R_2 与 C_2 并联，这样使得 C_1、C_2 上的电压均等。全桥逆变电路逆变输出的交流电加到逆变变压器的输入端，经逆变变压器降压后输出的交流电经整流电路整流及电感滤波，之后输出到电弧负载。焊接电源输出的电流经电流变换电路获得电流反馈信号 U_{if}，焊接电源输出的电压经电压变换电路获得电压反馈信号 U_{uf}。

2. 控制系统

控制系统主要由 IGBT 驱动电路、IGBT 过流保护电路、IGBT 过热保护电路、PWM 脉宽调制电路、单片机控制系统、焊接条件设定电路、焊接参数设定电路、显示电路、模数转换电路 A/D1 及 A/D2、数模转换电路 D/A1 及 D/A2、启动信号等构成。

IGBT 驱动电路用 EXB841。当 IGBT 运行过程中出现过电流现象时，IGBT 过流保护电路发出信号，IGBT 被立即关断；当 IGBT 运行过程中出现过热现象时，IGBT 过热保护电路发出信号，IGBT 亦被立即关断，从而保护 IGBT 不被损坏。

焊接条件设定包括设定焊丝直径、两步控制时序或四步控制时序。焊接参数设定包括设定送丝速度、电弧电压。显示电路显示设定的焊接条件及焊接参数，并且显示实际的焊接参数。

电流反馈信号 U_{if} 经 A/D1 输入单片机控制系统，电压反馈信号 U_{uf} 经 A/D2 输入单片机控制系统。单片机控制系统输出数字量，经 D/A1 输出模拟电压 U_c 去控制 PWM 的脉冲宽度，单片机控制系统输出数字量经 D/A2 输出模拟电压去控制送丝速度。

焊枪启动开关用于启动或停止焊接过程。

3. 送丝驱动系统及气阀驱动电路

送丝驱动系统用以驱动送丝电动机旋转送丝。图 7-21 是送丝驱动电路原理图。送丝电动机的电枢电压 U_d 通过闭环负反馈控制，实现控制送丝速度稳定。在 D/A2 输出电压 U_{wr} 一定的情况下，若 U_{wr} 大于电枢电压反馈值 U_{df}，则运算放大器输出的送丝速度控制电压 U_{wc} 增加，其控制脉宽调制电路，使其输出的脉宽增加，在开关电路的开通周期时间内，其开通时间增加将导致电枢电压 U_d 增加；反之则 U_d 减小。这样，通过控制送丝电动机的电枢电压就可以实现控制送丝速度稳定的目的。

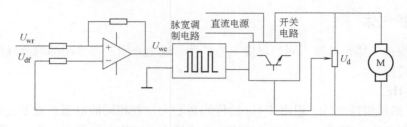

图 7-21　送丝驱动电路原理图

U_{wr}—D/A2 输出电压　U_d—送丝电动机的电枢电压

U_{df}—电枢电压反馈值　U_{wc}—送丝速度控制电压

D/A2 的输出电压 U_{wr} 增加，送丝速度增加，反之则减小。这样通过调节 U_{wr} 可调节送丝速度。

气阀驱动电路为电磁气阀提供直流 24V 的驱动电压。当单片机控制系统发出的数字信号为高电平时，经气阀驱动电路输出直流 24V 电压，驱动电磁气阀动作，气路被开通，焊接保护气体送到电弧区域；当单片机控制系统发出的数字信号为低电平时，经气阀驱动电路输出的电压为零，电磁气阀复位，焊接保护气路被关断。

4. 焊接过程的程序控制

焊接过程程序控制的任务是：当启动（或关断）焊枪的开关时，焊机按照预选的控制时序，输送（或停止输送）保护气，焊接电源输出（或停止输出）电压及电流，焊丝送进（或停止）等。

若设定为两步控制时序，则控制执行两步时序，按照图 7-18 所示的时序控制。焊枪启动开关动作，单片机控制系统输出信号使气阀驱动电路输出电压驱动电磁气阀动作，送保护气；输出 EN 为高电平（图 7-20），弧焊电源输出电压；送丝驱动电路驱动送丝。若设定为四步时序则控制执行四步时序，按照图 7-19 的时序动作。

停止焊接时，焊枪启动开关打开，单片机控制系统输出数字量 EN 为低电平，PWM 输出为低电平，IGBT 被关断，弧焊电源无输出电压；同时单片机控制系统输出信号，使送丝停止，气阀驱动电路输出电压为零，气路被关断。

根据设定的电弧电压及电压反馈信号闭环控制电弧电压，使焊接电源输出的外特性为平特性。若电压反馈信号大于设定的电弧电压，则单片机控制系统输出的数字量经 D/A1 变换输出的控制电压 U_c 减小，PWM 输出脉冲宽度减小，全桥逆变器的导通宽度减小，调节焊接电源输出电压降低，向设定的电弧电压运动；反之，则单片机控制系统经 D/A1 输出的电压 U_c 增加，调节 PWM 输出脉冲宽度增加，使焊接电源输出的电压增加，向设定的电弧电压运动。

根据设定的焊接电流及焊丝直径，单片机控制系统按照焊接时序输出数字量，经 D/A2 变换为模拟电压去控制送丝速度，引弧时慢送丝，引弧之后按照确定的送丝速度送丝，收弧时按照焊接时序设定的送丝速度送丝。

7.5 熔化极氩弧焊用焊接材料

7.5.1 保护气体

不同的保护气体，具有不同的焊接工艺特性。这里介绍一些常用的混合气体的特性以及它们的适用范围。

1. Ar + He

He、Ar 都是惰性气体，但由于 He 的传热系数大，在相同的电弧长度下，氦弧比氩弧的弧压高，电弧温度也高很多。氩弧的传热系数比较小，燃烧非常稳定，进行熔化极氩弧焊时熔滴很容易呈稳定的轴向射流过渡，飞溅极小。

以 Ar 气为主，加入一定数量的 He 气后可获得两者所具有的优点。焊接大厚度铝及铝合金时，采用 Ar + He 混合气体时 He 可改善焊缝熔深，减少气孔和提高生产率。提高 He 的比例，能够提高电弧温度，提高焊缝熔深。加入的 He 量视板厚而定，板越厚加入的 He 应越多。图 7-22 是 Ar、He、Ar + He 三种保护气体的焊缝成形。

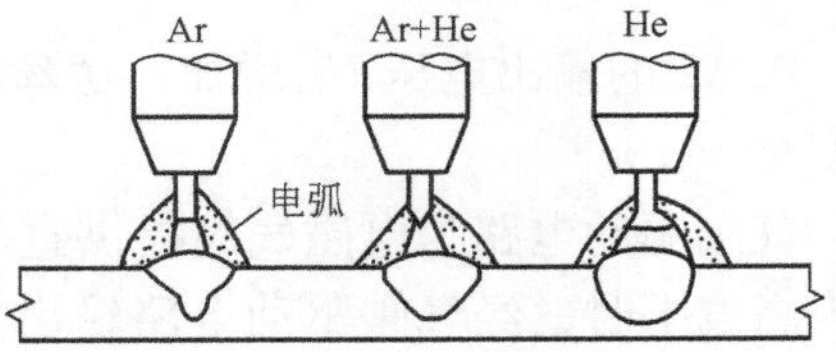

图 7-22 Ar、He、Ar + He 保护的焊缝成形

焊接铜及铜合金时，采用 Ar + He 混合气体可以改善焊缝金属的润湿性，提高焊接质量，He 占的体积分数一般为 50% ~ 75%。

焊接钛、锆等金属时，采用 Ar + He 混合气体也是为了改善熔深及焊缝金属的润湿性。这时 Ar 与 He 的比例通常为 75∶25。这种比例对于脉冲电弧、短路电弧、喷射电弧都是合适的。

焊接镍基合金时，采用 Ar + He 混合气体，焊缝金属润湿性及焊缝熔深比纯 Ar 好。加入 He 的体积分数为 15% ~ 20%。

2. Ar + H₂

利用 Ar + H_2 混合气体中 H_2 的还原性，焊接镍及其合金时可以抑制和消除焊缝中的 CO 气孔，但 H_2 的体积分数必须低于 6%，否则会导致产生 H_2 气孔。此外，在 Ar 中加入 H_2 可提高电弧温度，增加母材热输入。

3. Ar + N₂

Ar 中加入 N_2 后，电弧的温度比纯 Ar 电弧的温度高。主要用于焊接铜及铜合金（从冶金性质上考虑，通常氮弧焊只在焊接脱氧铜时使用），其 Ar 与 N_2 的体积分数分别为 80% 和 20%。这种气体与 Ar + He 混合气体比较，优点是 N_2 的来源多，价格便宜。其缺点是焊接时有飞溅，并且焊缝表面较粗糙，焊缝外观不如 Ar + He 混合气体好。另外，由于 N_2 的存在，焊接中还伴有一定的烟雾。但是，在焊接奥氏体不锈钢时，在 Ar 中加入少量的 N_2（1% ~ 4%），对提高电弧的刚度以及改善焊缝成形具有一定的效果。

4. Ar + O_2

Ar + O_2 混合气体分两种类型。一种含 O_2 量较低，体积分数为 1% ~ 5%，用于焊接不锈钢等高合金钢及级别较高的高强度钢；另一类含 O_2 量较高，体积分数可达 20% 以上，用于焊接低碳钢及低合金结构钢。

用纯 Ar 焊接不锈钢时（包括焊接低碳钢及低合金钢），存在下面一些问题：

1）液体金属的黏度及表面张力较大，易产生气孔。焊缝金属润湿性差，焊缝两侧易形成咬边等缺欠。

2）电弧阴极斑点不稳定，产生阴极漂移现象。电弧根部这种不稳定会引起焊缝熔深及焊缝成形的不规则。

由于上述原因，用纯 Ar 保护的 MIG 焊焊接不锈钢等金属是不合适的。通常在 Ar 中加入一定量的 O_2，使上述问题得以改善。

实践证明，Ar 气中加入体积分数为 1% 的 O_2 就可克服阴极漂移现象。另外，加入 O_2 有利于金属熔滴的细化，降低射流过渡的临界电流值。

为何在 Ar 中加入 O_2 后即可克服电弧的阴极漂移现象呢？目前较为一致的看法是，在纯 Ar 保护下，熔池表面（包括熔池附近的焊件表面）产生的氧化物比较少，而且呈不均匀分布。因为有氧化物的地方电子逸出功低，因而电弧的阴极斑点总是自动寻找有氧化物的点（熔化极氩弧焊一般都是采用直流反接）。但由于氩弧具有阴极清理作用，阴极斑点所在的氧化物很快被除去，于是阴极斑点又向其他有氧化物的点转移。如此不停地"清理"和"转移"，便形成阴极斑点的漂移。如果在 Ar 中加入少量的 O_2，使熔池表面连续被氧化，使得在阴极斑点处同时进行着清理氧化物和形成氧化物这两个过程，则阴极斑点便不再转移，漂移现象即被克服。

用 Ar + O_2 混合气体焊接的不锈钢焊缝，经耐蚀试验证明，在 Ar 中加入微量的 O_2，对接头的耐蚀性能无显著影响；当氧的体积分数超过 2% 时，焊缝表面氧化明显，接头质量下降。

如果将 Ar + O_2 混合气体中的含 O_2 的体积分数增加到 20% 左右，则这种氧化性气体可以用来焊接碳素钢及低合金结构钢。Ar80% + $O_2$20% 混合气体除了可提高的生产率外，抗气孔性能比 Ar80% + $CO_2$20% 及纯 CO_2 都好，焊缝缺口韧度也有所提高。

用 Ar80% + $O_2$20% 混合气体进行高强度钢的窄间隙垂直焊时，可减少焊缝金属产生树枝状晶间裂纹的倾向。据研究，钢中含有一定氧时，能使硫化物变为球状或呈弥散状态。但该混合气体有较强的氧化性，应配用含 Mn、Si 等脱氧元素较高的焊丝。

用纯 Ar 作保护气体还有另外一个问题，就是焊缝形状为蘑菇形（亦称"指状"）。在纯 Ar 中射流过渡焊接时，蘑菇形熔深最为典型。这种蘑菇形熔深其根部容易产生气孔，无论焊接哪种金属这种熔深都是不希望的。Ar 中加入 $O_2$20% 后，熔深形状可得到改善。

5. Ar + CO₂

Ar + CO₂ 混合气体被广泛用于焊接碳钢及低合金钢。它既具有 Ar 气的优点，如电弧稳定、飞溅小、很容易获得轴向喷射过渡等，又因为具有氧化性，克服了用单一 Ar 气焊接时产生的阴极漂移现象及焊缝成形不良等问题。

Ar 与 CO₂ 的混合比例，通常为 Ar 80% + CO₂20% 或 Ar 82% + CO₂18% 及 Ar 80% + CO₂15% + O₂5%。这种比例既可用于喷射过渡电弧也可用于短路过渡及脉冲过渡电弧。但在用短路过渡电弧进行立焊和仰焊时，Ar 与 CO₂ 的比例最好为 50%:50%，这样有利于控制熔池。

采用 Ar + CO₂ 混合气体焊接碳钢和低合金钢，虽然成本较纯 CO₂ 高，但由于焊缝金属冲击韧度好及工艺效果好，特别是飞溅比纯 CO₂ 小得多，所以应用很普通。

为了防止 CO 气孔及减少飞溅，须使用含有脱氧剂的焊丝，如 H08Mn2Si 等（就气体的氧化性来说，Ar 中加入 10% CO₂ 相当于加入 1% O₂）。

另外，还可以用这种气体来焊接不锈钢，但 CO₂ 的比例不能超过 5%，否则，焊缝金属有渗碳的可能，从而降低接头的耐蚀性能。

在 Ar 中加入 CO₂ 及 O₂ 气体都使保护气体具有氧化性，但是对焊缝金属性能的影响却不一样，随着混合气体中 CO₂ 含量的增加，焊缝金属冲击韧度下降。采用纯 CO₂ 保护时，冲击韧度趋于最低值。

6. Ar + CO₂ + O₂

用 Ar80% + CO₂15% + O₂5% 混合气体焊接低碳钢和低合金钢时，焊缝成形、接头质量以及金属熔滴过渡和电弧稳定性方面都非常满意，焊缝的横截面形状如图 7-23 所示，较之用其他气体获得的焊缝成形都要理想。

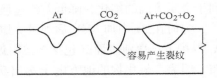

图 7-23　不同保护气体的焊缝成形

7.5.2　焊丝

半自动或自动熔化极氩弧焊的焊丝都是连续送进，因此焊丝以盘式或筒装供应。焊丝直径规格有 0.8mm、1.0mm、1.2mm、1.6mm 等。考虑到施工方式及送丝机构的不同，每盘焊丝的质量有所不同。一般推丝方式的钢质焊丝一盘为 10kg、15kg、20kg，装在推丝机上使用；拉丝方式的钢质焊丝一盘为 5kg，直接装在焊枪上使用。为了满足自动化焊接及机器人焊接的要求，减少接头及换盘的时间，焊丝采用筒装，每筒装的钢质焊丝的质量有 100kg、150kg、200kg、250kg、300kg。

熔化极氩弧焊焊丝的化学成分应该与母材的化学成分匹配，并且具有良好的焊接工艺性能和焊缝力学性能。

1. 低碳钢及低合金钢焊丝

MAG 焊时，由于保护气具有一定的氧化性，碳钢及低合金钢焊丝中应适当添加 Mn、Si 等脱氧元素。但由于富氩混合气体的氧化性较弱，常采用低 Mn、低 Si 焊丝，其他化学成分可以与母材一致，也可以有若干差别。低合金钢焊丝中添加 Mn、Ni、Mo、Cr 等合金元素，以满足焊缝金属力学性能的要求。焊接低合金高强钢时，焊缝中的 C 含量通常低于母材，Mn 的含量则明显高于母材，这不仅是为了脱氧，也是为满足焊缝合金成分的要求。为了改善低温韧度，焊缝中的 Si 含量不宜过高。

熔化极气体保护电弧焊用的低碳钢及低合金钢焊丝的命名分为牌号和型号两种。根据 GB/T 14957—1994《熔化焊用钢丝》、GB/T 14958—1994《气体保护焊用钢丝》的规定，焊丝的牌号主要按照焊丝的化学成分命名。例如 H08Mn2SiA，其中"H"表示实芯焊丝，"H"后面的两位数字"08"表示含碳的质量分数为 0.08%，化学元素符号及其后面的数字表示所含的元素及其大致的质量分数，尾部的"A"表示优质焊丝（w_S、w_P 均小于 0.030%）。GB/T 14957—1994 标准中列出的碳素结构钢及合金结构钢焊丝的牌号及化学成分详见表 5-6。

根据 GB/T 8110—2008《气体保护电弧焊用碳钢、低合金钢焊丝》的规定，型号按照强度级别和成分类型命名。例如 ER50-2H5，其中"ER"表示焊丝，"50"表示熔敷金属抗拉强度最低值（500MPa），"2"表示焊丝化学成分分类代号，"H5"表示熔敷金属扩散氢含量不大于 5.0mL/100g。

2. 不锈钢焊丝

根据 YB/T 5092—2005《焊接用不锈钢丝》的规定，不锈钢焊丝的牌号命名方法与低碳钢及低合金钢焊丝牌号的命名方法相同。

焊接不锈钢时，焊丝成分应与被焊接的不锈钢成分基本一致。表 7-2 是在 YB/T 5092—2005 标准中列出的部分不锈钢焊丝的牌号及化学成分。

3. 铝及铝合金焊丝

按照 GB/T 10858—2008《铝及铝合金焊丝》的规定命名铝及铝合金焊丝的型号，例如 SAl 4043（AlSi 5），其中，"S"表示实芯焊丝，"Al"表示铝及铝合金焊丝，"4043"表示焊丝型号，"AlSi5"表示焊丝化学成分代号。

选择铝及铝合金焊丝时，主要根据母材的种类、接头抗热裂性能、力学性能及耐蚀性等综合考虑。一般情况下，焊接铝及铝合金时都采用与母材成分相同或相近的焊丝，这样可以获得较好的耐蚀性。但焊接热裂倾向大的热处理强化铝合金时，选择焊丝主要从解决抗裂性入手，这时焊丝的成分与母材差别很大。

表 7-3 是在 GB/T 10858—2008 标准中列出的部分铝及铝合金焊丝的型号及化学成分。

4. 镍及镍合金焊丝

按照 GB/T 15620—2008《镍及镍合金焊丝》的规定命名镍及镍合金焊丝的型号，例如 SNi1008（NiMo19WCr），其中，"S"表示实芯焊丝，"Ni"表示镍及镍合金焊丝，"1008"表示焊丝型号，"NiMo19WCr"表示焊丝化学成分代号。

5. 铜及铜合金焊丝

按照 GB/T 9460—2008《铜及铜合金焊丝》的规定命名铜及铜合金焊丝的型号，例如 SCu1898（CuSn1），其中，"S"表示实芯焊丝，"Cu"表示铜及铜合金焊丝，"1898"表示焊丝型号，"CuSn1"表示焊丝化学成分代号。

6. 钛及钛合金焊丝

钛和钛合金在高温下对氧、氮和氢等具有极大的亲和力，焊接时必须将熔池及其周围被加热到 400℃以上的区域进行严密保护，防止造成污染。因此，焊接钛及钛合金时通常采用 MIG 焊或 TIG 焊。按照 JB/T 4747.6—2007 标准中关于钛及钛合金焊丝的规定，焊接时一般采用与母材同质材料的焊丝，也可采用比母材合金化程度偏低的焊丝。

表7-2 不锈钢焊丝的牌号及化学成分（YB/T 5092—2005）

类型	序号	牌号	化学成分（质量分数）（%）①										
			C	Si	Mn	P	S	Cr	Ni	Mo	Cu	N	其他
奥氏体	46	H06Cr19Ni10TiNb	0.04~0.08	0.30~0.65	1.00~2.00	≤0.030	≤0.030	18.50~20.00	9.00~11.00	≤0.25	≤0.75		Ti: ≤0.05 Nb②: ≤0.05
	47	H10Cr16Ni8Mo2	≤0.10	0.30~0.65	1.00~2.00	≤0.030	≤0.030	14.50~16.50	7.50~9.50	1.00~2.00	≤0.75		
奥氏体+铁素体	48	H03Cr22Ni8Mo3N	≤0.030	≤0.90	0.50~2.00	≤0.030	≤0.030	21.50~23.50	7.50~9.50	2.50~3.50	≤0.75	0.08~0.20	
	49	H04Cr25Ni5Mo3Cu2N	≤0.04	≤1.00	≤1.50	≤0.040	≤0.030	24.00~27.00	4.50~6.50	2.90~3.90	1.50~2.50	0.10~0.25	
	50	H15Cr30Ni9	≤0.15	0.30~0.65	1.00~2.50	≤0.030	≤0.030	28.00~32.00	8.00~10.50	≤0.75	≤0.75		
马氏体	51	H12Cr13	≤0.12	≤0.50	≤0.60	≤0.030	≤0.030	11.50~13.50	≤0.60	≤0.75	≤0.75		
	52	H06Cr12Ni4Mo	≤0.06	≤0.50	≤0.60	≤0.030	≤0.030	11.00~12.50	4.00~5.00	0.40~0.70	≤0.75		
	53	H31Cr13	0.25~0.40	0.30~0.70	0.30~0.70	≤0.030	≤0.030	12.00~14.00	≤0.60	≤0.75	≤0.75		
	54	H06Cr14	≤0.06	≤0.50	≤0.60	≤0.030	≤0.030	13.00~15.00	≤0.60	≤0.75	≤0.75		
铁素体	55	H10Cr17	≤0.10	≤0.50	≤0.60	≤0.030	≤0.030	15.00~17.00	≤0.60	≤0.75	≤0.75		
	56	H01Cr26Mo	≤0.015	≤0.40	≤0.40	≤0.020	≤0.020	25.00~27.50	Ni+Cu ≤0.50%	0.75~1.50	Ni+Cu ≤0.50%	≤0.015	
	57	H08Cr11Ti	≤0.08	≤0.80	≤0.80	≤0.030	≤0.030	10.50~13.50	≤0.60	≤0.50	≤0.75		Ti: 10×C% ~1.50
	58	H08Cr11Nb	≤0.08	≤1.00	≤0.80	≤0.040	≤0.030	10.50~13.50	≤0.60	≤0.50	≤0.75		Nb②: 10×C% ~0.75
沉淀硬化	59	H05Cr17Ni4Cu4Nb	≤0.05	≤0.75	0.25~0.75	≤0.030	≤0.030	16.00~16.75	4.50~5.00	≤0.75	3.25~4.00		Nb②: 0.15~0.30

① 在对表中给出的元素进行分析时，如果发现有其他元素存在，其总质量分数（除铁外）不应超过0.50%。
② Nb 可报告为 Nb+Ta。

表 7-3 铝及铝合金焊丝型号及化学成分（GB/T 10858—2008）

焊丝型号	化学成分代号	类别	化学成分（质量分数）（%）												其他元素	
			Si	Fe	Cu	Mn	Mg	Cr	Zn	Ga、V	Ti	Zr	Al	Be	单个	合计
SAl 1070	Al 99.7	铝	0.20	0.25	0.04	0.03	0.03	—	0.04	V0.05	0.03	—	99.70		0.03	—
SAl 1080A	Al 99.8（A）	铝	0.15	0.15	0.03	0.02	0.02	—	0.06	Ga 0.03	0.02	—	99.80		0.02	—
SAl 1188	Al 99.88	铝	0.06	0.06	0.005	0.01	0.01	—	0.03	Ga0.03 V0.05	0.01	—	99.88	0.0003	0.01	0.15
SAl 1100	Al 99.0Cu	铝	Si+Fe 0.95		0.05~0.20	0.05	—	—	0.10	—	—	—	99.00		0.05	0.15
SAl 1200	Al 99.0	铝	Si+Fe 1.00		0.05	0.05	—	—	0.10	—	0.05	—	99.00		0.05	0.15
SAl 1450	Al 99.5Ti	铝	0.25	0.40	0.05		0.05	—	0.07	—	0.10~0.20	—	99.50		0.03	—
SAl 2319	AlCu6MnZrTi	铝铜	0.20	0.30	5.8~6.8	0.20~0.40	0.02	—	0.10	V0.05~0.15	0.10~0.20	0.10~0.25	余量	0.0003	0.05	0.15
SAl 3103	AlMn1	铝锰	0.50	0.7	0.10	0.9~1.5	0.30	0.10	0.20	—	Ti+Zr 0.10		余量	0.0003	0.05	0.15
SAl 4009	AlSi5Cu1Mg	铝硅	4.5~5.5	0.8	1.0~1.5	0.10	0.45~0.6	—	0.10		0.20	—	余量	0.0003	0.05	0.15
SAl 4010	AlSi7Mg	铝硅	6.5~7.5	0.20	0.20	0.10	0.30~0.45	—	0.10		0.20	—	余量		0.05	0.15
SAl 4011	AlSi7Mg0.5Ti	铝硅	6.5~7.5	0.20	0.20	0.10	0.45~0.7	—	0.10		0.04~0.20	—	余量	0.04~0.07	0.05	0.15
SAl 4018	AlSi7Mg	铝硅	6.5~7.5	0.8	0.05	0.10	0.50~0.8	—	0.10		0.20	—	余量		0.05	0.15
SAl 4043	AlSi5	铝硅	4.5~6.0	0.8	0.30	0.05	0.05	—	0.10		0.20	—	余量		0.05	0.15
SAl 4043A	AlSi5（A）	铝硅	4.5~6.0	0.6	0.30	0.15	0.05	—	0.10		0.15	—	余量		0.05	0.15
SAl 4046	AlSi10Mg	铝硅	9.0~11.0	0.50	0.30	0.40	0.20~0.50	—	0.10		0.15	—	余量	0.0003	0.05	0.15
SAl 4047	AlSi12	铝硅	11.0~13.0	0.8	0.30	0.15	0.10	—	0.20		—	—	余量		0.05	0.15
SAl 4047A	AlSi12（A）	铝硅	11.0~13.0	0.8	0.30	0.15	0.10	—	0.20		0.15	—	余量		0.05	0.15
SAl 4145	AlSi10Cu4	铝硅	9.3~10.7	0.8	3.3~4.7	0.15	0.15	0.15	0.20		—	—	余量		0.05	0.15
SAl 4643	AlSi4Mg	铝硅	3.6~4.6	0.8	0.10	0.05	0.10~0.30	—	0.10		0.15	—	余量		0.05	0.15

7.6 熔化极氩弧焊工艺

7.6.1 焊前准备

焊前准备的主要工作是焊接坡口准备、焊件及焊丝表面处理、焊件组装、焊接设备检查等。当焊件或焊丝表面存在油污等杂质时，焊接过程中就可能将杂质带入焊接熔池，从而形成焊接缺欠。焊件或焊丝表面存在较厚的氧化膜时将影响焊缝质量，在焊接铝合金时这个问题尤其突出，所以焊前需要进行仔细清理。

（1）机械清理　机械清理有打磨、刮削及喷砂等，用于清理焊件表面的污物及氧化膜。对于不锈钢等焊件，可以用砂纸打磨或抛光法将焊件接头两侧 30 ~ 50mm 区间的表面污物及氧化膜清理干净。

（2）化学清理　化学清理方法随焊件材质的不同而异。铝合金表面不仅可能有油污，而且容易形成一层高熔点氧化膜，若不清除，将影响焊接质量。焊前先进行脱脂去油处理，然后在浓度（4 ~ 15）% 的 NaOH 溶液中浸泡 5 ~ 15min，进行去除氧化膜处理，再用浓度 30% 的 HNO_3 溶液浸泡 2min 左右，进行酸洗光化处理；最后从溶液中取出，进行干燥，就可以进行焊接。处理后的铝合金焊件应该尽快进行焊接，若放置时间过长，其表面又形成氧化膜。

7.6.2 焊接参数

熔化极氩弧焊的焊接参数主要有焊接电流、电弧电压、焊接速度、焊丝伸出长度、焊丝倾角、焊丝直径、保护气体的种类及其流量等。

（1）焊接电流和电弧电压　通常是根据焊件的厚度及焊缝熔深来选择焊接电流及焊丝直径。根据焊接电流来确定送丝速度，在焊丝直径一定的情况下，焊接电流增加，送丝速度增加。再根据焊接电流匹配合适的电弧电压（图 7-2），从而形成合适的熔滴过渡形式及稳定的焊接过程。

（2）焊接速度　在焊件厚度、焊接电流及电弧电压等其他条件确定的情况下，焊接速度增加，焊缝熔深及熔宽均减小；焊缝单位长度上的焊丝熔敷量减小，焊缝余高将减小。焊接速度过高可能产生咬边，要根据焊缝成形及焊接电流来确定合适的焊接速度。

（3）焊丝伸出长度　焊丝的伸出长度增加，其电阻热增加，焊丝的熔化速度增加。过长的焊丝伸出长度会造成低电弧热熔敷过多的焊缝金属，使焊缝成形不良，熔深减小，电弧不稳定。焊丝伸出长度过短，电弧易烧导电嘴，金属飞溅易堵塞喷嘴。对于短路过渡焊接，合适的伸出长度为 6 ~ 13mm；其他形式的熔滴过渡焊接，合适的伸出长度为 13 ~ 25mm。

（4）保护气体流量　熔化极氩弧焊要求保护气体具有良好的保护效果，如果保护不良，将产生焊接质量问题。保护气体从喷嘴喷出时如果能形成较厚的层流，将有较大的保护范围及良好的保护作用。但是如果流量过大或过小，就会造成紊流，保护效果不好。因此，对于一定孔径的喷嘴，都有一个合适的保护气体流量范围。常用的熔化极氩弧焊的喷嘴孔径为 20mm 左右，保护气体流量为 10 ~ 30L/min。大电流熔化极氩弧焊时，应该用更大直径的喷嘴，需要更大的保护气体流量。

7.6.3 熔化极氩弧焊常用的焊接工艺

1. 低碳钢及低合金钢的熔化极氩弧焊

焊接低碳钢及低合金钢时，常采用 MAG 焊，应用较多的保护气体是 Ar + CO$_2$(5~20)％混合气体，有时还加入少量 O$_2$。用纯惰性气体保护的 MIG 焊焊接低碳钢及低合金钢时，焊接成本较高，焊接质量也不理想，一般情况下不采用。用 MAG 焊焊接低碳钢及低合金钢时，熔滴过渡形式可以是短路过渡、射流过渡和脉冲过渡。

（1）短路过渡 MAG 焊　短路过渡 MAG 焊比 CO$_2$ 焊的电弧更稳定、飞溅也更少。短路过渡 MAG 焊主要是可以采用较细的焊丝及较小的焊接电流，焊缝熔深较浅，焊接速度较低，主要用于焊接薄板。表 7-4 示出了短路过渡 MAG 焊焊接低碳钢及低合金钢平焊位置对接接头的焊接参数。

表 7-4　低碳钢及低合金钢短路过渡 MAG 焊焊接参数

板厚 /mm	焊接位置	接头形式	间隙 /mm	钝边 /mm	焊丝直径/mm	送丝速度/mm·s^{-1}	焊接电压/V	焊接电流/A	焊接速度/mm·s^{-1}	焊道数
0.64	平、横、立、仰	对接、T 形	0	—	0.76	47~51	13~14	45~50	8~11	1
0.94	平、横、立、仰	对接、T 形	0	—	0.76	43~57	13~14	55~60	8~11	1
1.6	横	对接	0.79	—	0.89	72~76	16~17	105~110	11~13	1
		T 形	—	—	0.89	76~80	16~17	110~115	10~12	1
	立、仰	对接	0.79	—	0.89	59~63	15~16	86~90	5~8	1
		T 形	—	—	0.89	61~66	15~16	90~95	10~12	1

注：保护气 Ar + CO$_2$(25~50)％，流量 16~20L/min。

（2）射流过渡 MAG 焊　射流过渡是 MAG 焊最常用的熔滴过渡形式，焊接电流通常比射流过渡临界电流高 30~50A，当焊接板厚为 3.2mm 以上时，焊接电弧十分稳定，焊缝表面平坦，焊缝成形良好，飞溅少。表 7-5 示出了射流过渡 MAG 焊焊接低碳钢及低合金钢平焊位置对接接头的焊接参数。

表 7-5　低碳钢及低合金钢射流过渡 MAG 焊焊接参数

板厚 /mm	接头形式	间隙 /mm	钝边 /mm	焊丝直径 /mm	送丝速度 /mm·s^{-1}	焊接电压 /V	焊接电流 /A	焊接速度 /mm·s^{-1}	焊道数
3.2	对接	1.6	—	0.89	148~159	26~27	190~200	8~11	1
	T 形	—	—	0.89	159~169	26~27	200~210	13~15	1
6.4	对接	4.8	—	1.6	78~82	26~27	310~320	3~5	1
	V 形对接	2.4	—	1.6	72~76	25~26	290~300	5~7	2
	V 形对接	2.4	—	1.1	169~180	29~31	320~330	7~9	2
	T 形	—	—	1.6	99~104	27~28	360~370	6~8	1
	T 形	—	—	1.1	180~190	30~32	330~340	6~8	1

注：保护气体 Ar + CO$_2$(8~25)％，流量 20~25L/min。

2. 不锈钢的熔化极氩弧焊

不锈钢 MAG 焊可以采用短路过渡、射流过渡和脉冲过渡，各有其应用。

（1）短路过渡不锈钢 MAG 焊　短路过渡焊接使用直径 0.8～1.2mm 的焊丝，利用 Ar + O_2（1～5）% 或 Ar + CO_2（5～20）% 作为保护气，焊接参数见表 7-6，焊接电流小于射流过渡临界电流，多用于板厚在 3.0mm 以下的薄板单层焊接。

表 7-6　不锈钢短路过渡 MAG 焊焊接参数

板厚/mm	接头形式	坡口形式	焊丝直径/mm	焊接电流/A	焊接电压/V	焊接速度/mm·min⁻¹	送丝速度/m·min⁻¹	保护气流量/L·min⁻¹
1.6	T 形接头	I 形坡口	0.8	85	15	425～475	4.6	10～15
2.0			0.8	90	15	325～375	4.8	10～15
1.6	对接	I 形坡口	0.8	85	15	375～425	4.6	10～15
2.0			0.8	90	15	285～315	4.8	10～15

（2）射流过渡不锈钢 MAG 焊　射流过渡焊接使用直径 0.8mm、1.0mm、1.2mm、1.6mm 的焊丝，采用 Ar + O_2（1～2）% 或 Ar + CO_2（5～10）% 作为保护气，焊接参数见表 7-7。焊接电流大于射流过渡临界电流，多用于板厚在 3.2mm 以上的钢板焊接。

表 7-7　不锈钢射流过渡 MAG 焊焊接参数

板厚/mm	坡口形式及尺寸				焊道层数	焊丝直径/mm	焊接电流/A	焊接电压/V	焊接速度/mm·min⁻¹	保护气流量/L·min⁻¹
	坡口形式	间隙/mm	坡口角度/(°)	钝边/mm						
3.2	I	0～1.2	—	—	1	1.2	150～170	18～19	300～400	15
			—	—	1	1.2	200～220	22～23	500～600	15
4.5	I	0～1.2	—	—	1	1.2	160～180	20～21	300～350	20
					1	1.2	220～240	23～24	500～600	20

3. 铜合金的熔化极氩弧焊

铜及铜合金的导热性非常强，易造成熔化不良，需要焊前预热。由于焊接需要较大焊接电流，所以熔滴呈射流过渡。表 7-8 给出了纯铜对接接头射流过渡 MIG 焊焊接参数。从表中可以看出，焊接纯铜的焊接参数的特点是预热温度高，焊接电流大（达到 600A）。纯氩气保护时，电弧功率小，采用 Ar + He（50～75）% 保护可以提高电弧的功率。

表 7-8　纯铜射流过渡 MIG 焊的焊接参数

板厚/mm	坡口形式	坡口尺寸			层数	焊丝直径/mm	送丝速度/m·min⁻¹	预热温度/℃	焊接电流/A	焊接速度/mm·min⁻¹
		间隙/mm	坡口角度/(°)	钝边/mm						
<4.8[①]	I	0～0.8	—	—	1～2	1.2	4.5～7.87	38～93	180～250	350～500
6.4	V	0	80～90	1.6～2.4	1～2	1.6	3.73～5.25	93	250～325	240～450
12.5	双 V	2.4～3.2	80～90	2.4～3.2	2～4	1.6	5.25～6.75	316	330～400	200～350

（续）

板厚 /mm	坡口 形式	间隙 /mm	坡口尺寸 坡口角 度/(°)	钝边 /mm	层数	焊丝 直径 /mm	送丝速度 /m·min⁻¹	预热温 度/℃	焊接电流 /A	焊接速度 /mm·min⁻¹
>16	双U	0	30	3.2	3~6	1.6	5.25~6.75	472	330~400	150~300
					3~6	2.4	3.75~4.75	472	500~600	200~350

① 保护气体为 Ar，其余为 Ar + He75%。

4. 铝合金的熔化极氩弧焊

铝合金易氧化，形成的 Al_2O_3（熔点 2050℃）氧化膜覆盖在母材和熔池表面，严重阻碍熔滴金属与熔池金属的相互熔合，若不去除就不能形成良好的焊缝，所以 MIG 焊时必须采用直流反接，利用阴极清理作用去除氧化膜。由于铝合金导热快，需要足够的电弧功率熔化母材形成焊缝。薄板焊接时通常采用纯氩为保护气体。焊接厚大件时，采用 Ar + He 混合气体保护，He 的比例多为 25%。铝合金 MIG 焊可采用短路过渡或喷射过渡。

（1）短路过渡 MIG 焊　铝合金短路过渡 MIG 焊采用纯氩气保护，通常采用的焊丝直径为 0.8mm、1.0mm，使用 0.5kg 的小型焊丝盘以及特殊的送丝焊枪，焊接厚度为 1~2mm。直径较细的铝合金焊丝送丝困难。铝合金短路过渡 MIG 焊焊接参数见表 7-9。

表 7-9　铝合金短路过渡 MIG 焊焊接参数

板厚 /mm	接头及坡 口形式	坡口间隙 /mm	焊接位置	焊接电流 /A	焊接电压 /V	焊接速度 /mm·min⁻¹	焊丝直径 /mm	送丝速度 /m·min⁻¹	保护气流量 /L·min⁻¹
2	对接， I 形坡口	0~0.5	全位置	70~85	14~15	400~600	0.8	—	16
			平焊	110~120	17~18	1200~1400	1.2	5.9~6.2	15~18
1	T 形接头， I 形坡口	0~0.2	全位置	40	14~15	500	0.8	—	14
2			全位置	70 80~90	14~15 17~18	300~400 800~900	0.8	9.5~10.5	10 14

（2）喷射过渡 MIG 焊　铝合金 MIG 焊的喷射过渡主要指的是射滴过渡和亚射流过渡。当电弧电压较高时，由于铝的电阻率较低，很难出现跳弧过程，所以常常不能实现射流过渡，一般只进行射滴过渡。焊接时，用纯氩气保护，通常采用 1.2~1.6mm 直径的焊丝。表 7-10 中列出了铝焊丝射滴过渡 MIG 焊的焊接参数。

关于亚射流过渡焊接参数的调节，可先将焊接参数调节到射滴过渡，然后立即加快送丝速度（降低电弧电压），当听到轻微的"啪啪"声时，即开始了亚射流焊接过程。但如果出现了"吧吧"的声音，说明调过了头，产生了短路过渡。

（3）大电流 MIG 焊　厚板铝合金可以采用粗焊丝（直径为 3.2~5.6mm）大电流 MIG 焊，焊接电流可以达到 500~1000A，焊接生产率很高。大电流 MIG 焊采用大电流焊枪，其喷嘴口径较大，采用双层喷嘴结构，内层喷嘴中流出 Ar50% + He50% 保护气体，加入 He 可以提高电弧功率；外层喷嘴中流出纯 Ar 气，进一步加强保护效果。表 7-11 中列出了铝合金大电流 MIG 焊的焊接参数。

表 7-10　铝合金射滴过渡 MIG 焊的焊接参数

板厚/mm	坡口形式	焊接位置	焊道顺序	焊接规范			焊丝		氩气流量/L·min⁻¹
				电流/A	电压/V	焊接速度/mm·min⁻¹	直径/mm	送丝速度/m·min⁻¹	
6	对接V形坡口	水平	1	200~250	24~27	400~500	1.6	5.9~7.7	20~24
		横焊立焊仰焊	1	170~190	23~25	600~700		5.0~5.6	
			2(背面)						
8	对接V形坡口	水平	1	240~290	25~28	450~600	1.6	7.3~8.9	20~24
			2						
		横焊立焊仰焊	1	190~210	24~28	600~700		5.6~6.3	
			2						
			3~4						
12	对接双V形坡口	水平	1	230~300	25~28	400~700	1.6或2.4	7.0~9.3	20~24
			2					3.1~4.1	
			3(背面)						
		横焊立焊仰焊	1	190~230	24~28	300~450	1.6	5.6~7.0	20~28
			2						
			3						
			1~8(背面)						

表 7-11　铝合金大电流 MIG 焊焊接参数

板厚/mm	坡口尺寸	焊接材料				焊接条件		气体流量/L·min⁻¹
		θ/(°)	b/mm	焊丝	气体	电流/A	电压/V　焊接速度/cm·min⁻¹	

板厚/mm	坡口尺寸	θ/(°)	b/mm	焊丝	气体	电流/A	电压/V	焊接速度/cm·min⁻¹	气体流量/L·min⁻¹
25		90	5	3.2	Ar	480~530	29~30	30	100
25		90	5	4.0	Ar+He	560~610	35~36	30	100
38		90	10	4.0	Ar	630~660	30~31	25	100
45		90	13	4.8	Ar+He	780~800	37~38	25	150
50		90	15	4.0	Ar	700~730	32~33	15	150
60		60	19	4.8	Ar+He	820~850	38~40	20	180

注：1. 正反面各焊一道；焊丝：5183。
　　2. Ar+He：内侧喷嘴 Ar50%+He50%；外侧喷嘴 100%Ar。

除了上述方法之外，另外一种新型的焊接方法——脉冲 MIG 焊也得到了应用。该方法是利用合适的脉冲电流来控制熔滴过渡（通常是一个脉冲过渡一个熔滴），而且频率可调，因此能有效地控制热输入，既可提高焊接电流的调节范围，也可有效控制熔滴过渡及熔池尺寸，有利于全位置焊接，而且焊缝成形好。关于脉冲 MIG 焊的原理见本章 7.7.1 节。

7.6.4 6351-T4 铝合金管熔化极氩弧焊工艺实例

1. 被焊管子的材质及坡口形式

被焊管子的材质为 6351-T4 铝合金，管子的直径为 150mm，壁厚为 5mm。在焊接施工现场管子无法转动，只能采用全位置焊接方法，这里采用自动熔化极氩弧焊。

图 7-24 是铝合金管的坡口及焊道示意图。采用 60°U 形坡口，钝边 1.6mm，不留间隙。熔敷 6 条焊道，共分 4 层。

2. 焊接工艺装备

采用一种管内用的内撑式工具使管子对中并作为根部焊道的可卸衬垫用，该工具是利用一个伸长的手柄，可以人工使其张开或收缩。使用这种对中工具不需要定位焊。根部焊道（图中焊道 1）焊完之后，立即将对中工具收缩起来，以便用于下一个管子接头的对中。

焊接时焊接机头环绕管子回转，机头上装有空冷焊枪及焊丝盘。在靠近管子的上端开始焊接，连续回转直至焊完 6 条焊道。根据焊道部位及深度调整焊枪。在焊

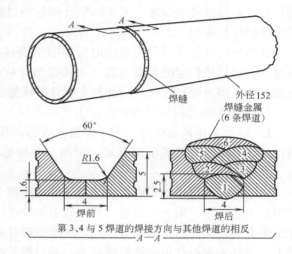

图 7-24 铝合金管 MIG 焊坡口及焊道
铝合金：6351-T4，焊丝 SAlMg-1

接过程中有两次改变焊枪的回转方向，即在第 2、第 5 焊道焊完后反转。反转时不熄弧，以保证适当的熔深、熔合及正确的焊道成形。

3. 焊接条件

采用的焊丝直径虽细（$\phi 0.9$mm），然而焊接电流大（200A），焊接速度相当高（2.54m/min），焊接生产效率是半自动焊的 2 倍。焊前用溶剂仔细清理接头处。

焊接条件如下：

接头形式：	对接	坡口形式	U 形
根部间隙：	0mm	焊接电源：	额定焊接电流为 300A
夹具：	胀开心轴	焊丝：	$\phi 0.9$mm，SAlMg-1
保护气体：	Ar，28L/min	焊接电流：	200A，直流，工件接负
电弧电压：	20~24V	焊接速度：	2.54m/min
焊道数：	6	焊接层数：	4

7.7 熔化极氩弧焊的其他方法

7.7.1 脉冲熔化极氩弧焊

脉冲熔化
极氩弧焊

1. 熔化极氩弧焊采用脉冲电流的焊接工艺特点

（1）熔化极氩弧焊熔滴过渡及其工艺问题　无脉冲的连续直流电流熔化极氩弧焊熔滴

过渡形式与焊接参数之间的关系如图 7-2 所示，有粗滴过渡、射滴过渡、射流过渡、亚射流过渡、短路过渡等。焊接电流较小时的粗滴过渡不能正常进行焊接；短路过渡因其易产生未焊透且飞溅大，不能可靠地应用在重要焊接之处；射流过渡其电流较大，例如，直径为 1.2mm 钢焊丝的临界电流为 230A 左右，这么大的电流不适合焊接薄板和全位置焊；射滴过渡具有焊丝熔化系数高、熔滴温度低、焊接烟尘少和基本上无飞溅等优点，十分诱人，但问题是形成射滴过渡的焊接电流区间窄（钢射滴过渡的电流区间更窄），所以这种熔滴过渡形式也难以可靠使用。

脉冲熔化极氩弧焊利用脉冲电流控制熔滴过渡，在焊接电流（平均电流 I_a）较宽的调节范围内可形成稳定的射滴过渡，尤其是当焊接电流小到 50~60A 时也能够稳定焊接，电流如此小，即可焊接薄板，因此具有明显的优势。

（2）脉冲熔化极氩弧焊的焊接工艺特点

1）脉冲熔化极氩弧焊扩大了焊接电流的调节范围。脉冲熔化极氩弧焊的焊接电流范围包括了所有熔滴过渡的电流区域，可用于各种熔滴过渡所能焊接的一切场合，既能焊接薄板，又能焊接厚板。

由于脉冲熔化极氩弧焊扩大了焊接电流的调节范围，可以使用较粗的焊丝焊接薄板，这给焊接工艺带来了很大的方便。首先较粗的焊丝比细丝易于送丝，这样对于铝、铜等软质焊丝最为有利；其次粗丝的挺直性好，焊丝指向性好，不易偏摆，焊丝端容易保持在焊缝中心线上；此外采用粗丝可降低焊接成本，并且粗丝的表面积与体积之比较小，可使产生气孔的倾向性降低。

2）有效控制熔滴过渡及熔池尺寸，有利于全位置焊接。采用脉冲电流，可用较小的平均电流进行焊接，因而熔池体积小。加上熔滴过渡和熔池金属的加热是间歇的，所以不易发生流淌。

此外，由于熔滴的过渡力与电流的平方成正比，在脉冲电流作用下，熔滴的轴向性比较好，不论是仰焊或垂直焊都能迫使熔滴金属沿着电弧轴线向熔池过渡，焊缝成形好，飞溅损失小。所以进行全位置焊接时，在控制焊缝成形方面脉冲熔化极氩弧焊比普通熔化极氩弧焊有利。

3）可有效控制热输入，改善接头性能。在焊接高强度钢以及某些铝合金时，由于这些材料热敏感性较大，因而对母材输入的热量有一定的限制。若用普通焊接方法，只能采用小规范参数，其结果是熔深较小，在厚板多层焊时容易产生熔合不良等缺欠。采用脉冲电弧后，既可使母材得到较大的熔深（因脉冲电流幅值大），又可控制平均焊接电流在较低的水平，焊缝金属及热影响区金属的过热都比较小，从而使焊接接头具有良好的韧度，减小产生裂纹的倾向。

4）脉冲电弧具有加强熔池搅拌的作用，可以改善熔池冶金性能，有利于消除气孔。

2. 脉冲熔化极氩弧焊的焊接参数

脉冲熔化极氩弧焊（MIG/MAG）的焊接参数较多，除了焊接电流（平均电流）I_a、电弧电压 U_a、焊接速度 v_w 和气体流量外，还包括一些脉冲参数，主要有：基值电流 I_b 和基值时间 T_b、脉冲电流 I_p 和脉冲时间 T_p、脉冲周期时间 T、脉冲频率 f、脉冲宽度比 K_p 等。脉冲电流示意图及其参数如图 7-25 所示。

其中，脉冲周期时间 T 等于基值时间 T_b 与脉冲时间 T_p 之和；脉冲频率 f 等于脉冲周期

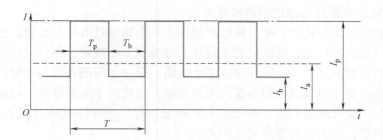

图 7-25　脉冲熔化极氩弧焊脉冲电流示意图及其参数

时间 T 的倒数；脉冲宽度比 K_p 等于脉冲时间 T_p 与脉冲周期 T 的比值；平均电流 I_a 等于周期时间 T 内基值电流 I_b 和脉冲电流 I_p 的数学平均值。

在这些焊接参数中，脉冲电流 I_p 和脉冲时间 T_p 是决定每个脉冲能量的重要参数；脉冲频率 f 可以决定焊接平均电流的大小；基值电流 I_b 的主要作用是维持电弧连续燃烧，此外还能预热焊丝和母材。

3. 脉冲熔化极氩弧焊的三种熔滴过渡形式

由于基值电流的作用主要是维持电弧连续燃烧，所以尽量选择较小的基值电流，普通脉冲焊的基值电流为 $50 \sim 60A$，如果要求较低的焊接电流，还可以选用更低的基值电流，可达到 $20 \sim 30A$。在此时间段由于电弧电流较小，电弧较暗，焊丝端头不熔化或略微有熔化，不形成熔滴过渡。基值电流时间可长可短、可进行动态变化。

下面主要叙述脉冲电流及脉冲时间与熔滴过渡的关系。选择不同的脉冲电流及脉冲时间，脉冲熔化极氩弧焊（MIG/MAG）可形成三种熔滴过渡形式。

第一种是一个脉冲电流过渡多个熔滴的形式（一脉多滴），其脉冲电流要大于射流过渡临界电流，同时脉冲时间较长。进入脉冲电流时间段，电弧功率加大，电弧烁亮，焊丝端头熔化，电弧上爬，随即产生跳弧现象，产生较大的电磁力和等离子流力，产生一个较大直径（相当于焊丝直径）的熔滴过渡，随后有若干细小熔滴过渡（见第 2 章关于射流过渡的内容），直至脉冲结束。控制合适的脉冲电流及脉冲时间，保持适当的脉冲能量，可形成一个脉冲电流过渡 $2 \sim 3$ 个熔滴，这种脉冲熔滴过渡是焊接实用的熔滴过渡形式。

第二种是一个脉冲电流过渡一个熔滴的形式（一脉一滴），其脉冲电流要大于射滴过渡临界电流，同时匹配适当的脉冲时间。例如 $\phi 1.2mm$ 厚的钢焊丝，脉冲电流要大于 $420A$，脉冲时间大约为 $2ms$；若脉冲电流加大，则脉冲时间相应地应该降低，保持适当的脉冲能量。进入脉冲电流时间段，电弧功率加大，电弧烁亮，焊丝端头熔化，产生较大的电磁力和等离子流力，产生一个直径与焊丝直径相当的熔滴过渡，这个熔滴过渡一般在脉冲电流下降的同时或下降到基值电流的瞬时产生。这种脉冲熔滴过渡是焊接最实用的熔滴过渡形式。

第三种是多个脉冲电流过渡一个熔滴的形式（多脉一滴），其脉冲电流不够大、脉冲时间较小，一个脉冲电流熔化的金属量较小，需要几个脉冲的积累才能形成一个熔滴过渡。这种熔滴过渡形式在焊接上不实用。

4. 脉冲熔化极氩弧焊合理的熔滴过渡形式

上述三种熔滴过渡形式中，第三种熔滴过渡为几个脉冲过渡一个熔滴，这种形式类似于粗滴过渡，焊接过程不稳定，熔滴过渡不规律，焊缝成形不规则，不宜使用。

第一种熔滴过渡形式为一个脉冲过渡多个熔滴。第一个熔滴直径与焊丝直径相近，是个较大的熔滴，随后为一串细滴。问题是若细滴较多，就接近于射流过渡，焊缝成形易形成指状熔深，也容易产生飞溅和烟尘，所以不十分理想。若一个脉冲电流过渡 2 ~ 3 个熔滴，则上述情况得到改善，是实用的熔滴过渡形式。

第二种熔滴过渡形式为一个脉冲过渡一个熔滴，它具有射滴过渡模式，其主要焊接特点如下：

1）一个脉冲过渡一个熔滴实现了脉冲电流对熔滴过渡的控制。

2）熔滴直径大致等于焊丝直径，熔滴从电弧获取能量小，则熔滴的温度低，所以焊丝的熔化系数高，也就是提高了焊丝的熔化效率。

3）熔滴的温度低，则焊接烟雾少，这样，既降低了合金元素的烧损，又改善了施工环境。

4）焊接飞溅少，甚至无飞溅。

5）弧长短，电弧指向性好，适合于全位置焊接。

6）焊缝成形良好，焊缝熔宽、熔深较大，余高小，并减弱了指状熔深的特点。

7）扩大了 MIG/MAG 焊射滴过渡的使用电流范围。从射流过渡临界电流往下一直到几十安均能实现稳定的射滴过渡。

总之，一个脉冲过渡一个熔滴是最佳的熔滴过渡形式，这是选择焊接参数和设计焊接设备的重要依据。

5. 脉冲熔化极氩弧焊弧长的调节原理

根据上面的阐述，脉冲熔化极氩弧焊核心在于利用脉冲电流控制熔滴过渡，所以脉冲电流及脉冲时间是关键。为了实现一脉一滴的熔滴过渡，应根据焊丝材质及直径、保护气体等条件选取脉冲电流及脉冲时间；依据基值电流的作用，选取基值电流。在这三个参数选定的条件下，脉冲参数中可变的量是基值时间。下面就利用这个可变的量来阐述脉冲熔化极氩弧焊（MIG/MAG）的调节系统。

本章前面部分已经阐述，普通熔化极氩弧焊焊接时对弧长的自动调节是采用电弧自身调节系统，匹配等速送丝和水平或略降的弧焊电源外特性进行调节。其作用原理是依靠弧长的变化引起焊接电流变化，使焊丝熔化速度变化，从而恢复弧长。脉冲熔化极氩弧焊也采用等速送丝，但使用的是恒流特性电源，焊接电流不受弧长的影响，因此不能采用相同的方法自动恢复弧长，而是采用了弧压反馈加脉冲频率调制（Pulse Frequency Modulation）的方式进行弧长调节。脉冲频率调制简称 PFM。

在该调节系统中，利用电弧电压反馈来改变脉冲电流频率，从而改变平均电流和焊丝熔化速度以实现电弧长度的自动调节。脉冲熔化极氩弧焊输出的每一个脉冲电流都熔化相同长度的焊丝，因此改变脉冲电流的频率即可改变焊丝的熔化速度。焊接时，保持脉冲电流、脉冲时间、基值电流确定不变以保证实现一脉一滴和维持电弧连续燃烧，并在系统中设定电弧电压目标值。在此条件下检测电弧电压，当弧长发生变化时，如果电弧电压比目标值高（低），通过控制环节调节基值时间使之增加（减小），从而降低（提高）脉冲频率、降低

（提高）熔滴过渡频率和降低（提高）焊丝熔化速度，就能使电弧电压减小（增加），使其恢复到目标值，这样就能使电弧长度回到原来的长度。

7.7.2 双丝熔化极氩弧焊

1. 双丝熔化极氩弧焊工作原理

双丝熔化极氩弧焊焊机的组成如图 7-26 所示，包括一把焊枪，一个喷嘴，两个互相绝缘的导电嘴，一个同步控制器，两个送丝机和两个直流脉冲焊接电源。两个导电嘴中各输出一根焊丝，两根焊丝沿焊接方向按前后顺序配置，间距为 5~7mm，焊接时分别与焊件之间形成电弧。同步控制器协调控制双丝的送丝及两个焊接电源的输出，即协调控制两个电弧的焊接参数。两个电弧协调稳定地工作时，共同形成一个熔池和一条焊缝，焊接过程及焊接质量都很稳定。

图 7-27 是双丝熔化极氩弧焊焊枪照片。图 7-28 是这种焊枪在焊接时的照片。

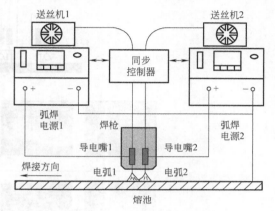

图 7-26　双丝熔化极氩弧焊机组成示意图

图 7-27　双丝熔化极氩弧焊焊枪照片

图 7-28　双丝熔化极氩弧焊焊接时的照片

双丝熔化极氩弧焊

2. 双丝熔化极氩弧焊的过程控制

双丝熔化极氩弧焊的两根焊丝的送丝方式通常都采用等速送丝，两个电弧均采用直流脉冲电源供电。为了避免同极性电弧相互吸引而破坏电弧的稳定性，两个同频率的脉冲电流波形的相位应该互差 180°，为此在两个电源之间附加了一个同步控制器，得到如图 7-29 所示的两个电弧的电流波形图和熔滴过渡高速摄影图。这样一来，两个电弧的电参数可以分别独立调节，互不影响。脉冲焊过程可保持一个脉冲过渡一个熔滴。

3. 双丝熔化极氩弧焊的应用及与单丝焊的比较

双丝熔化极氩弧焊可以焊接的材料有低碳钢及低合金钢、不锈钢、铜合金、铝合金等，与单丝熔化极氩弧焊相同。

双丝熔化极氩弧焊采用双丝双弧焊接，与单丝单弧熔化极氩弧焊比较，能够显著提高熔

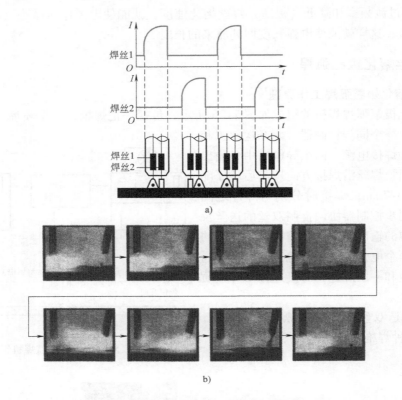

图 7-29　电流波形示意图和熔滴过渡高速摄影图
a）电流波形示意图　b）熔滴过渡高速摄影图

敷速度和焊接速度，提高焊接生产率。图 7-30 是双丝焊与单丝焊熔敷速度的比较。表 7-12 是双丝熔化极氩弧焊与单丝熔化极氩弧焊的应用比较。不仅如此，双丝双弧焊与单丝单弧焊相比，热输入较低，焊接飞溅小，焊接变形小，耗气量少。

　　由于双丝熔化极氩弧焊的焊接速度较高，双丝焊的焊枪也较重，所以双丝焊应与自动化专机或焊接机器人配套使用。

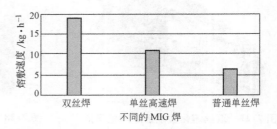

图 7-30　双丝熔化极氩弧焊与单丝焊的熔敷速度比较

表 7-12　双丝熔化极氩弧焊与单丝熔化极氩弧焊的应用比较

焊接产品名称	焊接方法及焊接参数		
	焊接参数	双丝焊	单丝焊
汽车油箱 材料：铝 板厚：2mm 焊缝形式：搭接，环缝 焊缝厚度：2.5mm	焊丝直径/mm	1.0 + 1.0	1.2
	焊接速度/cm·min^{-1}	130	55
	送丝速度/m·min^{-1}	8.2 + 6.1	4.6
	熔敷速度/kg·h^{-1}	1.82	0.84

（续）

焊接产品名称	焊接方法及焊接参数		
空气净化器 材料：不锈钢 板厚：1mm 焊缝形式：3 板接头 焊缝厚度：2mm	焊丝直径/mm	1.0 + 1.0	1.2
	焊接速度/cm·min^{-1}	290	120
	送丝速度/m·min^{-1}	19 + 14	11
	熔敷速度/kg·h^{-1}	11.88	5.28
超重臂 材料：钢 板厚：20mm 焊缝形式：V 形坡口 焊缝厚度：6~7mm	焊丝直径/mm	1.0 + 1.0	1.2
	焊接速度/cm·min^{-1}	80	30
	送丝速度/m·min^{-1}	19.1 + 9.0	13.5
	熔敷速度/kg·h^{-1}	15.17	7.29

7.7.3 TIME 焊

1. TIME 焊的工艺特点

TIME 是 Transferred Ionized Molten Energy 的字头缩写，TIME 焊实质上是一种高效 MAG 焊。TIME 焊采用单焊丝单电弧焊接，采用特殊的四元混合气体（Ar65% + He26.5% + $CO_2$8% + $O_2$0.5%）作为保护气体，焊接过程中保持大的焊丝伸出长度和大的送丝速度，这使得熔敷速度较传统的熔化极氩弧焊提高 2~3 倍。TIME 焊对焊接电源、送丝机、焊枪、焊丝和保护气体有更高的要求。

TIME 焊与传统的熔化极氩弧焊相比，不同之处主要是保护气体成分、焊丝伸出长度和送丝速度（表 7-13）不同。增大焊丝伸出长度可以提高焊丝的电阻热，提高送丝速度意味着增大焊接电流，这样就能使焊接熔敷速度大大提高（表 7-14）。一般情况下，过大的电流将破坏熔滴过渡的稳定性，那么 TIME 焊是如何解决这个问题的呢？解决措施是采用 Ar、He、CO_2、O_2 四元混合气体。混合气体中加入 He 后能提高电弧的电场强度；CO_2 气体高温下的分解反应是吸热反应，能对电弧强烈冷却，使电弧收缩，也能提高电弧的电场强度；O_2 则能降低液体金属的表面张力和改善金属的润湿性，有利于熔滴过渡。电弧的电场强度提高以后，使电弧上爬的高度降低，而有利于在焊丝端头的液流成为较短的铅笔状，在大电流时产生较大的电磁力作用，使液流束偏离焊丝轴线，并发生旋转，从而形成稳定的旋转射流过渡。

表 7-13 TIME 焊与传统熔化极氩弧焊的不同点

焊接方法	保护气体	焊丝伸出长度/mm	送丝速度/m·min^{-1}
传统熔化极氩弧焊	Ar + CO_2 + O_2	10~15	5~16
TIME 焊	65% Ar + 26.5% He + 8% CO_2 + 0.5% O_2	20~35	5~50

表 7-14 TIME 焊与传统熔化极氩弧焊的性能比较

焊接方法	焊丝直径/mm	许用最大电流/A	最高送丝速度/m·min^{-1}	最大熔敷速度/g·min^{-1}
传统熔化极氩弧焊	1.2	400	16	144
TIME 焊	1.2	700	50	450

从 TIME 焊的发展和应用状况来看，它的主要优点是：①高焊接效率，在平焊位置施焊，熔敷速度可达到 450g/min；在非平焊位置施焊，熔敷速度可达到 80g/min；②低成本，高熔敷速度提高了焊接生产率，降低了焊接生产成本；③良好的焊接质量，He 气提高了电弧功率，改善了焊缝金属的流动性，使得焊缝成形平滑美观、余高小。由于 TIME 焊的气体保护效果良好，焊缝金属含氢量低，焊接接头的低温韧度得到明显改善；而且，焊缝金属中 S、P 含量明显低于传统熔化极氩弧焊，焊接接头其他的力学性也能得到提高。

2. TIME 焊的应用

TIME 焊主要用于焊接低碳钢和低合金钢，还用于焊接细晶结构钢（R_m 达到 890N/mm^2）、耐热钢（如 13CrMo44）、低温钢、特种钢（如装甲板）、高屈服强度钢（如 HY80）等。目前，TIME 焊已经应用的领域有钢结构工程、机械制造、造船、汽车制造等。

复习思考题

1. 为什么熔化极氩弧焊通常采用直流反接？

2. 熔化极氩弧焊设备通常由哪几部分组成？

3. 试述熔化极氩弧焊的电弧自身调节系统在焊接过程中的弧长调节过程。

4. 什么是熔化极氩弧焊的电弧固有的自调节作用？电弧固有的自调节系统中弧焊电源的外特性应该是什么形式？匹配等速送丝还是变速送丝？

5. 试述电弧固有的自调节系统的弧长调节过程。

6. 试述熔化极氩弧焊的控制时序。

7. 试述熔化极氩弧焊的不同保护气体（纯氩气或混合气体）的工艺特点及其适用焊接材料的种类。

8. 脉冲熔化极氩弧焊的工艺特点有哪些？

9. 试述脉冲熔化极氩弧焊调节系统的弧长调节原理及其匹配的送丝方式。

CO₂气体保护电弧焊

CO₂ 气体保护电弧焊 （Carbon-Dioxide Arc Welding） 是利用 CO₂ 气体作为保护气体，使用焊丝作为熔化电极的电弧焊方法。本章将讲述 CO₂ 气体保护电弧焊的原理及应用、焊接材料、焊接设备以及焊接工艺，并简要介绍药芯焊丝 CO₂ 气体保护电弧焊和波形控制 CO₂ 气体保护电弧焊。

8.1　CO₂ 气体保护电弧焊原理、特点及应用

8.1.1　CO₂ 气体保护电弧焊的工作原理

CO₂ 气体保护电弧焊 （以下简称 CO₂ 焊） 的工作原理如图 8-1 所示。焊接时，在焊丝与焊件之间产生电弧；焊丝自动送进，被电弧熔化形成熔滴并进入熔池；CO₂ 气体经喷嘴喷出，包围电弧和熔池，起着隔离空气和保护焊接金属的作用。同时，CO₂ 气在高温下分解，具有氧化性，参与冶金反应，有助于减少焊缝中的氢。当然，其高温下的氧化性也有不利之处。

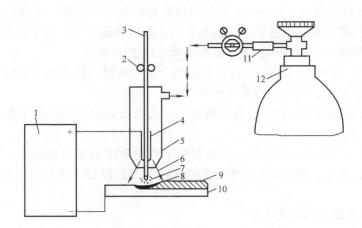

图 8-1　CO₂ 气体保护电弧焊过程示意图

1—焊接电源　2—送丝滚轮　3—焊丝　4—导电嘴　5—喷嘴　6—CO₂ 气体
7—电弧　8—熔池　9—焊缝　10—焊件　11—预热干燥器　12—CO₂ 气瓶

在 CO₂ 焊的初期发展阶段，由于 CO₂ 气体的氧化性，难以保证焊接质量。后来在焊接钢铁材料时，采用含有一定量脱氧剂的焊丝或采用带有脱氧剂成分的药芯焊丝，使脱氧剂在焊接过程中进行冶金脱氧反应，可以消除 CO₂ 气体在高温下氧化作用的不利影响。

CO_2 焊通常是按采用的焊丝直径来分类。当焊丝直径小于 1.6mm 时，称为细丝 CO_2 焊，主要用短路过渡形式来焊接薄板材料，常用这种方法焊接厚度小于 3mm 的低碳钢和低合金结构钢。当焊丝直径大于或等于 1.6mm 时，称为粗丝 CO_2 焊，一般采用大的焊接电流和高的电弧电压来焊接中厚板，熔滴过渡采用滴状过渡或喷射过渡。

按操作方式，CO_2 焊可分为自动焊及半自动焊两种。对于较长的直线焊缝和规则的曲线焊缝，可采用自动焊；而对于不规则的或较短的焊缝，通常采用半自动焊，也是现在生产中用得最多的形式。

为了适应现代工业某些特殊应用的需要，目前在生产中，还派生出了下列一些方法：CO_2 电弧点焊、CO_2 气体保护立焊、CO_2 保护窄间隙焊、CO_2 加其他气体（如 $CO_2 + O_2$）的保护焊以及 CO_2 气体与焊渣联合保护焊等。

8.1.2　CO_2 气体保护电弧焊的特点

1. CO_2 气体保护电弧焊的优点

1）CO_2 焊是一种高效节能的焊接方法。例如：水平对接焊 10mm 厚的低碳钢板时，CO_2 焊的耗电量比焊条电弧焊低 2/3 左右，就是与埋弧焊相比也略低些。同时考虑到高生产率和焊接材料价格低廉等特点，CO_2 焊的经济效益是很高的。

2）用粗丝（焊丝直径 ≥1.6mm）焊接时可以使用较大的电流，实现细滴过渡或喷射过渡。电流密度可高达 $100 \sim 300A/mm^2$，所以焊丝的熔化系数大，可达 $15 \sim 26g/(A \cdot h)$。焊件的熔深很大，可以不开或开小坡口。另外，该方法基本上没有熔渣，焊后不需要清渣，节省了许多工时，因此可以较大地提高焊接生产率。其中，$\phi 1.6mm$ 焊丝大量用于焊接厚大钢板，电流可达 500A 左右。

3）用细丝（焊丝直径 <1.6mm）焊接时可以使用较小的电流，实现短路过渡方式。这时电弧对焊件是间断加热，电弧稳定，热量集中，焊接热输入小，易于控制热输入，适合于焊接薄板。同时焊接变形也很小，甚至不需要焊后矫正工序。

4）CO_2 焊是一种低氢型焊接方法，焊缝的含氢量极低，抗锈能力较强，所以焊接低合金钢时不易产生冷裂纹，同时也不易产生氢气孔。

5）CO_2 焊所使用的气体和焊丝价格便宜，焊接设备在国内已定型生产，目前在国内已广泛应用。

6）CO_2 焊是一种明弧焊接方法，焊接时便于监视和控制电弧和熔池，有利于实现焊接过程的机械化和自动化，用半自动焊焊接曲线焊缝和空间位置焊缝十分方便，对操作技能要求较低。

2. CO_2 气体保护电弧焊的缺点

与焊条电弧焊和埋弧焊相比，缺点如下：

1）焊接过程中金属飞溅较多，焊缝外形较为粗糙，特别是当焊接参数匹配不当时飞溅就更严重。

2）不能焊接易氧化的金属材料，也不适于在有风的地方施焊。

3）焊接过程弧光较强，尤其是采用大电流焊接时电弧的辐射较强，故要特别重视对操作人员的劳动保护。

4）设备比较复杂，需要有专业队伍负责维修。

8.1.3 CO₂ 气体保护电弧焊的应用

CO₂ 焊从 20 世纪 50 年代初问世以来,在世界各国得到迅速地推广应用。没有哪一种焊接方法能像 CO₂ 焊那样在工业生产中得到这样快的发展。

CO₂ 焊在机车车辆制造、汽车制造、船舶制造、金属结构及机械制造等方面应用十分普遍,既可采用小电流短路过渡方式焊接薄板,也可以用大电流自由过渡方式焊接厚板。从焊接接头的形式来看,CO₂ 焊可以进行对焊、角焊等方式的焊接,不仅可以平焊,也可以立焊和仰焊,可焊焊件厚度范围较宽,从 0.5mm 到 150mm。

目前,CO₂ 焊除不适于焊接容易氧化的有色金属及其合金外,可以焊接碳钢和合金结构钢构件,甚至用于焊接不锈钢也取得了较好的效果。

8.2 CO₂ 气体保护电弧焊熔滴过渡的特点

CO₂ 焊的熔滴过渡主要有短路过渡和自由过渡(包括滴状过渡、喷射过渡等)两种方式。

图 8-2 是短路过渡方式示意图。短路过渡是熔滴在未脱离焊丝之前就与熔池接触形成金属液态过桥,在其表面张力及其他力共同作用下向熔池过渡的过程。具体来说,在小电流低电压焊接时,熔滴在未脱离焊丝前就与熔池接触形成液态金属短路,使电弧熄灭。当液桥金属在电磁收缩力、表面张力作用下,脱离焊丝过渡到熔池中去后,电弧复燃,又开始下一周期过程。短路过渡过程的电弧电压和电流动态波形图如图 2-13 所示。短路过渡适合用细焊丝焊接薄板的情况。

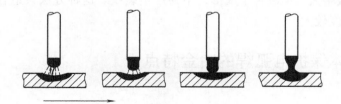

图 8-2　短路过渡方式示意图

当采用中等电流、较高电弧电压时,熔滴呈变化形态的排斥过渡。此时,电弧较长,熔滴呈粗滴状。排斥过渡也是滴状过渡的一种,其特点是:电弧较集中,而且电弧总是在熔滴下方产生;作用在熔滴上的电弧力集中,具有排斥作用;熔滴较大且不规则,过渡时偏离焊丝的轴线方向(图 8-3),过渡频率也较低;焊接过程的稳定性较差,焊缝成形比较粗糙,飞溅较大。焊接电流对熔滴过渡频率的影响如图 8-4 所示。

当焊接电流、电压介于上述两种情况之间时,易产生短路过渡和滴状过渡都存在的混合过渡。两者比例因参数匹配而异,飞溅较大,但电弧加热效率高。从提高焊接生产率考虑,往往在实际操作中用于焊接中等厚度焊件,熔深较大。

当采用大电流焊接且弧压较高时,熔滴呈细滴的非轴向过渡,焊接熔深大,飞溅小,称为细滴过渡,适合焊接较厚的焊件。

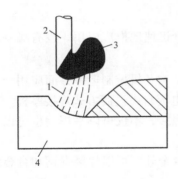

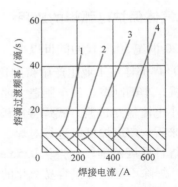

图8-3 排斥过渡示意图　　　图8-4 焊接电流对熔滴过渡频率的影响

1—电弧　2—焊丝　3—熔滴　4—焊件　　　1~4—焊丝直径分别为0.8mm、1.2mm、1.6mm、2.4mm

在粗丝（$\phi3 \sim \phi5$mm）大电流 CO_2 焊接时，电弧对熔池产生较大压力并使之出现凹坑，电弧可潜在凹坑内燃烧，如图8-5a所示。这样可压低电弧，将长弧时的射滴过渡转变为潜弧的射流过渡。这是因为在电弧下潜并被液态金属包围后，电弧中进入大量金属蒸气而改变了电弧气氛，从而能细化熔滴，减小飞溅，即使有飞溅也主要落在熔池内。但潜弧焊的焊缝成形往往不佳，易产生裂纹，此时可将焊丝拉出至可见到 $2 \sim 3$mm 长电弧的半潜弧状态

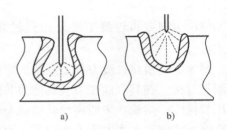

图8-5 潜弧和半潜弧焊接

（图8-5b），虽飞溅略大，但改善了成形，不易产生裂纹。这种方法只适合焊接热输入大的厚板焊接，工艺难度较大。

8.3　CO_2 气体保护电弧焊的冶金特点

8.3.1　合金元素氧化问题

CO_2 焊时，CO_2 在高温时要分解，具有强烈的氧化作用，会使合金元素烧损。同时，氧化性也是 CO_2 焊产生气孔和飞溅的一个重要原因。

CO_2 气体在电弧的高温作用下进行如下分解；

$$CO_2 \Longleftrightarrow CO + \frac{1}{2}O_2 \tag{8-1}$$

在高温的焊接电弧区域里，因 CO_2 的分解，上述的三种气体（CO_2、CO 和 O_2）往往同时存在，其中的 O_2 在高温下往往以 O 原子形式存在，表现出很强的氧化性。随着温度的增高，CO_2 气体的分解也越来越激烈。CO_2 热分解时气体的平衡成分与温度的关系如图8-6所示。

在这三种气体当中，CO 气体在焊接条件下不溶解于金属，也不与金属发生作用。但是，CO_2 和 O_2 都能与铁和其他合金元素发生化学反应而使金属烧损。

焊接时，尽管作用的时间很短，但液体金属与气体之间能发生强烈的化学反应。这是因为焊接区域处于高温，且气体与金属有较大的比接触表面积（单位体积的金属与气体接触的表面积），尤其是在熔滴反应区比接触表面积更大，增加了合金元素的氧化烧损。

焊接区域中的温度是极不均匀的，所以在其中不同位置，将发生不同的冶金反应。

在电弧的高温区域中（在电弧空间和接近电弧的焊接熔池中）将发生如下反应：

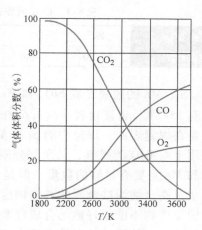

图 8-6 CO_2 热分解时气体的平衡成分与温度的关系

$$Fe + CO_2 \Longrightarrow FeO + CO \qquad (8-2)$$
$$Fe + O \Longrightarrow FeO \qquad (8-3)$$
$$Si + 2O \Longrightarrow SiO_2 \qquad (8-4)$$
$$Mn + O \Longrightarrow MnO \qquad (8-5)$$
$$C + O \Longrightarrow CO \qquad (8-6)$$

在远离电弧的较低温度的熔池区域（熔池尾部），合金元素将进一步被氧化，其反应方程式如下：

$$2FeO + Si \Longrightarrow 2Fe + SiO_2 \qquad (8-7)$$
$$FeO + Mn \Longrightarrow Fe + MnO \qquad (8-8)$$
$$FeO + C \Longrightarrow Fe + CO \qquad (8-9)$$

可见，CO_2 及其在高温下分解出的 O_2 具有很强的氧化性。随着温度提高，氧化性增强。当温度为 3000K 时，CO_2 气氛中将含有近 20% 的 O_2，这时的氧化性已超过了空气。

由于氧化作用而生成的 FeO 能大量溶于熔池金属中，易使焊缝金属产生气孔及夹渣等缺欠。其次，锰、硅等元素氧化生成的 SiO_2 与 MnO 虽然可成为熔渣浮到熔池表面，但却减少了焊缝中这些合金元素的含量，使焊缝金属的力学性能降低。

碳与氧化合生成的 CO，以及碳与氧化铁反应生成的 CO 气体会增大金属飞溅，且可能在焊缝金属中生成气孔。另外，碳的大量烧损，也要降低焊缝金属的力学性能。

因而在 CO_2 焊时，为了防止大量生成 FeO 和合金元素烧损，避免焊缝金属产生气孔和降低力学性能，通常要在焊丝中加入足够数量的脱氧元素。由于脱氧元素与氧的亲和力比 Fe 强，故在焊接过程中可阻止 Fe 被大量氧化，从而可以消除或减弱上述有害影响。

8.3.2 脱氧与合金化问题

脱氧的核心问题是抑制焊缝中合金元素和铁的氧化以及使氧化铁还原，尤其是要关注在熔池尾部的较低温度区域内所发生的脱氧反应。当某种元素的含量较大或它与氧的亲和力较大时，则这种元素越容易与氧化合。脱氧作用就是利用与氧的亲和力比铁大的元素优先氧化，以及还原氧化铁，使形成的 FeO 量减少。

目前，CO_2 焊焊丝中常用 Si 和 Mn 作脱氧元素。有些牌号的焊丝还添加 Al 和 Ti 等较活泼元素，在高温时先期脱氧，以减少 Si、Mn 和 Fe 等的氧化。由表 8-1 可见，作为焊丝中的脱氧元素 Si、Mn 的过渡系数都不高，而 Al、Ti 的过渡系数则更低。然而，正是由于这些脱氧元素有相当大的一部分被氧化，才能起到阻止 Fe 被大量氧化的作用。

表 8-1　CO_2 气体保护电弧焊焊丝中某些合金元素的过渡系数

合 金 元 素	Zn	Al	Ti	Si	Mn	Cr	Mo
过渡系数（％）	30～40	30～40	40	50～70	60～75	90～95	95～100

Si、Mn 的脱氧产物 SiO_2 和 MnO 能结合成复合化合物 $MnO \cdot SiO_2$（硅酸盐），其熔点只有 1543K，密度也较小（3.6g/cm³），且能凝聚成大块，易浮出熔池，凝固后成为渣壳覆盖在焊缝表面。焊丝中的 Si 和 Mn，在焊接过程中一部分被直接氧化掉和蒸发掉，一部分用于对 FeO 的脱氧，其余部分则过渡到焊缝金属中作为合金元素，所以焊丝中加入的 Si 和 Mn 需要有足够的数量。但是，焊缝中 Si 含量过高会降低焊缝的抗热裂缝能力；Mn 含量过高会使焊接金属的冲击韧度下降。此外，Si 与 Mn 含量之间的比例还必须适当，否则脱氧产物不能很好地结合成硅酸盐浮出熔池，而会有一部分 SiO_2 或者 MnO 夹杂物残留在焊缝中，使焊缝的塑性和冲击韧度下降。焊接低碳钢和低合金钢用的焊丝，一般含 w_{Si} 1％ 、w_{Mn} 1％～2％ 。

为防止生成 CO，除减少 FeO 的数量外，还应减少熔池中 C 的含量，也就是应该降低焊丝中的含碳量。实际上焊丝中碳的质量分数都应该小于 0.1％ 。

当保护气体、焊丝和焊件的成分一定时，焊接过程中合金元素的烧损还受到下列因素的影响：

1）温度越高，合金元素烧损越多。

2）金属与气体的比接触表面积增大，合金元素的烧损也增加。

3）金属与气体的接触时间增长，合金元素的烧损也增大。

显然，上述因素与选用的焊接参数有很大关系。例如电弧电压增大，即弧长变长，不仅增加熔滴在焊丝端部停留的时间，且增长熔滴过渡的路程，这样均增加熔滴与气体相接触的时间，使合金元素烧损增多；焊接电流增大，会使弧柱温度升高，且使熔滴尺寸变细而增大比接触表面积，这将加剧合金元素的氧化烧损。但是，电流增大，也会引起熔滴的过渡速度加快，缩短熔滴与气体相接触的时间，这样，又有减小合金元素氧化的作用。所以增大焊接电流对合金元素烧损的影响，不如增大电弧电压的影响显著，选择焊接参数时应注意这些问题。

8.3.3　气孔问题

CO_2 焊时，焊缝中可能产生的气孔有氮气孔、氢气孔和 CO 气孔。氮气孔、氢气孔形成的原因，一般认为是在焊接熔池中溶解了较多的 N_2 或 H_2，在焊缝金属结晶的瞬间由于溶解度突然减小，当这些气体来不及从熔池中逸出时，就在焊缝中形成了气孔；CO 气孔形成的原因，一般认为是由于冶金反应在熔池中产生了较多的 CO，当其从熔池中逸出的速度小于熔池结晶速度时，就形成了气孔。

（1）氮气孔　氮气孔常会在焊缝表面出现，呈蜂窝状，或者以弥散形式的微气孔分布于焊缝金属中。后者往往在抛光后检验或水压试验时才能被发现。

实践表明，要避免产生氮气孔，最主要的是应增强气体的保护效果，防止空气的侵入。另外，选用含有固氮元素（如 Ti 和 Al）的焊丝，也有助于防止产生氮气孔。

（2）氢气孔　焊接熔池中氢的含量与电弧空间中氢气的含量有很大关系。随着 CO_2 气体中水分的增加，会提高在焊接区域内氢的分压，同时也提高氢在焊缝金属中的含量，见表 8-2。当 CO_2 气体中的水分为 $1.92g/m^3$ 时，100g 焊缝金属中的含氢量可达到 4.7mL，开始出现单个气孔；如果进一步增加 CO_2 气体中的水分，则焊缝中的气孔数量也将增加。又如，当 CO_2 气瓶压力小于 1010kPa，气体未经干燥而含有大量水分时，则将沿焊缝出现大量网状气孔。当 CO_2 气体纯度小于 98.7% 时，在焊缝中往往出现气孔，而当纯度达 99.11% 以上时，就能得到无气孔的焊缝。因此，提高 CO_2 气体纯度，控制其中所含的水分，对于减少氢气孔是十分有效的。大多数国家规定，焊接用 CO_2 气体纯度（体积分数）不应低于 99.5%。

表 8-2　CO_2 气体中水分与焊缝金属含氢量的关系

CO_2 气体中水分/$g \cdot m^{-3}$	焊缝金属的含氢量/$mL \cdot 100g^{-1}$
0.85	2.9
1.35	4.5
1.92	4.7
15	5.5

由上所述，氢或水均能引起氢气孔，但与埋弧焊和氩弧焊等焊接方法比较，CO_2 焊对油、锈的敏感性较低，见表 8-3。由表可见，在 100mm 长焊缝中加入 0.5g 的锈，埋弧焊时生成少量气孔，而 CO_2 焊却无气孔。只有当含锈量达到 1g 时，CO_2 焊才出现少量气孔。这是因为锈是含结晶水的氧化铁，即 $FeO \cdot H_2O$。在电弧热作用下，该结晶水将分解，发生如下的反应：

$$H_2O \Longleftrightarrow 2H + O \qquad (8\text{-}10)$$

由于氢量增加，将增加形成氢气孔的可能性。可是，在 CO_2 焊的电弧气氛中的二氧化碳和氧的含量很高，它们将发生如下反应：

$$CO_2 + 2H \Longleftrightarrow CO + H_2O \qquad (8\text{-}11)$$
$$CO_2 + H \Longleftrightarrow CO + OH \qquad (8\text{-}12)$$
$$O + 2H \Longleftrightarrow H_2O \qquad (8\text{-}13)$$
$$O + H \Longleftrightarrow OH \qquad (8\text{-}14)$$

表 8-3　CO_2 气体保护电弧焊与埋弧焊时锈对形成气孔的影响

100mm 长焊缝中锈的质量/g	埋弧焊	CO_2 焊
0.3	无	无
0.5	少量气孔	无
0.7	—	无
1.0	—	少量气孔
1.2	—	少量气孔

注：均在直流反接条件下完成工作。

这时，反应都向右进行，其生成物是在液体金属中溶解度很小的水蒸气和羟基，从而减弱了氢的有害作用。所以，一般认为 CO_2 焊具有较强的抗潮和抗锈能力。

焊接低碳钢时，氢气孔的特征是它经常出现在焊缝的表面上，气孔的断面形状多为螺旋状，从焊缝表面上看呈圆喇叭口形，并且在气孔的四周有光滑的内壁。

（3）CO 气孔 由式（8-9）可知，在金属结晶的过程中，由于激烈的冶金反应，FeO 与 C 作用生成 CO 而易在焊缝中形成 CO 气孔。如果在焊缝金属中含 Si 的质量分数不少于 0.2% 时，就可以防止由于产生 CO 气体而引起的气孔，这是因为 Si 在金属凝固温度时能强烈脱氧所致。

如果在焊接熔池中含有足够量的脱氧剂（Si、Mn、Ti、Al 等），即使是在没有 CO_2 气体保护的情况下，仍可得到足够密实的焊缝。这是由于脱氧剂能与氧化合生成氧化物，而 Ti、Al 还能与氮化合生成氮化物，从而排除了氧和氮生成气孔的可能性。然而，当焊缝中含有较多的氧化物、氮化物以及脱氧元素时，也会降低焊缝金属的塑性。

在大多数情况下，CO 气孔产生在焊缝内部，并沿结晶方向分布，呈条虫状，表面光滑。如果焊丝的脱氧能力很低时，CO 气孔还可能成为表面气孔。

8.4 CO_2 气体保护电弧焊设备

8.4.1 CO_2 气体保护电弧焊设备的组成

CO_2 半自动焊设备由以下几部分组成：焊接电源、控制系统、送丝系统、焊枪和气路系统等。如图 8-7 所示，半自动焊设备工作的主要特点是自动送进焊丝，而焊枪的移动是靠手工操作。如果焊枪（机头）沿焊接线移动是由焊接小车或相应的操作机完成，则成为 CO_2 自动焊机，即在半自动焊设备的基础上增加焊接行走机构（如小车、吊梁式小车、操作机、转胎和弧焊机器人等）就构成了 CO_2 自动焊设备，如图 8-8 所示。焊接行走机构除完成行走功能外，在其上可载有焊枪、送丝系统和控制系统等。在实际生产中，CO_2 焊设备以半自动焊为主。常用的国产 CO_2 半自动焊机的技术参数见表 8-4。

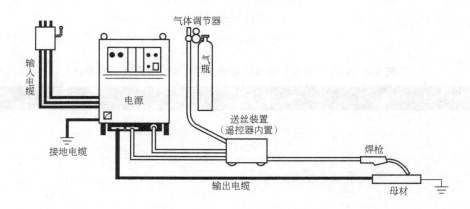

图 8-7 半自动 CO_2 焊设备的组成示意图

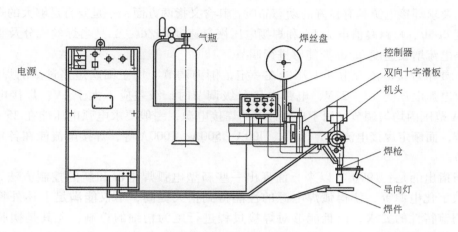

图 8-8　自动 CO_2 焊设备的组成示意图

表 8-4　常用的国产 CO_2 半自动焊机基本参数

项　目	单　位	基 本 参 数			
		NBC—160	NBC—250	NBC—400	NBC7—250
一次电压	V	380	380	380	380
相数		3	3	3	3
频率	Hz	50	50	50	50
额定输入容量	kVA	4.2	8.1	17.0	8.0
额定工作电流	A	160	250	400	250
额定负载持续率		60%	60%	60%	60%
电流调节范围	A	32~160	50~250	80~400	40~250
电压调节范围	V	16~22	17~27	18~34	14~36
空载电压范围	V	17~29	18~36	20~50	17~40
冷却方式		自冷	自冷	风冷	风冷

CO_2 气体保护电弧焊设备在许多方面与熔化极氩弧焊设备相同，以下主要介绍不同之处。

8.4.2　焊接电源

1. 要求

（1）对电源外特性要求　在采用等速送丝时，焊接电源应具有平或缓降外特性；采用变速送丝时，焊接电源应具有下降外特性。

短路过渡焊接时采用具有平外特性的电源，电弧长度和焊丝伸出长度的变化对电弧电压的影响最小，平外特性电源引弧比较容易，且对防止焊丝回烧和粘丝有利。此外，采用平外特性电源，可以对焊接电流和电弧电压分别加以调节，相互之间影响较小。

（2）对电源动特性要求　自由过渡焊接时对电源的动特性无特殊要求。而短路过渡焊接时，则要求焊接电源具有良好的动态品质。其含义指两方面：一是要有足够大的短路电流增长速度 di/dt、短路峰值电流 I_{max} 和焊接电压恢复速度 du/dt；二是当焊丝成分及直径不同时，短路电流增长速度 di/dt 要能够进行调节。

（3）要求焊接电流及电弧电压能在一定范围内调节　用于细丝短路过渡的焊接电源，一般要求电弧电压为 17～23V，电弧电压分级调节时，级差应不大于 1V；焊接电流能在 50～250A 范围内均匀调节。用于自由过渡的焊接电源，一般要求电弧电压能在 25～44V 范围内调节，而额定焊接电流分为 315A、400A、500A、1000A 等，焊接电流能在各自范围内均匀调节。

应当指出的是：1990 年以来，涌现出一些新型电弧焊电源和新的控制方法，如 STT 电源、数字化电源等，使得弧焊电源的性能得到很大提高，不仅能满足上述外特性、动特性、调节特性的要求，而且能够对焊接过程进行更为精细的控制，尤其是摆脱了传统的对电源特性的要求，可以在焊接过程中实时改变电源外特性，实时调节和控制电源的动特性。目前新型电源设备的应用范围正逐渐拓宽，将在本章后面详细介绍一些相关内容。

2. 电流种类及极性

CO_2 焊一般采用直流反接。因直流反接时，使用各种焊接电流值都能获得比较稳定的电弧，熔滴过渡平稳、飞溅小、焊缝成形好。

直流正接时焊丝的熔化速度比直流反接时要高，但电弧变得很不稳定，所以很少采用。当采用直流正接时，应同时采用"潜弧"或短路过渡，所获得的熔深比采用直流反接时要浅。

CO_2 焊通常不使用交流电源，有两个原因：

1）在每半个周期中，随着焊接电流减小到零，电弧熄灭，如果阴极充分地冷却，则电弧再引燃困难。

2）交流电弧的热惯性作用会使电弧不稳定。

硅整流电源、晶闸管整流电源、晶体管整流电源、逆变整流电源、直流弧焊发电机等均可作为 CO_2 焊的焊接电源。目前使用较多的是晶闸管整流电源和逆变式整流电源。

8.4.3　控制系统

CO_2 焊设备的控制系统应具备以下功能：

1）空载时，可手动调节下列参数：焊接电流、电弧电压、焊接速度（自动焊设备）、保护气体流量以及焊丝的送进与回抽等。

2）焊接时，实现程序自动控制，即：①提前送气、滞后停气；②自动送进焊丝进行引弧与焊接；③焊接结束时，先停丝后断电。对于半自动焊，发出停丝指令后，焊丝失去送进动力，但因惯性速度逐渐减小为零，在此过程中电流逐渐下降并滞后于焊丝速度下降到零，以防止焊丝端部熔滴凝固形成较大直径的小球；对于自动焊，发出停止指令后，焊丝失去送进动力，但因惯性速度逐渐减小为零，焊车可根据工艺需要提前、同时或滞后停止，电流也逐渐下降并滞后于焊丝速度逐渐下降到零，以达到去小球的目的。

CO_2 焊的程序循环图如图 8-9 所示。

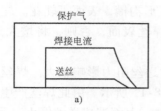
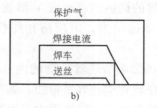

图 8-9 CO_2 焊的程序循环图

a) 半自动焊 b) 自动焊

8.4.4 送丝系统

1. 送丝系统的组成和送丝方式

送丝系统分为半自动焊送丝系统和自动焊送丝系统两类,半自动焊送丝类型较多。送丝系统与熔化极氩弧焊基本相同,以半自动焊送丝系统为例,也是由送丝机构、送丝软管(导丝管)、焊丝盘等组成。其中,送丝机构是由电动机、减速器、矫直机构、送丝滚轮等组成,如图 8-10 所示。根据送丝方式不同,半自动焊的送丝系统也包括推丝式、拉丝式和推拉丝式三种基本送丝方式(图 7-12)。这几种送丝系统的共同特点是借助于一对或几对送丝滚轮压紧焊丝,将电动机的扭矩转换成送丝的轴向力。

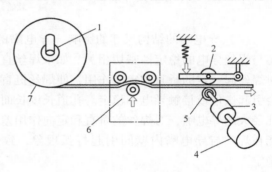

2. 送丝系统的稳定性

送丝稳定性是指当电动机输入功率或送丝阻力发生变化时,能保持送丝速度恒定不变的性能。送丝稳定性一方面与送丝电动机的机械特性及拖动控制电路的控制精度有关;另一方面又与焊丝送进过程中的阻力、送丝滚轮结构以及送丝滚轮对焊丝的驱动方式等有关。

图 8-10 送丝机构结构

1—焊丝盘转轴 2—送丝滚轮(压紧轮)
3—减速器 4—电动机 5—送丝滚轮(主动轮)
6—焊丝矫直机构 7—焊丝盘

(1)送丝电动机的机械特性 送丝电动机一般应能提供足够大的转矩,并具有硬的机械特性曲线。但是,当负载转矩增加时,电动机的转速会有所下降;电网电压的波动也会影响送丝速度的稳定。因此,为了稳定送丝速度,在送丝电动机的控制电路中一般都要采用电压负反馈自动调节系统。

(2)送丝机构 焊丝是由送丝滚轮驱动的,因而送丝滚轮结构及驱动焊丝的方式对送丝稳定性起着关键性的作用。

送丝滚轮结构通常有平面式、三滚轮行星式和双曲面滚轮行星式三种不同的类型。平面式送丝机构结构简单,使用与维修方便,但送丝滚轮与焊丝的接触面积较小,送丝驱动力小;三滚轮行星式和双曲面滚轮行星式的送丝滚轮与焊丝的接触面积较大,送丝驱动力大,但结构复杂。送丝滚轮结构的形式应根据实际情况选择。

送丝滚轮与焊丝的接触面可制成 V 形或 U 形沟槽，表面可轧花。轧花的沟槽能有效地防止焊丝打滑和增加送丝力，但应防止压伤焊丝表面，否则，将增大送丝阻力和磨损导电嘴。

（3）送丝软管的影响　送丝软管的内径对送丝阻力影响很大。焊丝直径一定，如果软管内径较大，焊丝在软管中就容易弯曲，如图 8-11 所示。由此焊丝产生波浪起伏的周期变化，强压力触点的数目增多，摩擦阻力迅速增加，甚至造成送丝停止。反之，如果软管内径过小，则焊丝与软管内壁的接触面积增大，必须相应地增加送丝力方可使送丝稳定。因此，应合理地选定软管的内径尺寸，一般要求焊丝直径和软管之间的间隙小于焊丝直径的 20%。另外，操作中应尽可能减小软管的弯曲。

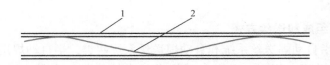

图 8-11　焊丝在软管中呈波浪形送进
1—软管　2—焊丝

（4）导电嘴的结构尺寸的影响　导电嘴的孔径和长度不仅关系到送丝的稳定性，而且还与焊丝导电的稳定性密切相关。如果焊丝直径与导电嘴结构尺寸匹配得当，则导电嘴还能对焊丝起一定的矫直和定向作用，使焊丝挺直送进；反之，孔道长度和孔径过大或过小，都会引起送丝或接触导电不稳定。孔道长度长而孔径小的导电嘴，送丝阻力大；孔道长度短而孔径大的导电嘴，对焊丝的矫直和定向作用差，并且容易引起焊丝与导电嘴接触不良，还可能在焊丝与导电嘴内壁间引起打弧现象，致使二者粘结，增加送丝阻力，使送丝速度不稳定。

CO_2 焊焊丝的导电嘴孔径应比焊丝直径 d 大，长度为 $20 \sim 30mm$。在焊丝直径 $\leq 0.8mm$ 时，导电嘴孔径一般取 $d + 0.1mm$；在焊丝直径 $\geq 1.0mm$ 时，导电嘴孔径一般取 $d + (0.2 \sim 0.3)mm$。

（5）焊丝弯曲度的影响　焊丝曲率半径过小，将造成送丝阻力急剧增加。所以，焊丝在绕入焊丝盘之前，或在进入送丝软管之前，最好通过矫直机构或导丝管加以矫直。为保证送丝通畅，焊丝盘的外径不能过小。

8.4.5　焊枪与软管

1. 焊枪

CO_2 焊焊枪与熔化极氩弧焊焊枪基本相同。半自动焊 CO_2 焊推丝式焊枪有鹅颈式和手枪式两种，详见图 7-13；拉丝式焊枪均为手枪式，详见图 7-14。由于 CO_2 焊多采用细丝焊，故焊枪多采用空冷式。

2. 送丝软管

送丝软管应有良好的使用性能，包括：一是软管应具有一定的刚度，也就是送焊丝时软管本身应具有一定的抗拉强度，受力时尽可能不拉长，以保证焊丝平稳输送；二是软管应具有较好的柔性，以便于焊工操作。另外，送丝软管应内壁光滑，保证均匀送丝；应具有足够的弹性，能承受较大的弯曲，而不产生永久变形。目前，最常用的送丝软管为送丝、送气和输电三者合一的一线式软管。

送丝软管的结构一般采用弹簧软管并在最外层加套塑料软管。弹簧软管是采用一定直径的弹簧钢丝（如直径为 1mm 的 15Mn 钢）制成密绕的螺旋管，外面用一层扁弹簧钢丝（如 $\phi 0.8 \times 4 \sim 5mm$）以适当的螺距用反螺旋方向包扎起来，并在两端用锡钎焊与内层弹簧软管封牢，以免松脱。

8.4.6 供气系统

CO_2 焊供气系统由 CO_2 气瓶、预热器、干燥器、减压器、气体流量计和电磁气阀等组成，如图 8-12 所示。它与熔化极氩弧焊不同之处是气路中一般都要接入预热器和干燥器。

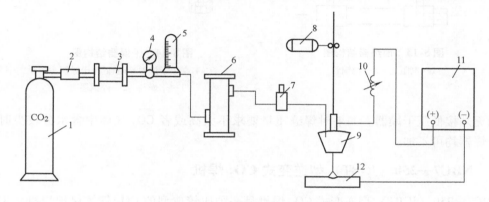

图 8-12 CO_2 气体保护半自动焊设备示意图

1—CO_2 气瓶　2—预热器　3—高压干燥器　4—气体减压阀　5—气体流量计　6—低压干燥器
7—气阀　8—送丝机构　9—焊枪　10—可调电感　11—焊接电源　12—焊件

1. 预热器

焊接过程中钢瓶内的液态 CO_2 不断地汽化成 CO_2 气体，汽化过程要吸收大量的热能。另外，钢瓶中的 CO_2 气体是高压的，为 $5 \sim 6MPa$，经减压阀减压后气体体积膨胀会使气体温度下降。为了防止 CO_2 气体中的水分在钢瓶出口处及减压表中结冰，使气路堵塞，在减压之前要将 CO_2 气体通过预热器进行预热。显然，预热器应尽量装在靠近钢瓶的出气口附近。

预热器的结构比较简单，一般采用电热式，用电阻丝加热（图 8-13），将套有绝缘瓷管的电阻丝绕在蛇形纯铜管的外围即可，采用 36V 交流电供电，功率在 $100 \sim 150W$ 之间。

供气系统的温度降低程度和 CO_2 气体的消耗量有关。气体流量越大，供气系统温度降得越低。长时间、大流量地消耗气体，甚至可使钢瓶内的液态 CO_2 冻结成固态。相反，若气体流量比较小（如 10L/min 以下），虽然供气系统的温度有所降低，但不会降低到零度以下，这时气路中就可不设预热器。

2. 干燥器

干燥器的主要作用是吸收 CO_2 气体中的水分和杂质，以避免焊缝出现气孔。干燥器分为高压和低压两种，其结构如图 8-14 所示。高压干燥器是气体在未经减压之前进行干燥的装置；低压干燥器是气体经减压后再进行干燥的装置。在一般情况下，气路中只接高压干燥

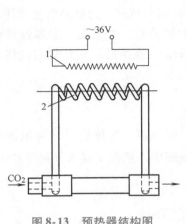

图 8-13 预热器结构图

1—电阻丝 2—纯铜管

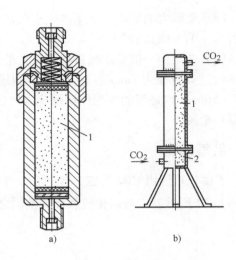

图 8-14 干燥器结构图

a）高压干燥器 b）低压干燥器

1—干燥剂 2—碎铜层

器，而无须接低压干燥器。如果对焊缝质量要求不太高或者 CO_2 气体中含水分较少时，这两种干燥器均可不加。

8.4.7 NBC7—250（IGBT）型逆变式 CO_2 焊机

NBC7—250（IGBT）型逆变式 CO_2 焊机是一种比较典型的 CO_2 气体保护焊机，主要由电源控制箱、送丝机构、焊枪及供气系统等部分组成。由于送丝机构可以单独整体移动，并接 3~4m 长的送丝软管与焊枪相连接，采用推丝式送丝，使用时比较灵活方便。该焊机主要用来对低碳钢和低合金钢等材料进行全位置半自动对接、搭接及角接等焊缝的焊接。

NBC7—250（IGBT）型焊机的逆变电源输出平特性，其电路结构如图 8-15 所示。焊接电源主电路采用半桥或全桥逆变式结构，焊接电源控制电路以脉宽调制芯片为核心，辅以单片机控制，实现对电源输出特性和焊接程序控制。

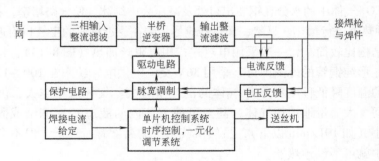

图 8-15 NBC7—250 型焊机电路结构图

该逆变式弧焊电源的主要技术性能：额定输出电流 250A，额定负载持续率 60%，电弧电压调节范围 14~36V，电流调节范围 40~250A。

1. 焊接电源主电路

焊接电源主电路由输入整流滤波电路、半桥逆变器和输出整流滤波电路等组成，如图 8-16 所示。半桥逆变器电路中只用一个 IGBT 模块，不仅降低了生产成本，而且避免了高频变压器的磁偏现象，提高了焊机的可靠性。

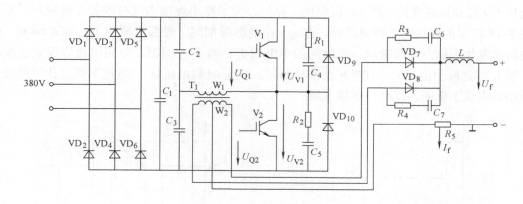

图 8-16 NBC7—250 型焊机电源主电路原理图

V_1，V_2—IGBT 管

主电路中，三相 50Hz、380V 交流电经 $VD_1 \sim VD_6$ 组成的三相桥式整流电路整流后，经过 C_1 滤波变成平滑的直流电压 U_d（一般在 500V 左右）。该电压加在由电容 C_2、C_3 和 IGBT 管 V_1、V_2 组成的逆变桥上。当 V_1、V_2 都截止时，由于 C_2 和 C_3 电容值相等，而且电路对称，所以 C_2 和 C_3 的中点电位为 $U_d/2$，IGBT 管 V_1、V_2 承受的电压也为 $U_d/2$，此时变压器 T_1 一次绕组 W_1 两端的电压 $U_1 = 0$。当 V_1 导通、V_2 截止时，由于 $U_{V1} = 0$、$U_{V2} = U_d$，C_2 两端电压通过 V_1 向 W_1 放电；同时输入电压 U_d 也通过 V_1 向 W_1 放电和对 C_3 充电。流经变压器一次绕组 W_1 的电流方向由右至左，W_1 上的电压与 C_2 上的电压相等，其方向与一次电流相同（右正左负）。当 V_1 截止、V_2 导通时，$U_{V1} = U_d$、$U_{V2} = 0$，C_3 两端电压通过 V_2 向 W_1 放电；同时输入电压 U_d 也通过 V_2 向 W_1 放电和对 C_2 充电。变压器一次电流的方向为由左至右，此时 W_1 上的电压与 C_3 上电压相等，其方向（左正右负）与变压器一次电流相同。由此可见，通过 V_1、V_2 的交替开通和关断，在变压器 T_1 的一次线圈 W_1 上便得到了交流电压 U_1，交流频率由功率管 V_1、V_2 开通与关断频率决定。该逆变电源定为 18kHz，获得的 18kHz 交流电通过变压器 T_1 降压、VD_7 与 VD_8 全波整流和直流电感 L 滤波后，成为适合于焊接的直流电源输出。

电路中的二极管 VD_9、VD_{10} 为钳位二极管，其作用是当关断 IGBT 时，其两端管压降被钳位，使其不超过 U_d，避免变压器漏感电动势对 IGBT 管造成损坏。R_1、C_4、R_2、C_5 组成阻容缓冲器，抑制 IGBT 的关断电压尖峰。

2. 焊接电源控制电路

电源控制电路以脉宽调制器（PWM）为核心，通过电流、电压反馈信号与给定信号比较，获得宽度可以变化的脉冲信号，经过驱动电路控制主电路中功率开关器件的通断时间，即调节占空比，从而调节焊接电源的输出。在保证焊机安全工作的前提下，获得 CO_2 焊所需要的电源输出特性。

电源控制电路主要包括驱动电路、脉宽调制电路和外特性控制电路。脉宽调制电路采用了 SG3525 集成芯片，电源的驱动电路采用了 EXB841 驱动模块。本节重点介绍外特性控制电路。

NBC7—250（IGBT）型焊接电源的外特性如图 8-17 所示，主要由空载电压 AB 段、燃弧电压 CD 段和短路峰值电流 DE 段组成。此外，为了减小焊接飞溅与改善焊缝成形，采用如图 8-18 所示的焊接电流控制波形。在 $t_0 \sim t_1$ 的燃弧期间，燃弧电流为 I_a；在 t_1 时刻，熔滴与熔池发生短路，电源输出一段时间的小电流 I_b；到了 t_2 时刻，短路电流以设定速度上升，至 t_3 时达峰值电流 I_p，促进短路液桥缩颈，在 t_4 时刻电流从 I_p 迅速下降，让短路液桥在较小的电流下爆断，以减小焊接飞溅。

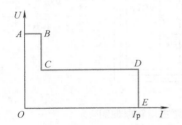

图 8-17　NBC7—250 型焊机外特性示意图

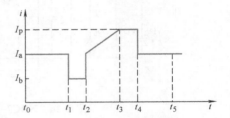

图 8-18　NBC7—250 型电源输出电流波形图

在短路过渡焊接电弧的不同阶段，在 SG3525 内部的误差放大器的 N_1 正相输入端输入不同的给定电压，电源就能输出相应的不同电流。为了实现图 8-17 的外特性形状和图 8-18 的电流控制波形，所设计的电源外特性控制电路如图 8-19 所示。

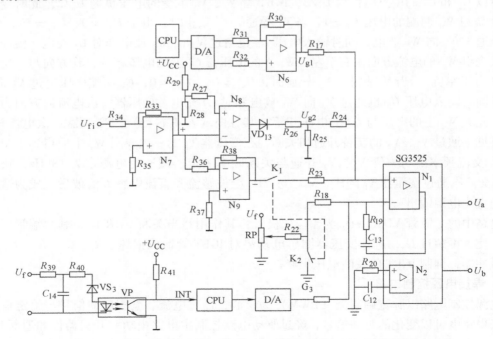

图 8-19　NBC7—250 型电源外特性控制电路原理图

在 SG3525 的误差放大器 N_1 的正相输入端共有三路输入，分别在空载、燃弧、短路三个状态下起主导作用。

反馈电流信号 U_{fi} 经运放 N_7 反相放大后，接至比较器 N_8 的反相输入端；$+U_{CC}$ 电压经 R_{28}、R_{29} 分压后通过 R_{27} 接至 N_8 的正相输入端。当反馈电流低于 30A 时，比较器 N_8 输出正饱和电压，经 VD_{13}、R_{26} 和 R_{25} 分压后输出给定电压 U_{g2}，U_{g2} 经过 R_{24} 接至 N_1 的正相端，它提供了图 8-17 中的电源空载电压 AB 段输出；当电流高于 30A 时，比较器 N_8 输出状态翻转，二极管 VD_{13} 截止，$U_{g2}=0$，不起作用。

由单片机输出的燃弧给定电压 U_{g1}，通过 R_{17} 接至 N_1 的正相输入端；同时，在燃弧状态下，电压反馈 U_f 经 RP 分压后通过 R_{22} 和 R_{18} 接至 N_1 的反相输入端，因此，在这期间，电源输出受到电压反馈控制，输出图 8-17 中的 CD 恒压段。

短路时，电子开关 K_1 闭合，反馈电流信号 U_{fi} 经 N_7 和 N_9 两级反相放大后，通过触点 K_1、R_{23} 接至 N_1 的正相输入端；同时，另一个触点 K_2 的闭合使 N_1 反相端输入的电压反馈 U_f 接到地，不起作用。因此，在短路期间，电源受到电流反馈控制，输出恒流特性如图 8-17 中 DE 段。

当电源输出电压小于 15V、发生短路时，稳压管 VS_3 截止，使得光耦合器 VP 截止，$+U_{CC}$ 通过 R_{41} 向单片机申请中断，单片机响应中断，开始执行短路程序：输出时间宽度为 (t_2-t_1) 的正脉冲到 SG3525 中误差放大器 N_1 的反相端。该脉冲的作用相当于增大了反馈电流信号，因此，降低了电源输出，使得在短路初期电源输出一段时间的小电流，如图 8-18 中时间 $t_1 \sim t_2$ 所示。由于该脉冲作用时间较短，一般只有 1ms 左右，不会使熔滴的温度降低太多，但使熔滴与熔池接触处的电流密度降低，熔滴在表面张力的作用下顺利地在熔池表面铺展，避免了瞬时短路引起的飞溅。

3. 单片机控制系统

在 NBC7—250（IGBT）型焊机中，单片机控制系统的主要功能是：焊接初始条件设定、焊接时序控制、一元化调节、参数调节和焊接过程监控等。其控制系统框图如图 8-20 所示。

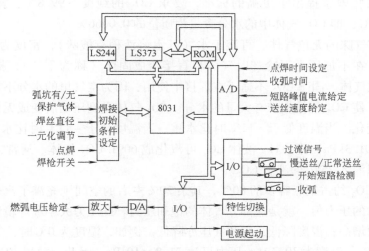

图 8-20　NBC7—250 型焊机单片机控制系统框图

在开始焊接前，单片机检测焊接初始设定条件，以便确定相应的焊接参数。

焊机采用以送丝速度优先的焊接参数一元化调节。调节过程由单片机软件控制，单片机内存有不同焊丝和不同材料焊接情况下 CO_2 焊接的优化规范曲线。在焊接过程中，根据给定的送丝速度，单片机自动输出与之相应的最佳匹配的焊接给定电压。此外，还可以通过电压微调旋钮实时地调整电源输出电压，以达到最佳的焊接效果。

单片机还担负着一个重要任务，这就是实时地监测焊接过程。当检测到短路发生时，单片机响应中断，开始执行短路子程序，控制短路电流波形，以减小焊接飞溅。

该电源的控制已具备现代新型弧焊电源的特点，可在焊接过程中实时改变电源的外特性，实时调节和控制电源的动特性。

4. 其他

NBC7—250（IGBT）型焊机电路系统中还包括送丝机调速电路、各种保护电路以及焊接时序电路等。送丝机调速电路采用了晶闸管整流调速电路，并采用了电机电枢电压负反馈，在一定的送丝速度给定下送丝系统可保持恒速送丝。焊接时序控制包括送丝电动机的转、停控制等，它们都是通过单片机控制系统实现的。保护电路中包括过流、过压和过热等异常保护电路以及缺相保护电路等。

8.5 CO_2 气体保护电弧焊用焊接材料

CO_2 焊用的焊接材料，主要是指 CO_2 气体和焊丝。本节仅从工艺角度介绍选用 CO_2 气体和焊丝时应注意的问题。

8.5.1 CO_2 气体

焊接用的 CO_2 气体应该有较高的纯度，一般技术标准规定是（体积分数）：$O_2 < 0.1\%$；$H_2O < (1 \sim 2) g/m^3$；$CO_2 > 99.5\%$。焊接时对焊缝质量要求越高，则对 CO_2 气体纯度要求也越高。近几年有些国家提出了更高的标准，要求 CO_2 的纯度 $> 99.8\%$，露点低于 $-40℃$（注：露点 $-40℃$，即 CO_2 气体中的水分含量为质量的 0.0066%）。

CO_2 是略有气味的无色气体，可溶于水（其水溶液稍有酸味），密度为空气的 1.5 倍，沸点为 $-78℃$。在不加压力下冷却时气体将直接变成固体（称为干冰），提高温度，固态 CO_2 又直接变成气体。固态 CO_2 不适于在焊接中使用，因为空气里的水分不可避免地会冷凝在干冰的表面，使 CO_2 气体中带有大量的水分。CO_2 气体受到压缩后变成无色液体，其密度随温度有很大变化。当温度低于 $-11℃$ 时比水重；当温度高于 $-11℃$ 时比水轻。在 $0℃$ 和一个大气压力（101.3kPa）下，1kg 液体 CO_2 可汽化成 609L CO_2 气体。通常，容量为 40L 的标准钢瓶内可以灌入 25kg 的液态 CO_2。

25kg 液态 CO_2 约占钢瓶容积的 80%，其余 20% 左右的空间则充满了汽化的 CO_2。气瓶压力表上所指示的压力值，就是这部分气体的饱和压力。此压力大小和环境温度有关。温度升高，饱和压力增高；温度降低，饱和气压亦降低。例如，温度为 $0℃$ 时，气体的饱和压力约为 $34.8 \times 10^5 Pa$；温度为 $30℃$ 时，压力可达 $71.8 \times 10^5 Pa$。因此，放置 CO_2 气瓶时应防止靠近热源或让烈日曝晒，以避免发生爆炸事故。这里指出，只有当液态 CO_2 已全部汽化后，

瓶内 CO_2 气体的压力才会随 CO_2 气体的消耗而逐渐下降。

CO_2 气体中主要的有害杂质是水分和氮气。氮气一般含量较低，危害大的是水分。液态 CO_2 中可溶解约占质量 0.05% 的水，多余的水则成自由状态沉于瓶底。溶于液态 CO_2 中的水可蒸发成水蒸气混入 CO_2 气体中，影响 CO_2 气体纯度，进而会影响焊缝的塑性，甚至会使焊缝出现气孔。水的蒸发量与瓶中 CO_2 气的压力有关。在室温下，当气瓶压力低于 980kPa（10 个工程大气压）时，除溶解于 CO_2 液体中的水分外，沉于瓶底的多余的水都要蒸发，从而大大地提高了 CO_2 气体中的含水量，这时就不能用于焊接了。

国内市售的 CO_2 气体主要有两个来源，一个是专业厂家生产的焊接专用 CO_2 气体，市场比较大；另一个是酿造厂、化工厂的副产品。后者含水分较高而且不稳定，为了获得优质焊缝，应减少这种瓶装 CO_2 气体内的水分和空气，提高输出 CO_2 气体的纯度。常用措施如下：

1）鉴于在温度高于 -11℃ 时，液态 CO_2 比水轻，所以可把灌气后的气瓶倒立静置 1 ~ 2h，以使瓶内处于自由状态的水分沉积于瓶口部，然后打开瓶口气阀，放水 2 ~ 3 次即可，每次放水间隔时间约 30min。放水结束后，仍将气瓶放正。

2）经放水处理后的气瓶，在使用前先放气 2 ~ 3min，放掉瓶内上部纯度低的气体，然后再接输气管。

3）在焊接气路系统中设置高压干燥器和低压干燥器，以进一步减少 CO_2 气体中的水分。至于干燥剂，常选用硅胶或脱水硫酸铜，吸水后它们的颜色会发生变化（见表 8-5），但经过加热烘干后又可重复使用。

表 8-5　硅胶和脱水硫酸铜在吸水前后的颜色及烘干温度

干　燥　剂	吸水前颜色	吸水后颜色	烘干温度/℃
硅胶	粉红色	淡青色	150 ~ 200
脱水硫酸铜	灰白色	天蓝色	300

8.5.2　焊丝

1. CO_2 焊对焊丝化学成分的要求

1）焊丝必须含有足够数量的 Mn、Si 等脱氧元素，以减少焊缝金属中的含氧量和防止产生气孔。

2）焊丝的含碳量要低，通常要求 $w_C < 0.11\%$，这样可减少气孔与飞溅。

3）应保证焊缝金属具有满意的力学性能和抗裂性能。

此外，当要求焊缝金属具有更高的抗气孔能力时，则希望焊丝中还应含有固氮元素。

2. CO_2 焊常用焊丝

常用焊丝的型号、化学成分及用途见表 8-6。其中 ER49-1（与旧牌号 H08Mn2SiA 类似）焊丝在 CO_2 焊中应用最为广泛。它有较好的工艺性能、力学性能及抗热裂纹能力，适于焊接低碳钢、屈服强度 <500MPa 的低合金钢，以及经焊后热处理抗拉强度 <1200MPa 的低合金高强钢。如果对焊缝致密性的要求更高时，还可以采用 ER50-2 焊丝。这种焊丝与 ER49-1 相比，含碳量降低了，并增加了强脱氧元素 Ti 和 Al，可以进一步改善工艺性能，不

但飞溅大为减少，而且 CO_2 和氮所引起的气孔也大为减少，从而堤高了焊缝的致密性。在焊接合金钢时，则要求采用与母材相同成分的焊丝，一般常采用埋弧焊或 CO_2 焊焊丝。由于合金钢焊丝的冶炼和拔制都很困难，所以 CO_2 焊用合金钢焊丝主要是向药芯焊丝方向发展。

表 8-6　CO_2 气体保护电弧焊常用焊丝的型号、化学成分及用途（GB/T 8110—2008）

焊丝型号	合金元素（质量分数,%）													
	C	Mn	Si	P	S	Ni	Cr	Mo	V	Ti	Zr	Al	Cu[1]	其他
用于碳钢														
ER50-2	0.07	0.90 ~ 1.40	0.40 ~ 0.70							0.05 ~ 0.15	0.02 ~ 0.12	0.05 ~ 0.15		
ER50-3			0.45 ~ 0.75											
ER50-4	0.06 ~ 0.15	1.00 ~ 1.50	0.65 ~ 0.85	0.025	0.025	0.15	0.15	0.15	0.03	—	—	—	0.50	—
ER50-6		1.40 ~ 1.85	0.80 ~ 1.15											
ER50-7	0.07 ~ 0.15	1.50 ~ 2.00②	0.50 ~ 0.80											
ER49-1	0.11	1.80 ~ 2.10	0.65 ~ 0.95	0.030	0.030	0.30	0.20	—	—					
用于低合金钢														
ER55-1	0.10	1.20 ~ 1.60	0.60	0.025	0.020	0.20 ~ 0.60	0.30 ~ 0.90	—	—	—	—	—	0.20 ~ 0.50	
ER69-1	0.08	1.25 ~ 1.80	0.20 ~ 0.55			1.40 ~ 2.10	0.30	0.25 ~ 0.55	0.05	0.10	0.10	0.10	0.25	0.50
ER76-1	0.09	1.40 ~ 1.80		0.010	0.010	1.90 ~ 2.60	0.50		0.04					
ER83-1	0.10		0.25 ~ 0.60			2.00 ~ 2.80	0.60	0.30 ~ 0.65	0.03					
ERXX-G	供需双方协商确定													

注：表中单值均为最大值。
① 如果焊丝镀铜，则焊丝中铜的质量分数和镀铜层中铜的质量分数之和不应大于 0.50%。
② Mn 的最大质量分数可以超过 2.00%，但每增加 0.05% 的 Mn，最大碳质量分数应降低 0.01%。

焊丝表面的清洁程度会影响焊缝金属中的含氢量。焊丝是否经过加热，焊缝金属中的含氢量显著不同，见表 8-7。焊接合金钢或大厚度低碳钢时，应采用机械、化学或加热办法清除掉焊丝上的水分和污染物。

目前国内常用的 CO_2 焊用焊丝直径为：0.6mm、0.8mm、1.0mm、1.2mm、1.6mm、2.0mm、2.4mm、3.0mm、4.0mm 和 5.0mm 等。半自动焊时主要是采用细焊丝。焊丝应当具有一定的硬度和刚度，这一方面是为了防止焊丝被送丝滚轮压扁或压出深痕；另一方面，是保证焊丝从导电嘴送出后有一定的挺直度。所以不论是推丝式、拉丝式还是推拉丝式送

表 8-7 焊丝表面清洁程度对焊缝金属含氢量的影响

焊丝代号[1]	焊丝直径/mm	焊缝金属中的平均含氢量/mL·100g^{-1}	
		未进行加热的焊丝	电阻加热过的焊丝
1	1.6	2.7~7.3	1.0
1	1.2	3.5	0.5
1	0.8	6.3	1.0
2	1.6	4.0	0.9
3	1.6	1.2	1.1
4	1.6	1.1	1.0
5	1.6	1.6	0.9
6	1.6	2.0	1.1

① 焊丝代号表示焊丝表面的清洁程度不同，由 1→6 表示清洁度增高。

丝，都要求焊丝以冷拔状态供货，而不应采用退火焊丝。焊丝表面常采用镀铜，可以防止生锈和有利于焊丝的储存及改善导电性。

8.6 飞溅问题与控制措施

CO_2 气体保护焊时，容易产生飞溅，这是由 CO_2 气体的性质所决定的。一般粗滴过渡焊接时飞溅程度要比短路过渡焊接时严重得多。大量飞溅不仅增加焊丝的损耗，而且焊后需要清理表面，同时飞溅金属易堵塞喷嘴，影响气流的保护效果。另外，导电嘴上的飞溅层常落入熔池，能降低焊缝质量以及污染环境和烧伤焊工，严重时会影响操作。

（1）由冶金反应引起的飞溅　由于 CO_2 气体具有强烈的氧化性，焊接时熔滴和熔池中的碳元素被氧化而生成 CO 气体。在电弧高温作用下，其体积急剧膨胀，CO 气体压力逐渐增大，最终会突破液态熔滴和熔池表面的约束而形成爆破，从而产生大量细粒的飞溅。但采用含有脱氧元素的焊丝时，这种飞溅已不显著。

（2）由斑点压力引起的飞溅　当用直流正接焊接时，正离子飞向焊丝末端的熔滴，机械冲击力大，因而造成大颗粒飞溅。当采用反接时，主要是电子撞击熔滴，斑点压力小，故飞溅较少，故常采用反接。

（3）熔滴短路时引起的飞溅　当熔滴与熔池接触形成短路时，短路电流强烈产热，并产生强烈的电磁收缩作用，使液体过桥缩颈。如果缩颈发生在焊丝和熔滴之间，过桥过热爆炸时，大量液体被推向熔池，只有少量细小的熔滴形成飞溅；如果缩颈发生在熔滴和熔池之间，过桥过热爆炸时，爆炸力将熔滴金属抛向四方，常常产生较大颗粒的飞溅。短路电流峰值较大，飞溅亦较大。若在焊接回路中串入合适的电感，可以减小短路电流的上升速度，使熔滴和熔池接触处不能瞬时形成缩颈，而是将缩颈推移到焊丝和熔滴之间，就可减少由短路电流引起的金属飞溅。20 世纪 90 年代以来发展了一些新型电源，如 STT 电源，则可以通过实时控制短路过渡过程来减小飞溅。

（4）非轴向熔滴过渡造成的飞溅　这是在粗滴过渡时由电弧的斥力引起的。熔滴在斑点压力和弧柱气流压力共同作用下，被推向焊丝末端的一边，并抛到熔池外面，使熔滴形成大颗粒飞溅。

（5）焊接参数选择不当引起的飞溅　生产实践表明，当焊接电流、电弧电压、电感值等参数选择不当时也能造成飞溅，故必须正确选择焊接参数，使产生这种飞溅的可能性减小。

8.7　CO_2 气体保护电弧焊工艺

CO_2 焊是一种经济、实用的焊接方法。为了获得高的生产率和优质的接头，除应选择合适的设备外，还必须采用正确的焊接工艺。也就是说，必须做好焊前准备，正确地选择焊接参数和采用正确的操作技术。

8.7.1　焊前准备

焊前准备工作包括坡口设计、坡口加工、清理、焊件装配等。

1. 坡口设计

CO_2 焊采用细滴过渡时，电弧穿透力较大，熔深较大，容易烧穿焊件，所以对装配质量要求较严格。坡口开得要小一些，钝边适当大些，对接间隙不能超过 2mm。如果用直径 1.6mm 的焊丝，钝边可留 4~6mm，坡口角度可减小到 45°左右。板厚在 12mm 以下时开 I 形坡口；大于 12mm 的板材可以开较小角度的坡口。但是，坡口角度过小易形成"梨"形熔深，在焊缝中心可能产生裂纹，尤其在焊接厚板时，由于拘束应力大，使裂纹倾向进一步增大，必须十分注意。

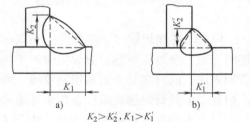

$$K_2 > K_2', K_1 > K_1'$$

图 8-21　水平角焊缝的熔深
a）焊条电弧焊　b）CO_2 焊

CO_2 焊采用短路过渡时熔深浅，不能按细滴过渡方法设计坡口，通常允许采用较小的钝边，甚至可以不留钝边。又因为这时的熔池较小，熔化金属温度低，黏度大，搭桥性能良好，所以间隙大些也不会烧穿。例如对接接头，允许间隙为 3mm。要求较高时，装配间隙应小于 3mm。

采用细滴过渡焊接角焊缝时，考虑到熔深大的特点，在焊同样角焊缝时其焊脚 K 可以比焊条电弧焊时减小 10%~20%（图 8-21 和表 8-8），因此，可以进一步提高 CO_2 焊的效率，减少材料的消耗。

表 8-8　不同板厚焊脚尺寸

板厚/mm	焊接方法	焊脚/mm
6	CO_2 焊	5
	焊条电弧焊	6
9	CO_2 焊	6
	焊条电弧焊	7
12	CO_2 焊	7.5
	焊条电弧焊	8.5
16	CO_2 焊	10
	焊条电弧焊	11

2. 坡口加工方法与清理

坡口加工的方法主要有机械加工、气割和碳弧气刨等。CO_2 焊时对坡口精度的要求比焊条电弧焊时高。

焊定位焊缝之前应将坡口周围 10 ~ 20mm 范围内的油污、铁锈、氧化皮及其他脏物除掉，否则将严重影响焊接质量。6mm 以下薄板上的氧化膜对质量几乎无影响；焊厚板时，氧化皮能影响电弧稳定性，恶化焊缝成形和生成气孔。为了去除氧化皮中的水分和油类，焊前最好用气体火焰烤一下，但要充分加热，否则，在焊件冷却时会生成水珠，它进入坡口间隙内将产生相反的效果。

为了防锈，许多钢板都涂了油漆。焊接时这些油漆不一定都要除掉，要看对焊接质量有无影响，有影响的涂料一定要除掉，没有影响的涂料可以不除掉。

3. 定位焊缝

定位焊是为了装配焊件和固定焊件上的接缝位置而进行的焊接。定位焊缝本身易产生气孔和夹渣，也是导致随后 CO_2 焊时产生气孔和夹渣的主要原因，所以必须认真地焊接定位焊缝。定位焊可采用接触焊、细丝 CO_2 焊和焊条电弧焊。用焊条电弧焊焊接的定位焊缝，如果渣清除不净，会引起电弧不稳和产生缺欠。

定位焊缝的选位也很重要，应尽可能使定位焊缝分布在焊缝的背面。当背面难以施焊时，可在正面焊一条短焊缝，再焊接时此处就不要再焊了。

定位焊缝的长度和间距，应视焊件厚度而定。薄板的定位焊缝应细而短，长度为 3 ~ 50mm，间距为 30 ~ 150mm；中厚板的定位焊缝间距可达 100 ~ 150mm，为增加定位焊缝的强度，应适当增大定位焊缝长度，一般为 15 ~ 50mm。

使用夹具定位时，应考虑磁偏吹问题。因此，夹具的材质、形状、位置和焊接方向均应注意。

8.7.2 焊接参数的选择

CO_2 焊的焊接参数较多，主要包括焊接电流、电弧电压、焊接速度、焊丝直径、焊丝伸出长度、电流极性、焊接回路电感值和气体流量等。

1. 焊丝直径的选择

钢板厚度为 1 ~ 4mm 时，应采用直径为 0.6 ~ 1.2mm 的焊丝；当钢板厚度大于 4mm 时，应采用直径大于或等于 1.6mm 的焊丝。直径为 1.6mm 和 2mm 的焊丝，可以用于短路过渡和细滴过渡焊接，而直径大于 2mm 的焊丝，只能用于细滴过渡焊接。焊丝直径的选择见表 8-9。电流相同时，随着焊丝直径的减小，熔深要增大。焊丝直径 ϕ 对于熔深 H 的影响如图 8-22 所示。

2. 焊接电流的选择

焊接电流的作用是熔化焊丝和焊件，同时也是决定熔深的最主要因素。焊接电流使用范

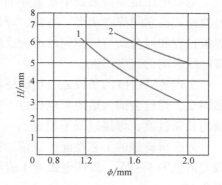

图 8-22　焊丝直径 ϕ 对熔深 H 的影响
1—焊接电流 300A、电弧电压 30V、焊接速度 30m/h　2—焊接电流 400A、电弧电压 35V、焊接速度 30m/h

围随焊丝直径和熔滴过渡形式的不同而不同。焊丝直径为 1.6mm 且短路过渡的焊接电流在 200A 以下时，能得到飞溅小、成形美观的焊道；细滴过渡的焊接电流在 350A 以上时，能得到熔深较大的焊道，常用于焊接厚板。焊接电流的选择见表 8-10。

表 8-9　焊丝直径的选择

焊丝直径/mm	熔滴过渡形式	板厚/mm	焊 接 位 置
0.8	短路	1.5 ~ 2.3	全位置
	细滴	2.5 ~ 4	水平
1.0 ~ 1.2	短路	2 ~ 8	全位置
	细滴	2 ~ 12	水平
1.6	短路	3 ~ 12	立、横、仰
≥1.6	细滴	>6	水平

表 8-10　焊接电流的选择

焊丝直径/mm	焊接电流/A	
	细滴过渡 （电弧电压 30 ~ 45V）	短路过渡 （电弧电压 16 ~ 22V）
0.8	150 ~ 250	60 ~ 160
1.2	200 ~ 300	100 ~ 175
1.6	350 ~ 500	120 ~ 180
2.4	600 ~ 750	150 ~ 200

3. 电弧电压的选择

电弧电压是焊接参数中很重要的一个参数。电弧电压的大小决定了电弧的长短和熔滴的过渡形式，它对焊缝成形、飞溅、焊接缺欠以及焊缝的力学性能有很大的影响。电弧电压对焊接过程和对金属与气体间的冶金反应的影响均比焊接电流大，且随着焊丝直径的减小，电弧电压影响的程度增大。

实现短路过渡的条件之一是保持较短的电弧长度，即低电压。但电弧电压过低，电弧引燃困难，焊丝会插入熔池，电弧也不能稳定燃烧；若电弧电压过高，则由短路过渡转变成粗滴的长弧过渡，焊接过程不稳定。

为获得良好的工艺性能，应该选择最佳的电弧电压值，该值范围是一个很窄的区间，一般差值仅为 1 ~ 2V。最佳电弧电压值与焊接电流、焊丝直径和熔滴过渡形式等因素有关，见表 8-11。

4. 焊接速度的选择

选择焊接速度主要根据生产率和焊接质量。焊速过快，保护效果差，同时使冷却速度加大，使焊缝塑性降低，且不利于焊缝成形，易形成咬边缺欠；焊速过慢，熔敷金属在电弧下堆积，电弧热和电弧力受阻碍，焊道不均匀，且焊缝组织粗大。在实际生产中，焊速一般不超过 0.5m/min。

5. 焊丝伸出长度的选择

由于短路过渡焊接时采用的焊丝都比较细，因此在焊丝伸出长度上产生的电阻热很大，成为焊接参数中不可忽视的因素。当其他焊接参数不变时，随着焊丝伸出长度增加，焊接电流下降，熔深也减小；焊丝上的电阻热增大，焊丝熔化加快，从提高生产率上看这是有利的。但是，当焊丝伸出长度过大时，焊丝容易发生过热而成段熔断，飞溅严重，焊接过程不稳定。同时，焊丝伸出长度增大后，喷嘴与焊件间的距离亦增大，因此气体保护效果变差。

表 8-11　常用焊接电流及电弧电压的适用范围

焊丝直径 /mm	短 路 过 渡		滴 状 过 渡	
	焊接电流/A	电弧电压/V	焊接电流/A	电弧电压/V
0.6	40 ~ 70	17 ~ 19		
0.8	60 ~ 100	18 ~ 19		
1.0	80 ~ 120	18 ~ 21		
1.2	100 ~ 150	19 ~ 23	160 ~ 400	25 ~ 35
1.6	140 ~ 200	20 ~ 24	200 ~ 500	26 ~ 40
2.0			200 ~ 600	27 ~ 40
2.5			300 ~ 700	28 ~ 42
3.0			500 ~ 800	32 ~ 44

　　焊丝伸出长度过小，会妨碍观察电弧，影响焊工操作；同时因喷嘴与焊件间的距离太短，飞溅金属容易堵塞喷嘴；另外，还会使导电嘴过热而夹住焊丝，甚至烧毁导电嘴。

　　根据生产经验，合适的焊丝伸出长度一般为焊丝直径的 10 ~ 12 倍。对于不同直径的焊丝，允许使用的焊丝伸出长度是不同的，见表 8-12。

表 8-12　焊丝伸出长度的选择

焊丝直径/mm	ER49-1 焊丝伸出长度/mm
0.8	6 ~ 12
1.0	7 ~ 13
1.2	8 ~ 15

6. 电流极性的选择

CO_2 焊主要采用直流反接法。不同极性接法的应用范围及特点见表 8-13。

表 8-13　电流极性的应用范围及特点

电流极性	应 用 范 围	特 点
直流反接	短路过渡及滴状过渡的普通焊接，一般材料的焊接	飞溅小，电弧稳定，焊缝成形好，熔深大，焊缝金属含氢量低
直流正接	高速焊接、堆焊、铸铁补焊	焊丝熔化速率高，熔深浅，熔宽及余高较大

7. 焊接回路电感值的选择

　　焊接回路电感主要用于调节电源的动特性，以获得合适的短路电流增长速度 di/dt，从而减少飞溅；并调节短路频率和燃烧时间，以控制电弧热量和熔透深度。

　　焊接回路中电感值应根据焊丝直径和焊接位置来选择。在短路过渡中，熔滴首先与熔池润湿并摊开，然后形成缩颈，由于细焊丝的熔滴尺寸小，所以可以在短时间完成，熔滴过渡的周期短，因此需要较大的 di/dt，应选择较小电感值；粗焊丝焊时熔化慢，熔滴过渡的周期长，则要求较小的 di/dt，需选择较大电感值。初始短路时，应减小电流，这样有利于熔滴来得及沿熔池润湿和摊开，而防止形成瞬时短路。传统的弧焊电源只能利用电感的作用来防止电流过快增加，很难在此瞬间减小电流；现代新型弧焊电源，则具有在极短时间内减小电流的能力，并需要较小的电感值。另外，在平焊位置要求短路电流增长速度 di/dt 比立焊和仰焊位置时低些。焊接回路电感值的选择见表 8-14。

表 8-14　焊接回路电感值的选择

焊丝直径/mm	焊接电流/A	电流电压/V	电感/mH	短路电流增长速度 /kA·s^{-1}
0.8	100	18	0.01 ~ 0.08	50 ~ 150
1.2	130	19	0.02 ~ 0.50	40 ~ 130
1.6	160	20	0.30 ~ 0.70	20 ~ 75

　　值得注意的是，在实际生产中，由于焊接电缆比较长，常常将一部分电缆盘绕起来，这相当于在焊接回路中串入了一个附加电感。由于回路电感值的改变，使飞溅情况、母材熔深等都将发生变化。因此，焊接过程正常后，电缆盘绕的圈数就不宜变动（通常不宜盘绕，因为电焊机制造商在选择电感时不考虑盘绕因素）。

　　应当指出的是，表 8-14 的回路电感值，适用于抽头和晶闸管式整流焊机等传统弧焊电源，当使用现代新型弧焊电源（如逆变焊机）后，可采用控制焊机动特性的办法，即除了铁磁电感外，常常还利用电子电抗器调节。这时铁磁电感可以降低，如 500A 焊机常用 0.05mH。

8. 气体流量的选择

　　CO_2 气体流量的大小主要是根据对焊接区域的保护效果来决定。在焊接电流较大、焊接速度较快、焊丝伸出长度较长以及在室外作业等情况下，气体流量要适当加大，以使保护气体有足够的挺度，提高其抗干扰的能力。另外，内角焊比外角焊时保护效果好，流量应取下限。气体流量过大或过小都将影响保护效果，容易造成焊接缺欠。气体流量的选择见表 8-15。

表 8-15　CO_2 气体流量选择

焊接方法	细丝 CO_2 焊	粗丝 CO_2 焊	粗丝大电流 CO_2 焊
CO_2 流量/L·min^{-1}	5 ~ 15	15 ~ 25	35 ~ 50

　　确定焊接参数的程序为：首先根据板厚、接头形式和焊缝的空间位置等选定焊丝直径和焊接电流，同时考虑熔滴过渡形式，然后选择和确定电弧电压、焊接速度、焊丝伸出长度、气体流量和电感值等。碳钢和低合金钢 CO_2 焊的焊接参数见表 8-16 ~ 表 8-19。

表 8-16 水平对接 CO_2 半自动焊焊接参数

焊件厚度 /mm	焊丝直径 /mm	接头形式	装配间隙 /mm	焊接参数					备 注
				焊接电流 /A	电弧电压 /V	焊接速度 /m·h⁻¹	焊丝伸出长度 /mm	气体流量 /L·mm⁻¹	
1	0.8		0 ~ 0.8	60 ~ 65	20 ~ 21	30	3 ~ 10	7	垫板厚度 1.5mm
1	0.8		0 ~ 0.3	35 ~ 40	18 ~ 18.5	25	5 ~ 8	7	单面焊双面成形
	1.0		0.5 ~ 0.8	110 ~ 120	22 ~ 28	27	10 ~ 12	8	垫板厚度 3mm
1.5	1.0			60 ~ 70	20 ~ 21	30	10 ~ 12	8	单面焊
	0.8		0 ~ 0.3	45 ~ 50	18.5 ~ 19.5	31	8 ~ 10	7	双面焊（两面不同参数）
				55 ~ 60	19 ~ 20				
	1.2		0.5 ~ 1	120 ~ 140	21 ~ 23	30	12 ~ 14	8	单面焊双面成形
	1.2		0 ~ 0.8	130 ~ 150	22 ~ 24	27	12 ~ 14	8	垫板厚度 2mm
2	1.2		0 ~ 0.6	85 ~ 95	21 ~ 22	30	12 ~ 14	8	单面焊双面成形，反面放钢垫
	1.0			85 ~ 95	20 ~ 21	27	10 ~ 12	8	
	0.8			75 ~ 85	20 ~ 21	25	8 ~ 10	7	
	1.0		0 ~ 0.6	50 ~ 60	19 ~ 20	30	10 ~ 12	8	双面焊（两面不同参数）
				60 ~ 70					
	0.8			55 ~ 60	18 ~ 20	30	8 ~ 10	7	
				65 ~ 70					
3	1.2		0 ~ 0.8	95 ~ 105	21 ~ 22	30	12 ~ 14	8	
				110 ~ 130					
6	1.2		0 ~ 1	190	19	16	16	35	
				210	20				
9	1.2		0 ~ 1.5	340	33.5		27	20	
				360	34				

（续）

焊件厚度/mm	焊丝直径/mm	接头形式	装配间隙/mm	焊接参数					备　注
				焊接电流/A	电弧电压/V	焊接速度/m·h⁻¹	焊丝伸出长度/mm	气体流量/L·mm⁻¹	
	1.6		0~1.5	360 400	36 40	30	20	20	
12	1.6		—	310 330	32 33	30	15	20	
16	1.6		—	410 430	34.5 36	27 27	20	20	双面焊（两面焊缝不同参数）
25	1.6		—	480 500	38 39	18 18	20	25	
30	2	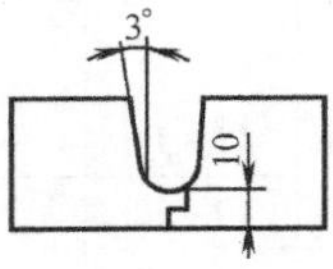	—	400~450	40	20	—	18	

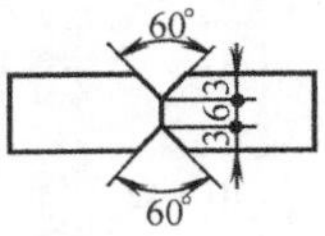

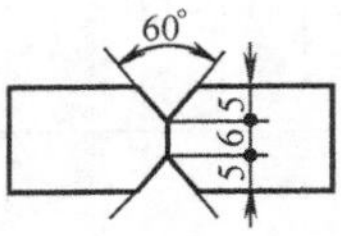

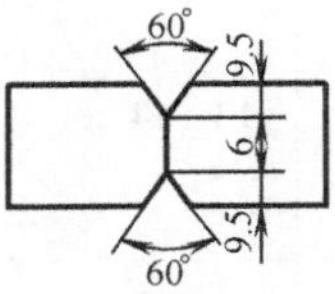

表 8-17　角焊缝焊接参数

焊件厚度/mm	焊脚尺寸/mm	焊丝直径/mm	焊接电流/A	焊接电压/V	焊接速度/m·h⁻¹	焊丝伸出长度/mm	气体流量/L·min⁻¹	焊接位置
0.8~1.0	1.2~1.5	0.7~0.8	70~110	17~20.5	30~50	8~10	6	平焊、立焊、仰焊
1.2~2.0	1.5~2.0	0.8~1.2	110~140	18.5~20.5	30~50	8~12	6~7	
2.0~3.0	2.0~3.0	1.0~1.6	150~210	19.5~23	25~45	8~15	6~8	
4.0~6.0	2.5~4.0	1.0~1.4	170~250	21~32	23~45	10~15	7~10	平焊、立焊

（续）

焊件厚度 /mm	焊脚尺寸 /mm	焊丝直径 /mm	焊接电流 /A	焊接电压 /V	焊接速度 /m·h⁻¹	焊丝伸出长度 /mm	气体流量 /L·min⁻¹	焊接位置
≥5.0	6~8	1.6	260~280	27~29	20~26	18~20	16~18	平焊
	9~11 （2层）	2.0	200~350	30~32	25~28	20~24	17~19	
	13~16 （4~6层）	2.0	300~350	30~32	25~28	20~24	18~20	
	27~30 （12层）	2.0	300~350	30~32	24~26	20~24	18~20	

注：采用直流反接，不开坡口，H08Mn2SiA 焊丝，操作时焊丝倾斜。

表 8-18　对接焊缝向下立焊的焊接参数

焊件厚度 /mm	间隙 /mm	焊丝直径 /mm	焊接电流 /A	电弧电压 /V	焊接速度 /m·h⁻¹
0.8		0.9	60~65	16~17	36~39
1.0		0.9	60~65	16~17	36~39
1.2	0	0.9	70~75	16.5~17	36~39
1.6		0.9	76~85	17~18	33~39
		1.2	100~110	16~16.5	48~50
2.0	1.0	0.9	85~90	18~19	27~30
	0.8	1.2	110~120	17~18	42~48
2.3	1.3	0.9	90~100	18~19	24~27
	1.5	1.2	120~130	18~19	33~39
3.2	1.8	1.2	140~160	19~19.5	23~25
4.0	2.0	1.2	140~160	19~19.5	21~23

表 8-19　角焊缝向下立焊的焊接参数

焊脚尺寸 /mm	焊丝直径 /mm	焊接电流 /A	电弧电压 /V	焊接速度 /m·h⁻¹	气体流量 /L·min⁻¹
3.0	1.0~1.2	80~140	18~20.0	30~27	10~20
3.5	1.0~1.2	130	20	37	10~20
4.0	1.0~1.2	170	21	27	10~20
5.0	1.2	280	28	30	20~25
7.0	1.2	320	34	30	20~25
10.0	1.5	400	38	21	20~25

8.7.3　鳍片管的半自动 CO_2 气体保护电弧焊工艺实例

鳍片管是一种钢管与扁钢的焊接构件，其连接形式如图 8-23 所示。管子材料为 20 钢，

规格为 $\phi 60mm \times 5mm$；扁钢材料为 Q235，厚度为 6mm。所采用的 CO_2 焊工艺如下：

1）为了控制鳍片管的焊接变形，采用压板式焊接夹具，如图 8-24 所示。底板长度与钢管长度相近，底板上每相距 300～500mm 装一副压板。

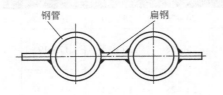
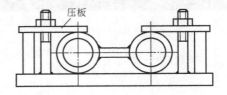

图 8-23　鳍片管接头形式　　　　　图 8-24　鳍片管焊接夹具

2）采用 H08Mn2SiA 焊丝，直径为 1.0mm 或 1.2mm。

3）将焊件表面及焊丝清理干净，先将鳍片管组装定位，每隔 200mm 焊接 10mm，钢管与扁钢间的装配间隙为 0～0.5mm。装配后将焊件夹紧在夹具上。

4）采用 NBC—400 半自动 CO_2 焊机。焊机软管宜搁置在高处，以便使用时灵活拖动，同时可减轻焊工的劳动强度。焊接场地要避风和雨。鳍片管一面焊完后，松去压板翻身，再焊另一面。

5）鳍片管 CO_2 半自动焊焊接参数见表 8-20。

表 8-20　鳍片管 CO_2 半自动焊焊接参数

焊丝直径/mm	焊接电流/A	电弧电压/V	焊接速度/m·h⁻¹	气体压力/MPa
1.0	220～230	30	23～25	0.15
1.2	290～300	30	33	0.2

焊后，经检验质量合格。若将焊枪改为小车式，将半自动焊变成自动焊，且小车同时具有两个焊枪，则效率会大大提高。

8.8　CO_2 气体保护电弧焊的其他方法

8.8.1　药芯焊丝 CO_2 气体保护电弧焊

药芯焊丝 CO_2 焊是一种采用 CO_2 气体和焊剂联合保护的焊接方法。焊接时，在利用 CO_2 气体保护的同时，焊丝的药芯（焊剂）受热熔化，熔化的药芯（焊剂）与熔化的金属相互接触，可以覆盖和发生冶金反应，起到保护作用。随后在焊缝表面上形成一层薄薄的熔渣，也能起到保护作用（图 8-25）。同时，药芯焊丝 CO_2 焊兼有 CO_2 焊和焊条电弧焊的一些优点，能够克服 CO_2 焊时飞溅较大、焊缝成形不良等缺点。

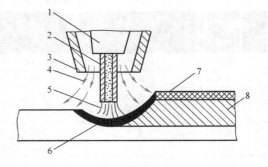

图 8-25　药芯焊丝 CO_2 气体保护电弧焊示意图
1—导电嘴　2—药芯焊丝　3—气体喷嘴　4—CO_2 气体
5—电弧　6—熔池　7—熔渣　8—焊缝金属

药芯焊丝 CO_2 焊在国外已获得广泛应用，可用于自动焊或半自动焊。近年来，我国在冶金设备和海洋工程装备、电力和交通运输设备等制造业中也得到广泛应用。

1. 工艺特点

（1）焊接生产率高　用实芯焊丝焊接时，加大电流，会使工艺性能变坏，焊缝金属的冲击韧度降低，产生裂纹的可能性增加。而用药芯焊丝时，特别是使用碱性药芯时，电流大小对工艺性能影响不大，甚至电流增大到 800A 时仍可焊接，因此焊接生产率高，为焊条电弧焊的 3~5 倍。此外，由于药芯能改变熔滴过渡特点，细化熔滴颗粒，在电弧空间自由飞落或沿渣壁过渡，因而也可以减少飞溅和改善焊缝成形。

（2）保护效果好　由于焊接熔池受到 CO_2 气体和熔渣两方面的保护，能够有效地防止空气侵入。同时，熔渣对液体金属有精炼作用，能提高焊缝金属的力学性能。也是由于熔渣的作用，对焊前焊件的清理可以降低要求。此外，抗风能力也比实芯焊丝 CO_2 焊高。

（3）调整合金成分方便　根据焊缝金属力学性能和合金成分的要求，可以使用不同的焊药配方和装药量向焊缝中渗合金。因此，这种方法可以用于合金钢焊接及耐磨堆焊等方面。

（4）可以选用直流电或交流电焊接　焊接电源采用平特性或陡降特性均可。

但是，药芯焊丝 CO_2 焊也有不足之处，除送丝比实芯焊丝困难外，药芯还容易吸潮。使用前，药芯焊丝必须在 250~300℃ 温度下焙烘，否则，药芯吸收的水分会在焊缝中引起气孔。

2. 药芯焊丝结构

药芯焊丝的截面形状是多种多样的，如图 8-26 所示。可简要地分成两大类：简单截面的"O"形和复杂截面的折叠形。折叠形中又分为"T"形、"E"形、"梅花"形和"中间填丝"形等。

"O"形　　　"梅花"形　　　"T"形　　　"E"形　　　"中间填丝"形

图 8-26　药芯焊丝的截面形状

"O"形截面的焊丝通常称之为管状药芯焊丝。管状药芯焊丝由于芯部焊剂不导电，电弧容易沿四周的钢皮旋转，电弧稳定性较差。而折叠形药芯焊丝因钢皮在整个断面上分布比较均匀，焊丝芯部也能导电，所以电弧燃烧稳定，焊丝熔化均匀，冶金反应充分。但是，小直径的折叠形药芯焊丝制造比较困难，因此折叠形药芯焊丝直径一般大于 2.4mm，而"O"形焊丝直径一般小于 2.4mm。

药芯焊丝是采用经过光亮退火的 H08A 冷轧薄钢带，在轧机上通过一套轧辊进行纵向折叠，并在折叠过程中加进预先配制好的焊剂，最后拉拔成所需规格的焊丝，并绕成盘状供应。药芯焊丝内的装药量对焊丝的工艺性能影响很大。药芯质量与焊丝质量之比，称为填充系数，通常由焊丝的结构形式和用途所决定，一般为 15%~40%。填充系数大，保护效果好；但填充系数过大时，保护效果反而降低，这是因为焊丝外面的金属管比药芯先熔化，从而造成还没有熔化的药芯直接落入熔池，不但不能起到保护作用，还将形成非金属夹杂物。

药芯焊丝的制造质量对焊接过程的稳定性和焊缝质量有很大的影响。药芯为各种成分的机械混合物，必须拌和均匀。沿焊丝长度，药芯的致密度也应均匀。否则，焊丝通过焊丝滚轮时会被压扁而造成送丝困难，引起焊接过程的不稳定。另外，焊丝外壳的接缝必须吻合紧密，不应有局部开裂。焊丝拔制后应有一定的刚度，以保障在软管中送丝通畅。

药芯焊丝中药芯的成分与焊条药皮的成分相似，有稳弧剂、造渣剂、脱氧剂及合金剂等，药芯在焊接过程中起着和焊条药皮相同的作用。按药芯的成分，药芯焊丝大致可分为如下几种：金红石—有机物型，碳酸盐—氟石型，氟石型，金红石型和金红石—氟石型。前面三种主要用于自保护焊，而后两种用于 CO_2 焊。

国产药芯焊丝的直径有 1.6mm、2.0mm、2.4mm、2.8mm 和 3.2mm 等几种，主要用于低碳钢和低合金钢焊接。

3. 焊接参数

由于药芯焊丝 CO_2 焊使用的焊接电流较大，获得的焊缝熔深较大，目前主要用于中、厚钢板的平、横焊的半自动焊和自动焊。

药芯焊丝电弧焊除可用 CO_2 气体作保护气体外，也可用 Ar + 25% CO_2 或 Ar + 2% O_2 等混合气体作保护气体。用这些混合气体保护焊时，熔敷的焊缝金属的抗拉强度和屈服强度比用纯 CO_2 保护焊时高，此时熔滴的过渡形式接近喷射过渡。

4. 焊接设备

对电源设备没有严格要求。但是，由于药芯焊丝的芯部为粉剂，所以与实芯焊丝相比，药芯焊丝的刚性较差，比较软。因此，为保证焊丝能稳定送进，对送丝机构有如下几点要求：

1）有两对双主动轮的送丝滚轮。

2）配备焊丝校直机构。

3）送丝软管的摩擦系数小，既要柔软，又要变形小。

4）采用开式送丝盘。

其他设备与实芯焊丝 CO_2 焊类似。

8.8.2 波形控制 CO_2 气体保护电弧焊和 STT 控制法

随着科学技术的发展，人们对焊接工艺过程的机理认识越来越深刻，因此焊接过程控制更趋于精确化。例如，由于对焊接熔滴短路过渡及焊接飞溅形成机理研究的深入，使人们认识到，在熔滴短路过渡中要使熔滴"缩颈"顺利进行需要短路电流大；而"液桥"爆断时对飞溅的抑制又需要短路电流小。传统上采用的主回路串联电抗器限制短路电流上升速度 di/dt 及电路电流峰值 I_{fd} 的方式，难以兼顾这两个阶段对短路电流大小的需求，因此只能在一定程度上减小飞溅，但不能实现少飞溅甚至无飞溅的焊接。随着逆变技术发展，具有分时控制特点的波形控制法应运而生。人们已认识到，必须在熔滴过渡的不同时刻迅速进行相应的控制，从而满足不同时刻熔滴过渡的受力和受热的需要，才能既保证稳定的熔滴过渡过程，又可最大程度地减小飞溅。也就是说在短路初期要防止瞬时短路的发生；在短路后的"缩颈"形成过程中应提高电流上升速度，促进"缩颈"形成；而在熔滴短路过渡后期应降低短路电流，使"液桥"的爆断在低的能量下完成，从而获得少飞溅或无飞溅的短路过渡过程。电压电流波形控制法（简称波控法）便可达到上述控制要求。

波形控制法，是指在焊接过程中根据焊接过程的不同阶段、不同情况采用不同的给定量，对弧焊电源的输出电流、电压，以及电流或电压的变化率进行实时控制。给定量的实时调节不仅包括电流、电压给定量的调节，也包括电流或电压变化率等给定量的调节。而给定量的控制是由电子控制电路来实现的。

波形控制的波形种类很多，各有其特点。但其基本思路是在短路过渡过程中的不同时刻向焊接电弧施加电流负脉冲，以改变电弧的瞬时功率，从而减小飞溅。

波形控制法突破了以往在减小短路过渡飞溅方法上比较粗放、使用平或缓降外特性电源的方式，而采用较为灵活的波形控制的方式来精确控制各个过程。比较典型的例子就是表面张力过渡控制技术，即 STT（Surface Tension Transfer）技术。

图 8-27 是 STT 控制的电流、电压波形图。根据此波形图可以对其波形控制原理进行分析。

（1）基值电流段（$t_0 \sim t_1$）　基值电流根据焊丝材料、直径及送丝速度来决定，其值为 50A 左右，使焊丝末端维持一个一定直径的熔滴。

（2）短路形成段（$t_1 \sim t_2$）　在基值电流下，焊丝端部熔滴在表面张力作用下形成近似球状，当熔滴一接触熔池，电压传感器向控制电路提供一个短路信号，此时基值电流约在几百微秒时间内减小到 10A，表面张力开始将熔滴从焊丝端部拉向熔池，防止形成瞬时短路。

（3）电磁收缩熔滴形成缩颈段（$t_2 \sim t_3$）　形成液态小桥后，短路电流以一定斜率上升到一个较大值，在电磁收缩力作用下液态小桥开始形成"缩颈"。

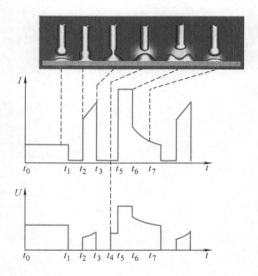

（4）表面张力作用下熔滴过渡段（$t_3 \sim t_4$）　随着"缩颈"的形成，液态小桥电阻增大，在小桥断裂前将焊接电流在极短时间内减小到 10A，使液态小桥在表面张力作用下，实现无飞溅过渡。

图 8-27　STT 控制电流、电压波形图

（5）重燃弧起始段（$t_4 \sim t_5$）　熔滴刚脱离焊丝端部，电弧以较小电流重新建立。有研究指出，由于熔滴正向下运动，此时不宜施加较大的电弧电流，因为较大的电弧电流会使较大的电弧力与向下的熔滴运动形成共振，从而产生气动力飞溅。

（6）电弧扩展段（$t_5 \sim t_6$）　熔滴脱离焊丝后，电弧也已重新建立一定时间，再增大电流，确保焊丝熔化和使电弧等离子体扩展，有利于熔池液态金属铺展。扩展时间取决于焊丝伸出长度。保持焊丝端部熔滴直径的平均值为焊丝直径的 1.2 倍时过渡特性好，飞溅少，电弧稳定。

（7）电弧等离子体稳定阶段（$t_6 \sim t_7$）　电弧等离子体扩展阶段结束时，大电流快速减小至基值电流。

这种方法以其柔和的电弧和极小的飞溅，引起了人们的兴趣。但是，这种方法判断短路、小桥断裂的时间比较困难，控制参数较多又要求实时快速控制，因此精确的电流波形控制向着智能化方向发展是必然趋势。

复习思考题

1. 试述 CO_2 焊的工作原理。

2. CO_2 焊有什么冶金特点？为什么会具有较高的抗锈、低氢能力？

3. CO_2 焊设备包括哪几部分？分别加以说明。

4. 试述用于 CO_2 焊的保护气体的特点和要求。

5. CO_2 焊的飞溅是如何产生的？

6. CO_2 焊的焊接参数选择有什么特点？

7. 简要叙述药芯焊丝 CO_2 焊和波形控制 CO_2 焊的工作原理。

等离子弧焊接与喷涂

等离子弧焊接（Plasma Arc Welding）是利用等离子弧作焊接热源的熔焊方法；等离子弧喷涂（Plasma Arc Spraying）是以等离子弧为热源，用氩、氮或其他气体为喷射气流的喷涂方法。本章将首先介绍等离子弧的形成条件、电弧特性、等离子弧发生器、喷嘴的结构参数及其对等离子弧稳定性的影响，然后分别讲述等离子弧焊接与等离子弧喷涂的原理、设备以及工艺。

9.1 等离子弧特性及其发生器

9.1.1 等离子弧的特性

1. 等离子弧的形成

等离子弧是利用等离子弧发生器将阴极（如钨极）和阳极之间的自由电弧压缩成高温、高电离度及高能量密度的电弧。

现代物理学认为等离子体是除固体、液体、气体之外物质的第四种存在形态。它是充分电离了的气体，由电子、正离子及少部分中性的原子和分子组成。产生等离子体的方法很多。目前，焊接领域中应用于焊接的等离子体被称为等离子弧，它实际上是一种"压缩电弧"，是由钨极氩弧发展而来的。钨极氩弧是在大气压下的"自由电弧"，它燃烧于惰性气体保护下的钨极与焊件之间，如图9-1a所示。当把一个

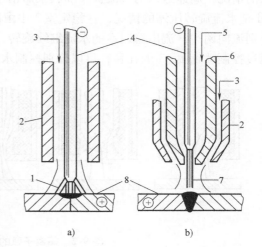

图9-1 自由电弧与压缩电弧

a）钨极氩弧 b）等离子弧

1—"自由"的钨极氩弧 2—保护气罩 3—保护气体 4—钨电极 5—等离子气体 6—水冷铜喷嘴 7—"压缩"的等离子弧 8—焊件

用水冷却的铜制喷嘴放置在其电弧通道上，强迫这个"自由电弧"从细小的喷嘴孔道中通过，利用喷嘴孔道对弧柱进行强制压缩，就可以获得"压缩电弧"，如图9-1b所示。

等离子弧的"压缩电弧"和钨极氩弧的"自由电弧"二者在物理本质上没有区别，只是弧柱电离程度不同，等离子弧的电离程度更高、能量密度更集中、温度更高。

等离子弧是借助于以下三种压缩效应而形成的：

（1）机械压缩效应 也称为壁压缩效应。自由电弧当弧柱电流增大时，一般其弧柱的横截面也会随之增大，使其能量密度和温度难以进一步提高。如果使电弧通过一个喷嘴孔道，则弧柱受到孔道尺寸的限制，将无法任意扩张，使通过喷嘴孔道的弧柱直径始终不大于孔道直径，这样就提高了弧柱的能量密度。这种利用喷嘴来限制弧柱直径，提高能量密度的效应称为机械压缩效应。

（2）热压缩效应 也称为流体压缩效应。对喷嘴进行水冷使沿喷嘴壁流过的气体不易被电离，形成一个套层。该层内主要是导电性和导热性均较差的中性气体，使电弧的扩张受到限制。该气体层的存在使喷嘴中流过的等离子体具有更大的径向温度梯度，并使带电粒子进一步向电离度较高的喷嘴中心集中，取得压缩电弧的效果。流体压缩的另一种方法是直接用水流对电弧进行压缩，其压缩效果更为强烈，可以得到具有极高温度和能量密度的等离子弧。这种利用气流或水流的冷却作用使电弧得到压缩的效应称为热压缩效应。

图 9-2 给出了几种常用的具有热压缩效应的等离子枪喷嘴简图。图 9-2a 是单纯采用壁压缩的情况，这种压缩方式只采用少量气体来输送热能，主要用于要求能量密度不高的场合。图 9-2b 表示了利用旋转气流冷却和稳弧的方法，气体经过切向孔进入到电极室，从切向孔喷出并被加速后被迫沿着壁的曲面流动，且以高速沿着电极旋转，进入喷嘴后气流仍继续旋转，较冷的高速流动的气体将电弧向中心轴线压缩。图 9-2c 是采用很大的气流量沿轴向送入的情况，高速送入的气流被喷嘴收束后沿喷嘴的表面形成冷气层，使电弧受到压缩。图 9-2d 是水流旋转压缩的情况，在稳定室 2 中由高速引入的水流形成旋涡，并通过铜喷嘴 1 和 3 分别流向两边，流出稳定室的水流继续旋转，形成沿着壁面的水膜，起到冷却和保护效果。通过控制喷嘴 1、3 的孔径，可以分别控制水向两侧的流量。

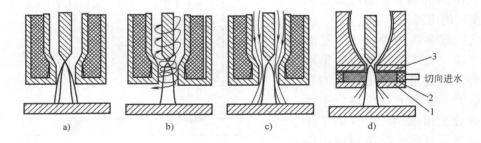

图 9-2 等离子弧的热压缩方式

a）单纯采用壁压缩 b）旋转气流冷却和稳弧 c）大气流量压缩 d）水流旋转压缩

1、3—铜喷嘴 2—稳定室

（3）磁压缩效应 这种压缩效应来自于弧柱自身的磁场。众所周知，当两根平行的载流导线中流过方向相同的电流时，它们之间就会产生相互吸引力（洛伦兹力）。如果将通过喷嘴的弧柱看作是许多载流导线束，由于电流同向，因此会彼此吸引，形成一个指向弧柱中心的力场，这种效应称为磁压缩效应。通过喷嘴的电弧电流越大，磁压缩效应就越强。

自由电弧经上述三种压缩效应后就形成了等离子弧，其温度、能量密度、等离子流速都得到显著增大。其中喷嘴的机械压缩是前提条件，而热压缩起到很重要的作用。

2. 等离子弧的分类

等离子弧都是通过喷嘴孔道压缩的电弧。等离子弧根据其电源供电方式的不同分为如下三种类型：

（1）非转移型等离子弧 如图 9-3a 所示，非转移型等离子弧是经过喷嘴孔道在电极和喷嘴之间燃烧的电弧，焊件不接电源。给该电弧供电的电源称为非转移型等离子弧电源。送入喷嘴孔道中的气流称为等离子气（简称离子气），非转移型等离子弧被离子气吹出喷嘴孔道后形成焰流，称之为等离子焰流。非转移型等离子弧的温度和能量密度都较低，常用于喷涂以及焊接、切割薄的金属，或者对非导电材料进行加热等。

（2）转移型等离子弧 如图 9-3b 所示，转移型等离子弧是经过喷嘴孔道在电极和焊件之间燃烧的电弧，其供电电源称为转移型等离子弧电源。这种等离子弧难以直接引燃，需要先引燃非转移型等离子弧，然后使电弧从喷嘴转移到焊件上，转移型等离子弧由此得名。由于这种等离子弧的温度和能量密度较高，常用于中厚板的焊接、堆焊和切割。金属材料的焊接及切割一般都采用这种类型的等离子弧。

（3）联合型等离子弧 如图 9-3c 所示，联合型等离子弧是非转移型等离子弧和转移型等离子弧同时存在并联合起来一起工作的电弧。它需要两个电源独立供电。转移型等离子弧是主要热源，被称为"主弧"；非转移型等离子弧的存在主要起到稳定转移型等离子弧的作用，被称为"维弧"。由于"维弧"的存在，联合型等离子弧在很小的电流下也能保持稳定燃烧。其主要用于小电流、微束等离子弧焊接及粉末堆焊。

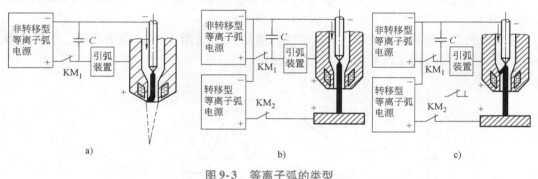

图 9-3 等离子弧的类型

a）非转移型 b）转移型 c）联合型

3. 等离子弧供电电源及引燃

通常情况下，非转移型等离子弧、转移型等离子弧各需要一个供电电源，如图 9-3 所示。等离子弧供电电源需要陡降或垂直陡降外特性。若是直流等离子弧焊接，通常将焊枪中的钨极接供电电源的负输出端，而将喷嘴和焊件分别接到各自供电电源的正输出端上。为了控制引弧及熄弧，在喷嘴和焊件连接两个供电电源的电路里，需要分别接入接触器常开触点 KM_1 及 KM_2，以便进行通断控制。

等离子弧采用非接触引燃。引弧装置通常应用高频高压引弧装置。图 9-3 中电容 C 起到高频旁路作用。

（1）非转移型等离子弧的引燃过程 引弧之前，首先给喷嘴通冷却水，使其在冷却良好的条件下，然后给控制系统和非转移型等离子弧电源上电，并调节好离子气流量等参数。

这些准备工作完成后，接通 KM_1 和启动引弧装置，使电弧引燃。电弧引燃成功后立即关断引弧装置使其停止工作。之后保持 KM_1 处于接通状态，使非转移型等离子弧连续稳定地燃烧。

（2）转移型等离子弧的引燃过程 由于电极缩入喷嘴内，转移型等离子弧难以直接引燃，因而必须先引燃非转移型等离子弧，然后转移成转移型等离子弧。引燃时，先按照（1）所述过程将非转移型等离子弧引燃，然后调节离子气流及非转移型等离子弧电流，将非转移型等离子弧吹出喷嘴孔道并且使其接触到焊件。这样，就在电极和焊件之间建立起电离的气体通道，通道中存在电子和正离子，即存在导电载体。在此前提条件下，接通 KM_2，使焊件与电源接通，此时转移型等离子弧就可以引燃起来。之后断开 KM_1，使非转移型等离子弧熄灭；KM_2 继续接通，使连续稳定燃烧的转移型等离子弧得以保持。

（3）联合型等离子弧引燃过程 联合型等离子弧引燃过程与转移型等离子弧的区别是：转移型等离子弧在其引燃之后，KM_1 断开、非转移型等离子弧被熄灭，只保留转移型等离子弧；而联合型等离子弧引燃过程是：当两个电弧都引燃后，KM_1 不断开而是继续接通，使非转移型等离子弧和转移型等离子弧同时燃烧、同时存在。

4. 等离子弧的特性

（1）静态特性 等离子弧的静态特性是指一定弧长的等离子弧处于稳定的工作状态时，电弧电压 U_f 与电弧电流 I_f 之间的关系，即

$$U_f = f(I_f) \tag{9-1}$$

这个关系又称为等离子弧的静态伏安特性，简称为静特性（Static Characteristic of Plasma Arc）。

等离子弧是一种非线性负载，其静特性仍然呈 U 形（图 9-4），由下降段、水平段和上升段构成。与一般自由电弧相比，具有以下特点：

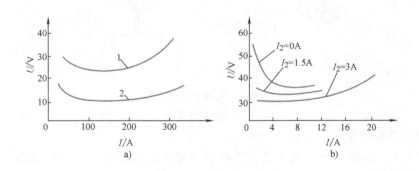

图 9-4 等离子弧静特性

a）转移型弧 b）联合型弧

1—等离子弧 2—钨极氩弧 I_2—非转移型电弧电流

1）由于喷嘴的拘束作用，使等离子弧柱的横截面积减小，弧柱电场强度增大，电弧电压明显提高，U 形曲线的水平段宽度较自由电弧（如钨极氩弧）明显减小。

2）拘束孔道尺寸和形状对静特性有明显影响，喷嘴孔径越小，U 形特性水平段宽度就越小，上升段的斜率增大，即弧柱电场强度增大。

3）离子气种类和流量不同时，弧柱的电场强度有明显变化，因此等离子弧供电电源的空载电压应按所用等离子气种类而定。

4）如果采用联合型等离子弧，U 形特性曲线下降段斜率明显减小（图 9-4b），这是由于非转移弧的存在为转移弧提供了导电通路。小电流微束等离子弧常采用联合型等离子弧，以提高其稳定性。

（2）**热源特性**　等离子弧和钨极氩弧比较，热源具有如下特性：

1）温度和能量密度。钨极氩弧是自由电弧，其最高温度为 10000 ~ 24000K，能量密度小于 $10^4 W/cm^2$。等离子弧是压缩了的电弧，其温度高达 24000 ~ 50000K，能量密度可达 $10^5 ~ 10^6 W/cm^2$。等离子弧被压缩后其温度和能量密度得到了显著提高。

2）等离子弧的挺度。等离子弧经压缩从喷嘴孔道喷出，其挺度得以提高。经测定，当试验条件为：钨极氩弧电流 200A、电压 15V，等离子弧电流 200A、电压 30V、压缩孔直径 2.4mm 时，钨极氩弧的扩散角是 45°，等离子弧的扩散角约为 5°左右，如图 9-5 所示。这是由于经压缩后从喷嘴孔道喷出

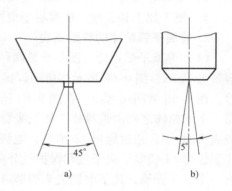

图 9-5　钨极氩弧和等离子弧挺直度的对比
a）钨极氩弧（自由电弧）
b）等离子弧（压缩电弧）

的等离子弧带电质点的运动速度明显提高所致。带电质点的运动速度最高可达 300m/s，它与喷嘴结构、离子气种类和流量有关。

由于等离子弧的温度、能量密度和挺度高，等离子弧对母材具有较大的穿透力，等离子弧一次焊透的板材厚度见表 9-1。等离子弧焊接可以将熔池穿透形成小孔，进行稳定的小孔型等离子弧焊接。

表 9-1　等离子弧一次焊透的板材厚度

材　　　质	不锈钢	钛及钛合金	镍及镍合金	低合金钢	低碳钢
板材厚度/mm	≤8	≤12	≤6	≤7	≤8

3）热源组成。普通钨极氩弧加热焊件的热量最主要来源于阳极斑点的产热，弧柱辐射和热传导仅起辅助作用，电弧的总电压降在阳极区、弧柱区和阴极区大致平均分配。在等离子弧中，情况则有了变化，最大电压降是弧柱区，弧柱高速等离子体通过接触传导和辐射带给焊件的热量明显增加，弧柱成为加热焊件的主要热源，而阳极产热降为次要地位。

9.1.2　等离子弧发生器

等离子弧是用等离子弧发生器形成的。按等离子弧在焊接中的用途不同，等离子弧发生器常被称为等离子弧焊枪、等离子弧堆焊枪、等离子弧切割枪、等离子弧喷（涂）枪等。它们在基本结构上有很多相似之处，但根据各自的用途又有所区别。

1. 对等离子弧发生器结构的要求

不管等离子弧发生器的用途是什么，从形成等离子弧的原理来讲，其结构均应满足如下

要求：

1）喷嘴与电极的位置相对固定并可进行调节。

2）对喷嘴和电极应进行有效冷却。

3）喷嘴与电极之间必须绝缘，以便在电极与喷嘴之间产生非转移型电弧。

4）能够导入离子气流和保护气流。

5）便于加工和装配，喷嘴易于更换。

2. 等离子弧枪体的典型结构

（1）等离子弧焊枪　图9-6是两种实用焊枪的结构，其中图9-6a所示焊枪的焊接电流容量为300A；图9-6b所示焊枪的焊接电流容量为16A。两者的区别在于图9-6a为直接水冷，图9-6b为间接水冷。在图9-6a所示枪体中，冷却水从下枪体5进入，经上枪体9流出。上下枪体之间由绝缘柱7和绝缘套8隔开，进出水口也是水冷电缆的接口。电极夹在电极夹头10中，通过螺母12锁紧，电极夹头从上冷却套（上枪体）插入，并借带绝缘套的压紧螺母12锁紧。离子气和保护气分两路进入下枪体。在图9-6b所示焊枪的电极夹头中还有一个压紧弹簧，按下电极夹头顶部可实现接触短路回抽引弧。

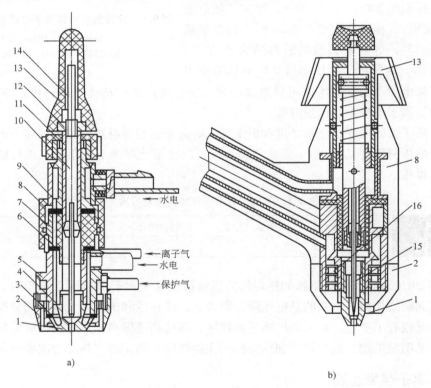

图9-6　等离子弧焊枪

a）大电流等离子弧焊枪　b）微束等离子弧焊枪

1—喷嘴　2—保护套外环　3、4、6—密封圈　5—下枪体　7—绝缘柱　8—绝缘套　9—上枪体
10—电极夹头　11—套管　12—螺母　13—胶木套　14—钨极　15—瓷对中块　16—透气网

（2）等离子弧切割枪　图9-7所示为容量500A的等离子弧切割枪，除了无保护气通道

和保护喷嘴外，其他结构均类似于上述焊枪。

（3）粉末等离子弧堆焊枪　如图 9-8 所示，它的特点是采用直接水冷式结构，并带有送粉通道。

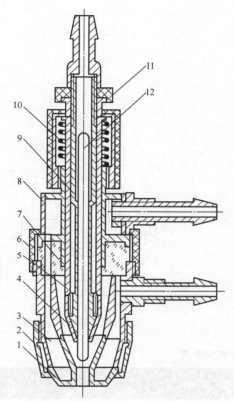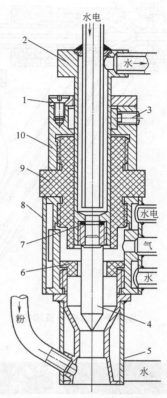

图 9-7　等离子弧切割枪

1—喷嘴　2—喷嘴压盖　3—下枪体　4—导电夹头
5—电极杆外套　6—绝缘螺母　7—绝缘柱
8—上枪体　9—水冷电极杆　10—弹簧
11—调整螺母　12—电极

图 9-8　粉末等离子弧堆焊枪

1—封盖　2—上枪体　3—螺钉（钨极对中）　4—钨极
5—喷嘴　6—隔热环　7—密封圈　8—下枪体
9—绝缘柱　10—调节螺母

（4）等离子弧喷涂枪　等离子弧喷涂枪如图 9-9 所示，喷嘴孔道较长，加强压缩作用，提高等离子弧温度、能量密度及挺度，以满足喷涂的工艺要求。

3. 喷嘴

喷嘴是等离子弧发生器中的关键部件，其结构和尺寸对保证等离子弧能量参数和工作稳定性有决定性作用，在设计中应给予高度重视。

（1）主要结构参数　喷嘴的基本结构如图 9-10 所示，其主要结构参数如下：

1）喷嘴孔径 d。它决定等离子弧的直径和能量密度的大小，应根据使用焊接电流和离子气的种类和流量来设计。d 越大，则压缩作用越小，d 超过一定值后，就不起压缩作用了；d 过小，则容易引起双弧，破坏等离子弧的稳定性，喷嘴寿命降低。喷嘴孔径 d 与许用电流的关系见表 9-2。

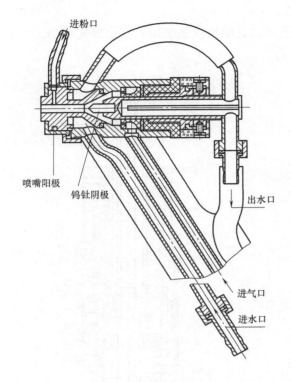

图 9-9 等离子弧喷涂枪

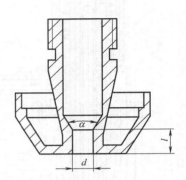

图 9-10 喷嘴的基本结构

表 9-2 喷嘴孔径与许用电流

喷嘴孔径/mm	许用电流/A		喷嘴孔径/mm	许用电流/A	
	焊 接	切 割		焊 接	切 割
0.6	≤5	—	2.8	≤180	≤240
0.8	1～25	≤14	3.0	≤210	≤280
1.2	20～60	≤80	3.5	≤300	≤380
1.4	30～70	≤100	4.0	—	>400
2.0	40～100	≤140	4.5～5.0	—	>450
2.5	≤140	≤180			

2) 喷嘴孔道长度 l。当 d 给定时，l 越长，则对等离子弧的压缩作用越大，但超过一定值后会使等离子弧稳定性变差。通常以孔道比 l/d 来表征喷嘴孔道的压缩特征和喷嘴用途。喷嘴主要参数见表 9-3。

3) 锥角 α。锥角 α 又称为压缩角，对等离子弧的压缩效果影响不大，当离子气流量较小，孔道比较小时，锥角在 30°～180° 均可用。设计时应考虑与电极端部形状的配合，以减小电极顶端阴极中斑点的上漂现象。

4) 喷嘴孔道形状。大多数喷嘴均采用如上所述单孔式圆柱型压缩孔道的喷嘴。除此之外，还有三孔式、多孔式喷嘴，如图 9-11 所示。两侧各带有一个辅助小孔的三孔式焊接喷嘴（图 9-11b），可使等离子弧的横截面由圆形变为椭圆形，使热源有效功率密度提高，有利于进一步提高焊接速度和减小焊缝及热影响区宽度。四周带有多个小孔的多孔式切割喷嘴（图9-11c），可使等离子弧在喷嘴外得到二次压缩，有利于进一步提高等离子弧的挺度及切口质量。但小孔易被金属飞溅物堵塞，并造成等离子弧偏转，因此并未得到广泛应用。

表 9-3　喷嘴的主要参数

喷嘴用途	孔径 d/mm	孔道比（l/d）	锥角 α	备　注
焊接	1.6 ~ 3.5	1.0 ~ 1.2	60° ~ 90°	转移型弧
	0.6 ~ 1.2	2.0 ~ 6.0	25° ~ 45°	联合型弧
切割	2.5 ~ 5.0	1.5 ~ 1.8		转移型弧
	0.8 ~ 2.0	2.0 ~ 2.5		转移型弧
堆焊	6 ~ 10	0.6 ~ 0.98	60° ~ 75°	转移型弧
喷涂	4 ~ 8	5 ~ 6	30° ~ 60°	非转移型弧

喷嘴孔道除了有圆柱型结构外，还有收敛型和扩散型，如图9-12所示。从压缩程度来讲，收敛型喷嘴由于喷嘴孔道进一步收缩，其压缩程度有所提高，这类喷嘴应用相对较少。扩散型喷嘴由于喷嘴孔道扩散，其压缩程度有所降低，这有利于提高等离子弧稳定性和喷嘴使用寿命，这类喷嘴在焊接、切割、堆焊、喷涂中均有应用。

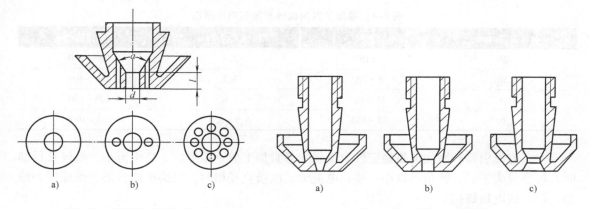

图 9-11　喷嘴的孔道结构
a) 单孔式　b) 三孔式　c) 多孔式

图 9-12　喷嘴的三种类型
a) 收敛型　b) 圆柱型　c) 扩散型

扩散型喷嘴的应用如图9-13所示。因为焊接、切割、喷涂、堆焊的工艺方法及其工艺目的有所区别，所以喷嘴也有所区别。切割要求对电弧压缩程度高于焊接，所以喷嘴孔道较长。喷涂和堆焊需要添加粉末，所以其右下侧有送粉孔道。

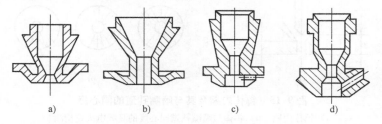

图 9-13　扩散型喷嘴
a) 焊接　b) 切割　c) 喷涂　d) 堆焊

（2）喷嘴的材料和冷却　喷嘴一般采用导热性能良好的纯铜材料制造，大功率喷嘴必须采用直接水冷，且保证有足够水流量和水压力，最好配专用高压水源（0.5～0.8MPa）。采用循环的蒸馏水直接冷却枪体，再经换热器用自来水冷却蒸馏水，效果更好。为了提高冷却效果，喷嘴壁厚一般为2～2.5mm。但壁厚过薄，会影响喷嘴的使用寿命。

4. 电极材料及其结构

常用电极材料有钍钨、铈钨和锆钨等合金材料，其中铈钨极和锆钨极在工程上应用广泛。电极也需要进行冷却，当电极流过大电流时，一般采取镶嵌式水冷结构，如图9-14所示。小电流时，可采用间接水冷结构。表9-4列出了等离子弧用钨棒直径和电流范围。

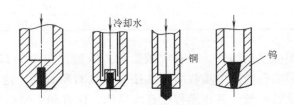

图9-14　镶嵌式水冷电极

表9-4　等离子弧用钨棒直径和电流范围

钨棒直径/mm	电流范围/A	钨棒直径/mm	电流范围/A
0.25	<15	2.4	150～250
0.50	5～20	3.2	250～400
1.0	15～80	4.0	400～500
1.6	70～150	6.0～9.0	500～1000

为了方便引弧和增加电弧稳定性，电极端部常加工成一定形状。当电流小、电极直径细时，可磨成尖锥形，锥角可以小一些；电流大、电极直径粗时，可磨成圆台形、锥球形、球形，以减缓电极烧损。

电极内缩量以及电极与孔道的同心度是对等离子弧有重要影响的参数，如图9-15a所示。内缩量 l_g 增大，对电弧的压缩作用加强，但 l_g 过大易引起双弧。通常焊枪取 $l_g = l \pm 0.2mm$，割枪 $l_g = l \pm (2 \sim 3)mm$。

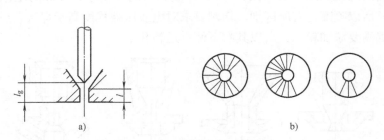

图9-15　钨棒内缩及其与喷嘴孔道的同心度

a）钨棒内缩　b）钨棒与喷嘴孔道同心度的高频电火花检测

电极与喷嘴孔道的同心度直接影响等离子弧的稳定性和电极、喷嘴的寿命。电极偏心会导致等离子弧偏斜，造成焊缝单侧咬边或切口不平直，也是引起双弧的一个原因。同心度可用观测高频电火花在电极四周分布情况来检查，如图 9-15b 所示。焊接时一般要求高频电火花布满圆周 75% ~ 80%，切割时可稍低一些。

5. 送气方式

送气方式可采用切向或径向两种方式。切向送气时，气流形成的旋涡使喷嘴孔道中心成为低压区，有利于弧柱稳定于孔道中心；径向送气时，气流沿弧柱轴向流动。

9.1.3 双弧现象及其防止

正常的转移型等离子弧会稳定地燃烧在钨极与焊件之间。由于一些原因，有时会出现一种破坏电弧稳定燃烧的现象，这时除已存在的钨极与焊件之间的等离子弧主弧以外，在钨极—喷嘴—焊件之间还产生了另外一种电弧即旁路电弧，也就是说主弧和旁路电弧同时存在，这就是双弧现象，如图 9-16 所示。双弧的出现，会降低主弧电流大小，破坏正常的焊接或切割工艺过程，严重时会造成喷嘴漏水和烧毁。

1. 双弧的形成机理

在一定的电流及外界条件下，电弧电压总是力图维持最小值，这是电弧在燃烧过程中遵循的一个很重要的规律，即电压最小原理。

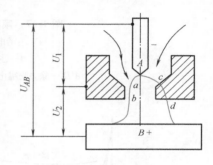

图 9-16　双弧现象

等离子弧在正常工作时，弧柱与喷嘴孔壁之间存在着一层冷气膜。这层冷气膜使等离子弧稳定地燃烧在钨极与焊件之间，此时有

$$U_{AB} = U_{c,W} + U_{Aa} + U_{ab} + U_{bB} + U_{aj} \tag{9-2}$$

式中，U_{AB} 是等离子弧稳定电压；$U_{c,W}$ 是钨极上的阴极压降；U_{Aa} 是弧柱 Aa 段的压降；U_{ab} 是弧柱 ab 段的压降；U_{bB} 是弧柱 bB 段的压降；U_{aj} 是工件上的阳极压降。

实践表明，隔着冷气膜与等离子弧弧柱接触的喷嘴是带电的，经试验测定有

$$U_{AB} = U_1 + U_2 \tag{9-3}$$

U_1 和 U_2 分别为钨极与喷嘴、喷嘴与焊件之间电压。式（9-3）说明冷气膜中仍然有少量带电质点，钨极到焊件的电弧电流中有少量一部分电流是经过冷气膜和喷嘴传导的，这部分电流叫作喷嘴电流 I_d。显然，当等离子弧电流越大、冷气膜厚度越薄时，喷嘴电流 I_d 越大，如图 9-17 所示。

I_d 的存在使实际的等离子弧电流比实测的小一些。当 I_d 增大到足够大时，冷气膜中所含带电质点增多，冷气膜很容易产生雪崩式击穿而形成双弧。旁路电弧由 Ac 和 dB 组成（图 9-16），其静特性为 U 形曲线的前半段，由主弧和旁路电弧静特性可知双弧的静特性曲线，如图 9-18 所示。

当旁路电弧存在时，由图 9-16 可知：

$$U'_{AB} = U_{c,W} + U_{Ac} + U_{a,Cu} + U_{cd} + U_{c,Cu} + U_{dB} + U_{aj} \tag{9-4}$$

式中，U'_{AB} 是旁路电弧电压之和；$U_{c,W}$ 是钨极上的阴极压降；U_{Ac} 是弧柱 Ac 段的压降；$U_{a,Cu}$ 是铜的阳极压降；U_{cd} 是喷嘴上 cd 段的压降；$U_{c,Cu}$ 是铜的阴极压降；U_{dB} 是弧柱 dB 段的压降；U_{aj} 是工件上的阳极压降。

当形成双弧时，旁路电弧必须穿透冷气膜的隔离作用。由电压最小原理，有

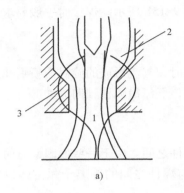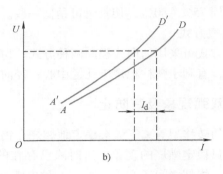

图 9-17　喷嘴电流及对等离子弧静特性的影响

a）喷嘴电流　b）对等离子弧静特性的影响

1—主弧　2—冷气膜　3—喷嘴电流

$A'D'$—除去喷嘴电流后的静特性　AD—实测等离子弧静特性

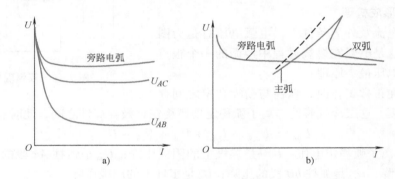

图 9-18　旁路电弧和主弧的静特性

a）旁路电弧　b）双弧

$$U_{AB} \geqslant U'_{AB} + U_T \tag{9-5}$$

式中，U_T 是击穿冷气膜所需的电压。

假设主弧和旁路电弧的电场强度相等，且 $U_{Aa} = U_{Ac}$，$U_{bB} = U_{dB}$，则将式（9-2）、式（9-4）代入式（9-5）可得

$$U_{ab} \geqslant U_{a,Cu} + U_{c,Cu} + U_T \tag{9-6}$$

式（9-6）可认为是等离子弧焊接时的双弧形成条件。

2. 双弧形成因素及其防止

（1）喷嘴因素　喷嘴结构参数对双弧形成有决定性作用，喷嘴孔径越小，孔道长度或内缩增大时，都会使弧柱电压 U_{ab} 增加，形成双弧的倾向越大。钨极和喷嘴的不同心，会造成冷气膜不均匀，使局部冷气膜厚度和 U_T 减小，这是形成双弧的主要原因。

对此因素，防止双弧的措施就是设计合适的喷嘴孔径及其孔道长度，将钨极的内缩量调整合适，保持钨极中心与喷嘴孔道中心有好的同心度。

（2）电流因素　喷嘴结构确定时，电流增加，U_{ab} 增大，容易形成双弧。因此对于给定

喷嘴，允许使用的电流有一个极限的临界值
（即匹配喷嘴直径的允许使用的临界电流值）。
为了说明问题，将主弧、旁路电弧、双弧的静
特性以及电源外特性画在同一坐标系中，并假
定形成双弧的临界喷嘴电流为 I_d，如图 9-19
所示。随着焊接电流增加（电源外特性外移），
D 点是形成双弧的暂态临界工作点，但其稳态
工作点应在 F 点；随着焊接电流减小，G 点即
电源外特性与双弧静特性的相切点，成为双弧
消失的临界点。当双弧消失后，等离子弧的工

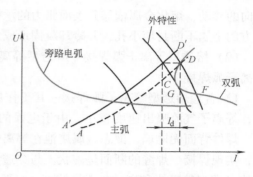

图 9-19　形成双弧的电流条件

作点应回到 C 点，因此，C 点应是不发生双弧的临界稳定工作点。只要等离子弧的工作电流
小于 C 点处的电流，双弧就不会发生。若工作电流大于 C 点处的电流，则一旦有干扰，就
有可能达到临界 D 点而形成双弧。采用恒流外特性电源可以获得较大的不发生双弧的焊接
电流。

（3）离子气体因素　离子气流量增加会使 U_{ab} 增加，同时也使冷气膜厚度增加，U_T 增
加，因此双弧形成可能性反而减小。进气方式也是一种影响因素。工作气体进入等离子弧枪
中可以采用切向，也可以采用径向。当切向进气时，气流形成强烈的旋涡，使外围气体密度
高于中心区域，有利于提高中心区域的电离度，降低外围区域温度，提高冷气膜厚度，对防
止双弧形成比径向进气方式效果好。离子气成分不同，U_{ab} 也不同。

（4）其他因素　喷嘴冷却不好使温度升高，或喷嘴表面有氧化物或金属飞溅物等，都
将会使 $U_{a,Cu}$ 和 $U_{c,Cu}$ 降低，也是形成双弧的原因。

9.2　等离子弧焊接

9.2.1　等离子弧焊接原理、特点及应用

1. 等离子弧焊接的工作原理

等离子弧焊接是使用惰性气体作为工作气和保
护气，利用等离子弧作为热源来加热并熔化母材金
属，使之形成焊接接头的熔焊方法。按照焊透母材
的方式，等离子弧焊接分为两种，即穿透型等离子
弧焊接和熔透型等离子弧焊接，各有不同的原理。

（1）穿透型等离子弧焊接　穿透型等离子弧
焊接也称为小孔型等离子弧焊接，如图 9-20 所示。
其特点是弧柱压缩程度较强，等离子射流喷出速度
较大。焊接时，等离子弧把焊件的整个厚度完全穿
透，在熔池中形成上下贯穿的小孔，并从焊件背面
喷出部分电弧（亦称尾焰）。随着等离子弧沿焊接

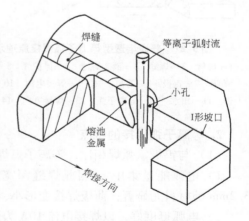

图 9-20　穿透型等离子弧焊接示意图

方向的移动，熔化金属依靠其表面张力的承托，沿着小孔两侧的固体壁面向后方流动，熔池后方的金属不断封填小孔，并冷却凝固形成焊缝。焊缝的断面为酒杯状。

（2）熔透型等离子弧焊接　熔透型等离子弧焊接分为普通熔透型等离子弧焊接和微束等离子弧焊接。

1）普通熔透型等离子弧焊接。其工作原理如图 9-21 所示。其特点是弧柱压缩程度较弱，等离子气流喷出速度较小。由于电弧的穿透力相对较小，因此在焊接熔池中不形成小孔，焊件背面无尾焰，液态金属熔池在等离子弧的下面，靠熔池金属的热传导作用来熔透母材，实现焊接。焊缝的断面呈碗状。与穿透型等离子弧焊接比较，具有如下特点：焊接参数较软（即焊接电流和离子气流量较小，电弧穿透能力较弱），焊接参数波动对焊缝成形的影响较小，焊接过程的稳定性较高，焊缝形状系数较大（主要是由于熔宽增加），热影响区较宽，焊接变形较大等。

2）微束等离子弧焊接。焊接电流在 30A 以下的熔透型等离子弧焊接通常称为微束等离子弧焊接，其工作原理如图 9-22 所示。焊接时采用小孔径压缩喷嘴（$\phi 0.6 \sim \phi 1.2 \text{mm}$）及联合型等离子弧。通常利用两个独立的焊接电源供电：一个是向钨极与喷嘴之间供电，产生非转移弧（称维弧），电流一般为 $2 \sim 5\text{A}$，电源空载电压一般大于 90V，以便引弧；另一个是向钨极与焊件之间供电，产生转移弧（称主弧）。该方法可以得到针状的、细小的等离子弧，因此适宜焊接非常薄的焊件。

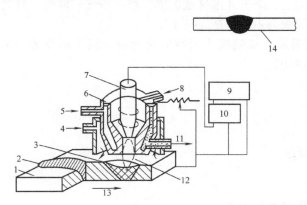

图 9-21　普通熔透型等离子弧焊接原理示意图

1—母材　2—焊缝　3—液态熔池　4—保护气　5—进水　6—喷嘴　7—钨极　8—等离子气　9—焊接电源　10—高频发生器　11—出水　12—等离子弧　13—焊接方向　14—接头断面

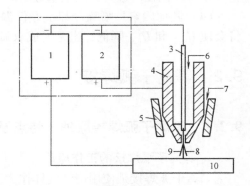

图 9-22　微束等离子弧焊接原理示意图

1—等离子弧电源　2—维弧电源　3—钨极　4—喷嘴　5—保护罩　6—等离子气　7—保护气　8—主弧　9—维弧　10—焊件

2. 等离子弧焊接的特点

（1）与钨极氩弧焊相比，等离子弧焊接有以下优点

1）电弧能量集中，因此焊缝深宽比大，截面积小；焊接速度快，特别是厚度大于 3.2mm 的材料尤显著；薄板焊接变形小，焊厚板时热影响区窄。

2）电弧挺度好，以焊接电流 10A 为例，等离子弧喷嘴高度（喷嘴到焊件表面的距离）达 6.4mm，弧柱仍较挺直，而钨极氩弧焊的弧长仅能采用 0.6mm。

3）电弧的稳定性好，微束等离子弧焊接的电流小至 0.1A 时仍能稳定燃烧。

4）由于钨极内缩在喷嘴之内，不可能与焊件接触，因此没有焊缝夹钨问题。

（2）缺点

1）由于需要等离子气和保护气两股气流，因而使过程的控制和焊枪的构造复杂化。

2）由于电弧的直径小，要求焊枪喷嘴轴线更准确地对准焊缝。

3. 等离子弧焊接的应用

直流正接等离子弧焊接，可用于焊接碳钢、合金钢、耐热钢、不锈钢、铜及铜合金、钛及钛合金、镍及镍合金等材料。交流等离子弧焊接，主要用于铝及铝合金、镁及镁合金、铍青铜、铝青铜等材料的焊接。

穿透型等离子弧焊接多用于厚度 1~9mm 的材料焊接，最适宜焊接的板厚和极限焊接板厚见表9-5。

普通熔透型等离子弧焊接与穿透型等离子弧焊接相比，焊接电流和离子气流量较小，电弧穿透能力较弱，因此多用于厚度小于或等于3mm的材料焊接，适用于薄板、角焊缝和多层焊的填充及盖面焊道焊接。

微束等离子弧焊接可以焊接超薄焊件，例如焊接厚度为 0.2mm 的不锈钢片，目前已成为焊接金属箔、波纹管等超薄件的首选方法。

表9-5　穿透型等离子弧焊接适用的板材厚度

材　　质	不锈钢	钛及钛合金	镍及镍合金	低合金钢	低碳钢
适宜焊接板厚	3~8	2~10	3~6	2~7	4~7
极限焊接板厚	13~18	13~18	18	18	10~18

9.2.2　等离子弧焊接设备

等离子弧焊接设备主要包括焊接电源、控制系统、焊枪、气路系统、水路系统，如图9-23所示。根据不同的需要有时还包括送丝系统、机械旋转系统、行走系统以及装夹系统等。

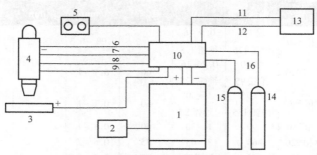

图 9-23　等离子弧焊接设备的组成

1—焊接电源　2—控制盒　3—焊件　4—等离子弧焊枪　5—起动开关　6—水冷导线（接焊接电源负极）　7—等离子气入口管　8—水冷导线（接焊接电源正极）　9—保护气入口管　10—控制系统　11—冷却水入口　12—冷却水出口　13—水泵　14、15—气瓶　16—气管

1. 焊接电源

等离子弧的静特性曲线呈略上升状，因此等离子弧焊接电源应具有陡降或恒流的外特性。也就是说，陡降或恒流特性的整流电源均可作为等离子弧焊接电源。用氩气作离子气时，焊接电流大于30A的等离子弧焊接电源的空载电压为60～80V。焊接电流小于30A的微束等离子弧焊接电源的空载电压为100～120V。等离子弧一般均采用直流正接（电极接负极）。为了焊接铝及其合金等有色金属，可采用方波交流电源或变极性电源。

通常等离子弧焊接采用两台弧焊电源（图9-3b、c）。有些等离子弧焊接及堆焊采用转移弧时，也可以采用一台弧焊电源。等离子弧焊采用一台弧焊电源供电的原理图如图9-24所示。此时，电弧的引弧及其工作过程是，首先 KM_1 合上，用高频引燃非转移弧，由于有 R 的限流作用，非转移弧电流满足参数要求；然后 KM_2 合上，引燃转移弧；其后 KM_1 断开，熄灭非转移弧；这样转移弧引弧成功，进入只有转移弧的正常工作状态。

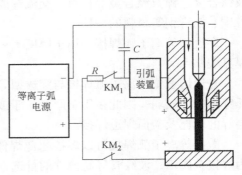

图9-24　等离子弧焊采用一台弧焊电源供电的原理图

目前，等离子弧焊接电源主要有磁放大器式弧焊整流器、晶闸管式弧焊整流器、场效应管逆变式弧焊整流器以及IGBT逆变式弧焊整流器。ZXG系列磁放大器式弧焊整流器、ZDK系列及ZX系列晶闸管式弧焊整流器和WSM系列晶闸管式钨极氩弧焊机的焊接电源，均可作等离子弧焊接电源使用。表9-6列出了几种专用等离子弧焊机的技术性能参数。

2. 控制系统

等离子弧焊机的控制系统包括引弧电路、程序控制电路、水和气体控制电路、送丝控制与调节电路和行走或转动控制与调节电路等。

表9-6　几种专用等离子弧焊机的技术性能参数

型　号	电源功率/kVA	电源电压/V	二次空载电压/V	焊接电流/A	负载持续率(%)	焊接厚度/mm	填丝直径/mm	电源类型	可否脉冲
LH—6	1.6	3相380	焊176 维弧176	0.5～6 维弧1.8		0.08～0.3			
LH—16	—	单相220	焊60 维弧95	0.2～16 维弧1.5	60	0.1～1	—	晶闸管	
LH—30	2.82	3相380	焊75 维弧135	1～30 维弧2	60	0.1～1		ZXG2—30	
LH—30	4	3相380	90	1～30	60	0.3～1		硅整流	
LH—63	3	单相220	60	3～63	35	0.5～2		WSM—63	可脉冲
LH—100	3	单相220	60	5～100	60	0.5～3		WSM—100	可脉冲
LH—160	4.8	单相220	60	8～160	60	1～4		WSM—160	可脉冲
LH—300			70	6～300	60	1～8	0.8～1.2	ZXG—300	
LH—315	11.5	3相380	60	15～315	60	1～8	1.2	WSM—315	可脉冲

（1）引弧电路　图9-25是一种串接于焊接回路的小型高频引弧器，其工作原理如下：升压变压器 T_1 的左半部分为中频5～10kHz脉冲发生器，右半部分为高频60～300kHz脉冲

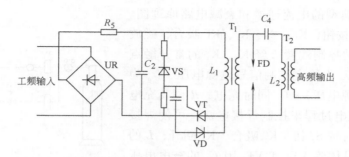

图 9-25　小型高频引弧器原理图

发生器。工频交流电经整流桥 UR 整流之后对 C_2 充电，电压达到一定值后稳压管 VS 被击穿，晶闸管 VT 迅速导通，$u_{L1} = u_{C2} = u_{VS}$ 形成第一个正向峰值。此后 C_2 与 L_1 发生电磁振荡。先是 C_2 通过 L_1 正向放电，后是 L_1 对 C_2 反向充电。反向充电结束 $u_{L1} = u_{C2}$ 达到第一个反向峰值。这时 C_2 又要通过 L_1 反向放电。于是晶闸管 VT 承受反向电压而被阻断。C_2 只好借助于二极管 VD 进行反向放电，而后又正向充电，直到 $u_{L1} = u_{C2}$ 达到第二个正向峰值。C_2 又要通过 L_1 正向放电，但 VT 已被阻断而停止。u_{L1} 迅速衰减至零，振荡结束。与此同时整流后的电压通过 R_5 再次向 C_2 充电，为下次振荡做好准备。这过程循环下去可以在 L_1 上得到幅值为 u_{VS} 的中频脉冲电压 u_{L1}。经升压后在升压变压器另一端获得中频高压 u_2。u_2 通过 T_2 的一次侧电感 L_2 对 C_4 快速充电。当 u_2 达到火花放电器 FD 的放电电压时，FD 放电。于是 C_4 将通过火花间隙和 L_2 发生能量交换，从而在回路里产生高频振荡，经 T_2 耦合可输出高频高压。在电磁振荡过程中，由于回路等效电阻的存在，因而振荡是衰减振荡过程。一次衰减振荡结束后，在中频的另一半周内将发生同样过程，由此循环下去，形成了由中频脉冲频率和脉宽决定的高频脉冲的振荡次数和宽度。

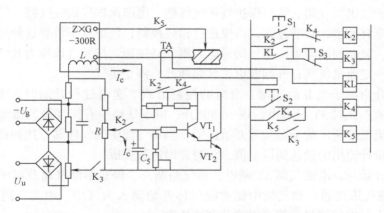

图 9-26　LH—300 型等离子弧焊机的焊接电流递增和衰减电路

（2）焊接电流递增和衰减（递减）电路　在穿透型等离子弧焊接时，通常要求等离子弧焊接电流在起焊阶段随等离子气体流量一起递增，在收弧阶段两者同步衰减。起焊时，等离子弧在初始电流值下引燃，然后缓升至工作电流值。收弧时由工作电流值缓降至停弧电流值后熄弧。这样做可以避免在起焊段焊缝中产生气孔、在收弧段焊缝中产生缩孔和弧坑。

图 9-26 是一种较典型的电流递增和衰减电路原理图。焊接时，按动 S_1 按钮，K_2、K_3、K_5、KL 吸合，磁放大器式硅整流器的控制线圈 L 经 K_2、K_3 的常开触点获得控制电流（U_g 为给定控制信号电源电压、U_u 为网压补偿反馈电源电压）。C_5 同时充电，R 调其充电电压。利用 C_5 充电过程来控制焊接电流，可使焊接电流缓升。停焊时按 S_2 钮，K_4 吸合，K_2 断开，L 的控制电源切断。晶体管 VT_1 和 VT_2 因 C_5 的充电电压仍导通，L 的控制电流仍维持，但随 C_5 的放电而减小，使焊接电流衰减，至 KL 断电、K_5 断开。

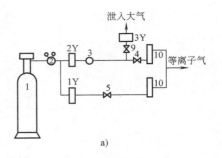

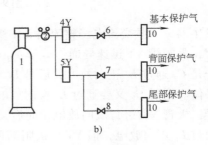

图 9-27　气流控制回路

a）等离子气气路　b）保护气气路

1—气瓶　2—压力表及减压器　3—储气筒

4、5、6、7、8、9—调节阀　10—流量计

1Y、2Y、3Y、4Y、5Y—电磁气阀

（3）气流控制电路　等离子弧焊接一般使用两路气体，即等离子气和保护气。气路由离子气供气气路和保护气供气气路构成。气体从气瓶→减压器→电磁气阀→流量计→焊枪所经过的回路构成气路，如图 9-27 所示。

穿透型等离子弧焊接时，通过调节转移弧电流（焊接电流）大小和离子气流大小来调节电弧挺度及电弧穿透力，从而形成合适的小孔。引弧焊接时焊接电流和离子气流递增，打开小孔；停止焊接时，焊接电流和离子气流衰减，封闭小孔、填满弧坑。此时就需要对离子气流进行递增及衰减控制。

离子气供气气路又分基本供气气路（供给离子气Ⅰ，即引弧所需要的基本的离子气）和递增递减供气气路（供给离子气Ⅱ，以此气流形成离子气的递增及衰减）。保护气供气气路又分基本保护气供气气路、背面保护气供气气路、尾部保护气供气气路。等离子弧焊接通常要求离子气流有递增、衰减过程，需要进行相应控制；保护气不需要这种过程，进行通断控制就可以了。通断控制简单，给气阀通电，则气路接通，按照气源压力及气体流量计设定值，气路形成一定流量供气；气阀断电，气路断开，停止供气。

下面重点介绍离子气Ⅱ的递增、衰减的控制方式。递增过程开始时，电磁气阀 2Y 给电，该气路接通；此时 3Y 没有电，该气路断开；由于气路中有储气筒的储蓄功能，所以离子气气流Ⅱ从流量计流出的量是从零开始递增，当储气筒中的气体储量达到稳定值后，离子气气流Ⅱ从流量计流出的量达到设定值，此时递增过程完成。

气流衰减开始时，电磁气阀 2Y 断电，该气路断开，停止给储气筒及离子气Ⅱ供气；同时 3Y 给电，该气路接通，储气筒中储蓄的气体开始泄入大气中，由此，离子气Ⅱ供气衰减。调节泄入大气中的流量，就可以调节衰减速度。

以 LH—300 型等离子弧焊机（图 9-30）为例，其气流通断控制和递增、衰减原理如下：

引燃非转移弧时，继电器 K_1 动作驱动电磁气阀 1Y 接通，离子气Ⅰ经调节阀 5、流量计进入焊枪。引燃转移弧焊接时，K_2 动作（参见图 9-26），转移弧形成，电磁气阀 2Y 接通（3Y 断开），气流经储气筒 3、调节阀 4、流量计 10 供给离子气Ⅱ，递增流量直至设定值。K_3 动作控制电磁气阀 4Y、5Y 供给保护气。

收弧时, 电磁气阀 2Y 关闭、3Y 接通。储气筒 3 中一部分气体继续经流量计 10 进入焊枪, 另一部分经调节阀 9、电磁气阀 3Y 泄入大气中, 达到气流衰减的目的。焊接结束后, 电磁气阀 1Y ~ 5Y 全部关闭。

（4）冷却水控制电路　焊接过程中, 等离子弧焊枪要求水冷, 以带走钨极和喷嘴上的热量。冷却水路为水泵→水冷导线→焊枪下枪体→喷嘴→焊枪上枪体→水冷导线→水流开关→水箱。水路中的水冷导线由塑料管或者胶管内穿多芯软铜线组成, 管内通水时, 导线同时得到冷却。

水流开关内通过水流并达到一定压力后可以动作, 使其上的微动水流开关的常开触点 SW 闭合。在无水流或冷却水压力不足的情况下, SW 不能闭合, 按下按钮 1S 和 2S, 1K 和 2K 中间继电器也不动作 (图 9-30), 引弧焊接不能进行。这就保证焊枪不会在无冷却水流的情况下工作, 防止焊枪烧坏。

水泵电动机的电源并接在焊接电源的一次进线上, 以使焊机送电的同时水泵电动机工作。

（5）送丝、行走或转动调速电路　等离子弧自动焊接纵缝或环缝时, 焊枪或焊件作直线或旋转运动。当焊件间隙大、要求有余高或进行坡口焊接时, 还要向熔池自动送进焊丝。这些运动的驱动电动机多为直流电动机, 电动机的转速可以调整。图 9-28 为目前采用的一种晶闸管调速线路。

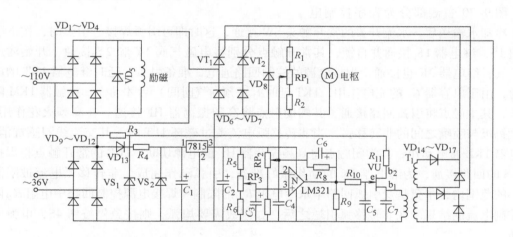

图 9-28　一种直流电动机调速电路

直流电动机的励磁线圈由二极管 VD_{1-4} 组成的单相桥式整流线路供电。其电枢由二极管 VD_{6-7} 和晶闸管 VT_1、VT_2 组成的单相半控桥式整流电路供电。晶闸管的触发和移相由下面的单结晶体管 VU 触发线路完成。调节晶闸管 VT_1 和 VT_2 的控制角, 即可调整加在电动机电枢上的电压, 从而达到调速的目的。

触发电路的电源由 $VD_{9~12}$ 全波整流后供给。稳压二极管 VS_2 和电阻 R_4 使整流后的电压削波。削波后的电压经过稳压集成块 7815 稳压后加在 R_5、RP_3 和 R_6 的两端。从电位器 RP_3 上取出的分压加于运算放大器 N（型号为 LM321）的 3 脚上。放大后的电压使电容 C_5 充电, C_5 上的电压达到单结晶体管 VU_{eb1} 间的击穿电压后, 在脉冲变压器 T_1 的一次侧可得到一脉冲电压。C_5 的不断充放电，在脉冲变压器二次侧可得到一系列脉冲电压。这些脉冲电压加在晶闸管 VT_1 和 VT_2 的控制极上，使它们导通。调整电位器 RP_3，则可改变电容 C_5 的充电速度，从而使单结晶体管 VU 输出脉冲的相位改变，实现调速。

该线路中 RP_1 和 RP_2 电位器构成了电压负反馈环节，可调整反馈的深度，保证电枢电压的稳定。

（6）程序控制电路 程序控制线路可把上述各部分线路有机地结合在一起构成程序控制系统，以便按照时间顺序完成从送气引弧（开始焊接）到收弧停气（结束焊接）的全部程序动作。

图 9-29 和图 9-30 是 LH—300 等离子弧焊机的焊接程序循环图与电路原理图。主要完成提前送等离子气、高频引弧、切断高频、转移弧形成、等离子气流递增、行走（送丝）等动作的控制。收弧时完成焊接电流衰减、等离子气流递减、停丝、熄弧、延迟停气等动作。图 9-30 中 TS1-90 是调速单元。

图 9-30 右侧部分为程序控制电

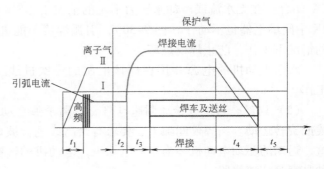

图 9-29 LH—300 型等离子弧焊机的焊接程序循环图

路。冷却水输送后，水流开关的常开触头 SW 接通，这时即可引弧焊接。引弧时，按下引弧按钮 1S，继电器 1K 接通并自锁，其常开触点分别将电磁气阀 1Y 和 2Y 接通，开始输送等离子气；继电器 3K 也接通，焊接电源的控制回路通电，准备引弧；延时继电器 1KT 的电源接通，由于电容器 C_1 的充电作用，1KT 延时 t_1（预通气时间）后才动作，接触器 1KM 随之动作，其主触点将引弧回路接通，其辅助触点将高频振荡器 HF 接通。在高频火花作用下，引燃钨极与喷嘴之间的非转移弧；当非转移弧电流流过磁环 1LT 时，其交流线圈感抗消失，继电器 1KL 通电动作，其常闭触点将高频振荡器 HF 的电源切断；1KL 的常开触点将焊接按钮 2S 的回路接通，为继电器 2K 的动作做好准备，引弧动作完成。非转移弧电流被限制在较小的范围内，主要是受引弧回路中水冷电阻 R_w 的限制和焊接电源控制回路中电阻 R_{28} 限制了控制电流的结果。在非转移弧引燃之后，如因故需要熄弧，则按急停按钮 4S，电弧即被切断。

焊接时，按下焊接按钮 2S。继电器 2K 动作并自锁：2K 的另一常开触点接通电磁气阀 4Y，保护气开始输送；2Y 也被联锁；延时继电器 2KT 通电，延时 t_2 时间（预通保护气时间）后动作；2KT 的一个常开触点接通接触器 2KM，使其主触点接通焊接回路，同时电阻 R_{28} 被 2KT 短路，建立转移弧。当转移弧电流（即焊接电流）流过磁环 2LT 时，其交流线圈感抗消失，继电器 2KL 通电动作：2KL 的常闭触点将继电器 1K 断电释放，接触器 1KM 也断电释放，非转移弧电流被切断，继电器 1KL 和 1KT 先后释放；2KL 的常开触点使延时继电器 3KT 通电，延时 t_3 时间（预热时间）后动作，其常开触点将控制小车和送丝电动机的继电器 5K、6K 接通，小车开始行走、焊丝开始送进，焊接开始正常进行。如果焊件不需预热，则将开关 1Q 拨至无预热位置，在 2KL 动作之后 5K 便动作，小车开始行走。若焊接不需要填充焊丝，则将 2Q 打开，6K 便不会动作了。

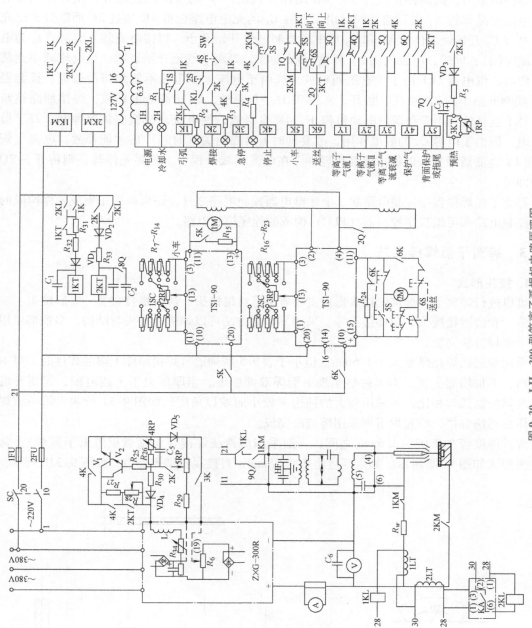

图 9-30　LH—300 型等离子弧焊机电路原理图

KM—接触器　KT—时间继电器　KL—继电器　R_w—水冷电阻　SW—水流开关　HF—高频引弧器

焊接结束时，按动停止按钮 3S。4K 动作并自锁，4K 的常闭触点断开，使焊接电源的控制电流经晶体管 V_1 成回路，同时由于电容 C_5 的充电电路也被 4K 通过 2K 而断开、已充电的电容 C_5 开始经晶体管 V_1 和 V_2 放电，控制电流开始减小，焊接电流随之衰减（t_4 为电流衰减时间）；同时，电磁气阀 2Y 释放，3Y 动作，等离子气流开始衰减。当电流减小到某一数值后，继电器 2KL 由于欠电压而释放，或由于电流太小电弧不能维持而熄灭。接触器 2KM 线圈回路中的 2K 触点已断开，所以 2KL 一旦释放，2KM 即断电释放，焊接回路被断开。3KT 也释放，小车和送丝电动机停止。4K 也释放，使电流衰减线路恢复原状。2KT 虽然断电，但由于电容 C_2 的放电作用，故要延时 t_5（滞后关气时间）后才能释放，电磁气阀 1Y 和 4Y 也滞后断开，以保护钨极和焊件。在电流衰减过程中，若要先停丝，则将开关 2Q 断开即可。

等离子弧焊接程序控制电路除了上述继电器控制电路之外，还可以采用集成元件构成的程序控制电路和可编程序控制器（PLC）构成的程序控制电路。

9.2.3 等离子弧焊接工艺

1. 接头形式

可以进行等离子弧焊接的接头形式主要有 I 形对接接头、薄板搭接接头、T 形接头、端接接头、卷边对接接头、角接接头等。采用 TIG 焊方法可以焊接的接头与结构，多数都可用等离子弧焊方法完成。

采用穿透法焊接厚度大于 1.6mm，但小于表 9-5 所列适宜焊接厚度上限的焊件时，可不开坡口，不加填充金属，不用衬垫实现单面焊双面成形。当厚度大于上述范围，需要开坡口。与钨极氩弧焊相比，可采用较大的钝边和较小的坡口角度，如图 9-31 所示。第一道焊缝采用穿透法焊接，填充焊道则采用熔透法完成。

焊件厚度若在 0.05 ~ 1.6mm 之间，一般采用熔透法焊接（包括微束等离子弧焊），常用接头形式如图 9-32 所示。如果厚度小于 0.25mm，对接接头需要卷边，如图 9-32b 所示。

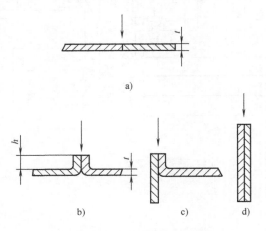

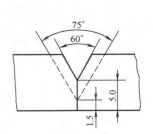

图 9-31　10mm 厚不锈钢采用等离子弧焊（实线）与 TIG 焊（虚线）的坡口对比

图 9-32　薄板等离子弧焊接接头形式

a）I 形对接接头　b）卷边对接接头

c）卷边角接接头　d）端接接头

t—板厚（0.025 ~ 1mm）　h—卷边高度，$h = (2 ~ 5)t$

2. 焊接材料

（1）填充金属　与钨极氩弧焊相似，等离子弧焊接也可以使用填充金属。其主要化学成分与被焊母材相同，通常制成光焊丝或者光焊条，自动焊时使用光焊丝作填充金属，手工焊则用光焊条作填充金属。

（2）气体　焊接时，除要向焊枪喷嘴输送离子气外，还要向枪体保护罩输送保护气体，以充分保护熔池不受大气污染。Ar 气适用于所有金属。为了提高热效率，更有效地向焊件传递热量，针对不同的金属，可以在 Ar 气中加入 H_2、He 等气体。例如，焊接钛及钛合金时，可在 Ar 气中加入体积分数为 50%~75% 的 He；焊接不锈钢和镍合金时，加入 5%~7.5% 的 H_2（含 H_2 过多时，会引起气孔或裂纹）；焊铜时可采用 100% 的 N_2 或 100% 的 He。

大电流焊接时，离子气和保护气成分应相同，以使焊接过程稳定，气体选择见表 9-7。小电流时，离子气一律使用纯 Ar 气；保护气可以用纯 Ar 气，也可以用其他成分的气体，这取决于被焊金属，气体选择见表 9-8。

表 9-7　大电流等离子弧焊接用气体选择

金　属	厚度/mm	焊接技术	
		穿透法	熔透法
碳钢（铝镇静）	<3.2	Ar	Ar
	>3.2	Ar	He75% + Ar25%
低合金钢	<3.2	Ar	Ar
	>3.2	Ar	He75% + Ar25%
不锈钢	<3.2	Ar，Ar92.5% + $H_2$7.5%	Ar
	>3.2	Ar，Ar95% + $H_2$5%	He75% + Ar25%
铜	<2.4	Ar	He75% + Ar25%，He
	>2.4	不推荐①	He
镍合金	<3.2	Ar，Ar92.5% + $H_2$7.5%	Ar
	>3.2	Ar，Ar95% + $H_2$5%	He75% + Ar25%
活泼金属	<6.4	Ar	Ar
	>6.4	Ar + He（50%~75%）	He75% + Ar25%

注：1. 气体选择是指等离子气体和保护气体两者。

　　2. 表中各种气体的含量皆为体积分数。

①　由于底部焊道成形不良，这种技术只能用于铜锌合金焊接。

表 9-8　小电流等离子弧焊接用保护气体选择

金　属	厚度/mm	焊接技术	
		穿透法	熔透法
铝	<1.6	不推荐	Ar，He
	>1.6	He	He
碳钢	<1.6	不推荐	Ar，He75% + Ar25%
（铝镇静）	>1.6	Ar，He75% + Ar25%	Ar，He75% + Ar25%

（续）

金　属	厚度/mm	焊接技术	
		穿透法	熔透法
低合金钢	<1.6	不推荐	Ar, He, Ar + H₂(1%~5%)
低合金钢	>1.6	He75% + Ar25%	Ar, He, Ar + H₂(1%~5%)
		Ar + H₂(1%~5%)	
不锈钢	所有厚度	Ar, He75% + Ar25%	Ar, He, Ar + H₂(1%~5%)
		Ar + H₂(1%~5%)	
铜	<1.6	不推荐	He75% + Ar25%
			H₂75% + Ar25%, He
铜	>1.6	He75% + Ar25%, He	He
镍合金	所有厚度	Ar, He75% + Ar25%	Ar, He, Ar + H₂(1%~5%)
		Ar + H₂(1%~5%)	
活泼金属	<1.6	Ar, He75% + Ar25%, He	Ar
活泼金属	>1.6	Ar, He75% + Ar25%, He	Ar, He75% + Ar25%

注：1. 气体选择仅指保护气体，在所有情况下等离子气均为氩气。

2. 表中各种气体的百分含量皆为体积分数。

3. 焊接参数

（1）穿透型焊接　焊接过程中确保小孔的稳定性是获得优质焊缝的关键。下列焊接参数能影响小孔的稳定性。

1）离子气流量。离子气流量的增加可使等离子流力和穿透能力增大。在其他条件给定时，为形成小孔效应需要有足够的离子气流量；但离子气流量过大时会使熔池金属被吹落，不能保证焊缝成形。喷嘴孔径确定后，等离子气流量应视焊接电流和焊接速度而定，即在离子气流量、焊接电流和焊接速度这三者之间有适当的匹配。

2）焊接电流。其他条件给定时，焊接电流增加，等离子弧的穿透能力提高。与其他焊接方法一样，焊接电流总是根据焊件的板厚或熔透要求首先选定。焊接电流过小，小孔直径减小甚至形不成小孔；电流过大，熔池金属坠落，也不能形成稳定的小孔焊接过程，甚至产生双弧。因此焊接电流要有一个合适的范围，离子气流量也要有一个适宜的范围，而且二者是互相制约的。图9-33a是喷嘴结构、板厚和焊接速度等参数给定时，用试验方法在8mm厚的不锈钢板上测定的穿透法焊接电流与离子气流量的参数匹配关系。喷嘴结构不同时，这个范围是不同的。

3）焊接速度。其他条件给定时，焊接速度增加，焊缝热输入减小，小孔直径减小。但焊接速度过大，会导致小孔消失，而且会引起焊缝两侧咬边和出现气孔。焊接速度应与焊接电流、离子气流量相匹配（图9-33b）。通常焊接速度与焊接电流和离子气流量成正比。

4）喷嘴高度。喷嘴到焊件表面的距离一般取3~5mm。此距离过大会降低等离子弧的穿

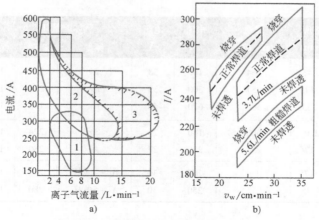

图 9-33　穿透法焊接的参数匹配
a）电流-离子气流量的匹配　b）电流-焊速-离子气流量匹配
1—圆柱型喷嘴（$d=3$mm）　2—收敛-扩散型喷嘴　3—加填充丝可消除咬肉区域

透能力；过低则易造成喷嘴粘上飞溅物。

5）保护气流量。保护气除了影响保护效果外，还对等离子弧的稳定性有一定影响。保护气流量过大会造成气流的紊乱。保护气流量应与离子气流量有一个恰当的比例。穿透型等离子弧焊接保护气流量一般在 15～30L/min 范围内。

不锈钢和钛合金焊接时背面也应有保护气，必要时还应附加保护气喷嘴。

焊接厚板时，为保证起弧点充分穿透和防止出现气孔，最好能够采用焊接电流和离子气流量递增的起弧控制环节。收弧时采用电流和离子气流量衰减控制。

表 9-9 列出了不同材料采用带有两个辅助小孔的圆柱形喷嘴的典型等离子弧焊接参数。

为了保证穿透型焊接的稳定性，装配间隙、钝边高度、错边量等也必须严格限制，填丝焊接时可适当降低对装配精度的要求。

表 9-9　穿透型等离子弧焊接参数

焊件材料	参数 板厚 /mm	焊速 /mm·min^{-1}	电流 /A	电压 /V	气体流量/L·h^{-1} 种类	离子气	保护气	坡口形式	工艺特点
低碳钢	3.175	304	185	28	Ar	364	1680	I	穿透
低合金钢	4.168	254	200	29	Ar	336	1680	I	穿透
	6.35	354	275	33	Ar	420	1680	I	穿透
不锈钢	2.46	608	115	30	Ar + 5% H$_2$	168	980	I	穿透
	3.175	712	145	32	Ar + 5% H$_2$	280	980	I	穿透
	4.218	358	165	36	Ar + 5% H$_2$	364	1260	I	穿透
	6.35	354	240	38	Ar + 5% H$_2$	504	1400	I	穿透
	12.7	270	320	26	Ar			I	穿透
钛合金	3.175	608	185	21	Ar	224	1680	I	穿透
	4.218	329	175	25	Ar	504	1680	I	穿透
	10.0	254	225	38	75% He + Ar	896	1680	I	穿透
	12.7	254	270	36	50% He + Ar	756	1680	I	穿透
	14.2	178	250	39	50% He + Ar	840	1680	V	穿透

（续）

焊件材料	参数 板厚/mm	焊速/mm·min⁻¹	电流/A	电压/V	气体流量/L·h⁻¹ 种类	离子气	保护气	坡口形式	工艺特点
铜	2.46	254	180	28	Ar	280	1680	I	穿透
	3.175	254	300	33	He	224	1680	I	熔透
	6.35	508	670	46	He	140	1680	I	熔透
黄铜	2.0	508	140	25	Ar	224	1680	I	穿透
	3.175	358	200	27	Ar	280	1680	I	穿透
镍	3.175		200	30	Ar + 5% H₂	280	1200	I	穿透
	6.35		250	30	Ar + 5% H₂	280	1200	I	穿透

（2）熔透型焊接　熔透型等离子弧焊的焊接参数与穿透型等离子弧焊焊基本相同，焊件熔化和焊缝成形过程与钨极氩弧焊相似。熔透型等离子弧焊焊接参数参考值见表 9-10。微束等离子弧焊接参数参考值见表 9-11。

表 9-10　熔透型等离子弧焊焊接参数参考值

材料	板厚/mm	焊接电流/A	电弧电压/V	焊接速度/cm·min⁻¹	离子气 Ar 流量/L·min⁻¹	保护气流量/L·min⁻¹	喷嘴孔径/mm	注
不锈钢	0.025	0.3	—	12.7	0.2	8（Ar + H₂1%）	0.75	卷边焊
	0.075	1.6	—	15.2	0.2	8（Ar + H₂1%）	0.75	
	0.125	1.6	—	37.5	0.28	7（Ar + H₂0.5%）	0.75	
	0.175	3.2	—	77.5	0.28	9.5（Ar + H₂4%）	0.75	
	0.25	5	30	32.0	0.5	7Ar	0.6	
	0.2	4.3	25	—	0.4	5Ar	0.8	
	0.2	4	26	—	0.4	6Ar	0.8	
	0.1	3.3	24	37.0	0.15	4Ar	0.6	对接焊（背后有铜垫）
	0.25	6.5	24	27.0	0.6	6Ar	0.8	
	1.0	2.7	25	27.5	0.6	11Ar	1.2	
	0.25	6	—	20.0	0.28	9.5（H₂1% + Ar）	0.75	
	0.75	10	—	12.5	0.28	9.5（H₂1% + Ar）	0.75	
	1.2	13	—	15.0	0.42	7（Ar + H₂8%）	0.8	
	1.6	46	—	25.4	0.47	12（Ar + H₂5%）	1.3	手工对接
	2.4	90	—	20.0	0.7	12（Ar + H₂5%）	2.2	
	3.2	100	—	25.4	0.7	12（Ar + H₂5%）	2.2	
镍合金	0.15	5	22	30.0	0.4	5Ar	0.6	对接焊
	0.56	4 ~ 6	—	15.0 ~ 20.0	0.28	7（Ar + H₂8%）	0.8	
	0.71	5 ~ 7	—	15.0 ~ 20.0	0.28	7（Ar + H₂8%）	0.8	
	0.91	6 ~ 8	—	12.5 ~ 17.5	0.33	7（Ar + H₂8%）	0.8	
	1.2	10 ~ 12	—	12.5 ~ 15.0	0.38	7（Ar + H₂8%）	0.8	
钛	0.75	3	—	15.0	0.2	8Ar	0.75	手工对接
	0.2	5	—	15.0	0.2	8Ar	0.75	
	0.37	8	—	12.5	0.2	8Ar	0.75	
	0.55	12	—	25.0	0.2	8（He + Ar25%）	0.75	

表 9-11　微束等离子弧焊焊接参数参考值

材料	板厚 /mm	转移弧电流 /A	焊接速度 /cm·min⁻¹	非转移弧电流 /A	离子气流量 （Ar） /L·s⁻¹	保护气	
						流量 /L·s⁻¹	气体种类和 所占体积分数
奥氏体 不锈钢	0.025	0.3	12.5		0.0025	0.15	Ar99.5% + H₂0.5%
	0.075	1.6	15		0.0033		
	0.125	2.0	12.5				
	0.25	6.0	20		0.0047	0.133	Ar97% + H₂3%
		5.6	38	2			
	0.75	10	12.5			0.113	Ar99.5% + H₂0.5%
镍基合金	0.3	6	38		0.0033	0.15	Ar25% + H₂75%
	0.4	3.5	15				Ar95% + H₂5%
铜	0.075	10			0.0058	0.133	Ar25% + H₂75%
钛	0.2	5	12.5		0.0047	0.15	纯 Ar
	0.38	6					
	0.55	10	18				Ar25% + H₂75%

9.2.4　不锈钢管纵缝等离子弧焊接工艺实例

不锈钢管的制造方法是用制管机把不锈钢带卷成定长的管坯，然后在专用焊管机上对管坯进行等离子弧纵缝焊接。焊管机由送管辊、导向辊、压边辊、压紧辊等组成，如图 9-34 所示。

送管辊均为主动辊，以保证管坯运动均匀。导向辊上的导向片插在管坯的对接缝间隙中，以保证待焊缝始终朝上。压紧辊用以压紧管坯间隙，焊接在两压紧辊中心连线与对接缝交点上进行。压边辊用以压下错边，以保证焊接位置的错边尽可能小。一定长度的管坯送入送管辊型槽中向前运动；导向辊上的导向片插入对缝间隙以便导向；压边辊把两待焊边缘压平；压紧辊压紧间隙，然后进行焊接。焊成的钢管由送管辊送出。

在不锈钢管坯的等离子纵缝焊接中，焊接位置十分重要。焊接应在两边配合最紧、错边最小的地方进行，才能保证成品率。这个地点就是两压紧辊中心连线与接缝的交点。在此处间隙最小，焊接成功的可能性最大。

对接缝的间隙影响液态金属的桥接。间隙过大，两侧液态金属在表面张力作用下向两侧收缩，不能桥接在一起，焊缝不能形成。特别是钢带的对接边通常均为剪切而成，一般切口与上、下表面垂直，卷成管坯后对接边配合时自然形成一个上大下小的张角。这相当于一个上大下小的间隙，需要增加焊缝液态金属的数量。在这种情况下，对间隙的要求就更严格。一般当壁厚为 2mm 左右时，间隙不得大于 0.4mm。这可通过调整压紧辊来保证。

不锈钢管纵缝等离子弧焊接示意图如图 9-35 所示。当壁厚小于 2mm 时，采用等离子弧熔透焊方式焊接。壁厚为 2mm 时，既可进行熔透焊又可进行穿透焊。壁厚大于 2mm 时，进行等离子弧穿透焊接。不论采用哪种方式，均采用直流正接。

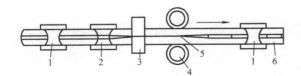

图 9-34　纵缝等离子弧焊管机示意图
1—送管辊　2—导向辊　3—压边辊　4—压紧辊
5—焊接位置　6—焊接管

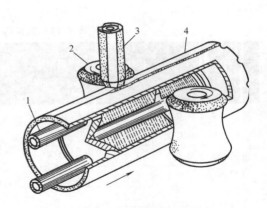

图 9-35　不锈钢管纵缝等离子弧焊接示意图（立体）
1—背面气体进口　2—压紧辊　3—等离子弧焊枪
4—焊接的不锈钢管

为提高焊接速度，可进行双枪等离子弧焊接。这时两枪前后布置。前导弧用于熔化对接两侧金属，使之桥接，获得部分熔深；后面的尾随弧用于焊接管壁获得双面成形的焊缝。不锈钢管的自动等离子弧焊焊接参数见表 9-12。焊后经检查，焊接质量良好。

表 9-12　不锈钢管纵缝自动等离子弧焊的焊接参数

焊枪数量	规格/mm × mm	焊接电流/A	焊接速度/mm · min^{-1}	等离子气 Ar/L · h^{-1}	保护气 Ar/L · h^{-1}	喷嘴孔径/mm	孔外弧长/mm	焊透方式
1	$\phi27 \times 1.5$	90	450	45	200	2.5	2	熔透
1	$\phi27 \times 2$	120	450	60	200	2.5	2	熔透
1	$\phi27 \times 2$	130	500	150	200	2.5	2	穿透
1	$\phi27 \times 2.5$	150	500	150	200	2.5	2	穿透
1	$\phi27 \times 3$	170	450	150	200	2.5	2	穿透
2	$\phi27 \times 1.5$	70,90[1]	700	40,40[1]	200,200[1]	2	2	熔透
2	$\phi27 \times 2$	100,120	700	150,200	200,200	2	2	穿透
2	$\phi27 \times 2.5$	120,140	700	180,180	200,200	2	2	穿透
2	$\phi27 \times 3$	150,180	700	150,180	200,200	2	2	穿透

① 前面的数值为前导弧参数,后面为尾随弧参数。

9.2.5　等离子弧焊接的其他方法

1. 等离子弧堆焊

等离子弧堆焊（Plasma Arc Surfacing）是利用转移型等离子弧为主要热源（有时用非转移型弧作为辅助热源），在惰性气体保护下将丝状或粉末状合金材料熔化，熔敷到金属表面形成堆焊层的一种焊接方法。

等离子弧堆焊有三个重要指标，即熔敷效率、熔敷速度和稀释率。熔敷效率是指在堆焊过程中，熔敷金属与使用的堆焊材料的质量百分比，它反映了堆焊材料的利用率，并直接关系到等离子弧堆焊的生产成本。等离子弧堆焊的熔敷效率一般为 80% ~ 95%（质量分数），在某些条件下甚至可以达到 95% 以上。熔敷速度是指在单位时间内有效熔敷的堆焊金属的质量，等离子粉末堆焊的熔敷速度可达到 12.5 kg/h。稀释率是指母材成分在堆焊层中所占的比例，它的大小直接影响到堆焊层的成分和组织，并最终决定堆焊层的性能。稀释率低，就意味着母材金属对堆焊层金属成分的影响小，可以用较少的合金材料获得高性能的堆焊层。等离子弧堆焊的稀释率一般为 5% ~ 30%。若使用反极性等离子弧堆焊方法可获得更低的稀释率。目前等离子弧堆焊正向着高熔敷速度、低稀释率方向发展。

等离子弧堆焊有冷丝、热丝和粉末三种方法。冷丝等离子弧堆焊，因效率不高已很少采用。

（1）粉末等离子弧堆焊　粉末等离子弧堆焊（Plasma Arc Powder Surfacing）生产效率高，堆焊层稀释率低、质量好，便于自动化，易于根据堆焊层使用性能要求来选配各种合金成分的粉末，是目前广泛应用的等离子弧堆焊方法，特别适合于在轴承、轴颈、阀板、阀门座、工具、推土机零件、涡轮叶片等制造或修复工作中堆焊硬质耐磨合金（这些合金难以制成丝状，但容易制成粉料）。

粉末等离子弧堆焊一般采用转移型等离子弧。焊接电源均采用具有陡降或恒流外特性的直流电源，直流正接（焊件接正，焊枪钨极接负），空载电压 ≥70V。其工作原理如图 9-36 所示。

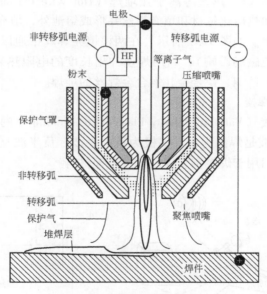

图 9-36　等离子粉末堆焊原理图

粉末等离子弧堆焊可以采用单电源或双电源，参见图 9-3 和图 9-24 及其阐述。

粉末等离子弧堆焊层不需要很大的熔深，喷嘴的孔道比一般均小于 1。为了送进粉末，喷嘴中须另外送进一股送粉气流，通常也用氩气。送粉口一般放在喷嘴孔道底部，可有一个或两个以上。需要注意的是：

1）喷嘴孔道难免会吸附粉末，受热的粉末形成珠滴常常是引起双弧的直接诱因。为此应十分注意喷嘴结构和送粉孔位置。图 9-13d 所示的扩散型喷嘴是一种比较理想的结构，送粉孔入射角都在 45° 以下，应给予充分冷却保证。

2）送粉量大小及其均匀性是影响粉末堆焊质量的两个重要因素，为此必须采用合理的送粉装置。常见的有雾化式、射吸式、刮板式等三种，其中以刮板式最为常见。

3）粉末粒度对堆焊质量也有一定影响，常用的粒径为0.45~0.125mm。

表9-13为典型粉末堆焊参数实例。为了提高堆焊层宽度，可以采用机械或磁控摆动。

表9-13 排气阀门（45 Cr14Ni14W2Mo）堆焊参数

堆焊合金成分	粒径/mm	非转移弧		转移弧		氩气流量/L·h⁻¹			送粉量/g·min⁻¹	喷嘴高度/mm	焊前预热/℃	焊后保温/℃	堆焊层硬度HRC
		电压/V	电流/A	电压/V	电流/A	离子气	保护气	送粉气					
钴铬钨	0.2~0.125	20~30	80~90	40~48	100~120	300~350	400~450	400~450	17~30	7	300~350	400~500	40~45
铁铬硼硅	0.2~0.125	20~30	80~90	40~48	100~120	300~350	400~450	400~450	17~30	7	300~350	400~500	45~50
镍铬硼硅	0.2~0.125	20~30	80~90	40~48	100~120	300~350	400~450	400~450	17~30	7	300~350	400~500	45~55

（2）热丝等离子弧堆焊　热丝等离子弧堆焊（Hot Wire Plasma Arc Surfacing）的特点是，除了依靠等离子弧加热熔化母材和填充焊丝并形成熔池外，填充焊丝中还通以电流以提高熔敷速度和降低稀释率。如图9-37所示，在两根填充焊丝中通以交流电（与直流电相比既可节省成本，又可避免磁场影响），利用焊丝伸出长度的电阻热来增加焊丝的熔化速度。该方法适用于可拔丝的不锈钢、镍合金、铜合金焊丝的堆焊。

2. 变极性等离子弧焊接

变极性等离子弧焊接（Variable Polarity Plasma Arc Welding）的焊接电流波形示意图如图9-38所示，图中正半波是焊件为正、钨极为负的半波；负半波是焊件为负、钨极为正的半波。这种焊接方法专门用于焊接铝、镁及其合金等材料。

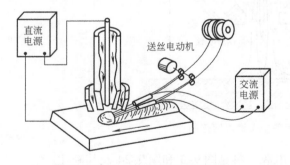

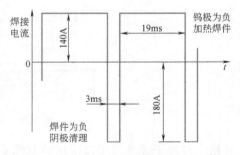

图9-37 热丝等离子弧堆焊方法　　　图9-38 变极性等离子弧焊接电流波形示意图

变极性等离子弧焊接的特征参数如变极性频率、正负半波电流幅值、正负半波时间等参数均可根据焊接工艺要求灵活、独立调节，合理分配电弧热量，在满足焊件熔化和阴极清理焊件表面氧化膜需要的同时，最大限度地降低钨电极的烧损，从而保证了长焊缝的质量稳定；另一方面，能有效利用等离子束流所具有的高能量密度、高射流速度、强电弧力的特性，在焊接过程中形成穿孔熔池，实现较大厚度铝、镁及其合金板在不加垫板条件下单面一次焊双面成形的工艺要求。

为了实现上述变极性等离子弧焊接电流波形，采用图 9-39 所示的变极性等离子弧焊电源。在一般直流等离子弧焊逆变电源的基础上，经过全桥式二次逆变（逆变元件用 IGBT），将直流变换成变极性输出。当 VT_1 与 VT_4 同时导通、VT_2 与 VT_3 同时关断时，电流 I 流经 VT_1—焊件—电极—VT_4，形成回路，输出正半波；当 VT_2 与 VT_3 同时导通、VT_1 与 VT_4 同时关断时，电流 I 流经 VT_3—电极—焊件—VT_2，形成回路，输出负半波，从而电流被变极性输出到焊件与电极之间。

这种 IGBT 逆变式变极性电源，三相电源网络负载平衡，正负半波时间及电流幅值均可调节，变极性频率也可调，能够很好地满足变极性等离子弧焊接对焊接参数调节的要求。

这种弧焊电源具有体积小、重量轻、高效节能、动特性和焊接工艺性能优良等特点，是目前等离子弧焊接铝合金最理想的弧焊电源之一。

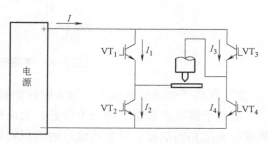

图 9-39　变极性等离子弧焊电源原理图

9.3　等离子弧喷涂

等离子弧喷涂是一种使用非转移型等离子弧作为热源的喷涂方法，是目前工业上常用的热喷涂方法之一。

9.3.1　等离子弧喷涂原理、特点及应用

1. 等离子弧喷涂工作原理

等离子弧喷涂的工作原理示意图如图 9-40 所示。利用非转移型等离子弧把难熔的金属或非金属粉末材料快速熔化，并以极高的速度将其喷散成较细的并具有很大动能的颗粒。当这些颗粒穿过等离子焰流撞击到工件上时，产生严重塑性变形，而后填充到固体工件已预先做好的粗糙表面上，从而形成一层很薄的具有特殊性能的涂层。与火焰喷涂、电弧喷涂相比，由于等离子焰流的温度高达 10000℃ 以上，所以几乎可喷涂所有的固态工程材料（如金属、非金属、陶瓷、塑料、复合粉末等）。等离子焰流速度高达 1000m/s 以上，熔融粉粒的飞行速度可达 180~260m/s，因而可得到更致密、与基体结合强度更高的涂层。

与其他喷涂方法相似，等离子弧涂层与基体及涂层粒子间的结合机理仍属于机械结合，但在喷涂钼、铌、钽、镍包铝、镍包钛等材料时，由于冶金反应的放热，可观察到有部分产生冶金结合。

2. 等离子弧喷涂的特点

1）等离子焰流热量高度集中，温度可达一万摄氏度以上，它提供了使所有材料都能熔化的必要条件。因此，它特别适用于难熔材料的喷涂，这是一般火焰喷涂和电弧喷涂不易达到的。

2）等离子焰流气氛可控，可以使用还原性气体（如 H_2）和惰性气体（如 Ar）等作为工作气体。这样就能比较可靠地保护工件及喷涂材料不被氧化。因此，它特别适于易氧化的活性材料的喷涂，所得到的涂层是比较纯洁的。

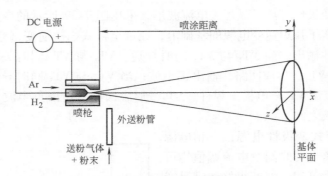

图 9-40　等离子弧喷涂原理示意图

3）等离子焰流的流速大，粉末颗粒能够获得较大的动能。

等离子弧喷涂基于上面三个特点，无论是涂层与工件表面的结合强度，还是涂层本身的强度、密度和纯洁度，以及喷涂时的沉积效率和沉积率都很高。

3. 等离子弧喷涂的应用

等离子弧喷涂是目前适用材料的种类最多、应用范围最广的热喷涂方法。它既可以制备多种涂层（这些涂层可用来防护多种介质的腐蚀或保护承受高温、磨损的表面），也能用于制备具有特殊的热、电和生物功能的特殊涂层。表 9-14 列出了一些典型的应用情况。

表 9-14　等离子弧喷涂的典型应用

工 作 条 件	典 型 应 用	典 型 涂 层 材 料
磨粒磨损	动力机械的活塞杆、轴与轴套	Ni-Cr-B-Si；Fe-Cr-B-Si；WC；Mo；Co 基合金；高 Cr 铸铁等
冲蚀	泵类、搅拌器、锅炉四管	WC/Co；Ni-Cr-B-Si；Al_2O_3 等
黏着磨损	配合件、轴承、燃烧室	Ni-Cr 合金；Co 基合金，Mo，铝青铜等
电绝缘	仪器设备的高温绝缘	Al_2O_3
隔热	燃烧室部件	ZrO_2（PSZ）
高温氧化	涡轮机叶片与导叶	M[①]CrAlY
腐蚀	钢结构部件	不锈钢
耐磨能力	燃气气路密封	Ni/石墨，AlSi/聚酯
生物工程	人造骨骼	羟基磷灰石/Ni，Ti

① 通常为 Ni 或 Co。

9.3.2　等离子弧喷涂设备

1. 等离子弧喷涂设备的组成

图 9-41 是等离子弧喷涂设备示意图。它主要由电源、控制柜、喷枪、高频引弧装置、送粉器、冷却装置及供气系统等组成。

（1）等离子弧喷涂电源　等离子弧喷涂采用非转移型等离子弧，电源连接如图 9-3a 所

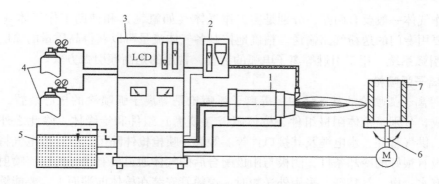

图 9-41　等离子喷涂设备示意图

1—等离子喷枪　2—送粉器　3—直流电源及控制柜　4—气瓶
5—水冷机组　6—工件夹持及驱动系统　7—工件

示。等离子弧喷涂电源空载电压要比等离子弧焊接电源空载电压高出一倍，喷涂电源具有陡降或恒流外特性。

（2）控制柜　它是等离子弧喷涂设备的控制中心，主要功能包括各种水、电、气、粉路以及运动参数的设置与程序自动控制，系统运行过程监控，故障报警等。控制系统可以采用继电器控制、PLC 控制、集成元件构成的程序控制等电路。图 9-42 是等离子弧喷涂的程序循环图。

（3）等离子弧喷枪　它是集电路—气路—粉路—水路于一体的核心装置。它在一定程度上反映了等离子弧喷涂技术的水平。等离子弧喷枪有多种类型，按功率大小可分为：①轻型或内孔型枪体，其功率多在 40kW 以下；②标准型枪体，其功率为

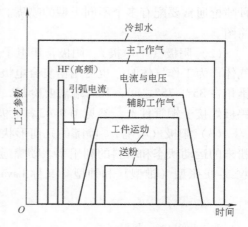

图 9-42　等离子弧喷涂的程序循环图

HF—高频引弧装置

40 ~ 80kW；③高能型枪体，其功率在 80 ~ 200kW；④超级、水稳型枪体，功率在 200kW以上。

（4）送粉器　它是为喷枪提供喷涂粉末的输送装置。送粉器的主要指标有装粉容量、送粉速率、送粉精度、可送粉末的粒度范围等。其装粉容量影响可连续喷涂的作业时间。送粉速率应能无级调节，调节范围的大小关系到喷涂质量和生产率。高水平的送粉装置通常采用 PLC 或单片机控制。为了能稳定输送各类粉末，送粉器应是专门设计制作的。最常用的送粉器是单筒式的，而双筒式的送粉器可同时输送两种粉末，可用于喷涂复合涂层或制造功能梯度材料。

（5）冷却装置　它是为喷枪提供充足的冷却介质以保证喷枪稳定工作的换热器。可用配有循环泵的水箱作为冷却装置，最好能选用配有制冷装置的专用冷却系统。冷却装置的制冷能力要根据等离子弧喷枪在最大载荷下工作时的有效功率来设计，从系统稳定和安全的角度，留有一定余量。

（6）供气系统　主要由气源（如标准气瓶）、减压器、气体流量计和可控气阀等组成。

等离子工作气体一般要有两路，分别是主工作气体（如氩气）和辅助工作气体（如氢气）。喷涂粉末要用专门的送粉气路输送。精确地控制各气体流量可以获得高质量的涂层。

（7）引弧系统　用于引燃等离子电弧的装置，常用的是高频引弧方式。

2. 等离子弧喷枪

（1）等离子弧喷枪的基本结构　等离子弧喷枪是等离子弧喷涂的核心装置，它主要由三部分构成，分别是枪体阴极组件、枪体阳极（喷嘴）组件和绝缘体。除此之外，还包括送粉管件、供气管件、水电缆及其接口件等。等离子喷枪枪体除了具有一般电气特征外，还要保证两极有很好的冷却条件，阴极与阳极配合后的气体通道要有很好的层流喷射条件，即常说的具有水、电、气特征。采用外送粉时，送粉管安装在枪体前端面上，要能够方便地调节其入射口与射流轴线间的距离或角度；外送粉形式不影响喷嘴结构，所以喷嘴结构相对比较简单。采用内送粉时，喷嘴内有送粉孔道，由于要同时考虑电弧通道、送粉和冷却等问题，使喷嘴乃至喷枪的结构变得比较复杂。另外，为适应不同材料对喷涂功率等的需求，一种喷枪通常要配有多个不同类型的喷嘴。图 9-43 给出了一种外送粉式等离子弧喷枪的结构简图。

（2）阴极（上电极）　阴极常用电子逸出功低的铈钨合金制作，当采用有一定氧化性的气体作为工作气体时，也可用铪复合电极。阴极结构一般为圆柱体，前端磨削成圆台形，其锥角在 $35°\sim75°$ 之间，其后端需要冷却，可以采用直接或间接水冷方式。直接水冷时，常将钨极焊接于铜管件上，参见图 9-43。电极的直径和前端的锥角是其最主要结构参数。

（3）阳极（喷嘴）　喷嘴的几何形状不仅决定着等离子射流的性能，还直接影响到喷涂粉末的运动状态和材料的利用率。喷嘴通常用纯铜制作，其结构主要有三种形式：圆孔型、收敛-扩张型（锥型）和钟型（又称 Laval 孔型）喷嘴，如图 9-44 所示。

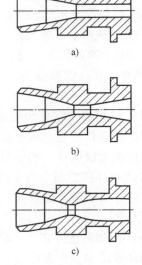

a)

b)

c)

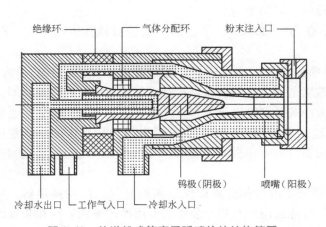

绝缘环　气体分配环　粉末注入口

钨极（阴极）　喷嘴（阳极）

冷却水出口　工作气入口　冷却水入口

图 9-43　外送粉式等离子弧喷枪的结构简图

图 9-44　典型的喷嘴形式

a）圆孔型　b）收敛-扩张型　c）钟型

（4）绝缘体　绝缘体的作用主要是绝缘上下枪体，它有内走水和外走水两种冷却方式。绝缘体材料通常用聚四氟乙烯、酚醛树脂等。

9.3.3　常用的等离子弧喷涂材料

1. 碳化钨

碳化钨是一种耐磨材料。碳化钨粉末因制粉方法不同可有多种形式，如混合型、烧结型和包覆型等，多数的碳化钨粉末是经烧结破碎制成的。碳化钨很少单独使用，通常要用某种金属作为碳化钨的黏结剂，最有效的黏结金属是钴，即制作成 WC-Co 复合材料，其中 Co 的质量分数为 12% ~ 25%。钴基碳化钨涂层与基体有良好的结合，结合强度可达 70MPa 左右，涂层具有良好的耐磨、抗冲击性能，可以在 480℃ 以下长期使用。小尺寸（如 20μm 以下）的 WC 可以与 Ni 基自熔合金或 Ni-Al 合金等团聚后使用，其涂层性能良好。

2. 氧化物陶瓷

Al_2O_3、TiO_2、Cr_2O_3 以及 ZrO_2 是常用的等离子弧喷涂材料。Al_2O_3 涂层有良好的耐磨、耐热和耐蚀性能，既可用于燃烧器喷嘴等高温环境的防护，也可用于石油钻井泥浆泵等耐颗粒冲蚀磨损的恶劣环境。Al_2O_3-TiO_2 是纺织机械、印刷机械上最常用的喷涂材料。ZrO_2 涂层具有优异的耐高温和隔热性能，MgO 或 Y_2O_3 常用来作为 ZrO_2 的稳定剂。

3. MCrAlY

MCrAlY（M 通常为 Ni 或 Co）主要用于航空和航天工业，它比其他涂层材料具有更好的抗高温氧化和抗热冲击性能，可用于 1260 ~ 1316℃ 的高温热障涂层系统底层材料。

4. YPSZ

YPSZ 是用 Y_2O_3 部分稳定的 ZrO_2，是一种最好的绝热涂层材料，用于喷涂涡轮机和燃气轮机的高温部件，可以有效地抵挡高温气流对高温合金的热冲击。

5. 碳化铬（Cr_3C_2）

碳化铬（Cr_3C_2）实际应用仅次于碳化钨。其熔点为 1810℃，涂层可以在 900℃ 的环境温度下使用。Cr_3C_2 的优点是抗氧化能力强，在空气中温度达 1100 ~ 1400℃ 时才开始显著氧化，且在高温条件下依然保持相当高的硬度；耐蚀性强，在稀硫酸溶液中其耐蚀性是普通不锈钢的 30 倍，在蒸汽中则是 Co-WC 合金的 50 倍。Cr_3C_2 常用 Ni-Cr 合金作为黏结相来改善其黏结强度和耐热性能。

6. 黏结底层材料

钼、铌、钽和镍铝复合粉是常用的黏结底层材料。这些材料的喷涂层借助于冶金和机械的交互作用，能与光滑的基体表面形成良好的结合，又称之为"自黏材料"。镍铝（w_{Al} = 20%，w_{Ni} = 80%）复合粉具有反应放热能力，在粒子撞击基体时产生的反应热可使涂层与基体的界面温度升高，不但有利于扩散，甚至可以达到微区的熔合，可以使涂层与基体的结合强度增高。

7. 自熔合金

自熔合金是一类以 Fe、Co、Ni 为基体，含有 Si、B 等元素的喷涂材料，其熔点一般在 1000 ~ 1100℃ 之间。粉末大多用雾化方法制造，球化性能好，与钢铁有很好的润湿性，非常容易获得结合良好的涂层，且不易氧化。其中 Co、Ni 基自熔合金又可与其他喷涂材料机械混合成新的喷涂材料。自熔合金是耐磨损、耐腐蚀和抗氧化领域应用最广的喷涂材料。

8. 难熔金属和合金

难熔金属和合金主要是 W、Mo、Ta 和 Mo-Ni 基的自熔合金，常用于耐熔融金属的抗蚀。

9. 羟基磷灰石（HA）

羟基磷灰石（HA）常用作生物涂层材料，具有良好的生物活性和生物相容性。利用等离子弧喷涂可以将羟基磷灰石喷涂到钛合金（如 TC4）的基体上，是一种有效的矫形和牙种植体材料。

9.3.4　等离子弧喷涂工艺

评价涂层质量的主要指标有：涂层与基体间的法向和切向结合强度，涂层的内聚强度，孔隙度，表面粗糙度和涂层内的残余应力等。要获得高质量的等离子弧喷涂层，除了正确选择设备及喷涂材料外，还必须合理地制订喷涂工艺。

1. 工作表面预处理

工作表面预处理是提高涂层与基体结合强度的主要手段之一，主要目的是去除氧化皮和油污，直至露出金属光泽。工作表面预处理一般包含表面清洗、表面预加工和表面粗化工序。表面清洗可用金属洗净剂、氢氧化钠等热碱液以及汽油、丙酮等有机溶剂进行清洗。表面预加工的目的是去除表面各种损伤（如疲劳层与腐蚀层）和表面硬化层，修正不均匀的磨损表面和预留涂层厚度，常用的预加工方法主要有车削和磨削。表面粗化的目的是增大涂层的结合面积，在某些情况下（如喷砂）还可为工件表面提供压应力，有助于增强涂层的机械结合。最常用的粗化方法是喷砂（工件硬度50HRC 左右时用多角冷硬铸铁砂；40HRC 左右时用刚玉砂；30HRC 左右时用石英砂 SiO_2）。其他粗化手段还有车削螺纹、削磨和滚花等机加工方法。粗化处理后的表面应加以保护，并尽快喷涂，以防止再度污染或氧化。

2. 离子气及流量

常用气体有 Ar、Ar + H_2（5% ~ 10%）或 N_2 + H_2（5% ~ 10%）。国内通常是使用 N_2 + H_2（5% ~ 10%），因它的成本低，热熔高，沉积效率高。但也有些材料对氮很敏感，如喷涂氧化铍时，在涂层中含有 15% 的氮化铍，这个问题可以使用氩气作工作气体来避免。

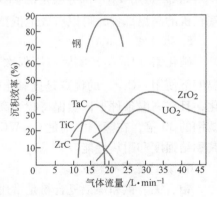

图 9-45　气流量对沉积效率的影响

气流的大小可影响等离子体热熔及粉末颗粒飞行速度。气体流量过低，一方面焰流压缩不好，另外焰流的热量损耗在喷嘴上增多，同时颗粒飞行速度下降。气流量过大，造成紊流，焰流也较冷，对喷涂不利。图 9-45 是气流量对沉积效率影响的情况，测试条件是：SG—1 型喷枪，工作气体为 Ar，喷涂距离为 76.2 ~ 101.6mm，工件移动速度为 914 ~ 1829mm/min。等离子弧喷涂材料、喷涂功率及送粉量试验数据见表 9-15。

表 9-15　等离子弧喷涂材料、喷涂功率及送粉量试验数据

材　料	UO$_2$	ZrO$_2$	TiC	TaC	钢	ZrC
功率/kW	20	15	18	21	10	17.5
送粉量/g·min^{-1}	30	25	14.5	18.2	12.7	11.2

3. 喷涂材料的选择

在粉末等离子弧喷涂时，精心选择粉末材料是获得高质量涂层的关键，应根据涂层性能、基材及其尺寸、成本控制目标等要求选择合适的粉末材料。需要较高的与基体的结合强度时可选择所谓放热型自黏结复合粉末作为打底层用粉末（如镍包铝、铝包铬等）；工作层粉末可选择耐磨、耐蚀、抗冲刷、抗高温氧化综合性能优良的镍基或钴基自熔硬质合金粉末；铁基粉末在抗蚀和抗高温性能上不如镍基和钴基，但抗磨性能优异，价格便宜。粉末的粒度一般为 0.100~0.045mm，为了得到更致密的均质涂层，可以采用更微细的粉末。

4. 电弧功率

电弧功率是等离子弧喷涂能力最主要的参数。等离子弧喷涂使用的非转移电弧，其有效功率与等离子弧焊接相比要小许多，一般仅占电弧总功率的 40%~58%，而其中又只有约 1/5 的能量用于加热喷涂粒子和工件。

5. 粉末颗粒与送粉率

细粉喷涂效率低，但可获得致密涂层。如过细，则易蒸发；太粗则熔化不良。颗粒分布要均匀一致，否则沉积效率不高。不同的材料要求不同的粒度，在一般情况下，粉末粒径为 0.074~0.045mm。在等离子弧喷涂时，各种材料允许的最大颗粒直径 d_{max} 可按用等离子热传导和流体力学理论推导出的下列经验公式进行计算：

$$d_{max} = 2\left(\frac{at}{0.3}\right)^{1/2} \tag{9-7}$$

式中，a 为热扩散率；t 为粉末在等离子焰流中的加热时间。

各种材料的计算结果见表 9-16。它与喷涂的实际情况基本一致。

表 9-16　各种材料 d_{max} 值

材料	热扩散率/cm^2·s^{-1}	$C_p(T_m-T_1)/4.18$J·g^{-1}	d_{max}[1]/μm	喷涂难易[2]
ZrO$_2$	0.005	430	26	5
UO$_2$	0.025	214	58	4
TiC	0.04	645	72	4
TaC	0.09	115	110	3
ZrC	0.05	525	82	1
TiN	0.07	556	96	3
B$_4$C	0.06	109	90	2
W	0.63	111	280	2

① 假设粉末在等离子焰流中存在 0.1ms，粉末的中心温度可达粉末熔点（T_m）的 0.9 倍条件下所计算出来的 d_{max}。
② 以 d_{max} 为基础，确定满意的喷涂难易程度。1 代表最易喷涂，5 代表最差。

在喷涂时，送粉气体与工作气体的速度必须维持平衡，使粉末能送入到等离子焰流的中心而被熔化，如果其他参数固定，则对沉积率和沉积效率而言，送粉气流量也有一个最佳

值。但送粉率增加时，沉积率开始是增加，随后是减少，而沉积效率则往往总是减少的。

6. 喷涂距离

喷涂距离大，虽然涂层厚度均匀，但沉积效率下降（见图9-46，测试条件：电压为26~28V，工作气体为Ar，流量为30L/min，工件移动速度为50~80cm/s，送粉率为7~10g/min），涂层的密度也随之下降。有些涂层，如作隔热用的涂层要求有一定的空隙率时，可适当增大喷距；喷距过小，工件表面温度过高，易造成氧化，工件与涂层内的热应力亦增加，涂层易脱落。

喷涂距离可根据在不同的喷距处，用玻璃板快速承接喷出来的颗粒，在显微镜下观察颗粒打击玻璃板后的变形状况来判断粉末是否已经熔化及工件表面温度等。一般情况，工件表面温度要保持在200℃左右为宜，因此在喷涂的同时，一定要对不断升温的工件加以冷却。冷却的方式是采用对工件背面水冷或对工件表面进行气冷。另外，为使工件不致过热，枪体或工件要不断地移动。

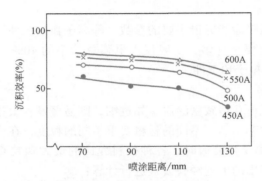

图9-46　等离子弧喷涂 Al_2O_3，喷涂距离与沉积效率的关系

7. 粉末的入射条件

送入等离子射流的粉末，在冲击基体表面之前，要经过等离子射流区域，该区域内的温度、焓值和速度都是随距离和位置变化的。其中，射流的温度场影响到粉末的加热温度，焓场影响到粒子能够得到的热量，速度场影响到粒子的运动行为。它们之间的交互作用最终决定了粒子撞击到工件表面时的温度和速度。

图9-47表示了射流与粒子运动之间的关系。由图可见，等离子射流的中心基本上与枪体的中轴线重合，而粉末锥体轴线则是偏离该中轴线的。粉末锥体是指有粉末粒子进入的区域，它是一个锥形区域，在图9-47中其锥体角为δ。射流中心线与粉锥中心线间成一定的角度β。β角是粉末特性和入射条件的函数，它反映了粒子在射流中的运动情况。送粉口与射流轴线的角度θ也是影响粒子运动行为的重要参数。当θ<90°时，有利于将粉末送入电弧的高温区，增加了粉末在射流高温区的驻留时间，有利于改善材料的熔化状态。当90°<θ<180°时，则适合于输送低熔点材料到射流温度较低的外层。另外，在空气等离子弧喷涂时，射流中会卷入周围的大气，这会使一部分喷涂材料发生不同程度的氧化，同时卷入的气体也会使喷涂射流的温度和速度降低。在真空或低压等喷涂环境下，可以有效地减少这些问题。

由上述可知，各项工艺参数对喷涂质量的影响是十分复杂的，表9-17列出了几种材料的喷涂工艺参数，仅供读者参考。

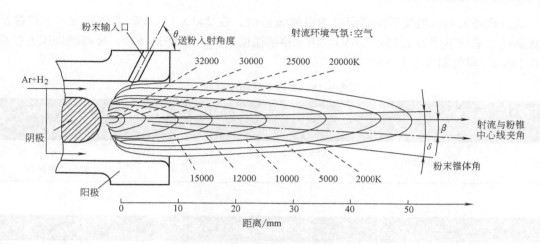

图 9-47　射流与粒子运动之间的关系

表 9-17　等离子弧喷涂典型工艺参数

粉末材料		电　弧		氩气流量/L·h⁻¹			喷嘴高度/mm
成分	粒度/mm	电压/V	电流/A	离子气 I	离子气 II	送粉气	
钴铬钨	0.10 ~ 0.056	25 ~ 50	250 ~ 300	400 ~ 600	1500 ~ 1800	450 ~ 600	85 ~ 130
铁铬硼硅铁粉	0.10 ~ 0.056	25 ~ 50	250 ~ 300	400 ~ 600	1500 ~ 1800	450 ~ 600	80 ~ 150
铁粉镍包铝	0.10 ~ 0.056	25 ~ 50	250 ~ 300	400 ~ 600	1500 ~ 1800	450 ~ 600	80 ~ 150
氧化铝	0.10 ~ 0.056	25 ~ 50	250 ~ 300	400 ~ 600	1500 ~ 1800	450 ~ 600	60 ~ 80

等离子弧喷涂时的主要工艺参数有电弧功率、离子气种类和流量、送粉气种类和流量、送粉量等。一般来说，采取固定电压而调节电流方式来控制电弧功率，该功率的大小依据粉末的熔点、送粉量和粉末粒度来选择。送粉气一般为离子气流量的 1/3 ~ 1/5。送粉量要根据电弧功率、喷嘴结构和粉末的物理性能（粒度、熔点等）决定，一般为 80 ~ 140g/min。

9.3.5　内燃机活塞面 Al_2O_3 陶瓷涂层的等离子弧喷涂工艺实例

Al_2O_3 耐热陶瓷涂层具有坚硬、化学稳定及较高的抗热震性能，故在活塞头部表面喷涂一层耐热陶瓷，能大大地改善基体承受高热负荷的工作条件。国内某单位采用磁放大式硅整流电源，在单缸机上对柴油机活塞进行了等离子弧喷涂。

所制订的等离子弧喷涂工艺如下：

活塞头部表面去油渍→喷砂→喷涂前用等离子焰预热基体，干燥表面，清除喷砂时表面遗留下的附尘→喷枪由活塞中心向外围快速进行第一遍覆盖喷涂→分几次喷至所需厚度→活塞停止转动，对油口及球形凹坑边缘涂层厚度不足处，进行补加喷涂→空冷→涂层表面磨光及测定涂层表面厚度。

活塞头部表面油渍，可用柴油清洗后再用酒精或丙酮擦拭。喷砂处理后，活塞固定在转速为 45 ~ 60r/min 的胎具上进行喷涂。喷涂时喷枪口的位置应迎向活塞转动方向。喷涂后涂层的厚度控制在 0.5mm 左右，然后磨去 0.1mm。涂层的磨光可用零号砂纸或用磨石加润滑油与柴油的混合剂进行打磨。喷涂参数见表 9-18。

试验结果表明：当按不同的润滑油温度试验时，在 $200 \times 735.5W$ 工作状况下，带涂层活塞油耗率平均下降为 $1.15g/2.6MJ$，活塞顶部温度最大下降为 $34.5℃$，最高燃烧压力提高为 $0.1MPa$，排气温度上升 $5℃$。

表 9-18　等离子弧喷涂参数

材料	电压 /V	电流 /A	工作气体 N_2 流量 /L·min^{-1}	送粉气 N_2 流量 /L·min^{-1}	喷涂距离 /mm	粉末粒度 /目	拉伸附着强度 /9.8MPa
Al_2O_3	90	270~280	30~35	4~6	80~100	150~320	1.6 基材：耐热钢

复习思考题

1. 什么是等离子弧？它是怎样形成的？它有何特性？

2. 等离子弧如何分类？如何引弧？

3. 等离子弧供电电源要求何种类型外特性？

4. 等离子弧焊接、堆焊、切割、喷涂，分别采用哪类等离子弧？采用哪种喷嘴？

5. 如何选取喷嘴的材料及结构参数？

6. 双弧产生原因有哪些？如何防止？

7. 等离子弧焊接工艺方法有哪两种类型？等离子弧焊接有何特点？

8. 穿透型等离子弧焊接有何特点？主要用于什么材料的焊接？焊接工艺要点有哪些？

9. 以图示形式说明等离子弧焊接的程序循环过程。

10. 简述等离子弧喷涂的程序循环过程及工艺要点。

电 渣 焊

电渣焊（Electroslag Welding）是利用电流通过液体熔渣所产生的电阻热进行焊接的熔焊方法。根据使用的电极形状，电渣焊可以分为丝极电渣焊、板极电渣焊、熔嘴电渣焊等，其中，丝极电渣焊应用最普遍。本章将讲述电渣焊的原理及特点、焊接材料、丝极电渣焊设备及焊接工艺，并简要介绍板极电渣焊、熔嘴电渣焊、管极电渣焊、电渣压力焊等方法。

10.1 电渣焊的原理、特点及应用

10.1.1 电渣焊的工作原理

以丝极电渣焊为例，其工作原理如图 10-1 所示。焊前先把焊件垂直放置，两焊件间预留一定间隙（一般为 20 ~ 40mm），并在焊件上、下两端分别装好引弧槽 10 和引出板 7，在焊件两侧表面装好焊缝强制成形装置 6。焊接开始时，通常先使焊丝与引弧板短路起弧，然后不断加入适量的焊剂，利用电弧的热量使焊剂熔化形成液态熔渣，熔渣温度通常在1600 ~ 2000℃范围内，待渣池深度达到一定值时，增加焊丝送进速度并降低焊接电压，使焊丝插入渣池，电弧熄灭，转入电渣焊接过程。高温的液态熔渣具有一定的导电性，焊接电流流经渣池时在渣池内产生大量电阻热，将焊丝和焊件边缘熔化。

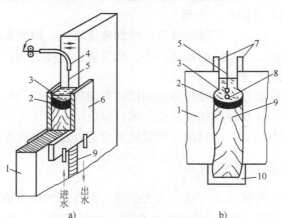

图 10-1 电渣焊原理示意图
a）立体示意图 b）断面图
1—焊件 2—金属熔池 3—渣池 4—导电嘴 5—焊丝 6—焊缝强制成形装置
7—引出板 8—金属熔滴 9—焊缝 10—引弧槽

熔化的金属沉积到渣池下面形成金属熔池 2。随着焊丝的不断送进，熔池不断上升并冷

却凝固形成焊缝。由于熔渣始终浮于金属熔池的上部，这就对金属熔池起到了良好的保护作用，并能保证电渣过程顺利进行。随着熔池的不断上升，焊丝送进装置和焊缝强制成形装置也随之不断提升，焊接过程因而得以持续进行。

10.1.2 电渣焊的特点

与其他熔焊方法相比，电渣焊有如下特点：

1. 适宜垂直位置焊接

电渣焊最适合于垂直位置焊缝的焊接，当焊缝中心线处于铅垂位置时，电渣焊形成熔池及焊缝成形的条件最好；也可用于小角度倾斜焊缝（与水平面垂直线的夹角小于30°）的焊接。整个焊接过程中金属熔池上部始终存在液体渣池，夹杂物及气体有较充分的时间浮至渣池表面或逸出，故不易产生气孔和夹渣；熔化的金属熔滴通过一定距离的渣池落至金属熔池，渣池对金属熔滴有一定的冶金作用，焊缝金属的纯净度较高。

2. 厚大焊件能一次焊接成形

当电流通过渣池时，整个渣池均处于高温状态。由于热源体积大，不论焊件厚度多大，只要留出一定装配间隙便可一次焊接成形，具有比较高的生产率。

3. 经济效益好

电渣焊时，各种厚度的焊件均无须开坡口，因此可以节省大量金属和坡口加工时间；与埋弧焊相比，焊接材料消耗得少，所消耗的焊剂约为埋弧焊的1/20；由于焊剂消耗量少及热能利用比较充分，也可大大节省电能的消耗。

4. 可在较大范围内调节金属熔池的熔宽和熔深

通过调整焊接参数获得合适的熔宽和熔深，一方面可以满足可靠连接的需要，另一方面可以改善焊缝一次结晶时柱状晶成长的方向，防止焊缝中产生热裂纹，同时还可以改变熔合比，从而通过调节母材在焊缝中的比例控制焊缝的化学成分和力学性能。

5. 渣池对被焊件有较好的预热作用

电渣焊渣池体积大，高温停留时间较长，冷却速度缓慢，因此在焊接中、高碳钢及合金钢时，不易出现淬硬组织，冷裂纹的倾向较小，如果规范选择适当，可不预热焊接。

6. 焊缝和热影响区晶粒粗大

由于加热及冷却速度缓慢，焊缝和热影响区在高温停留时间较长，焊缝及热影响区晶粒易长大并产生魏氏组织，接头冲击韧度较低，因此焊后应进行正火加回火热处理，以细化晶粒，改善组织，提高冲击韧度，同时消除焊接残余应力。这对厚大焊件来说有一定的困难。

10.1.3 电渣焊的类型及其应用

电渣焊是一种高效的焊接方法，适宜于大壁厚、大断面的各类箱形、筒形等重型结构焊接，通过板-焊、锻-焊或铸-焊等结构可取代整锻、整铸结构，可克服铸、锻设备吨位的限制和不足。厚板结构、大型锻钢件和铸钢件的焊接是电渣焊应用的主要方面。大型筒体件、环形件、巨型齿轮毛坯、水压机机架、大电动机机座、大型轧辊锻件、大型破碎机壳体、压力容器等巨型零件都能用电渣焊获得满意的焊缝，比埋弧焊效率提高约四倍，并可大幅度地降低成本，克服大型铸件易产生缺欠的弊病。

根据所采用电极的形状和电极是否固定，电渣焊的类型主要有丝极电渣焊、熔嘴电渣焊、板极电渣焊、管极电渣焊和电渣压力焊等。

1. 丝极电渣焊

丝极电渣焊（Electroslag Welding With Wire Electrode）时采用焊丝作为电极，焊丝通过导电嘴送入渣池，导电嘴和焊接机头随金属熔池的上升而同步向上提升，主要用于钢结构垂直焊缝的高效焊接。丝极电渣焊适合于环焊缝焊接和高碳钢、合金钢对接接头及 T 形接头的焊接，常用于焊接厚度为 40~50mm 和焊缝较长的焊件，特别适用于箱型柱和箱型梁隔板的焊接。

2. 熔嘴电渣焊

熔嘴电渣焊（Electroslag Welding With Consumable Nozzle）的电极由固定在接头间隙中的熔嘴（通常由钢板和钢管点焊而成）和从熔嘴的特制孔道中不断向熔池中送进的焊丝构成。焊接时熔嘴和焊丝同时熔化，成为焊缝金属的一部分。熔嘴也可以做成各种曲线或曲面形状，也可采用多个熔嘴。熔嘴电渣焊适合于大截面结构件和变截面结构件的焊接以及曲线及曲面焊缝的焊接。

3. 板极电渣焊

板极电渣焊（Electroslag Welding With Plate Electrode）的电极为板条状，通过送进机构将板极不断向熔池中送进。根据被焊件厚度的不同，电极可采用一块或数块金属板条进行焊接。板极电渣焊多用于模具和轧辊的堆焊等。

4. 管极电渣焊

管极电渣焊（Electroslag Welding With Tube Electrode）是在熔嘴电渣焊的基础上发展起来的一种电渣焊方法。其特点是焊接时用一根外面涂有药皮的钢管作为熔嘴，而在熔嘴中通入焊丝。药皮可以起到绝缘的作用，因而可以缩小装配间隙，同时还可以起到补充熔渣及向焊缝过渡合金元素的作用。该方法适于焊接厚度为 20~60mm 的焊件。

5. 电渣压力焊

电渣压力焊（Electroslag Pressure Welding）也叫钢筋电渣压力焊。它是将两根钢筋安放在竖直位置，采用对接形式，利用焊接电流通过端面间隙，在焊剂层下形成电弧过程和电渣过程，产生电弧热和熔渣电阻热熔化钢筋端部，最后在加压下完成连接的一种焊接方法。

10.2　电渣焊热过程和结晶组织的特点

10.2.1　电渣焊热源及热过程的特点

（1）熔渣的电导率与温度相关　电渣焊熔渣的电导率与温度的关系如图 10-2 所示。当熔渣温度低于约 1300℃ 时，其导电性差，与温度变化的关系不明显；当熔渣温度高于 1400℃时，电导率则随温度急剧上升。经测试知，渣池体积的温度场不均匀，渣池下部温度较高，导电性较好；渣池上部温度较低，导电性较差。电流越大，产生的电阻热也就越大，温度也就越高，电导率也随之上升。达到平衡状态时，从电极末端经渣池底部流向金属熔池的电流达到焊接电流的 60% 以上，而从电极四周侧面流向渣池的电流仅为少部分。电渣焊热源的温度比一般电弧焊低得多，分布也不均匀。

（2）热源区呈锥体　由于电流主要是通过电极末端经过熔渣流到金属熔池，而电极末端截面积小，金属熔池面积较大，所以焊接电流比较集中地流过的区域呈锥形。该区域产生的电阻热量最多，温度也高，通常称之为高温锥体区，它是电渣焊的主要热源区。由于电极末端的电流密度比金属熔池表面处的电流密度大，产生电磁压力差，导致在渣池中引起如图10-3中所示的液态熔渣的对流循环，把高温锥体区的大量热能带到渣池的其他区域，同时也对渣池底部两侧的母材边缘产生冲刷作用，使得两侧一定宽度的母材被熔化并呈凹陷状。

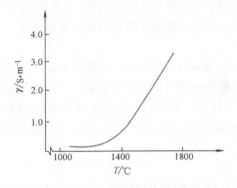

图10-2　电渣焊熔渣的电导率与温度的关系　　图10-3　渣池内电流分布及熔渣对流循环示意图

（3）高温停留时间长，热影响区宽　由于大厚度焊件是一次焊成，焊接速度缓慢，焊接热输入大，且母材是在较长时间内逐渐升温，因此电渣焊时的高温停留时间长，加热及冷却速度比电弧焊低得多。图10-4为实测的厚度为100mm钢板电渣焊及多层埋弧焊的热循环比较曲线，其中埋弧焊的热输入为：曲线1为1.53×10^4J/cm，曲线2为6.12×10^4J/cm；电渣焊的热输入为81×10^4J/cm，每条曲线标注的数字为离焊缝边缘的距离。可以看出，由于电渣焊的热输入比埋弧焊时大得多，焊接区域的母材金属在高温停留的时间长，热影响区宽。

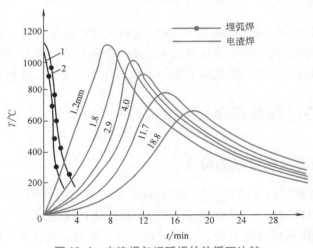

图10-4　电渣焊与埋弧焊的热循环比较
1—离焊缝边缘0.8mm　2—离焊缝边缘1.2mm　焊丝直径ϕ3mm

10.2.2　电渣焊结晶组织的特点

电渣焊焊缝的一次结晶晶粒为粗大的树枝状组织（可得到0~1级的粗大组织），热影响区也严重过热。在焊接低碳钢时，焊缝和近缝区均会产生粗大的魏氏组织。为了改善焊接接头的力学性能，焊后必须进行热处理。

电渣焊的金属熔池形状可以用形状系数 ψ 来表示，ψ 为金属熔池的宽度 B 与深度 H 之比，如图 10-5 所示。电渣焊时的形状系数一般为 2～4。

通常用晶粒的"交会角 ϕ"来表征焊缝中晶粒主轴的生长方向与焊接轴线的关系。电渣焊熔池的形状近似于回转的抛物体的曲面，这个曲面也就是结晶的等温面。由于晶粒成长的方向总是垂直于等温面，因此晶粒成长的方向必然与焊接轴线有夹角。通常将纵截面（α 截面）上两倍的晶粒主轴生长方向与焊接轴线的夹角称为交会角 ϕ，如图 10-6 所示。这个角度的大小将直接影响焊缝的中心偏析，ϕ 越大，晶粒主轴越垂直于焊接轴线，就越容易产生中心偏析，也越容易产生中心线裂纹，如图 10-7 所示。形状系数 ψ 将影响交会角 ϕ 的大小，一般情况下，ψ 越小，交会角 ϕ 越大。当交会角 ϕ 接近于 180°时，将产生严重的中心偏析，热裂倾向将增大。

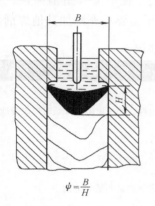

$$\psi = \frac{B}{H}$$

图 **10-5** 电渣焊金属
熔池形状系数示意图

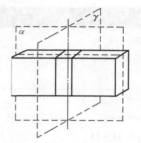
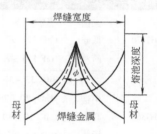

图 **10-6** α 截面上晶粒交会角示意图

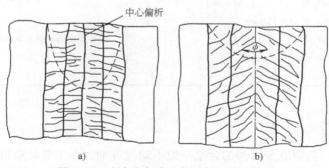

图 **10-7** 交会角与中心偏析关系的示意图
a）交会角大　b）交会角小

10.3　电渣焊用焊接材料

10.3.1　焊剂

电渣焊用焊剂的主要作用与一般埋弧焊用焊剂不同。电渣焊过程中焊剂熔化形成熔渣后，依靠其电阻使电能转化成熔化填充金属和母材的热能，该热能还起到预热焊件、延长金属熔池存在时间和使焊缝金属缓冷的作用，而不像埋弧焊用焊剂那样还具有对焊缝金属合金化的作用。

对电渣焊用焊剂的要求是：

（1）必须能容易、迅速地形成熔渣　熔渣要有适当的导电性，但导电性也不能过高，否则将增加焊丝周围的电流分流而减弱高温区内液流的对流作用，导致熔宽减小甚至产生未焊透。

（2）液态熔渣应具有适当的黏度　黏度过大时，易在焊缝金属中产生夹渣和咬肉现象；黏度太小时，熔渣易从焊件与滑块之间的缝隙中流失，严重时会导致焊接中断。

电渣焊焊剂一般由硅、锰、钛、钙、镁和铝的复合氧化物组成，不要求通过焊剂向焊缝掺加合金。目前，国内生产的常用的电渣焊焊剂见表 10-1。HJ360 较 HJ431 适当提高了 CaF_2 的含量，而降低了 SiO_2 的含量，使熔渣的导电性和电渣过程的稳定性得到改善。HJ170 中 TiO_2 的含量大，焊剂在固态下具有导电性，属导电焊剂，在电渣焊造渣阶段，利用其电阻热使焊剂加热熔化，完成造渣过程，待渣池建立后再根据需要补充添加其他焊剂。

表 10-1　常用电渣焊焊剂的类型、化学成分和用途

牌号	类型	化学成分（质量分数,%）	用　途
HJ170	无锰 低硅 高氟	SiO_2 6 ~ 9　TiO_2 35 ~ 41 CaO 12 ~ 22　CaF_2 27 ~ 40 NaF 1.5 ~ 2.5	固态时有导电性，用于电渣焊开始时形成渣池
HJ360	中锰 高硅 中氟	SiO_2 33 ~ 37　CaO 4 ~ 7 MnO_2 20 ~ 26　MgO 5 ~ 9 CaF_2 10 ~ 19　Al_2O_3 11 ~ 15 FeO≤1.0　S≤0.10 P≤0.10	用于焊接低碳钢和某些低合金钢
HJ431	高锰 高硅 低氟	SiO_2 40 ~ 44　MnO 34 ~ 38 MgO 5 ~ 8　CaO≤6 CaF_2 3 ~ 7　Al_2O_3≤4 FeO≤1.8　S≤0.06 P≤0.08	用于焊接低碳钢和某些低合金钢

10.3.2　电极材料

电渣焊过程中，向焊缝金属掺加合金一般不通过焊剂，而主要是通过调整电极材料的合金成分来实现对焊缝金属化学成分和力学性能的控制。在选择电渣焊电极时应考虑到母材对焊缝的稀释作用。

焊接碳素钢和低合金钢时，为使焊缝具有良好的抗裂性和抗气孔能力，除控制电极材料的硫、磷含量外，电极的含碳量通常应低于母材，一般控制在 w_C 为 0.10% 左右，由此引起焊缝力学性能的降低可通过提高锰、硅和其他合金元素的含量来补偿。

在丝极电渣焊中，焊接 w_C < 0.18% 的低碳钢时，可采用 H08A 或 H08MnA 焊丝；焊接 w_C = 0.18% ~ 0.45% 的碳钢及低合金钢时，可采用 H08MnMoA 或 H10Mn2A 焊丝。焊丝直径以 2.4mm 和 3.2mm 的综合性能为佳。常用钢材电渣焊焊丝的选用见表 10-2。

表 10-2　常用钢材电渣焊焊丝选用表

品种	钢　号	焊　丝
钢板	Q235A、Q235B、Q235C、Q235D	H08A、H08MnA
	20G、22G、25G、Q345、Q295	H08Mn2SiA、H10MnSiA、H10Mn2A、H08MnMoA
	Q390	H08Mn2MoVA
	Q420	H10Mn2MoVA
	14MnMoV、14MnMoVN、15MnMoVN、18MnMoNb	H10Mn2MoVA、H10Mn$_2$NiMoA
铸锻件	15、20、25、35	H10Mn2A、H10MnSiA
	20MnMo、20MnV	H10Mn2A、H10MnSiA
	20MnSi	H10MnSiA

　　板极和熔嘴电渣焊使用的材料也可按上述原则选用。焊接低碳钢和低合金钢时，通常选用 09Mn2 钢板作为板极和熔嘴板，熔嘴板厚度一般取 10mm，熔嘴管一般选用 ϕ10mm×2mm 的 20 钢无缝钢管，熔嘴板宽度及板极尺寸按接头形状和焊接工艺需要确定。

　　管极电渣焊所用的电极——管状焊条，由焊芯和药皮（涂料层）组成。焊芯一般采用 10、15 或 20 钢冷拔成无缝钢管，根据焊接接头的形状和尺寸，可以选用 ϕ12mm×3mm、ϕ12mm×4mm、ϕ14mm×2mm、ϕ14mm×3mm 等多种型号的钢管。药皮应有一定的绝缘性，防止管极与焊件发生电接触。

10.4　丝极电渣焊设备

10.4.1　丝极电渣焊设备的组成

　　丝极电渣焊设备由焊接电源、机械机构和控制系统三部分组成，其中，机械机构为焊接执行机构，包括机头、导轨、焊丝盘、焊缝强制成形装置等，如图 10-8 所示。图 10-9 是丝极电渣焊示意图。

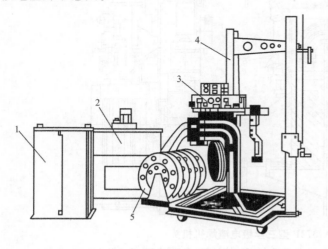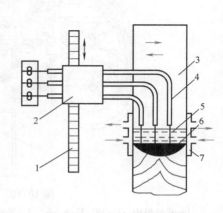

图 10-8　丝极电渣焊设备构成　　　　　　　图 10-9　丝极电渣焊示意图

1—控制箱　2—焊接电源　3—机头　　　　　1—导轨　2—机头　3—焊件　4—导电嘴

4—导轨　5—焊丝盘　　　　　　　　　　　　5—渣池　6—金属熔池　7—焊缝强制成形装置

10.4.2 焊接电源

电渣焊多采用交流电源。当焊件厚度较小时，因熔池体积小，热惯性差，用直流电源时可以使电渣过程稳定。

电渣焊电源一般采用空载电压较低（一般为 40～45V）的平特性电源。采用较低的空载电压是因为电渣焊时，只是开始阶段为了熔化焊剂而有很短时间的电弧过程，当渣池达到一定深度后就转为电渣过程，一直到终了，因此不需要太高的空载电压。采用平特性的原因是：电渣焊中不存在短路现象，不存在限制短路电流的严格要求；电渣焊的负载特性是上升的，当网路电压发生变化时，电源的空载电压、焊接电压及焊接电流的变化均比陡降特性的电源小；当送丝速度变化时，焊接电压的变化也远比陡降特性的电源小，虽然焊接电流变化值大，但对焊接质量的影响比焊接电压变化的影响要小。

电渣焊的变压器应三相供电，其二次电压应具有较大的调节范围。电源的负载持续率应按 100% 考虑。表 10-3 给出了两种电渣焊变压器的主要技术数据。

10.4.3 机头

丝极电渣焊机头包括送丝机构、摆动机构及升降机构等。图 10-10 是 A-372P 型三丝极电渣焊机的机头。

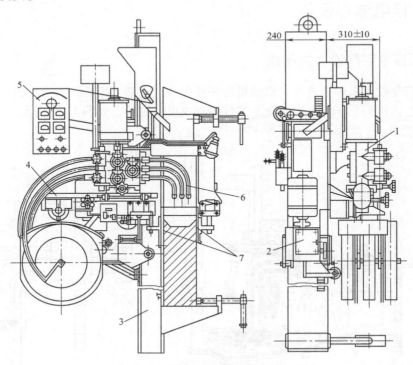

图 10-10 A-372P 型三丝极电渣焊机机头

1—送丝机构 2—竖直移动小车 3—导轨 4—摆动机构 5—控制盒 6—导电嘴 7—焊缝强制成形装置

（1）送丝机构和摆动机构 送丝机构用以对送丝速度进行调节。摆动机构用以扩大单根焊丝所焊的焊件厚度，而且摆动距离、速度以及在每一行程终端的停留时间均可控制。

（2）升降机构　升降机构分为有轨式和无轨式两种，可手工升降或自动升降。自动升降时是通过传感器检测渣池位置而加以控制。

表 10-3　两种电渣焊电源变压器的主要技术数据

技术数据	型号		BPI-3 × 1000	BPI-3 × 3000
一次电压		V	380	380
二次电压调节范围			38 ~ 53.4	7.9 ~ 63.3
额定负载持续率		%	80	100
不同负载持续率时焊接电流	100%	A	900	3000
	80%		1000	—
额定容量		kVA	160	450
相数			3	3
冷却方式			通风机 功率 1kW	一次空冷 二次水冷

10.4.4　焊缝强制成形装置

焊缝强制成形装置是为了强迫焊缝成形并防止液态熔渣和熔池金属流失而设置的装置。常用的有以下几种：

（1）固定式水冷成形铜块（图 10-11）　该成形铜块的一侧加工成与焊缝加厚部分形状相同的成形槽，另一侧焊上冷却水套，以便通水冷却。单块固定式水冷成形铜块的长度通常为 300 ~ 500mm。由于焊接时不移动，它可用于外表面曲率有变化或者轮廓有突变焊件的焊接，允许接头有一定的错边。

（2）移动式水冷成形铜滑块（图 10-12）　其形状和结构与固定式水冷铜块相似，只是长度较短。在成形铜滑块的一侧的表面上也需开有深度与焊缝余高相应的槽。铜滑块可以是

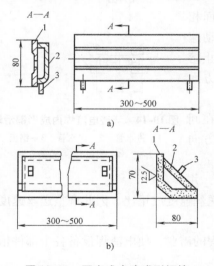

图 10-11　固定式水冷成形铜块

a）对接接头用　b）T 形接头用

1—铜板　2—冷却水套　3—水管接头

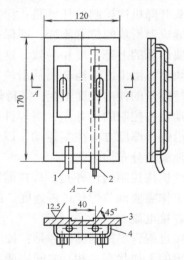

图 10-12　移动式水冷成形铜滑块

1—进水管　2—出水管　3—铜板　4—冷却水套

整体式的，也可以是组合式的，如图 10-13 所示。整体式滑块对焊件装配精度要求较高，如果焊件错边较大，将会使熔渣和熔池金属流失，在这种情况下，就可以采用组合式滑块。图 10-14 是焊接环缝时使用的移动式水冷内成形铜滑块。它按照焊件的内圆尺寸被制成相应的圆弧状。为了保持滑块的位置和将其压紧在焊件的表面上，须将滑块固定在支架上。

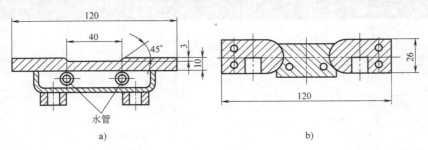

图 10-13　铜滑块示意图
a）整体式　b）组合式

（3）密封侧板　密封侧板是用钢板作为侧板装焊在焊件上，焊接时，该侧板部分熔化，并与焊缝熔合在一起。根据焊件要求，焊后可切除，也可保留在焊件上。侧板的材质最好与焊件相同。

10. 4. 5　控制系统

丝极电渣焊的控制系统主要由机头升降机构控制、摆动机构控制、送丝机构控制以及焊接过程程序控制等几部分组成。

机头升降机构控制的任务是：保持金属熔池的液面相对于焊缝成形滑块的位置不变，即保持成形滑块的移动速度与金属熔池的上升速度相一致。这样一方面可以防止熔渣从滑块上方溢出或熔池金属从滑块下方流失，另一方面可以保持焊丝的伸出长度不变，维持焊接过程的稳定。

摆动机构控制的任务是：当焊件很厚时，使焊丝在间隙中能沿焊件厚度方向往复运动，以使在沿焊件厚度方向上的熔池温度分布均匀。

送丝机构控制的任务是：焊接时驱动送丝电动机，并能根据工作需要调节焊丝送进速度。由于焊接电流与送丝速度成正比，因此调整送丝速度也是调整焊接电流。

焊接过程程序控制的任务是：按照电渣焊工艺过程的需要，使电渣焊设备各个部件依序进入指定的工作状态，相互之间协调地工作。

关于各个控制部分的控制电路及控制原理，将在 10.4.6 节中结合具体的电渣焊机予以介绍。

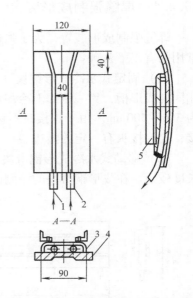

图 10-14　环缝电渣焊内成形铜滑块
1—进水管　2—出水管　3—钢板
外壳　4—铜板　5—角铁支架

10.4.6 HS—1000 型电渣焊机

HS—1000 型电渣焊机是比较典型的电渣焊机。虽然近些年来已经出现利用单片机、PLC 等进行控制的电渣焊机，但 HS—1000 型电渣焊机目前仍是在生产中应用比较多的焊机。它既适用于丝极电渣焊，也适用于板极电渣焊，被称为"多功能电渣焊机"。当用于丝极电渣焊时，可以用 1～3 根焊丝进行焊接，可以焊接 60～500mm 厚的对接直焊缝、60～250mm 厚的 T 形接头焊缝，以及直径在 3000mm 以下、壁厚在 450mm 以内的环焊缝；当用于板极电渣焊时，可以焊接厚度在 800mm 以下的对接焊缝。

该焊机由焊接电源、机械机构和控制箱三部分组成（图 10-8）。焊接电源采用 BP1-3 × 1000 型焊接变压器，具有平特性。机械机构包括机头升降机构、摆动机构、送丝机构、移动式水冷成形铜滑块、导轨以及焊丝盘等。图 10-15 是 HS—1000 型电渣焊焊机的电气原理图。

1. 机头升降机构控制电路

机头升降机构控制采用的是探针法，即在成形滑块上安装一个探针，位置处于靠近熔池液面的上方，用以检测熔池液面与成形滑块之间距离的变化。这也是生产中比较常用的一种方法。

控制电路包括两部分：一部分是上升电动机 1M 的供电电路，主要由电动机放大器 G、转换开关和电动机 1M 的电枢构成；另一部分是上升电动机 1M 的控制电路。此控制电路包括两部分：一部分是由变压器 3T、整流器 U_4、电位器 RP 和电动机放大器 G 的励磁线圈 WG 等组成的励磁电压给定电路；另一部分是由变压器 1T、探针 C、带磁心连续可调电感 L、升压变压器 4T、整流器 U_3 和励磁线圈 WG 等组成的控制电压产生电路。

其工作原理是：当开关 Q 闭合以后，因液态熔渣有一定的导电性，在探针 C 与焊件之间就有电流通过。电流大小取决于探针与熔池液面的距离。当熔池液面上升接近探针时，在探针与焊件之间的电阻减小，电流增大，使升压变压器 4T 的输入和输出电压都减小。由于该输出电压与给定电路给出的电压方向相反，因此使励磁线圈 WG 的合成电压增大，使上升电动机 1M 的转速提高，从而使探针与熔池液面之间的距离得以恢复。为了防止当探针与熔池液面的距离过大而使励磁合成电压的方向相反引起机头下降，在线路中设置了二极管 VD。

2. 摆动机构控制电路

横向摆动机构控制电路由继电器 4K、5K、6K，开关 Q_6，微动开关 S_1、S_2，保护开关 S_3 和往复摆动电动机 4M 等组成。其工作原理是：当开关 Q_6 转向"左"或"右"时，使继电器 4K 或 5K 接通电动机 4M。当摆动机构水平摆动至其上的挡块碰到触动螺母时，微动开关 S_1 或 S_2 动作。当 S_1 动作时，继电器 4K 断电，5K 接通，使得电动机 4M 反转；同样，当 S_2 动作时，也会改变摆动方向。当微动开关或继电器线路失灵时，则将接通保护开关 S_3，6K 动作，切断摆动电动机电路，使摆动停止。

3. 送丝机构控制电路

送丝机构控制电路包括由变压器 2T、整流器 U_2 和直流电动机 3M 的电枢等组成的电枢供电电路和由变压器 2T、整流器 U_1 和直流电动机 3M 的励磁线圈 3W 等组成的励磁线圈供电电路。该焊机采用的是等速送丝。送丝速度依靠调换齿轮和改变电动机的转速在 60～450m/h 的范围内进行调节。焊丝的送进方向由继电器触点 $2K_1$ 和 $3K_1$ 控制。

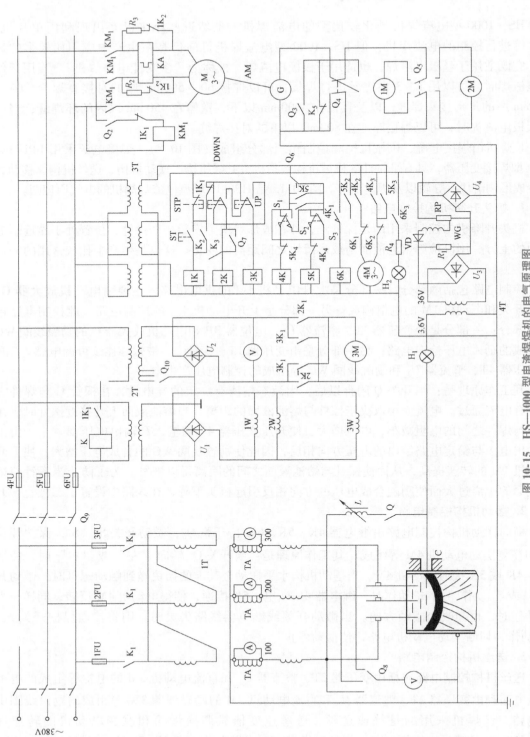

图 10-15　HS—1000 型电渣焊机的电气原理图

4. 焊接过程动作程序

电渣焊过程动作程序大致如下:

1) 焊机的控制箱上配有"焊接开关 Q_3"和接头形式(直缝或环缝)与电极类型(丝极或板极)"选择开关 Q_5",可根据情况将开关转到相应的位置上。

2) 调整焊丝时,可按"DOWN(向下)""UP(向上)"按钮,接通继电器2K或3K,使送丝电动机3M正转或反转。在起焊前,先将焊丝与引弧板短路,准备引弧造渣。

3) 按"ST(起动)"按钮,继电器1K动作,接通接触器K,使焊接电源接通,并使焊丝向下送进,焊接开始。

4) 当需要机头垂直上升时,可转动开关 Q_4,使垂直行走电动机1M通电,机头上升。

5) 当需要焊丝摆动时,将开关 Q_6 转向"左"或"右"时,使继电器4K或5K接通电动机4M。

6) 焊接结束时,按"STP(停止)"按钮。

随着科学技术的发展,近年来人们对利用单片机、PLC 等作为核心控制元件的数字化电渣焊焊机进行了研究,并且取得了很大进展,图 10-16 所示即为一例。该系统焊丝的送进以及提升由直流电动机完成,焊丝的送进速度和机头提升速度调节采用成熟的晶闸管调速模块实现,焊丝摆动由交流电动机控制丝杠螺母传动副完成,摆动速度由变频调速器实现调整,而系统的整个控制由 PLC 完成。

该系统的 PLC 程序由初始化程序、手动程序和自动程序三部分组成,采用梯形图与级式语言混编的方式编制完成,所谓级式语言是 KOYO 公司根据理论独家开发的编程语言。整个工作流程如图 10-17 所示。初始化程序使 PLC 中的高速计数器设定为可逆计数模式,对

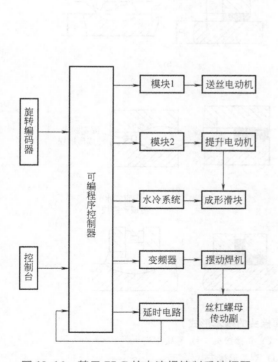

图 10-16 基于 PLC 的电渣焊控制系统框图

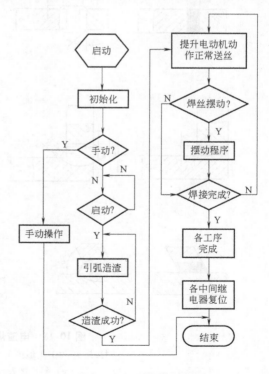

图 10-17 工作流程图

中间寄存器及定时器清零复位，使设备处于初始工作状态。手动操作模式用于完成焊接前后的各种调整，调整后不启动，程序结束。选择启动，进入自动焊接模式；依靠检测元件和传感器对焊接过程进行检测并将检测信号送入 PLC，通过 PLC 控制执行器件动作来完成操作过程。引弧造渣后，若造渣不成功则重新进行造渣，造渣成功则提升焊机开始动作，送丝电动机进行正常的送丝。当焊丝需要摆动时，焊丝摆动程序启动，焊丝在设定的折返点位置间摆动，摆动中可实时调整左右折返点的位置和在折返点停留的时间。焊接结束后各中间继电器复位，设备处于工作结束状态。

由于数字化控制可以提供更为精确、灵活的控制，使自动化程度、智能化大大提高，而且使得操作更简单，焊接质量容易得到保障，因此，电渣焊焊机向数字化控制方向发展是必然趋势，数字化的电渣焊焊机将逐渐增多。

10.5 丝极电渣焊工艺

10.5.1 电渣焊接头设计

电渣焊接头的基本形式是 I 形对接接头，如图 10-18 所示。图中有关尺寸见表 10-4。对于锻件和铸件，由于尺寸误差较大以及表面不平整，焊前应进行机械加工。对焊后须进行加工的面，应留有一定的加工余量。

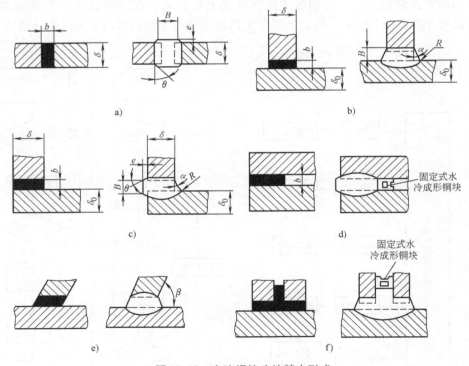

图 10-18　电渣焊接头的基本形式

a）对接接头　b）T 形接头　c）角接接头　d）叠接接头

e）斜角接头　f）双 T 形接头

表 10-4　不同形式的电渣焊接头尺寸（参看图 10-18）

接 头 形 式	接头尺寸/mm				
		50 ~ 60	60 ~ 120	120 ~ 400	>400
对接接头 a)	b	24	26	28	30
	B	28	30	32	34
	e	2 ± 0.5			
	θ	45°			
T 形接头 b)	δ	50 ~ 60	60 ~ 120	120 ~ 200	200 ~ 400	>400
	b	24	26	28	28	30
	B	28	30	32	32	34
	δ_0	≥60	≥δ	≥120	≥150	≥200
	R	5			
	α	15°			
角接接头 c)	δ	50 ~ 60	60 ~ 120	120 ~ 200	200 ~ 400	>400
	b	24	26	28	28	30
	B	28	30	32	32	34
	δ_0	≥60	≥δ	≥120	≥150	≥200
	e	2 ± 0.5			
	θ	45°			
	R	5			
	α	15°			
叠接接头 d)	同对接接头				
斜角接头 e)	同 T 形接头，β >45°				
双 T 形接头 f)	两块立板应先叠接，然后焊 T 形接头				

10.5.2　焊接参数的选择

　　丝极电渣焊的主要焊接参数有：焊接电流 I、焊接电压 U、渣池深度 h 和装配间隙 c 等；一般焊接参数有：焊丝直径 d、焊丝根数 n、焊丝伸出长度 l、焊丝摆动速度、焊丝在水冷成形滑块附近的停留时间和距水冷成形滑块距离等。一般焊接参数中焊丝直径 d、焊丝根数 n 对焊接生产率有较大影响，焊丝距水冷成形滑块距离对焊透及焊缝外观成形有较大影响，其余参数影响不大。

　　1. 主要焊接参数的影响

　　（1）焊接电流（或焊丝送进速度 v_f）　在电渣焊过程中，焊接电流与焊丝送进速度成严格的正比关系，如图 10-19 所示。

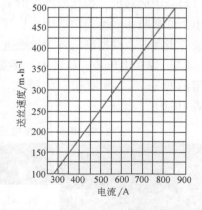

图 10-19　焊丝送进速度和电流的关系

　　焊丝送进速度 v_f 增大，熔池变深，熔宽增大；当 v_f 超过一定数值时熔宽反而减小。熔池变深和熔宽减小对结晶方向不利，抗热裂性能降低，飞溅亦增加。

　　当焊丝直径为 3mm 时，焊丝送进速度可根据以下公式进行计算：

$$v_f \cong \frac{0.14\delta(c-4)v_w}{n}$$

式中，v_f 为焊丝送进速度（m/h）；c 为装配间隙（mm）；n 为焊丝数量（根）；v_w 为焊接速度（m/h），根据生产经验可按表 10-5 选定。

表 10-5　焊接各种材料和厚度时的焊接速度推荐值

	材　料	焊接厚度/mm	焊接速度 $v_w/\text{m} \cdot \text{h}^{-1}$		
			丝极电渣焊	熔嘴（管极）电渣焊	
			对接接头	对接接头	T形接头
非刚性固定	Q235、Q345、20	40 ~ 60	1.5 ~ 3	1 ~ 2	0.8 ~ 1.5
		60 ~ 120	0.8 ~ 2	0.8 ~ 1.5	0.8 ~ 1.2
	25、20MnMo、20MnSi、20MnV	≤200	0.6 ~ 1.0	0.5 ~ 0.8	0.4 ~ 0.6
	35	≤200	0.4 ~ 0.8	0.3 ~ 0.6	0.3 ~ 0.5
	45	≤200	0.4 ~ 0.6	—	—
	35CrMo1A	≤200	0.2 ~ 0.3	—	—
刚性固定	Q235、Q345、20	≤200	0.4 ~ 0.6	0.4 ~ 0.6	0.3 ~ 0.4
	35、45	≤200	0.3 ~ 0.4	0.3 ~ 0.4	—
大断面	25、35、45 20MnMo 20MnSi	200 ~ 450	0.3 ~ 0.5	0.3 ~ 0.5	—
	25、35 20MnMo 20MnSi	>450	—	0.3 ~ 0.4	—

对表中的数据，焊接厚度大时 v_w 应取下限；对厚度小、直径很大的环焊缝，由于其刚性较小，可参照非刚性固定选用 v_w；焊件厚度大时，可参照刚性固定选用 v_w。引出部分的焊接参数应适当降低。根据确定的焊丝送进速度，再结合图 10-19，就可得到相应的焊接电流。

（2）焊接电压 U　U 增大，熔宽增大；U 过小，易产生未焊透，渣池温度降低，焊丝易与熔池短路，飞溅增加；U 过大，焊丝易在渣池表面产生电弧。推荐采用的焊接电压见表 10-6。

表 10-6　焊接电压与接头形式、焊接速度、所焊厚度的关系

			丝极电渣焊每根丝所焊厚度/mm				
			50	70	100	120	150
焊接电压/V	对接接头	焊接速度 0.3 ~ 0.5m/h	38 ~ 42	42 ~ 46	46 ~ 52	50 ~ 54	52 ~ 56
		焊接速度 1 ~ 1.5m/h	43 ~ 47	47 ~ 51	50 ~ 54	52 ~ 56	54 ~ 58
	T形接头	焊接速度 0.3 ~ 0.6m/h	40 ~ 44	44 ~ 46	46 ~ 50	—	—
		焊接速度 0.8 ~ 1.2m/h	—	—	—	—	—

（3）渣池深度 *h*　*h* 减小，熔宽增大。*h* 过浅，焊丝在渣池表面易发生电弧；*h* 过深，焊丝易与金属熔池短路，发生熔渣飞溅，也易产生未焊透、未熔合等缺陷。渣池深度可根据焊丝送进速度按表 10-7 所列数据进行选取。

表 10-7　渣池深度与送丝速度的关系

焊丝送进速度 /m·h⁻¹	60~100	100~150	150~200	200~250	250~300	300~450
渣池深度 /mm	30~40	40~45	45~55	55~60	60~70	65~75

（4）装配间隙 *c*　*c* 增大，熔宽增大，渣池易于稳定；*c* 过小，渣池难于控制，电极易与焊件短路，电渣过程稳定性差，易产生缺陷。装配间隙的经验选取值见表 10-8。

表 10-8　不同厚度焊件的装配间隙

焊件厚度 /mm	50~80	80~120	120~200	200~400	400~1000	>1000
对接接头装配间隙 *c*/mm	28~30	30~32	31~33	32~34	24~36	36~38
T 形接头装配间隙 *c*/mm	30~32	32~34	33~35	34~36	36~38	38~40

2. 一般焊接参数的影响

（1）焊丝直径 *d*　*d* 增大，熔宽增加，生产率提高，但操作困难，易产生缺欠；*d* 过小，电渣过程稳定性较差。一般采用的焊丝直径为 3mm。

（2）焊丝数目 *n*　焊丝数目增多，熔宽均匀性好，生产率高，但操作复杂，准备时间长。焊丝数目的选取可参考表 10-9。

表 10-9　焊丝数目与焊件厚度的关系

焊丝数目 *n*	可焊的最大焊件厚度 /mm		推荐的焊件厚度（摆动时）/mm
	不摆动	摆动	
1	50	150	50~120
2	100	300	120~240
3	150	450	240~450

（3）焊丝间距　焊丝间距对熔宽均匀性影响大，选取不当时易产生裂纹或未焊透。焊丝间距可按下面的经验公式选取：

$$B_0 = \frac{\delta + 10}{n}$$

式中，B_0 为焊丝间距（mm）；δ 为被焊焊件厚度（mm）；*n* 为焊丝根数。

（4）焊丝伸出长度 *l*　*l* 增大，电流略有减小；*l* 过长，会降低焊丝在间隙中位置的准确性，影响熔宽的均匀性，严重时会产生未焊透；*l* 过短，飞溅易堵塞导电嘴。一般选用

50 ~ 60mm。

（5）焊丝摆动速度 摆动速度增加，熔深略减小，熔宽均匀性好，一般选用 1.1cm/s。

（6）焊丝距水冷成形滑块的距离 其过大时易产生未焊透，过小时易与水冷成形滑块产生电弧，甚至会击穿成形滑块产生漏水，一般选取 8 ~ 10mm。

（7）焊丝在水冷成形滑块附近的停留时间 停留时间长，焊缝表面成形好，易焊透，一般选用 3 ~ 6s。

10.5.3 焊接操作工艺

1. 接头制备

焊件待焊边缘的加工质量、表面状态和装配时错边量的大小对接头质量有重要影响。焊件厚度在 200mm 以下时常采用自动切割，切割面偏斜量最大不得超过 4mm，切割面上不应有沟槽；表面粗糙不平程度要控制在 2 ~ 3mm。焊件厚度超过 200mm 时，通常用刨削。焊件边缘应在焊前清理干净。

表 10-10 给出了电渣焊时的设计间隙和装配间隙。装配间隙之所以要比设计值大，是为了补偿焊接时的变形。多数情况下间隙要呈上宽下窄的楔形，它是为防止焊接收缩变形而预设的。

表 10-10 电渣焊时的设计间隙和装配间隙

间 隙	板厚/mm				
	16 ~ 30	30 ~ 80	80 ~ 500	500 ~ 1000	1000 ~ 2000
设计间隙/mm	20	24	26	30	30
装配间隙/mm	20 ~ 21	26 ~ 27	28 ~ 32	36 ~ 40	40 ~ 42

焊接直缝时，错边不应超出 3mm，错边大时可采用组合式铜滑块以防止熔渣和熔池中金属流失。如果被焊板的厚度差大于 10mm，装配前应刨成等厚，或者在薄板一侧贴焊上一块板，使两边等厚，焊后再去除之。环缝错边应限制在 1mm 内。

2. 安装引弧槽与引出板

如图 10-20 所示，在焊件底部应装有引弧槽，在引弧槽内建立渣池。引弧槽应有一定的高度。在焊缝结尾处应装引出板，用以将渣池引出，并避免在收尾处产生缩孔、裂缝等缺欠。

3. 检查焊缝强制成形装置

安装焊缝强制成形装置以后，每次电渣焊前都要对水冷成形滑块进行认真检查。首先检查水冷成形滑块与焊件间是否有明显的缝隙，如果成形装置与焊件贴合不严，需要用石棉等进行堵漏，要保证焊接过程中不产生漏渣。此

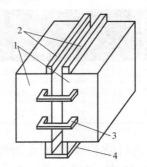

图 10-20 引弧槽与引出板示意图
1—焊件 2—引出板 3—"∏"形铁 4—引弧槽

外应检查进出水方向，确保水冷成形滑块下端进水、上端出水，防止焊接时水冷成形滑块内产生蒸汽，造成爆炸及伤人事故。

除了上述工作外，还需计算好焊丝用量，并对焊丝进行去油、除锈和焊好焊丝接头。还需对电气设备、机械设备进行认真检查。

4. 焊接过程

电渣焊过程一旦开始之后就应连续进行，直到结束。焊前应做好一切准备。

（1）引弧造渣　引弧造渣是从引弧开始到形成稳定渣池的过程。建立渣池可利用固态导电焊剂或依靠电弧熔化焊剂。

利用固态导电焊剂时，只需将焊丝与焊剂接触就能构成导电回路，通过电阻热使固态焊剂熔化，建立渣池，然后再加入焊接时用的焊剂。

通过引弧建造渣池时，可先在引弧槽内放入少量铁屑并撒上一层焊剂，引弧后靠电弧热使焊剂熔化，渣池达到一定深度后转为电渣焊接过程。待电渣过程稳定、渣池达到所需深度并调至正常焊接参数后，即可进行正常焊接。

（2）正常焊接　在焊接过程中应严格按照预先制订的电渣焊工艺规程进行焊接。要保持焊接参数稳定在预定值；保持焊丝在间隙中的正确位置；经常测量渣池深度；均匀添加焊剂，保持电渣过程稳定；经常检查水冷成形装置的出水温度及流量，要防止漏渣、漏水，如发生漏渣而使渣池变浅时应降低送丝速度，并迅速加入适量焊剂。

（3）收尾阶段　进入收尾阶段后，应逐渐降低焊接电压和焊接电流。焊缝的收尾须在引出板处进行，以便将易产生缩孔、裂纹和有害杂质较多的收尾部分引出焊件。焊后应及时割去引出板、引弧槽等，以避免这些部分可能产生的裂纹扩展到焊缝中去。焊接过程全部结束后应及时检验和热处理，发现缺欠后要尽快清理、焊补。

5. 电渣焊时应注意的不安全因素

电渣焊操作中存在较多不安全因素，应注意防护。这些因素有：①如果冷却水槽漏水、漏渣等可能造成喷溅、爆炸，从而引起灼伤和火灾；②从熔池中易析出二氧化硅、氧化锰、氟化物等有害气体，在通风不良的条件下，对焊工健康不利；③在防护工作和装配不完善的条件下，存在触电危险；④存在熔池的热辐射和弧光辐射等。

10.5.4　电站锅炉筒体纵缝丝极电渣焊工艺实例

电站锅炉锅筒由 8 节筒体组成，筒体材质为 13MnNiMo54（德国钢号 BHW35），壁厚为 95mm，内径为 1800mm，工作压力为 15.5MPa，工作温度为 350℃，属于超高压及高温承压部件。图 10-21 为锅筒结构简图。筒体材质化学成分见表 10-11，力学性能见表 10-12。筒体纵缝丝极电渣焊工艺如下：

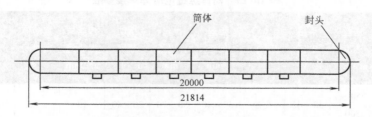

图 10-21　电站锅炉锅筒结构简图

表 10-11　简体材质化学成分（质量分数,%）

	C	Si	Mn	P	S	Ni	Mo	Cr	Nb
标准值	≤0.15	0.10 ~ 0.50	1.0 ~ 1.6	≤0.025	≤0.025	0.6 ~ 1.0	0.2 ~ 0.4	0.2 ~ 0.4	0.005 ~ 0.020
实测值	0.13	0.40	1.42	0.010	0.002	0.85	0.34	0.34	0.008

表 10-12　简体材质力学性能

	屈服强度 /MPa	抗拉强度 /MPa	伸长率 (%)	冲击吸收能量/J (0℃)	冷弯	屈服强度[1] /MPa	抗拉强度[1] /MPa
标准值	≥390	570 ~ 740	≥18	≥31	—	≥324	≥510
实测值	568	683	20	142 163 173	合格	560 520	690 650

① 350℃短时高温屈服强度与抗拉强度。

1. 简体装配

简体装配如图 10-22 所示。装配间隙为 32 ~ 36mm，定位板焊在简体内侧上端，以保持上端的尺寸。引弧槽长约100mm，保证引弧造渣有足够的长度，以使焊缝始端的理化性能与焊缝本体一致。引出板长度至少为100mm。所有定位板、引弧槽及引出板在装焊时应局部预热至150℃。

2. 简体焊接

简体焊接采用苏联制造的 A-372P 丝极电渣焊焊机，焊丝为 φ3mm 的 H10Mn2NiMoA，焊剂为 HJ431。简体纵缝电渣焊的焊接参数见表 10-13。

3. 焊后热处理

为了细化焊缝和热影响区的粗晶组织，改善焊接接头的力学性能及消除焊接残余应力，焊后对简体焊接接头进行两次正火处理和一次回火处理；简体总装成锅筒后，进行整体退火处理。热处理曲线如图 10-23所示。

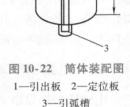

图 10-22　简体装配图
1—引出板　2—定位板
3—引弧槽

焊后，对简体纵缝进行100%射线和超声波检测，以及进行理化性能检验，均达到质量要求。

表 10-13　简体纵缝电渣焊焊接参数

焊丝根数 /根	焊接电流 /A	送丝速度 /m·h⁻¹	焊接电压 /V	电源种类	焊丝间距 /mm	焊丝伸出长 /mm	摆动速度 /m·h⁻¹	焊丝与滑块间距/mm	摆动停留时间 /s	渣池深度 /mm	焊接速度 /m·h⁻¹
2	500 ~ 550	250 ~ 300	38 ~ 42	交流	30 ~ 40	50 ~ 70	26 ~ 40	10	3 ~ 5	50 ~ 70	0.8 ~ 1.2

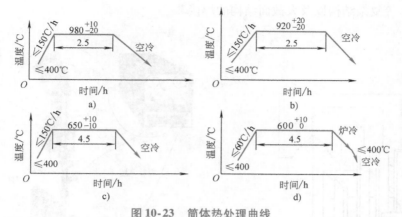

图 10-23　筒体热处理曲线

a）筒体第一次正火　b）筒体第二次正火　c）筒体回火　d）锅筒退火

10.6　其他电渣焊简介

10.6.1　板极电渣焊

　　板极电渣焊采用金属板条为电极，焊接时板极经送进机构不断地向熔池中送进。根据被焊件的厚度，可采用一块或数块金属板作电极进行焊接，如图 10-24 所示。采用单板极时，热能沿板极宽度方向分布不均，焊缝熔宽不均匀，呈明显的腰鼓形；采用多板极可改善焊缝成形。板极可以是铸造或锻造的，因而适宜于不宜拉拔成焊丝的合金钢材料的焊接和堆焊。板极在焊接过程中无需作横向摆动，因而板极电渣焊设备及工艺简单。板极电渣焊的板极高度一般为焊缝长度的 4~5 倍，送进设备高大，焊接过程中板极易在接头间隙中晃动而与焊件短路，故操作较为复杂。此方法一般不用于普通材料的焊接，多用于模具钢的堆焊、轧辊的堆焊等。

　　板极与焊件被焊断面之间距离一般为 7~8mm。焊件装配间隙视板极厚度和焊接断面而定，一般为 28~40mm。单板极焊接焊件的厚度一般小于 110~150mm；焊件厚度较大时，最好采用多板极。板极的数目尽可能取 3 的倍数，以保持电源三相平衡。板极厚度一般为 8~16mm，当焊接断面很大时，可采用更厚的板极。板极宽度一般不大于 110mm，也不应小于 70mm。选用低的电流密度，一般为 $0.4~0.8A/mm^2$，电压一般为 30~40V，板极送进速度一般取 0.5~2m/h，渣池深度一般为 30~35mm。

10.6.2　熔嘴电渣焊

　　熔嘴电渣焊焊接示意图如图 10-25 所示。熔嘴电渣焊的电极由固定在接头间隙中的熔嘴（通常由钢板和钢管点焊而成）和不断向熔池中送进的焊丝构成，焊接时同时熔化，成为焊缝的一部分。根据焊接厚度的不同，可采用单个或多个熔嘴。由于熔嘴不用送进，可以制成与焊件断面相似的形状，因而使这种方法适宜于焊接变截面的焊件，诸如水轮机叶片、座环导水瓣等。熔嘴电渣焊主要用于对接焊缝和 T 形焊缝。熔嘴电渣焊设备体积小，焊接时机头位于焊缝上方，可采用多个熔嘴，且熔嘴固定于接头间隙中，不易产生短路等故障，所以也很适合于梁体等复杂结构以及大截面结构的焊接。

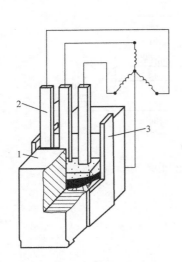

图 10-24　板极电渣焊示意图

1—焊件　2—板极　3—焊缝强迫成形装置

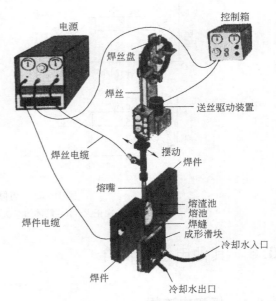

图 10-25　熔嘴电渣焊示意图

常见的熔嘴结构形式如图 10-26 所示。

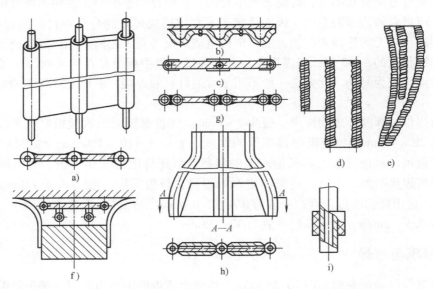

图 10-26　常见的熔嘴结构形式示意图

焊件厚度 δ 给定后，丝极数量 n 可根据下式得出

$$n = (\delta - 40)/d' + 1$$

式中，d' 为丝极之间的距离。求出的 n 值取整后再代入上式确定 d'。最佳的 d' 值与熔嘴厚度

δ_g 的关系如下：

δ_g/mm	4 ~ 6	8 ~ 10	12 ~ 14	18 ~ 20
d'/mm	50 ~ 100	90 ~ 120	120 ~ 150	150 ~ 180

生产中最常用的熔嘴厚度为 5mm 和 10mm。熔嘴的长度常按焊缝长度与引弧板、引出板高度三者之和再加 350mm 选取。焊接速度的选取可参考表 10-14。

表 10-14 一些材料的焊接速度

材 质	20MnMo	40CrNi	20MnSiMo	20MnSi	25 ~ 40 钢	低碳钢
$v_w/\text{m} \cdot \text{h}^{-1}$	0.45 ~ 0.8	0.3	0.4 ~ 0.7	0.4 ~ 0.7	0.35 ~ 0.6	0.7 ~ 1.2

焊接速度选定后，可按下式计算送丝速度：

$$v_f = v_w(A_d - A_q)/\sum A$$

式中，v_w 为焊接速度；A_d 为焊接金属的横截面积；A_q 为熔嘴截面积；$\sum A$ 为全部丝极的总截面积。

对直径为 3mm 的丝极，焊接电流可按下式估算：

$$I = (2.2v_f + 90)n + 120v_w\delta_q s_q$$

式中，δ_q 为熔嘴厚度；s_q 为熔嘴宽度。

焊接电压一般为 35 ~ 45V。为了加速造渣过程并保证焊透，焊接开始时的电压应比正常时高，待进入正常以后再逐渐降至设定值。

熔嘴电渣焊的渣池深度一般为 40 ~ 50mm，随着送丝速度的增高，渣池深度可适当增加。

10.6.3 管极电渣焊

管极电渣焊是熔嘴电渣焊的一个特例。其不同点是用一根涂有药皮的管子代替熔嘴板，如图 10-27 所示。管极涂料具有一定的绝缘性能，用以防止管极与焊件发生电接触。由于管极与焊件绝缘，装配间隙可以缩小，因而管极电渣焊可节省焊接材料，提高焊接生产率。此外，还可以通过管极上的涂料适当地向焊缝中掺入合金。焊件厚度不太大时可只采用一根管极，由于管极易于弯成各种曲线形状，故多用于中等厚度（20 ~ 60mm）的焊件及曲线焊缝的焊接。

另外，也可采用空心矩形断面的熔嘴来代替管极，并采用厚度为 1mm 左右的带钢来代替焊丝来进行焊接，形成所谓的"窄间隙电渣焊"，如图 10-28 所示。由于采用了带状电极，电流通过带极端部时的主通电点会沿带极宽度方向往复移动，克服了管极电渣焊间隙较小时由于焊件沿厚度方向加热不均而易于产生的未熔合缺欠，因而可以采用更小的装配间隙（一般为 10 ~ 15mm），从而使生产效率显著提高，并使材料、能耗和热输入大为降低。

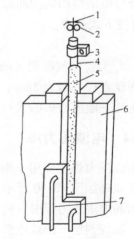

图 10-27 管极电渣焊示意图
1—焊丝 2—送丝滚轮 3—管极夹持机构 4—管极钢管 5—管极涂料
6—焊件 7—水冷成形滑块

为了引弧顺利，可在涂敷药皮前将钢管的引弧端进行收口处理，使钢管内径接近焊丝直径，如图 10-29 所示。

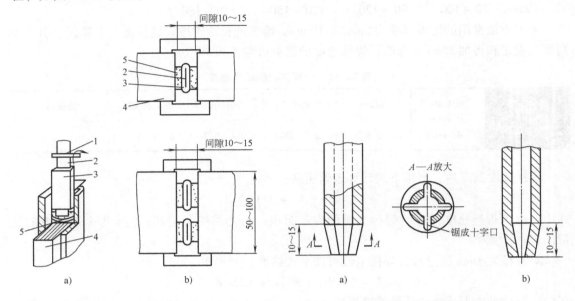

图 10-28 窄间隙电渣焊的两种形式示意图
a）窄间隙电渣焊示意图
b）采用一根带极和两根带极的情况
1—带极输送轮 2—带极 3—熔嘴 4—焊件 5—焊剂

图 10-29 钢管末端收口处理示意图
a）十字形收口 b）辗压收口

管极电渣焊的装配间隙通常为 20 ~ 35mm，焊接电压一般取 38 ~ 50V，焊接电流（单位 A）可按下式选取：

$$I = (5 ~ 7)A_t$$

式中，A_t 为管极截面积（mm²）。

焊丝直径一般为 3mm，送丝速度比一般电渣焊方法要高，通常为 200 ~ 300m/h。渣池深度也比一般电渣焊的大一些，通常为 35 ~ 55mm。

10.6.4 电渣压力焊

电渣压力焊主要用于钢筋混凝土建筑工程中竖向钢筋的连接，所以也叫钢筋电渣压力焊，其原理如图 10-30 所示。它具有电弧焊、电渣焊和压力焊的特点，属于熔化压力焊的范畴。钢筋电渣压力焊时，将两钢筋安放在竖直位置，采用对接形式，利用焊接电流通过端面间隙，在焊剂层下形成电弧过程和电渣过程，产生的电弧热和电阻热熔化钢筋端部，最后加压完成连接。其焊接过程包括引弧过程、电弧过程、电渣过程、顶压过程四个阶段。

1. 引弧过程

上、下钢筋分别与电源的两个输出端相接，钢筋端部埋于焊剂之中，两端面之间留有一定间隙。引弧方法有两种：一是直接引弧法，即将上钢筋下压，使其与下钢筋接触并立即上提产生电弧；另一种方法是钢丝圈引弧法，即在两钢筋的间隙中预先安放一个高 10mm 的引弧钢丝圈或者一个高约 10mm 的焊条芯，当焊接电流通过时，由于钢丝（或焊条芯）细，

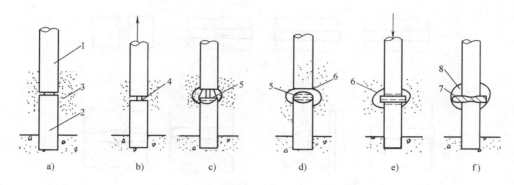

图 10-30　钢筋电渣压力焊接过程示意图

a）引弧前　b）引弧过程　c）电弧过程　d）电渣过程　e）顶压过程　f）凝固后

1—上钢筋　2—下钢筋　3—焊剂　4—电弧　5—熔池

6—熔渣（渣池）　7—焊缝　8—焊渣

电流密度大，能立即产生熔化、蒸发和电离，从而引弧。

2. 电弧过程

焊接电弧在两钢筋之间燃烧时，熔化的金属形成熔池，熔融的焊剂形成熔渣（渣池）覆盖于熔池之上。熔池受到熔渣和焊剂蒸气的保护，隔绝了与空气的接触。为了保持电弧的稳定，上钢筋应不断下送，送进速度应与钢筋熔化速度相适应。

由于热量容易向上流动，上钢筋端部的熔化量为整个接头钢筋熔化量的 3/5 ~2/3，大于下钢筋端部的熔化量。

3. 电渣过程

随着电弧过程的延续，两钢筋端部熔化量增加，熔池和渣池加深，待达到一定深度时，加快上钢筋的下送速度，使其端部直接与渣池接触，这时，电弧熄灭，电弧过程变为电渣过程。

4. 顶压过程

待电渣过程产生的电阻热使上下两钢筋的端部达到整个断面均匀加热的时候，迅速将上钢筋向下顶压，液态金属和熔渣被全部挤出，随即切断电源，焊接结束。冷却后打掉渣壳，露出带金属光泽的接头，如图 10-31 所示。

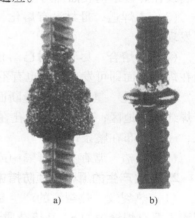

图 10-31　钢筋电渣压力焊接头外形

a）未去渣壳前　b）去掉渣壳后

10.7　电渣焊常见的缺欠及其防止

1. 电渣焊常见的缺欠

电渣焊接头常见缺欠有热裂纹、冷裂纹、未焊透、未熔合、气孔、夹渣等，如图 10-32 所示。

（1）热裂纹　热裂纹是电渣焊时最常见的一种裂纹形式，它一般不伸展到焊缝表面，多数分布在焊缝中心，这是由于电渣焊焊缝的结晶从四周向中心和自下而上的结晶特点所致。也有的分布在等轴晶区与柱状晶区的交界处。热裂纹表面多呈氧化色，有的裂纹中有夹渣。

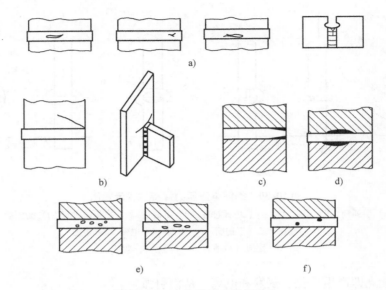

图 10-32 电渣焊接头常见缺欠

a）热裂纹　b）冷裂纹　c）未焊透　d）未熔合　e）气孔　f）夹渣

（2）冷裂纹　冷裂纹多存在于焊接热影响区，有的冷裂纹由热影响区向焊缝中延伸，冷裂纹在焊接结构表面即可发现，裂纹表面有金属光泽。

（3）未焊透　母材没有熔化，与焊缝之间有一定的缝隙，内部有夹渣，在焊缝表面即可发现。

（4）未熔合　尽管母材已熔化，但焊缝金属与母材没有熔合，中间有夹渣。未熔合一般在焊缝表面即可发现，但也有不延伸至焊缝表面的。

（5）气孔　氢气孔在焊缝断面上呈圆形，在纵断面上沿焊缝中心线方向生长，多集中于焊缝局部地区；一氧化碳气孔在焊缝横截面上呈密集的蛹形，在纵截面上沿柱状晶方向生长，一般分布在整条焊缝。

（6）夹渣　常存在于焊缝中或熔合线上，多呈圆形。

2. 缺欠产生的原因及预防措施

（1）热裂纹　热裂纹的产生是冶金因素和应力因素共同作用的结果。电渣焊时的冶金因素主要有焊缝中的 S、P 等杂质元素的含量，还有熔池的形状和一次晶粒的大小等。试验表明，焊缝中的 S、P 等杂质元素的含量越高、熔池的形状系数越小、一次晶粒越粗大，越容易在焊缝中心形成液态间层，产生脆弱面，使热裂倾向增大。由于电渣焊时热输入大，冷却速度缓慢，焊缝晶粒比较粗大，特别是容易形成窄而深的熔池，将导致焊缝的热裂敏感性比较大。应力因素主要有焊接结构的刚性条件、焊缝冷却时的收缩变形大小等，由于电渣焊的焊件多为重型结构，拘束度比较大，焊接熔池体积比较大，其冷却收缩变形量较大，这就造成焊缝承受的拘束应力比较大，因而使得焊缝的热裂倾向大大增加。

应采取的预防措施主要有：适当降低焊丝的送进速度，可使熔池变浅，形状系数增大，产生热裂纹的敏感性减小，在实际焊接操作中对不同的钢种应采取不同的送丝速度；对被焊母材中的 S、P、C 等含量严格加以限制，选择 S、P、C 等杂质元素含量低的焊接材料焊接，以降低焊缝中 S、P 等杂质元素含量；通过焊丝向熔池中加入变质剂（如钛、铌、铝等），以细化焊缝的一次组织；选择合理的焊接参数和装配-焊接顺序，以减小焊缝所承受的拘束应力；必要时，在焊前对焊件进行预热等。

（2）冷裂纹　冷裂纹容易在某些碳含量和合金元素含量较高的钢的热影响区内形成。它的产生与上述钢的热影响区易产生粗大的淬硬组织从而导致金属严重脆化和焊接接头承受较大的拘束应力有关。当热影响区产生粗大的淬硬组织时，如果焊接接头承受的拘束应力足够大，就会产生冷裂纹，特别是在焊接接头的应力集中处很容易产生。

应采取的预防措施主要有：结构设计时避免焊缝密集，尽量减少应力集中现象；焊接时避免中间停焊，一旦停焊，对停焊处的咬口要及时焊补；对焊缝很多的复杂结构，焊接一部分焊缝后，应进行中间热处理消除应力；对高碳钢、合金钢，焊后应及时热处理以改善组织，有的还要采取焊前预热、焊后保温措施；室温低于零摄氏度时，焊后要尽快进炉，并采取保温措施。

（3）未焊透　未焊透的产生与焊接参数不当和焊剂导电性过大有关。如果焊接参数不当，例如焊接电压过低、焊丝送进速度不当、渣池太深、焊丝或熔嘴距水冷成形滑块太远或在装配间隙中位置不正确时，致使渣池的热功率不足，或沿焊件厚度热功率分配不当，就会产生未焊透。如果焊剂导电性过大，能造成所发出的总热能少，致使焊件边缘所接受的热能减少，不能被熔化，也会产生未焊透。此外当电渣过程不稳定（例如电压波动很大、焊丝送进不稳定、大量漏渣等）时，也容易产生未焊透。

应采取的预防措施主要有：选择合理的焊接参数；选用导电性合适的焊剂；保持稳定的电渣过程等。

（4）未熔合　未熔合产生的原因有：当熔渣属于短渣且其熔点过高时，熔池中靠近焊件边缘的部分熔渣就有可能比熔化金属早凝固，在熔池金属和焊件边缘熔化金属之间形成一层夹渣，阻碍金属之间的熔合，从而造成未熔合。此外，当网路电压突然减小并持续一段时间或焊接过程短时间中断时，熔渣也有可能提前凝固，阻碍熔池金属与母材的熔合，也会造成未熔合。

应采取的预防措施主要有：选用适当的焊剂，避免焊接过程中短时间中断和焊接参数剧烈地波动等。

（5）气孔　水或含有水的物质较多地进入渣池是产生氢气孔的主要原因。例如，当水冷成形滑块漏水，潮湿的石棉泥进入渣池或焊剂潮湿时就容易产生氢气孔。当熔池中含氧量大量增加时容易产生一氧化碳气孔。例如，当用无硅焊丝焊接沸腾钢或含硅量低的钢，造成脱氧不足或大量的氧化铁进入渣池时，能为产生一氧化碳气体创造有利条件，就会产生一氧化碳气孔。

应采取的预防措施主要有：焊前仔细检查水冷成形滑块，防止漏水；严格烘干焊剂；焊接沸腾钢时采用含硅焊丝；仔细清除被焊断面和焊丝表面的氧化皮、铁锈和水分等。

（6）夹渣　夹渣产生的原因有：在电渣焊过程中，当焊件熔宽突然变小时，一部分熔渣会滞留在截面变小的拐角处而形成夹渣；当熔嘴电渣焊采用玻璃丝棉绝缘时，由于绝缘块进入渣池数量过多而使熔渣黏度增加时，也易引起夹渣。

应采取的预防措施主要有：保持稳定的焊接参数和电渣过程，避免焊件熔宽突然变小；减少玻璃丝棉绝缘块的数量和防止其同时熔入渣池的数量过多；当熔渣黏度过大时可部分地更新熔渣等。

复习思考题

1. 什么是电渣焊？电渣焊的原理是什么？电渣焊有何特点？

2. 电渣焊的热过程和结晶组织有何特点？

3. 电渣焊有哪些类型？它们之间有何异同？

4. 丝极电渣焊设备系统由哪几部分组成？各部分的作用是什么？

5. 丝极电渣焊的焊接参数有哪些？哪些是主要焊接参数？哪些是一般焊接参数？各个参数的影响如何？

6. 简述在电渣焊的操作工艺中应注意哪些主要问题？

7. 电渣焊接头常见的缺欠有哪些？如何进行防止？

高能束流焊

束流是指沿某一特定方向运动而形成的粒子流。焊接领域所说的高能束流是指聚焦后功率密度可以达到 $10^5\,W/cm^2$ 以上的束流。通常所说的高能束流焊主要指的是电子束焊（Electron Beam Welding）和激光焊（Laser Beam Welding），其功率密度比通常的 TIG 焊或 MIG 焊的功率密度要高一个数量级以上。本章将首先介绍高能束流焊的物理基础，然后分别讲述电子束焊和激光焊的原理、焊接设备及焊接工艺。

11.1 高能束流焊的物理基础

11.1.1 热源功率密度与热过程行为

1. 一些热源的功率密度

表 11-1 是一些常见热源的功率密度。当热源的功率密度太低时，是不能用来进行焊接的。由表 11-1 可以看出，属于高功率密度的热源有电子束、激光束和等离子弧。

表 11-1 一些常见热源的功率密度

项　目	热　源	功率密度/W · cm^{-2}
光	聚焦的太阳光束 聚焦的氙灯光束	$(1 \sim 2) \times 10^3$ $(1 \sim 5) \times 10^3$
电弧	电弧（0.1MPa） 等离子弧	1.5×10^4 $(0.5 \sim 1) \times 10^5$
高能束流	电子束 激光束（0.1MPa）	$>10^6$ $>10^6$

2. 热源功率密度与热过程行为的关系

随着热源功率密度的不同，热过程行为发生明显的变化。概括起来讲，可分为四个区域，如图 11-1 所示。

（1）低功率密度区 功率密度小于 $3 \times 10^2\,W/cm^2$。这时热传导散失大量的热，难以实施对金属的焊接。

（2）中功率密度区 功率密度范围为 $3 \times 10^2 \sim 10^6\,W/cm^2$。这时的热过程以导热为主，材料被加热熔化，几乎没有蒸发，绝大多数电弧焊的功率密度都在这个范围内。

（3）高功率密度区 功率密度在 $10^6 \sim 10^9\,W/cm^2$ 之间。这时的蒸发和导热情况主要取决于热源功率和聚焦后的束斑尺寸，蒸发和导热的相对情形变化很大。若热源功率小，束斑尺寸大，则以导热为主；若热源功率大，束斑尺寸小，则以蒸发为主，强烈的蒸发会在熔池中产生小孔，而热传导的作用则是使小孔侧壁充分熔化。

（4）超高功率密度区　功率密度大于$10^9 \mathrm{W/cm^2}$，这时的蒸发要比热传导快得多。高功率的脉冲激光聚焦成很小的束斑时即出现这种情况，超高功率密度的脉冲激光束可用于打孔，其加工的小孔精度高，小孔侧壁几乎不受热的影响。

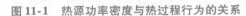

图 11-1　热源功率密度与热过程行为的关系

11.1.2　获得高能束流的基本原理

1. 高功率密度激光束的获取

激光器通过谐振腔的方向选择、频率选择以及谐振腔和工作物质共同形成的反馈放大作用，使输出的激光具有良好的方向性、单色性以及很高的亮度。光源的亮度 B 为

$$B = \frac{P}{A\Omega} \tag{11-1}$$

式中，A 是光源发光面积；Ω 是法线方向上的立体角；P 是在立体角为 Ω 的空间内发射的功率。

激光束的方向性可用光束发射张角的一半来表示，称为发散角 θ，可表示为

$$\theta = \frac{4}{\pi}\frac{\lambda}{D} \tag{11-2}$$

式中，λ 是激光波长；D 是光束直径。

经聚焦的激光束在焦平面处的束斑直径 d 为

$$d = f\frac{4}{\pi}\frac{\lambda}{D} = f\theta \tag{11-3}$$

式中，f 是聚焦镜焦距。

目前，大功率连续波激光的功率达几千瓦、几十千瓦或更高，相应的光束直径 d 仅为几十毫米，立体角可达到 $10^{-6}\mathrm{sr}$；脉冲固体激光器的光脉冲持续时间可压缩至 $10^{-12}\mathrm{s}$ 甚至更短，因而，激光具有极高的亮度，加之激光的方向性好，发散角 θ 小，有良好的聚焦性，在焦平面处可获得大于 $10^6 \mathrm{W/cm^2}$ 的功率密度。

2. 高功率密度电子束的获取

图 11-2 是高功率密度电子束获取示意图，阴极用以发射电子，阳极相对阴极施加高电压以加速电子，控制极用来控制电子束流的强度，聚焦线圈对电子束进行会聚，偏转线圈可使

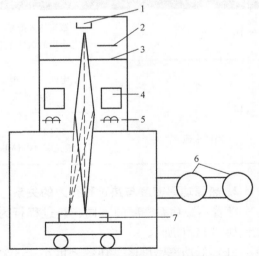

图 11-2　高功率密度电子束获取示意图

1—阴极　2—控制极　3—阳极　4—聚焦线圈
5—偏转线圈　6—真空泵　7—工件

束流产生偏转以满足加工的需要。

（1）电子的加速　设阳极与阴极间所加电压（常称为加速电压）$U_a = 100kV$、加速后电子运动速度为 v、电子的电量为 e、电子的质量为 m，则

$$v = \sqrt{\frac{2eU_a}{m}} \tag{11-4}$$

代入相应数据，可得 $v \approx 1.9 \times 10^8 m/s$。可见，经 100kV 的电压加速后，电子的运动速度可约达到光速的 60%。在电子束焊机中，加速电压一般为 15 ~ 150kV。

（2）电子束的功率密度　假设聚焦后束斑直径 $d = 0.5mm$，电子束流 $I_b = 50mA$，$U_a = 100kV$，则焦点处的功率密度可达 $2.5 \times 10^6 W/cm^2$。这说明电子束经加速并适当聚焦后，可在焦点附近获得高的功率密度。

3. 高能束流的聚焦

（1）激光束的聚焦　目前在激光焊中常用的聚焦系统有三种：透镜聚焦、反射镜聚焦和改进型的反射镜聚焦。图 11-3 是透镜聚焦原理图，其主要特点是光路简单。聚焦后的束斑直径 d 为

$$d = f\theta \tag{11-5}$$

在发散角 θ 一定的情况下，束斑直径 d 与聚焦镜焦距 f 成正比，焦距变小有利于提高功率密度。图 11-4 是反射镜聚焦系统的原理图。平面反射镜 M_1 用以反射激光束，聚焦镜 M_2 通常为抛物面反射镜。采用反射镜聚焦的主要特点是没有色差。使用反射镜时，要求反射镜的反射率要高，同时，其损伤阈值也要高。损伤阈值是指激光照射到材料表面时，使表面损伤的功率密度临界值。

图 11-5 是前述反射镜聚焦的改进型，它适用于中空的高阶模光束，光束的功率越高，该聚焦系统的优点表现得越突出。

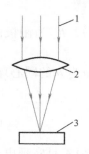 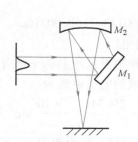 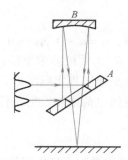

图 11-3　透镜聚焦原理图　　　　图 11-4　反射镜聚焦系统　　　图 11-5　改进型反射镜聚焦

1—激光束　2—透镜　3—工件　　M_1—平面反射镜　M_2—抛物面反射镜

焦深是描述聚焦束斑特性的另一个参数，定义为焦点束斑直径 d 增加 5% 时在焦距方向上的相应变化范围。图 11-6 中的 L 即为焦深，可表示为

$$L = 6.5 \frac{f}{D} d \tag{11-6}$$

式中，f 是焦距；D 是入射光束直径；d 是焦点处的束斑直径。

通常在焦深范围内，功率密度的减小不超过 9.3%。由式（11-6）可以看出，焦深随焦距的变小而变小，亦随入射激光束直径的增加而减小。

（2）电子束的聚焦　电子束聚焦的原理是依据于电场和磁场对电子的作用。常用的电子束聚焦方法有静电透镜聚焦和磁透镜聚焦等。

1）静电透镜聚焦。静电透镜实际就是能使电子会聚的静电场，其结构形式有同心球电极和类同心球电极。

① 同心球电极聚焦。图 11-7 是同心球电极聚焦示意图，阴极在外，阳极在内，由阴极发射的电子在电场的作用下向阳极运动，形成会聚的电子束流。

电子束流的大小取决于外加电场的强度、阴极发射面的温度以及阴极材料的特性等。当阴极温度比较低时，在一定的电场强度范围内，电子束流仅是阴极附近电子云电子的一部分，这时的电子束流与阴极温度无关，它仅仅是电场的函数，这种情况称为空间电荷限制发射，与之相应的电流则称为空间电荷限制电流。对于图 11-7 所示的同心球电极，空间电荷限制发射时所形成的电子束流为

$$I = \frac{29.34 U_a^{3/2}}{\alpha^2} \times 10^{-6} \tag{11-7}$$

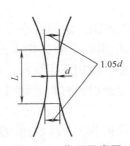

图 11-6　焦深示意图

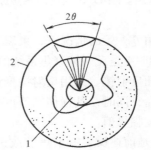

图 11-7　同心球电极聚焦示意图
1—阳极　2—阴极

式中，$\alpha = \mu - 0.3\mu^2 + 0.075\mu^3 - 0.00143\mu^4 + 0.00216\mu^5$，$\mu = \lg(R_a/R_c)$，$R_a$ 为阳极曲率半径，R_c 为阴极曲率半径；U_a 是阳极电压。

出于工程实际考虑，要求阴极和阳极是球形的一部分，对半圆锥角为 θ 的同心球电极，在空间电荷限制发射条件下，所形成的电子束流为

$$I = \frac{29.34 U_a^{3/2} \times 10^6}{\alpha^2} \sin^2 \frac{\theta}{2} \tag{11-8}$$

② 类同心球电极聚焦。尽管采用同心球电极可以对电子束聚焦，但不是实现电子束聚焦的唯一电极结构形式。由式（11-8）求 U_a，则有

$$U_a = \frac{1051 \times I^{\frac{2}{3}} \alpha^{4/3}}{(\sin\theta/2)^{4/3}} \tag{11-9}$$

由式（11-9）可以看出，电位的分布与半圆锥角 θ 和阳极曲率半径 R_a 以及阴极曲率半径 R_c 有关。对于每一个给定的半圆锥角，可以有一组不同的电极形状。具体的电极结构可采用电解槽模拟或借助计算机模拟而获得。图 11-8 是针对 5°和 10°的半圆锥角而得到的电极形状示意图。图中针对两种不同的阴极形状，分别给出了 R_c/R_a 比值为 2.0、1.69、1.45、1.23 时应选取的阳极形状。尽管每一种电极形状组合都可得到会聚的锥形电子束，然而，在工程实际中却不希望 R_c/R_a 的比值选得太小，这是因为 R_c/R_a 的值太小，由于阳极孔的存

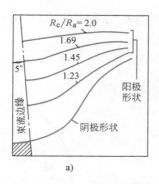
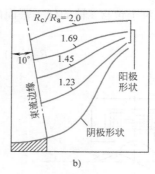

图 11-8　类同心球电极形状及电子束的会聚

a）$\theta = 5°$　b）$\theta = 10°$

在，势必会使电位分布不理想。此外，在给定的阳极电压下，还可能会导致不希望的高压场。一旦 R_c/R_a 和 θ 的值确定，电极的几何形状就可确定，电子束的特性亦可确定，如图 11-9 所示。需要说明的是，由于阳极孔的存在，电场等位面在阳极孔附近发生畸变，静电场渗透到阳极孔右边，该电场对电子束起发散作用，减弱了会聚能力，因而，电子束穿越阳极孔后会聚角减小为 γ，焦点距阳极孔的距离增大到 b。另外，电子束在穿越阳极孔一段距离后，将在无电场空间依惯性运动。由于电子束的空间电荷效应的影响，电子束并不能真正地会聚一点，而是形成一个具有最小半径 r_{min} 的束斑，经历一段空间后又逐渐开始发散。

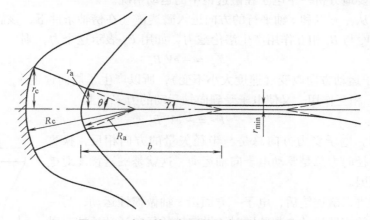

图 11-9　电极的几何形状及电子束的特性

2）磁透镜聚焦。磁透镜是能产生轴对称磁场并对电子束起会聚作用的装置。实际的磁透镜结构是将线圈放在有间隙的铁心内，图 11-10 所示是一种典型的磁透镜结构及其磁感应强度分布。图中 D 为磁透镜孔径，S 为磁极间隙，MN 表示垂直于 z 轴的磁透镜的中心面，又称主平面。为讨论问题方便起见，建立如图 11-11 所示的柱坐标系。显然，磁透镜的磁场以 z 轴为对称轴。由于磁场对 z 轴对称，所以在与 z 轴垂直的平面内，磁感应强度 B 的大小与 φ 角无关，它只是 r、z 的函数，亦即在任何一包含 z 轴的平面内，磁感应强度的大小仅与 r 和 z 有关。在 z 为某一常数的任一平面内，当 r 改变方向时，磁感应强度的径向分量 B_r 也相应变化，对于铁心在 z 轴方向上的宽度比焦距小得多的磁透镜来讲，一般都有比较大的磁感应强度径向分量 B_r。至于磁感应强度沿 z 轴方向的分量 B_z，显然在主平面内最大，离开主平面后迅速减小。对于包含 z 轴的任一平面内的 B_z 分布，如图 11-10 中所示，如仅考虑傍轴附近的情况，则有

$$B_z(r,z) = B_0(z) \tag{11-10}$$

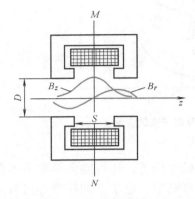

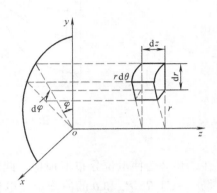

图 11-10　一种典型的磁透镜结构及磁感应强度分布图　　图 11-11　对磁透镜采用的柱坐标系

即可以认为：傍轴附近的 B_z 分布与对称轴 z 上相应点的分布相同。

在极坐标系中，令电子沿 z 轴方向运动的速度为 V_z，在垂直于 z 轴平面内沿半径方向的速度（径向速度）为 V_r；在垂直于 z 轴平面内垂直于半径 r 方向的周向速度（角速度）为 V_φ。下面依次简要地分析一下电子在磁透镜中的运动情况。

假如电子束从左方以和 z 轴平行的方向进入磁透镜（在傍轴条件下，该假设与实际情况基本符合），则 V_z 与 B_r 相互作用产生洛伦兹力，如用 F_φ 表示这个力，则

$$F_\varphi = -eV_zB_r \tag{11-11}$$

由于 F_φ 引起电子运动方向改变（速度大小不变），所以产生了周向速度 V_φ。V_φ 与磁感应强度的轴向分量 B_z 相互作用，又使电子受到向轴运动的力 F_r，且

$$F_r = -eV_\varphi B_z \tag{11-12}$$

式中的负号说明，电子受力方向总是与半径矢量的方向相反，换言之，电子所受的径向力总是驱动电子向轴运动，这就是磁透镜能对电子进行会聚的原因。

总之，电子进入磁透镜后，电子一方面沿 z 轴做惯性运动，另一方面，又做绕轴的旋转运动，与此同时还做向轴的径向运动，这三种运动的合成，就是电子的真实运动轨迹。

对宽度很窄的 N 匝圆形线圈，当线圈半径为 R、通过的电流为 I 时，磁透镜的焦距 f 为

$$f = \frac{16}{3\eta\pi^3} \frac{RU_a}{N^2I^2} \tag{11-13}$$

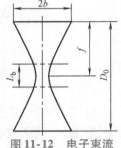

图 11-12　电子束流
活性区

L_b—活性区长度

f—磁透镜焦距

$2b$—磁透镜孔径

D_0—工作距离

式中 $\eta = e/m$，为电子的荷质比。可见，磁透镜的焦距与线圈安匝数的平方成反比，与阳极的加速电压和透镜线圈的半径成正比。

磁透镜聚焦后，在焦点附近，存在着一个束斑变化不大、功率密度也变化不大的区域，通常称为电子束流活性区，其长度 L_b 则称为活性区长度，如图 11-12 所示。

由于电子束流受加速电压、磁透镜线圈电流等因素的影响，所以焦点直径总有一定的随机变化，测量时也总存在一定的误差。当测量的标准差为 σ、磁透镜孔径为 $2b$、透镜焦距为 f、透镜中心到工件的距离（又称为工作距离）为 D_0 时，电子束流活性区长度 L_b 为

$$L_b = 4.46\sigma \frac{f}{b} \tag{11-14}$$

由此可以看出，磁透镜焦距越大，孔径越小，则电子束流活性区的长度就越大。

另外，电子束焊接中还用活性参数 a_b 来描述聚焦特性，a_b 的大小为

$$a_b = D_0/f \tag{11-15}$$

它表示了焦点对工件表面的相对位置，$a_b < 1$ 时，焦点位于工件表面下方，称为下聚焦；$a_b = 1$ 时，焦点位于工件表面，称为表面聚焦；$a_b > 1$ 时，焦点位于工件表面上方，成为上聚焦。

11.1.3 高能束流焊形成深宽比大焊缝的机制

1. 小孔形成的机理

当采用较低的功率密度时，高能束流产生的热首先聚集在待加工焊件的表面，然后经热传导进入材料内部，这时，熔池温度比较低，对钢件约 1600℃，蒸发不明显，因而焊缝宽，熔深浅（图 11-13a）。这种情况属热传导焊接。当功率密度增加到一定值而使熔池金属温度达到 1900℃左右时，熔化钢材蒸发而产生的饱和蒸气压力约 300Pa，在蒸气压力、蒸气反作用力等的作用下会形成充满蒸气的小孔（图 11-13b）。随着功率密度的进一步增加，熔化金属的温度也继续升高，蒸气压力也随之增大，最终导致产生了针状的、充满金属蒸气的并被熔融金属包围的小孔。这时，束流亦通过小孔穿入焊件内部（图 11-13c）。假如功率密度达到某一极限值时，蒸气压力和蒸发速率都变得很大，所有熔化金属几乎全部地被蒸气流冲出腔外（图 11-13d）。

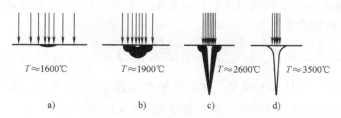

图 11-13 功率密度与小孔的形成

概括起来讲，高能束流聚焦后的束斑直径一般都在 1mm 以下，作用于焊件上的功率密度高，能使材料迅速熔化、蒸发，产生很大的蒸气压力和蒸气反作用力，加之电子束或激光束作用时间短，径向的热传导作用很弱，在蒸气压力和蒸气反作用力等因素作用下能排开熔化金属形成小孔，这时高能束流深入焊件内部，束流直接与焊件作用，进行能量的转化，因而能形成深宽比大的焊缝。在其他因素不变的情况下，功率密度越高，熔深越大，焊缝的深宽比也越大，功率密度与熔深的关系如图 11-14 所示。

2. 小孔受力分析

小孔维持的过程实际也是受力平衡的过程。小孔受力有两类：一类倾向形成和维持小孔的力；另一类倾向封闭小孔的力。

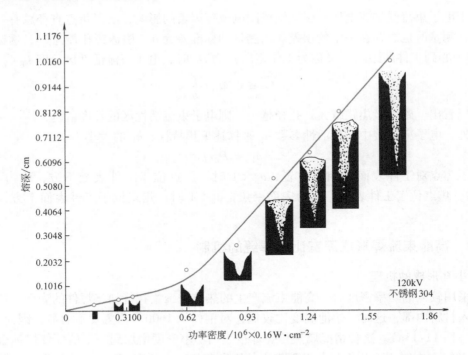

图 11-14　功率密度与熔深的关系

（1）束流压强 p_b　束流压强对电子束来讲，它是由电子束的冲击力产生的。对激光束来讲，它则是光子的辐射压强。

当电子和焊件撞击时，若电子的动能全部转化，则束流压强 p_b 为

$$p_b = nmv \tag{11-16}$$

式中，n 是 1s 内撞击 $1m^2$ 金属的电子数；m 是电子质量；v 是电子的平均速度。

若电子束焊机的加速电压为 U_a，则

$$p_b = nm\sqrt{\frac{2eU_a}{m}} = \sqrt{2n^2meU_a} = \sqrt{\frac{2n^2e^2mU_a}{e}} = \sqrt{2J^2m\frac{U_a}{e}} = J\sqrt{2m\frac{U_a}{e}}$$

式中，J 为电流密度。当 $U_a = 100kV$，聚焦后的束斑直径 $d = 0.5mm$，$I_b = 100mA$ 时，则有 $J = 3.5 \times 10^5 A/m^2$，这时 $p_b = 370Pa$，功率密度为 $3.5 \times 10^6 W/cm^2$。

对激光束来讲，由于光子的静止质量为零，显然不能直接用式（11-16）计算光束压强，但可以从该式的量纲出发导出计算光束压强的公式。由于压强的量纲为 $MT^{-2}L^{-1}$，则

$$MT^{-2}L^{-1} = \frac{ML}{T^2}\frac{1}{L^2} = \frac{ML^2}{T^3}\frac{1}{L/T}\frac{1}{L^2}$$

式中，$\frac{ML^2}{T^3}$ 是功率量纲；L/T 是速度量纲；L^2 是面积量纲。

所以，计算激光束流压强的公式为

$$p_b = \frac{P}{A}\frac{1}{C} \tag{11-17}$$

式中，P 是功率；A 是面积；C 是光速；P/A 是功率密度。

当激光束的功率密度为 $3.5 \times 10^6 W/cm^2$ 时，束流压强 $p_b = 116Pa$。而同样功率密度时的

电子束束流压强为 370Pa，可见，功率密度相同时，激光束束流压强比电子束束流压强的 1/3 还小。

（2）蒸气压强 p_v　在高功率密度束流的作用下，熔池小孔底部和前沿的温度可达 2700℃，存在明显的蒸发现象和蒸气压强。蒸气压强力图将熔化的金属向四周排开，使小孔进一步向焊件内部发展。蒸气压强主要取决于熔池的温度。小孔底部由于束流的直接作用而温度最高。对于钢焊件来讲，小孔底部温度一般在 2300 ~ 2700℃。研究表明，2300℃时的蒸气压强约为 5×10^3 Pa，而 2700℃时的蒸气压强则高达 5×10^4 Pa，是 2300℃时的 10 倍。

（3）蒸气反作用压强 p_r　熔池内的蒸发粒子以一定的速度离开液面时，由于反作用力引起的压强称为蒸气反作用压强，该压强倾向于加深和维持小孔。蒸气反作用压强可采用下式计算：

$$p_r = \frac{1}{\rho Q}\left(\frac{P}{A}\right)^2 \tag{11-18}$$

式中，P/A 是功率密度；Q 是蒸发 1kg 被焊金属所需的能量；ρ 是蒸气密度。

由式（11-18）可知，蒸气反作用压强除与功率密度和材料性质有关外，还与环境压力有关，因为它直接关系到蒸气密度。对真空电子束焊接的研究表明，当功率密度为 $3.5 \times 10^6 W/cm^2$ 时，蒸气反作用压强可达 $10^7 Pa$。

（4）液体金属静压强 $\rho g h$　在环绕着小孔的液体金属内，任一点的静压强与液体的密度和该点距熔池表面的距离（或该点以上液体金属的高度）h 成正比。若将熔池内液体金属密度视为常数，则液体金属静压强与 h 呈线性关系。该压强的作用是倾向于封闭小孔。对于钢铁材料，$\rho = 7.89 \times 10^3 kg/m^3$，若熔池小孔深 5mm，那么作用在熔池底部的液体金属静压强为 386Pa。

（5）表面张力附加压强 p_s　由物理学可知，当液面为水平时，表面张力是水平的，无附加压强，如图 11-15a 所示；当液面凸起时，附加压强 p_s 指向液体内部，如图 11-15b 所示；当液面凹下时，附加压强 p_s 指向液体外部，如图 11-15c 所示。如液面为球形，则

$$p_s = 2\gamma/R \tag{11-19}$$

式中，γ 是表面张力系数；R 是球形液面半径。

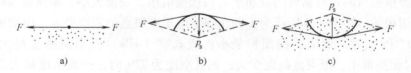

图 11-15　弯曲液面的附加压强

如液面为圆柱形曲面，则

$$p_s = \frac{\gamma}{R} \tag{11-20}$$

式中，R 是圆柱曲面的半径。

当进行非穿透的深熔焊接时，熔池底部的表面张力附加压强的作用与束流压强和蒸气反作用压强相反，欲使小孔填平；当材料厚度 d 小于焊缝宽度 b 且进行穿透焊接时，表面张力附加压强则试图将熔化金属拉回母材，促使小孔产生并维持小孔的存在，如图 11-16 所示。

3. 高能束流与焊件的相对运动对熔池和焊缝的影响

当焊件和束流二者有相对运动时，随着相对运动速度的增大，熔化前沿直接处于高能束流下方，而凝固前沿则向后拖（图11-17a）。由于高能束流的直接作用，使得前熔化边缘附近的金属温度高，蒸发快，而后熔化边缘附近的金属温度低，蒸发慢，由此而引起了蒸气压强差和蒸气反作用压强差，这必然导致前熔化边缘附近的金属向后熔化边缘附近流动（图11-17b），客观上起到了对熔池的搅拌作用。液体金属的流动过程，实际也是传热和传质的过程。在熔化前沿区材料被加热，在凝固前沿区液体金属热量经热传导而释放，最后形成焊缝。

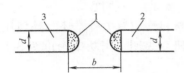

图11-16 薄板穿透焊接时
表面张力的作用
1—熔化金属 2、3—焊件

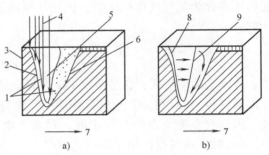

图11-17 束流和焊件做相对运动时的熔池
1—熔化区 2—熔化前沿 3—焊件 4—高能束流
5—小孔 6—凝固前沿 7—焊件运动方向
8—前熔化边缘 9—后熔化边缘

11.2 电子束焊

11.2.1 电子束焊的原理、特点及应用

1. 电子束焊的工作原理

电子束经聚焦后的束流密度的分布形态与加速电压、束流大小、聚焦镜焦距、所处的真空环境等密切相关。图11-18所示为不同压强下电子束斑点的束流密度。由图可以看出，高真空（如$10^{-2}Pa$）时，束流的截面积最小；低真空（4Pa）时束流密度最大值与高真空（$10^{-2}Pa$）时相差很小，但束流截面变大；如真空度为7Pa时，束流密度最大值和束流截面与$10^{-2}Pa$时相比，分别有明显的降低和增加；当真空度为15Pa时，由于散射的影响，束流密度显然下降。

作用在焊件表面的电子束功率密度除与束流密度有关外，还与焊接速度、离焦量等相关。电子束焊接时，依据作用在焊件表面的电子束功率密度的不同，表现出不同的加热机制。低功率密度时表现为热传导机制，高功率密度时，表现为直接作用机制。

2. 电子束焊的特点

与其他熔焊方法相比较，电子束焊方法的特点主要是：

1）加热功率密度大，焦点处的功率密度可达$10^6 \sim 10^8 W/cm^2$，比电弧的高$100 \sim 1000$倍。

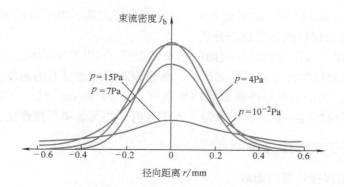

图 11-18 不同压强下电子束斑点的束流密度分布

实验条件：$U_b = 60kV$；$I_b = 90mA$；$Z_b = 525mm$

（Z_b 为电子枪的工作距离）

2）加热集中，热效率高，焊接接头需要的热输入量小，适宜于难熔金属及热敏感性强的金属材料，焊后变形小。

3）焊缝深宽比大，深宽比可达 50:1 以上。

4）熔池周围气氛纯度高，焊接室的真空度一般为 $10^{-2}Pa$ 数量级，几乎不存在焊缝金属的污染问题，特别适宜于活性强、纯度高和极易被大气污染的金属。

5）参数调节范围广、适应性强。电子束焊接的参数能各自单独进行调节，调节范围很宽。电子束流可从几毫安到几百毫安；加速电压可从几十千伏到几百千伏；焊接的焊件厚度从小于 0.1mm 一直到超过 100mm；可以实现复杂接缝的自动焊接，可通过电子束扫描熔池来抑制缺欠等。

3. 电子束焊的类型

（1）**按被焊焊件所处环境的真空度分类**

1）高真空电子束焊接，是在 $10^{-4} \sim 10^{-1}Pa$ 的压强下进行，电子散射小，作用在焊件上的功率密度高，穿透深度大，焊缝深宽比大，可有效防止金属的氧化，适宜于活性金属、难熔金属和质量要求高的焊件的焊接。

2）低真空电子束焊接，是在 $10^{-1} \sim 10Pa$ 压强下进行。由于只需抽至低真空，省掉了扩散泵，缩短了抽真空时间，可提高生产率，降低成本。

3）非真空电子束焊接，是指在大气压强下进行。这时，在高真空条件下产生的电子束通过一组光阑、气阻通道和若干级预真空室后，入射到大气压强下的焊件上。散射会引起功率密度显著下降，深宽比也大为减小。其最大特点是不需真空室，可焊大尺寸的焊件，生产效率高。

（2）**按电子枪加速电压分类**

1）高压电子束焊接，电子枪的加速电压在 120kV 以上。易于获得直径小、功率密度大的束斑和深宽比大的焊缝。加速电压为 600kV、功率为 300kW 时，一次可焊透 200mm 厚的不锈钢。

2）中压电子束焊接，加速电压在 40 ~ 100kV 之间。电子枪可做成固定式或移动式。

3）低压电子束焊接，加速电压低于 40kV。在相同功率的条件下，束流会聚困难，束斑直径一般难于达到 1mm 以下，功率密度小，适用于薄板焊接，电子枪可做成小型移动式的。

（3）按电子束对材料的加热机制分类

1）**热传导焊接**。当作用在焊件表面的功率密度小于 $10^5 W/cm^2$ 时，电子束能量在焊件表面转化的热能是通过热传导使焊件熔化的，熔化金属不产生显著的蒸发。

2）**深熔焊接**。当作用在焊件表面的功率密度大于 $10^5 W/cm^2$ 时，金属被熔化并伴随有强烈的蒸发，会形成熔池小孔，电子束流穿入小孔内部并与金属直接作用，焊缝深宽比大。

11.2.2 真空电子束焊接设备

1. 真空电子束焊接设备的组成

图 11-19 所示为真空电子束焊机的主要组成示意图。四个主要部分是：

（1）**主机** 由电子枪、真空室、工作传动系统及操作台组成。

（2）**高压电源** 由阳极高压电源、阴极加热电源以及束流控制用高压电源系统组成。

（3）**控制系统** 由包括高压电源控制装置、电子枪阴极加热电源的控制系统、束流控制装置、聚焦电源控制以及束流偏转发生器等组成。

（4）**真空抽气系统** 由电子枪抽气系统、工作室抽气系统以及真空控制及监测装置等组成。

此外，真空电子束焊机还有一些辅助设备，例如用于冷却电子枪、扩散泵以及机械泵的冷却系统，冷却水的净化过滤及软化装置，压缩空气供气系统以及净化装置等。

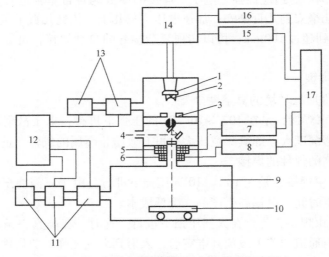

图 11-19　真空电子束焊机主要组成示意图

1—阴极　2—聚束极　3—阳极　4—光学观察系统　5—聚焦线圈　6—偏转线圈　7—聚焦电源　8—偏转电源
9—真空工作室　10—工作台及传动系统　11—工作室真空系统　12—真空控制及监测系统
13—电子枪真空系统　14—高压电源　15—束流控制器
16—阴极加热控制器　17—电气控制系统

2. 电子枪

电子枪主要作用是：发射电子，使电子从阴极向阳极运动，加速并形成束流；用磁透镜对电子束聚焦；使电子束流产生偏转并使束流以给定的曲线做扫描。图 11-20 所示为电子枪结构示意图，包括静电和电磁两部分。

（1）静电部分　由阴极、聚束极和阳极（又叫加速极）组成，通常称为静电透镜。聚束极又称控制极，相对于阴极可接负偏压，用来控制通过阳极孔的电子束流强度。这样的电子枪称为三极枪。当聚束极与阴极接成等电位时，聚束极就失去了控制束流强度的能力，这样的电子枪称为二极枪。

（2）电磁部分　主要由磁透镜及偏转线圈组成。由静电透镜会聚的电子束经历一段路程后会发散，经过磁透镜就可重新聚焦。这样既增加了电子束焊接的工作距离，又易于对其控制和调节，所以，所有的电子枪至少有一级磁透镜。

1）阴极。根据理查逊公式，阴极加热后表面发射的电流密度 j 为

$$j = AT^2 e^{-\frac{W_w}{kT}} \tag{11-21}$$

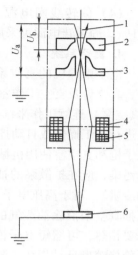

图 11-20　三极电子枪
结构示意图

1—阴极　2—聚束极　3—阳极
4—磁透镜聚焦线圈
5—偏转线圈　6—焊件
U_a—加速电压　　U_b—偏压

式中，A 是阴极材料发射常数；W_w 是阴极材料的逸出功；T 是阴极表面工作温度；k 是玻耳兹曼常数。

为获得较高的发射电流密度，要求阴极材料具有较小的逸出功或较高的熔点。阴极材料常采用难熔金属及其化合物，如钨、钽、六硼化镧等。

阴极加热可分为直热式和间热式两种：直热式的优点是结构简单，操作方便，但易使阴极发射面的几何形状发生变化，导致电子发射散乱，对聚焦不利；间热式是利用传导辐射或电子轰击的方法间接加热阴极，结构较复杂，但阴极表面发射电流密度均匀，对聚焦有利。由于间热式的热惯性较大，广泛应用的是直热式。

2）偏转线圈。电子枪的偏转磁场有两种：一是使束流产生静偏转，目的是将电子束斑正确地落在接缝上；另一种是使束流获得动偏转，使束流按给定的曲线（如正弦曲线、圆、椭圆、锯齿波等）移动，改善焊缝成形。

3. 电子枪供电系统

二极电子枪的供电系统包括加速电压电源、阴极加热电源、磁透镜电源及偏转线圈电源等。

（1）加速电压电源　加速电压电源通常由升压、整流、调压三个部分组成。升压部分一般采用工频三相油浸式高压变压器，为改善整流电压的纹波系数，有的采用中频三相高压发生器；整流部分要尽量减小纹波系数；调压部分常通过调节变压器的一次电压来实现。当采用中频高压变压器时，可通过改变发电机的励磁电压来调节变压器的输入电压。

（2）阴极（灯丝）加热电源　采用直热式阴极时，要尽量消除网压波动的影响。有的阴极灯丝加热电源配有束流控制器，其作用主要是：抑制电子束流的脉动；对变化复杂的电子束流进行精确的控制；控制电子束流的斜坡上升和下降时间；控制束流接通时间以及脉冲焊接时用于产生脉冲束流等。

（3）磁透镜电源　要求其励磁电流稳定度≤0.1%，为提高其稳定度，必须进行闭环控制。

（4）偏转线圈电源 无论是静偏转或动偏转，都要求偏转线圈的电流稳定度小于 0.1%。静偏转电源可采用闭环控制线路，动偏转电源可采用函数发生器。

4. 真空系统

电子束焊机的真空系统包括：抽气机（或称真空泵）、真空阀门、真空管道、连接法兰、真空计及真空工作室等。真空电子束焊机的真空系统属动态系统，真空度是靠抽气机（真空泵）连续工作来维持的。管道和阀门用以将真空泵与工作室连接起来，并按一定的程序进行人工操作或自动控制。图 11-21 给出了一种通用型真空电子束焊机抽气系统的组成。电子枪和真空室使用机械泵 4、5 和扩散泵 1、2 抽真空。为了减少扩散泵的油蒸气对电子枪的污染，应在扩散泵的抽气口处装置水冷折流板（亦称冷阱）。对于高压电子枪（150kV）可采用涡轮分子泵抽真空来消除油蒸气的污染。涡轮分子泵工作时不需要预热，可缩短电子枪的抽真空时间，但涡轮分子泵价格较贵且易损坏。装在电子枪室与工作室之间的阀门 V_7 可使两者隔离，关闭此阀门，可以在更换焊件或阴极时使电子枪或工作室单独处于真空状态。

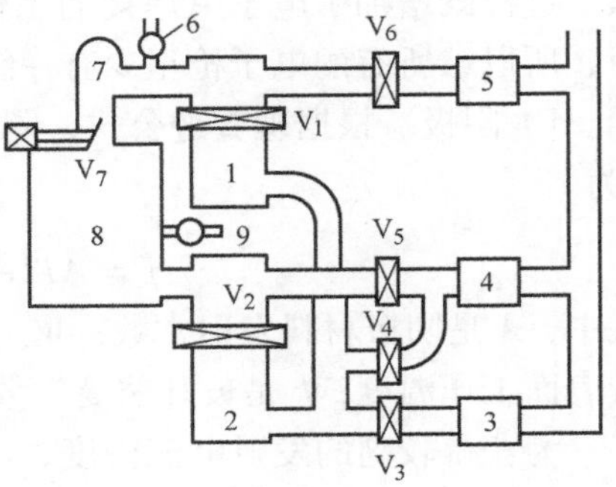

**图 11-21 真空电子束焊机
抽气系统的组成**
1、2—扩散泵 3、4、5—机械泵
6、9—放气阀 7—电子枪 8—真空室
$V_1 \sim V_7$—各种阀门

（1）真空泵 焊机的真空系统使用的抽气机主要有：

1）机械真空泵。一般用于获得中等真空度，可单独使用，也可用作扩散泵的前置泵。机械真空泵有三种不同类型：旋片式、定片式和滑阀式。机械真空泵转动部分通过油进行密封，转动摩擦产生的热量也被油带走，所以机械真空泵中一定要保持适量的油。

2）罗茨泵（增压泵）。罗茨泵是一种双转子容积分子抽气机，除了容积作用外，还应用了分子抽气机的工作原理。

3）油扩散泵。油扩散泵是用来获得高真空或超高真空的主要设备，它以蒸气流为抽气介质，工作压强范围为 $10^{-2} \sim 10^{-6} Pa$ 之间。油扩散泵的抽速大，抽气速率范围为每秒几升到每秒十几万升，结构简单，没有机械转动部分，操作方便、容易维护。油扩散泵必须在前置抽气机达到规定的真空度后方可加热。停止工作时，必须待油扩散泵的油冷却后才能停止前置真空泵，以免真空油氧化而失效。

（2）真空阀门及真空系统的密封

1）真空阀门用来调节和分配真空系统或把真空系统分隔成彼此密闭的独立部分。其主要作用是引导气流路径、开启或关闭真空管路、调节气流、控制气压，还可用以向系统充入工艺所需气体。真空阀门有气动和电磁之分，电磁阀门动作迅速，工作可靠，最为常用。

2）可拆卸的连接密封常用橡皮垫圈密封，主要用于法兰连接密封、玻璃与金属的密封、玻璃管与真空系统的连接密封、引出导线与真空系统的连接密封、钟形罩的密封等。其缺点是使用温度有一定限制（-20 ~ 120℃），橡皮会老化。动密封有两种基本形式：金属软管密封与威尔逊密封。金属软管又称皱纹管，用它可传递直线运动或摆动；威尔逊密封用于可旋转的轴件或可沿轴向往复移动的轴件的密封。

（3）真空计与真空测量 用来测量低压空间气体稀薄程度（即真空度）的仪器称为真空计。电子束焊机中的压力范围为 $10^5 \sim 10^{-4} Pa$，目前尚没有一种万能的真空计可测量这样宽的范围，每一种真空计都只适用于一定的压力范围。真空计的种类繁多，按真空计的刻度方法可分为绝对真空计和相对真空计。

绝对真空计可直接给出压力值，如压缩式真空计（或称麦氏真空计）、热辐射式真空计等。其中压缩式真空计是根据波义耳定律的原理制成，测量范围一般为 $1 \sim 10^{-2} Pa$。

相对真空计属间接测量，与绝对真空计相比较进行刻度，如热传导真空计、电离真空计等。其中热传导真空计是利用气体分子的热传导在某一压力范围内与气体压力成正比的原理制成的。

（4）真空检漏 真空检漏就是检查真空系统的漏气情况。各种检漏方法的共同特点是用"探索"气体来喷吹真空系统的各个可疑处，如有漏气，"探索"气体就会从漏孔进入真空系统，接在真空系统上的测量仪表的压强就会增加，这就找到了漏气所在。质谱仪检漏器的灵敏度最高，可以找出小于 $10^{-2} Pa \cdot L/s$ 的漏气源。

5. 典型的真空电子束焊机介绍

ESW1000 型高压电子束焊机由德国生产，其功率有 7.5kW、15kW 和 25kW 三种。焊机由电子枪、工作室、真空室、高压电源及电控柜等部分组成，如图 11-22 所示。

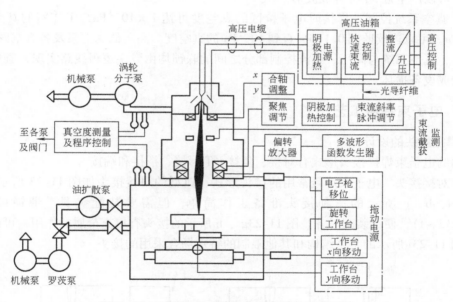

图 11-22　ESW1000 型高压电子束焊机系统框图

（1）焊机的主要技术性能 焊机的主要技术参数是：①电子枪加速电压：150kV，稳定度 ±0.5%，纹波系数 ≤1%；②电子束流：50mA、100mA、170mA 三种，稳定度 ±0.5%；③脉冲束流的频率范围：0.1 ~ 1.1kHz；④磁透镜聚焦电流稳定度：±0.1%；⑤工作距离适应范围（焊缝至工作室顶面）50 ~ 1000mm；⑥束流偏转范围：150kV 时为 ±3°；100kV 时为 ±4°；⑦工作室容积：1400mm × 1150mm × 900mm（长 × 宽 × 高）；⑧直缝焊接工作台行程：横向 650mm，纵向 400mm，速度范围 100 ~ 3000mm/min；⑨回转工作台转速范围：0.17 ~ 15r/min；⑩真空度及抽真空时间：电子枪 $5 \times 10^{-2} Pa$，工作室 $1 \times 10^{-1} Pa$，抽真空时间（油扩散泵处于热态）< 9min；⑪焊接能力：最大熔深（对不锈钢）——7.5kW 时为 40mm，15kW 时为 80mm；最佳深宽比——连续束流焊时为 20:1，脉冲束流焊时为 50:1；

⑫X 射线泄漏量：< 0.5mr/h。

（2）电子枪 电子枪的主要特点是采用加速电压为 150kV 的三极枪，高压电缆从电子枪的顶部引入。该电子枪装有屏蔽环，降低了高压绝缘子下端与阴极、聚焦极的连接处的电场强度，减轻了焊接金属蒸气对高压绝缘子的玷污。高压绝缘子内部充油并装有冷却水管，与真空绝缘相比，不仅改善了对电极引线、绝缘子等零件的冷却效果，而且能保证该部分的绝缘性能不受真空变化的影响。高压绝缘子充油还使电子枪内需抽真空的容积大为减小，加之采用无油分子泵，能确保枪区真空度可达 0.1Pa。

（3）束流控制 高压油箱中装有 WSS03 型电子束流快速控制器。电子束流能在 130μs 内由零升到 100% 的预定值。脉冲频率可在 0.1 ~ 1.1kHz 范围内调节；脉冲宽度分为 0.5ms、1ms、2ms、5ms、10ms 五档。焊接束流从 0 递增至 100% 预定值的上升时间（或从预定值降至 0）在 0.1 ~ 11s 范围内可调。递增（降）方式可以是线性的，也可是非线性的。可在连续束流或脉冲束流上调制正弦波、锯齿波、方波等波形，束流的接通和关断可自行转换。该机设置有函数发生器，能产生正弦波、余弦波、锯齿波、方波等，几组基本函数经过相加或相乘后，可以产生近 30 种合成波形。

（4）真空系统控制 焊接时电子枪区的真空度可达 1×10^{-2}Pa，工作室的真空度可达 5×10^{-1}Pa。可以连续监测 0.1MPa 直到 10^{-2}Pa 的真空度。高、低真空泵及各真空阀门的开、关和切换，真空系统与高压、束流控制部分之间的联锁均由数字逻辑线路实现，避免了因误操作而造成设备损坏。

11.2.3 电子束焊接工艺

1. 焊接接头的设计

常用的电子束焊接接头形式有对接、角接、T 形接、搭接和端接。

（1）对接接头 电子束焊最常用的接头形式，典型的对接接头如图 11-23 所示。其中，图 11-23a、b、c 所示的三种接头准备工作简单，但需要装配夹具。带锁口的接头（图 11-23d ~ f），便于装配对齐。图 11-23g、h 所示的接头有填充金属的作用，可改善焊缝成形。图 11-23i 所示的是受结构和其他限制的特殊场合采用的接头。

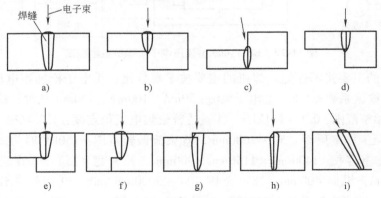

图 11-23 电子束焊的对接接头

a）正常接头 b）齐平接头 c）台阶接头 d）锁口对中接头 e）锁底接头
f）双边锁底接头 g）、h）自填充材料接头 i）斜对接接头

（2）角接接头　常见的角接接头如图 11-24 所示。其中，图 11-24 所示的 a、b 两种接头准备工作简单，但图 11-24a 留有未焊合的间隙，接头承载能力差。图 11-24h 所示为卷边角接接头，主要用于薄板，其中一边须准确弯边 90°。

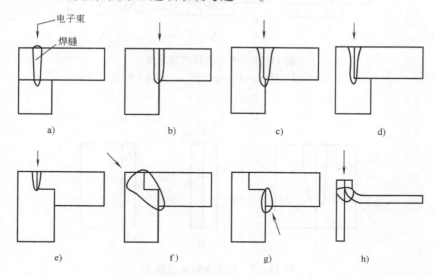

图 11-24　电子束焊的角接头

a）熔透焊缝　b）正常角接头　c）锁口自对中接头　d）锁底自对中接头　e）双边锁底接头

f）双边锁底斜向熔缝　g）双边锁底　h）卷边角接

（3）T 形接头　常见的 T 形接头如图 11-25 所示。图 11-25a 为熔透焊缝，这种焊缝主要用于立板较薄的情形，当立板较厚时，可多焊几条熔透焊缝。T 形双面焊多用于板厚超过 25mm 的场合，推荐采用 T 形单面焊，这时焊缝易收缩，残余应力较低。

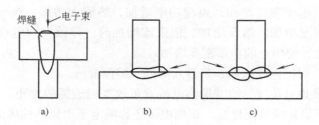

图 11-25　电子束焊 T 形接头

a）熔透焊缝　b）单面焊　c）双面焊

（4）搭接接头　常见的电子束搭接接头如图 11-26 所示。搭接接头多用于板厚在 1.5mm 以下的场合，图 11-26a 主要用于板厚小于 0.2mm 的场合，当需要增加熔合区宽度时，可采用散焦或电子束扫描等方式。厚板搭接时需添加焊丝以增加焊脚尺寸，有时也采用散焦以加宽焊缝并形成光滑过渡。

（5）端接接头　端接接头如图 11-27 所示。厚板的端接接头常采用大功率深熔焊接，薄板及不等厚度的端接接头常采用小功率或散焦电子束焊接。

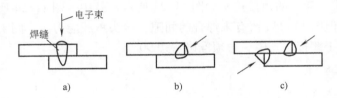

图 11-26　电子束焊搭接接头

a) 熔透焊缝　b) 单面角焊缝　c) 双面角焊缝

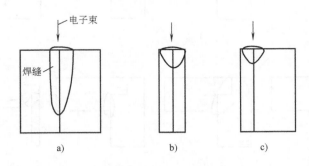

图 11-27　电子束焊端接接头

a) 厚板　b) 薄板　c) 不等厚度接头

2. 电子束焊接参数的选择

电子束焊接的参数主要是：加速电压、电子束流、焊接速度、聚焦电流、焦点位置及工作距离等。

（1）加速电压　提高加速电压可以增加焊缝熔深，这是由于提高加速电压不仅使电子束功率增加，而且还改善了电子束流的聚焦性。

（2）电子束流　电子束流增加，束流功率增加，热输入增加，在一定范围内也会使作用在焊件上的功率密度增加，熔深增加。但束流增加时，导致空间电荷效应和热扰动的加剧，又会影响聚焦性，使焦点的功率密度增加较缓。

（3）焊接速度　焊接速度增加，热输入降低，熔深变浅。

（4）聚焦电流及焦点位置　改变聚焦电流就可改变磁透镜的焦距，进而改变焦点位置，从而实现上聚焦、下聚焦或表面聚焦。聚焦电流还影响电子束流活性区的长度。当焊件厚度大于 10mm 时，常采用下聚焦，焦点在焊缝熔深的 30% 处为宜；当焊件厚度大于 50mm 时，焦点在焊缝熔深的 50% ~ 70% 之间为佳。

（5）工作距离　工作距离是指磁透镜中心到焊件的距离。工作距离变化的同时，为了获得最佳的聚焦条件，亦应调节磁透镜的聚焦电流。工作距离变大时、聚焦电流要减小，在其他参数不变的前提下，这时的电子功率密度减小，焊缝熔深也减小；反之，工作距离减小时，熔深相应增大。但工作距离太小时，会使过多的金属蒸气进入枪体而导致放电，所以应在不影响电子枪稳定工作的前提下减小工作距离。

3. 电子束焊接的操作工艺

（1）焊件的准备和装夹　待焊工件的接缝区应精确加工、清洗和固定。焊件清洗后，不得用手或不干净的工具接触接头区。装配间隙一般不应大于 0.13mm；板厚大于 15mm 时，间隙可放宽到 0.25mm；非真空电子束焊时间隙可放宽到 0.8mm。接头附近的夹具和工作台的零部件最好用非磁性材料制造。电子束焊接允许的剩磁感应强度为 $(0.5 \sim 4) \times 10^{-1} \mathrm{mT}$，超过时应进行退磁处理。

（2）焊前预热　需预热的焊件一般在装入真空室前进行。对于较小的焊件且局部加热引起的变形不影响焊件质量时，可在真空室内用散焦的电子束进行预热。

（3）薄板（0.03 ~ 2.5mm）的焊接　为防止过热，应采用夹具。

（4）厚板的焊接　当板厚大于 60mm 时，如有可能，应将电子枪水平放置进行横焊，以利于焊缝成形。

（5）定位焊　可采用焊接束流或弱束流先定位，再用焊接束流完成焊接。

（6）添加填充金属　电子束焊接通常不添加填充金属，添加填充金属的情形及作用是：接头间隙大，防止焊缝凹陷；对裂纹敏感材料，抑制裂纹产生以及消除气孔等。填充金属可放置在接头处，箔状的可夹在接缝间隙处，丝状的可经送丝机构送入或用定位焊固定。

（7）电子束扫描和偏转　常用的扫描图形有正弦形、圆形、矩形和锯齿形等，扫描频率一般为 100 ~ 1000Hz，电子束偏转角度为 2°~7°。采用电子束扫描可加宽焊缝，降低熔池冷却速度，降低对接头准备的要求以及消除熔透不均等缺欠。电子束扫描还可用来检测焊缝位置和进行焊缝跟踪。

11.3　激光焊

11.3.1　激光焊的原理、特点、类型及应用

1. 激光焊的原理

激光对金属材料的焊接，本质上是激光与非透明物质相互作用的过程。这个过程极其复杂，微观上是一个量子过程，宏观上则表现为反射、吸收、熔化、汽化等现象。

（1）光的反射及吸收　当能量为 E_0 的激光照射到材料表面时，部分能量被反射，部分能量被吸收，对透明材料，还有部分被透射。当激光垂直入射时，金属表面反射比 ρ_R 为

$$\rho_R = \frac{(n-1)^2 + K^2}{(n+1)^2 + K^2} \tag{11-22}$$

式中，n 是折射率；K 是金属表面的吸收系数。

当激光能量被材料吸收后，随着吸收的增加，激光强度逐渐减弱。对各向同性的均匀物质来讲，若强度为 I 的激光穿过厚度为 $\mathrm{d}z$ 的金属薄层后，光强的减少量为 $\mathrm{d}I$，实践证明 $\mathrm{d}I/I$ 与 $\mathrm{d}z$ 的关系为

$$\mathrm{d}I/I = -\alpha \mathrm{d}z$$

式中，α 是吸收系数。若入射到材料表面的光强为 I_0，解此微分方程，则有

$$I = I_0 \mathrm{e}^{-\alpha z} \tag{11-23}$$

式中，z 是与材料表面的距离。

在一些情况下，常定义 $I/I_0 = 1/\mathrm{e}$ 时激光被吸收，这时 $z = \frac{1}{\alpha}$，并表示为 $z_{\mathrm{th}} = \frac{1}{\alpha}$，$z_{\mathrm{th}}$ 称为穿透深度。激光的穿透深度一般在微米级。换言之，激光直接深入到金属表面以下的深度是

很小的。

（2）材料的无损加热　金属对激光的吸收实际也是光能向金属的传输。一旦激光光子入射到金属晶体，光子与电子发生非弹性碰撞，光子将其能量传递给电子，使电子由原来的低能级跃迁到高能级。与此同时，金属内部的电子间也在不断地互相碰撞。每个电子两次碰撞间的平均时间间隔为 $10^{-13}\,\mathrm{s}$ 的数量级，因而，吸收了光子并处于高能级的电子将在与其他电子的碰撞以及与晶格的相互作用中进行能量的传递。光子的能量最终转化为晶格的热振动能，引起材料温度的升高，并以热传导的方式向四周或内部传播，改变材料表面及内部温度。

下面，分析材料在无损加热阶段中的温度分布。为了抓住传热过程的本质，首先做如下假设：①被加热材料是均匀的且各向同性；②材料的光学和热力学参数与温度无关；③忽略传热过程中的辐射和对流所造成的影响，仅考虑材料表面向内的热传导。设光束照射方向为 z，焊件表面为 xy 平面，坐标原点在焊件表面，光束功率 P 恒定，均匀地照射在焊件表面，焊件表面每单位面积吸收的功率为 P_0，对半无限大物体来讲，材料内的任一点都应满足如下的热传导方程：

$$\frac{1}{k}\frac{\partial T(x,y,z,t)}{\partial t} = \frac{\partial^2 T}{\partial x^2} + \frac{\partial^2 T}{\partial y^2} + \frac{\partial^2 T}{\partial z^2} \tag{11-24}$$

式中，k 为热导率。

当加热区的横向尺寸远远大于加热深度时，则可按一维热传导求解，考虑到其边界条件，则该微分方程的解为

$$T(z,t) = \frac{2P_0}{k}\left[\sqrt{\frac{Kt}{\pi}}\,\mathrm{e}^{(-z^2/4Kt)} - \frac{z}{2}\mathrm{erfc}\frac{z}{\sqrt{4Kt}}\right] \tag{11-25}$$

式中，K 为热扩散系数；erfc 为误差函数。

焊件的表面温度为

$$T(0,t) = \frac{P_0}{k}\sqrt{\frac{4Kt}{\pi}} \tag{11-26}$$

实际上，激光束是经聚焦后照射到 xy 平面上的，光束具有一定的半径 a，因而不能认为整个面是受激光均匀照射的，这时，z 轴方向温度随时间的变化规律是

$$T(z,t) = \frac{2P\sqrt{Kt}}{\pi a^2 k}\left[\mathrm{erfc}\frac{z}{\sqrt{4Kt}} - \mathrm{erfc}\frac{\sqrt{z^2+a^2}}{\sqrt{4Kt}}\right] \tag{11-27}$$

当 $\frac{a}{\sqrt{4Kt}} \geqslant 1$ 时，表明光斑较大，接近均匀光照。式（11-27）括号中的第二项可忽略，在此前提下，焊件表面光点中心（$z=0$）处温度与 t 的关系为

$$T(0,t) = \frac{P\sqrt{4Kt}}{\pi a^2 k}\left(\frac{1}{\sqrt{\pi}} - \frac{1}{\sqrt{\pi}}\mathrm{e}^{-a^2/4Kt} + \frac{a}{\sqrt{4Kt}}\mathrm{erfc}\frac{a}{\sqrt{4Kt}}\right) \tag{11-28}$$

z 轴方向的稳态温度为

$$T(z,\infty) = \frac{P}{\pi a^2 k}(\sqrt{z^2+a^2} - z) \tag{11-29}$$

由此，可得焊件表面的最高温度为

$$T_{max} = \frac{P}{\pi a K} \tag{11-30}$$

需要指出的一点是，当 $t = a^2/K$ 时，表面温度达到了稳态值的 75%，对绝大多数金属来讲，这个时间是相当短的。例如，当聚焦光束作用在焊件表面的半径为 0.025cm、材料的热扩散系数 $K = 0.1cm^2/s$ 时，$t = 6.25ms$。因此，可以把 a^2/K 看作热时间常数，其大小是对产生显著的径向热传导损失所需时间的量度。

聚焦光束能量分布无论是圆形均匀分布或是高斯分布，所得结果并无很大的不同，尤其是对 $z > 0$、光束轴线上的点，情况更是如此。

（3）材料的熔化及汽化　在激光束均匀照射情况下若焊件表面达到熔点 T_m 所需时间 t_m 与热时间常数 a^2/K 相比很小，那么，分析材料的熔化过程就十分简单，由式（11-26）可得

$$t_m = \frac{\pi}{4K}\left(\frac{kT_m}{I_0}\right)^2 \tag{11-31}$$

对于典型的焊接过程，t_m 的值远小于 $1\mu s$。所熔化材料的体积 V 可依据能量平衡的原则进行如下估算：

$$V = \frac{E}{\rho(cT_m + L_f)} \tag{11-32}$$

式中，E 是总输入量；L_f 是被熔化材料的熔解热（熔化单位质量材料所需的能量）；c 是材料的比热容。

这里忽视了热传导所造成的影响，因而，E 是熔化体积为 V 的材料所需能量的最小值，通常，取计算值的 2 倍。假如加热和熔化期间材料的热特性保持不变，则材料达到蒸发所需的时间 t_v 可用下式进行估算：

$$t_v = \frac{\pi}{4K}\left(\frac{kT_v}{I_0}\right)^2 \tag{11-33}$$

式中，T_v 是材料的沸点。

对于脉冲激光焊接，当材料表面吸收的功率密度为 $10^5 W/cm^2$ 数量级时，t_v 的典型值为几毫秒。事实上，材料的热扩散系数 K 和热导率 k 并不是常数，它们随温度的变化而变化，但可在一定的温度范围内取其中间值或平均值。由于熔化材料所需的时间比加热材料所需的时间长，所以，K 和 k 的值最好取材料在熔化状态范围内的平均值。

当激光束的功率密度等于大于 $10^6 W/cm^2$ 时，材料表面会产生急剧的蒸发。假如材料的蒸发发生在很短的时间内，光束半径为 a，蒸发材料的厚度为 z，如图 11-28 所示，则可用下式对所需的能量进行估算：

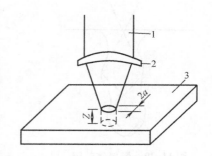

图 11-28　激光束作用于焊件示意图
1—激光束　2—聚焦镜　3—焊件

$$E = \rho\pi a^2(cT_v + L_f + L_v)z \tag{11-34}$$

式中，L_v 是汽化热。

假定材料在固态和液态时的比热容、密度相同且不随温度而变化，并不考虑材料熔化所

造成的影响，对式（11-34）两边求导，则有

$$P = \frac{\mathrm{d}E}{\mathrm{d}t} = (cT_v + L_v)\rho\pi a^2 \frac{\mathrm{d}z}{\mathrm{d}t} \tag{11-35}$$

令 $v = \dfrac{\mathrm{d}z}{\mathrm{d}t}$，则

$$P = \frac{\mathrm{d}E}{\mathrm{d}t} = (cT_v + L_v)\rho\pi a^2 v \tag{11-36}$$

式中，P 是激光功率。

显然，$v = \dfrac{\mathrm{d}z}{\mathrm{d}t}$ 表示了蒸气波前进入材料内部的速率。由式（11-36）得

$$v = \frac{P}{\pi a^2} \frac{1}{\rho(cT_v + L_v)} = \frac{P_0}{\rho(cT_v + L_v)} \tag{11-37}$$

式中，P_0 是材料单位面积吸收的激光功率。

于是距表面距离为 z 的材料受到蒸发时所经历的时间 t_p 可表示为

$$t_p = \frac{z}{v} \tag{11-38}$$

对钢材而言，若形成小孔的直径为 0.5mm，孔深为 1mm，$L_v = 6350\mathrm{J/g}$，光束功率 P 为 $10^6\mathrm{W}$，则由式（11-37）和式（11-38）求得 $t_p = 6\mathrm{ms}$。

在连续激光深熔焊接时，小孔类似于黑体，激光束射到孔壁上后，经多次反射而达到孔底，这有助于对光束能量的吸收，对此有人称之为"壁聚焦效应"，如图 11-29 所示。

（4）激光作用的终止及熔化金属的凝固　焊接过程中，焊件和光束做相对运动，由于剧烈蒸发产生的强驱动力使小孔前沿形成的熔化金属沿某一角度得到加速，在小孔的近表面处形成如图 11-30 所示的大旋涡，此后，小孔后方液体金属由于传热的作用，温度迅速降低，液体金属很快凝固形成焊缝。

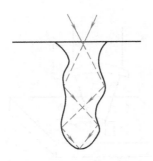

图 11-29　壁聚焦效应

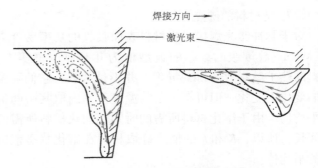

图 11-30　小孔内液体金属的流动

2. 激光焊的特点

1）聚焦后的功率密度可达 $10^5 \sim 10^7 \mathrm{W/cm^2}$，甚至更高。加热集中，完成单位长度、单位厚度焊件焊接所需要的热输入低，因而焊件产生的变形极小，热影响区也很窄，特别适宜于精密焊接和微细焊接。

2）可获得深宽比大的焊缝，深宽比目前已达 12∶1。焊接厚件时可不开坡口一次成形，不开坡口单道焊接钢板的厚度已达 50mm。

3）适宜于难熔金属、热敏感性强的金属以及热物理性能差异悬殊、尺寸和体积差异悬殊焊件间的焊接。

4）可穿透透明介质对密闭容器内的焊件进行焊接。

5）可借助反射镜使光束达到一般焊接方法无法施焊的部位，YAG 激光（波长 $1.06\mu m$）还可用光纤传输，可达性好。

6）激光束不受电磁干扰，无磁偏吹现象存在，适宜于磁性材料焊接。

7）不需要真空室，不产生 X 射线，观察及对中方便。

激光焊不足之处是设备的一次投资大，对高反射率的金属直接进行焊接比较困难。

3. 激光焊的类型及其应用

（1）激光焊的类型　根据激光对焊件的作用方式，激光焊接可分为脉冲激光焊和连续激光焊。在脉冲激光焊中大量使用的脉冲激光器主要是 YAG（Yttrium Aluminium Garnet——钇铝石榴石）激光器。若根据激光对材料的加热机制和实际作用在焊件上的功率密度，激光焊接可分为热传导激光焊（功率密度小于 10^5W/cm^2）和深熔激光焊（功率密度大于等于 10^5W/cm^2）。

1）热传导激光焊。热传导激光焊时，焊件表面温度不超过材料的沸点，焊件吸收的光能转变为热能后通过热传导将焊件熔化，无小孔效应发生，熔池形状近似为半球形。

2）深熔激光焊。深熔激光焊时，金属表面在激光束作用下温度迅速上升到沸点，金属迅速蒸发形成的蒸气压力、反冲力等能克服熔融金属的表面张力以及液体的静压力等而形成小孔，激光束可直接深入材料内部，能形成深宽比大的焊缝。图 11-31 为深熔激光焊示意图。深熔激光焊接时，能量转换通过熔池小孔完成。小孔周围是熔融的液体金属，由于壁聚焦效应，这个充满蒸气的小孔如同"黑体"，

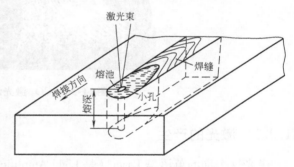

图 11-31　深熔激光焊示意图

几乎全部吸收入射的激光能量，热量是通过激光与物质的直接作用而形成的，而常规的焊接和热传导激光焊接，其热量首先在焊件表面聚积，然后经热传导到达工件内部，这是深熔激光焊与热传导激光焊的根本区别。

（2）激光焊接的应用　表 11-2 是激光焊接的部分应用实例。

表 11-2　激光焊接的部分应用实例

工业部门	应用实例
航空	发动机壳体、风扇机匣、燃烧室、流体管道、机翼隔架、电磁阀、膜盒等
航天	火箭壳体、导弹蒙皮与骨架、陀螺等
航海	舰船钢板拼焊
石化油	滤油装置多层网板
电子仪表	集成电路内引线、显像管电子枪、全钽电容、速调管、仪表游丝、光导纤维等
机械	精密弹簧、针式打印机零件、金属薄壁波纹管、热电偶、电液伺服阀等

（续）

工业部门	应用实例
钢铁	焊接厚度 0.2~8mm、宽度为 0.5~1.8mm 的硅钢、高中低碳钢和不锈钢，焊接速度为 1~10m/min
汽车	汽车底架、传动装置、齿轮、蓄电池阳极板、点火器中轴与拨板组合件等
医疗	心脏起搏器以及心脏起搏器所用的锂碘电池等
食品	食品罐（用激光焊代替了传统的锡焊或高频电阻焊，具有无毒、焊接速度快、节省材料以及接头美观、性能优良等特点）

图 11-32 是用 CO_2 激光焊接的缓冲器实物照片。该缓冲器内外共有 20 条焊缝，其中内环焊缝 9 条，外环焊缝 11 条。18 条焊缝为 0.2mm + 0.2mm，2 条外环焊缝为 0.2mm + 1.2mm。

图 11-32　CO_2 激光焊接的缓冲器

11.3.2　激光的产生

激光这个词的英语是 Laser（是 Light Amplification by Stimulated Emission of Radiation 的缩写），其含义是经过受激辐射放大的光。激光是公认的 20 世纪 60 年代出现的最重大的科学技术成就之一。

光与物质（原子、分子等）的相互作用有三种不同的基本过程，即自发辐射、受激辐射和受激吸收。对于包含大量原子或分子的系统，三个过程总是同时存在。

1. 自发辐射、受激辐射与受激吸收

（1）自发辐射　处于高能级的粒子自发地向低能级跃迁，并释放出一个光子的过程称为自发辐射，如图 11-33 所示，光子能量 E 为两能级能量之差，即

$$E = E_2 - E_1 = h\nu \qquad (11-39)$$

式中，h 为普朗克常数；ν 为光波频率。

自发辐射的光波之间没有固定的相位关系，没有固定的频率，没有固定的偏振方向和传播方向，光向四周传播，普通光源就是通过自发辐射而发光的。

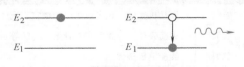

图 11-33　粒子自发辐射示意图

若处于高能级 E_2 的粒子数为 N_2，在 dt 时间内由 E_2 能级跃迁到 E_1 能级的粒子数为 dN_{21}，则

$$dN_{21} = A_{21}N_2dt \tag{11-40}$$

式中，A_{21} 是常数，它仅由原子本身的性质来决定，A_{21} 称为爱因斯坦自发辐射跃迁系数，简称自发辐射系数，也称为自发辐射跃迁几率。

由式（11-40）可得

$$A_{21} = \frac{dN_{21}}{N_2dt} \tag{11-41}$$

A_{21} 实际是处于 E_2 能级的粒子在单位时间内发生自发辐射的比例数，也可理解为处在高能级的一个粒子在单位时间内进行自发辐射跃迁的几率。若外界激发停止，处在高能级的粒子数势必逐渐减少，假如停止激发后某一时刻 t，处于高能级的粒子数为 $N_2(t)$，在经历 dt 时间后高能级减少的粒子数为 $-dN_2(t)$，则有

$$-dN_2(t) = A_{21}N_2(t)dt \tag{11-42}$$

解此微分方程，并令停止激发时刻（即 $t = 0$）处于高能级的粒子数为 N_{20}，则方程的解为

$$N_2(t) = N_{20}e^{-A_{21}t} \tag{11-43}$$

这表明外界激发停止后，处在高能级的粒子数以指数规律衰减，同时表明，有的粒子在高能级停留的时间长，有的粒子在高能级停留的时间短，即粒子在高能级的寿命不同。由于粒子内部性质不同，粒子在不同能级的平均寿命也不同，对于停留时间比较长的能级称为亚稳态能级。

（2）受激辐射 处于高能级 E_2 的粒子，如受到一个能量恰巧为 $h\nu = E_2 - E_1$ 的光子作用后，跃迁到低能级 E_1 并同时辐射出一个与入射光子完全一样（频率、相位、偏振方向与传播方向均相同）的光子的过程，叫作受激辐射，如图 11-34 所示。显然，在一个外来光子的作用下出现了两个完全相同的光子，即受激辐射起到了光放大的作用。不难想象，在 dt 时间内，由于受激辐射从高能级跃迁到低能级的粒子数 dN_{21} 除了与高能级的粒子数 N_2、时间 dt、粒子本身性质有关的系数 B_{21} 成比例外，还与入射光的单色能量密度（单位体积内、频率处于 ν 附近的单位频率间隔中的电磁波辐射能量）ρ_ν 成比例，即

$$dN_{21} = \rho_\nu B_{21}N_2dt = W_{21}N_2dt \tag{11-44}$$

式中，B_{21} 是爱因斯坦受激辐射系数，简称受激辐射系数；W_{21} 是受激辐射几率。

由于

$$W_{21} = \frac{dN_{21}}{N_2dt} = \rho_\nu B_{21} \tag{11-45}$$

显然，W_{21} 表示处于高能级的粒子在入射单色能量密度作用下，在单位时间内向低能级跃迁的比例数，也可理解为处于高能级的一个粒子向低能级进行受激辐射跃迁的几率。

（3）受激吸收 处于低能级 E_1 的粒子，如受到能量恰巧为 $h\nu = E_2 - E_1$ 的光子作用且吸收该光子并跃迁到高能级 E_2 的过程称为受激吸收，如图 11-35 所示。显然，在 dt 时间内，由低能级 E_1 跃迁到高能级 E_2 的粒子数 dN_{12} 与处于低能级的粒子数 N_1、时间 dt、粒子本身性质有关的系数 B_{12} 以及外来辐射光的单色能量密度 ρ_ν 有关，即

$$dN_{12} = \rho_\nu B_{12}N_1dt = W_{12}N_1dt \tag{11-46}$$

式中，B_{12} 为爱因斯坦受激吸收系数，简称受激吸收系数；W_{12} 是受激吸收几率。

由于
$$W_{12} = \frac{\mathrm{d}N_{12}}{N_1\mathrm{d}t} = B_{12}\rho_{\mathrm{v}}$$
(11-47)

显然，W_{12}表示了在外界入射光的作用下，处于低能级的粒子单位时间内向高能级跃迁的比例数，亦表示了一个粒子通过受激吸收跃迁到高能级的几率。

图 11-34　粒子受激辐射示意图　　　　　　图 11-35　粒子受激吸收示意图

2. 粒子数反转、激活介质与谐振腔

（1）粒子数反转　当频率为ν的光通过具有能级E_2和E_1且$h\nu = E_2 - E_1$的物质时，一方面会产生受激辐射，使入射光增强，另一方面也同时会有受激吸收，使入射光减弱。在热平衡状态下，当入射光由外界进入介质后，受激辐射的放大作用总是小于受激吸收的削弱作用，因而入射光必然受到减弱。欲使入射光通过介质后得到增强放大，就必须打破热平衡，使处于高能级的粒子数大于处于低能级的粒子数，这种状态称为粒子数反转。

（2）激活介质（激光工作物质）　凡是能够通过激励而实现粒子数反转的物质称为激活介质，又称为激光工作物质。激光工作物质包括基质和激活物质两部分。激活物质是用以发光的；而基质是用以镶嵌激活物质的，是激活物质的载体。激光工作物质一般都是三能级系统或四能级系统。

在激光领域里，凡是能够使激光工作物质在某两个能级间实现粒子数反转的过程，称为抽运或泵浦。

（3）谐振腔　当激活介质在泵浦源的作用下实现粒子数反转后，介质内自发辐射产生的光子通过时，就会产生新的并具有相同频率、相位、偏振方向和传播方向的光子来。但是，由于介质长度和放大系数有限以及介质损耗的存在，光子一次通过介质产生的增益是很小的。设想在介质的两端分别放置两块完全平行的反射镜（图 11-36a）。这样，与镜面垂直的水平光线就会多次来回穿过工作物质，使受激辐射光越来越强，形成很强的激光输出。对于上述的放在激活介质两端的两个反射镜所组成的系统称为谐振腔。谐振腔是激光器中不可缺少的一部分。如将激光器与电子振荡器（图 11-36b）相比，可以发现两者是十分相似的，激活介质对应于放大器，泵浦源对应于电源，而谐振腔则对应于反馈环节。归纳起来，谐振腔的作用是：①反馈放大，使得与光轴平行的光在腔内多次往返，光强变得越来越大；②方

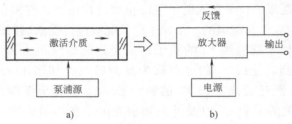

图 11-36　谐振腔与电子振荡器的比较

向选择，使得只有与轴线平行的光才能形成振荡，而其他的光则很快地逸出腔外，保证激光具有良好的方向性；③频率选择，谐振腔的这个作用受两个因素支配：一是反射镜的镀膜，通过合理地选择镀膜，使其只对某些频率（或波长）的光有很强的反射率，而对其他频率的光则由于反射率低、透射率高而受到抑制；二是谐振腔的长度（腔长），对于谐振腔来讲，只有满足驻波条件的光才能在腔内形成稳定的振荡，也就是说，只有谐振腔的光学长度恰巧为半波长整倍数的那些光才能在腔内来回传播。

常见的几种谐振腔如图 11-37 所示。平行平面腔由平面反射镜组成，双凹面腔由两个凹面反射镜组成，凹面平面腔由一个凹面反射镜和一个平面反射镜组成。除了由两个反射镜构成的谐振腔以外，还常使用三个或更多的反射镜构成谐振腔，折叠腔就是其中的一种。折叠腔的主要优点是在保持器件总尺寸不太大的前提下，能够获得足够的激活介质长度，从而获得较高的输出功率。

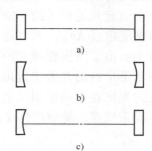

图 11-37　几种常见的谐振腔

a）平行平面腔　b）双凹面腔　c）凹面平面腔

3. 激光的纵模与横模

（1）激光的纵模　在谐振腔里，振幅相同的相干波在同一直线上相向传播，满足驻波产生的条件，因而，腔长 L 与波长 λ 间的关系必须满足下式：

$$nL = m\frac{\lambda}{2}$$

或

$$\nu = m\frac{c}{2nL} \tag{11-48}$$

式中，$m = 1$，2，3，…；n 为激光工作物质的折射率；c 为激光速度。

纵模是指在谐振腔内沿腔轴方向形成的每一种稳定的光场分布，因此，每一种驻波也可以称为一个纵模。

（2）激光的横模　横模是指在与腔轴垂直方向上存在的稳定的光场分布。这个光场的分布总是不均匀的。激光的横模用 TEM_{mn} 来表示，TEM 是 Transvers Electromagnetic Mode 的缩写，m、n 称为横模序数。当横模为轴对称时，m 表示 x 轴方向出现极小值的次数，n 表示 y 轴方向出现极小值的次数，如图 11-38a ~ d 所示。当横模为旋转对称时，m 表示在半径方向出现极小值（暗环）的次数，n 表示在 2π 角度出现极小值（暗直径）的次数，如图 11-38e ~ g 所示。

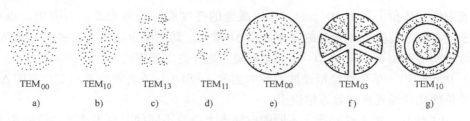

| TEM$_{00}$ | TEM$_{10}$ | TEM$_{13}$ | TEM$_{11}$ | TEM$_{00}$ | TEM$_{03}$ | TEM$_{10}$ |
| a) | b) | c) | d) | e) | f) | g) |

图 11-38　典型的横模图形

当 m、n 均为零时，称为基模；当 $m=0$，$n=1$ 或 $m=1$，$n=0$ 时，称为低阶模；其他的则称为高阶模。基模能量集中，光场分布较均匀，方向性也好。高阶模的面积比低阶模的大，其输出功率也比基模的大。

4. 激光振荡的形成过程

激光振荡形成过程的示意如图 11-39 所示。激光工作物质在泵浦源的作用下，处于低能级的粒子不断向高能极跃迁，如果泵浦的速率足够大，就可打破热平衡状态时的粒子分布情况，实现粒子数反转。在激活介质内部，自发辐射产生的光子会引起其他粒子的受激辐射，如果反转的粒子数密度超过 $\Delta n_{阈}$，光束通过激活介质时就会得到放大。由于谐振腔对光的反射，使得那些与谐振腔轴不平行的光很快逸出腔外，而与谐振腔轴平行的光则在腔内来回反射，多次穿过激活介质，形成正反馈，最后产生了与腔轴平行的激光束。

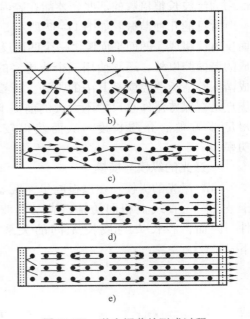

图 11-39 激光振荡的形成过程

5. 激光的特点

激光具有四大特点：

（1）**方向性好** 设 S 为激光传播方向上的一块球面，球面面积为 A，球面的曲率半径为 R，它所对应的立体角为 Ω，发散角为 θ，如图 11-40 所示。由于

$$\Omega = \frac{A}{R^2} \qquad (11\text{-}49)$$

当 θ 很小时，$\Omega \approx \pi\theta^2$。若 $\theta = 10^{-3}\,\text{rad}$ 时，$\Omega = \pi \times 10^{-6}\,\text{sr}$。这说明激光器只向数量级为 $10^{-6}\,\text{sr}$ 的立体角空间传播，而不像普通光源那样向很大的空间传播。激光良好的方向性对其聚焦性有重要影响，其微小的发散角可使聚焦后的束斑直径很小。

（2）**亮度高** 若光源的发光面积为 ΔS，在 Δt 时间内向法线方向上立体角为 $\Delta\Omega$ 的空间发射的能量为 ΔE，则光源在该方向上的亮度为

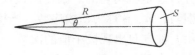

图 11-40 光源的发散角

$$B = \frac{\Delta E}{\Delta S \Delta\Omega \Delta t} \qquad (11\text{-}50)$$

激光束的立体角一般为 $10^{-6}\,\text{rad}$，所以激光的亮度要比普通光源高百万倍。也可看出，在其他条件不变的情况下，光源的功率 $\Delta E/\Delta t$ 越大，其亮度也越高，有些脉冲激光器的光脉冲持续时间可压缩至 $10^{-12} \sim 10^{-9}\,\text{s}$ 甚至更短，这样亮度就更高了。

（3）**单色性强** 单色性是指光波的频率宽度 $\Delta\nu$ 很小，或者说波长的变化范围 $\Delta\lambda$ 很小，激光的单色性比普通光源的好万倍以上。

（4）**相干性好** 相干性是指在不同的空间点上以及不同的时刻光波场相位的相关性。

激光的高亮度、良好的方向性和单色性以及脉冲宽度的方便调节，可以使激光能量在空间和时间上高度集中，因而是进行焊接的理想热源。

11.3.3 激光焊接设备

1. 激光焊接设备的组成

激光焊接设备主要由激光器、光学系统、激光加工机、辐射参数传感器、工艺介质输送系统、工艺参数传感器、控制系统以及准直用 He—Ne 激光器等组成。图 11-41 所示为激光焊接设备组成框图。

（1）激光器 激光器是激光焊接设备中的重要部分，提供加工所需的光能。对激光器的要求是稳定、可靠，能长期正常运行。激光的横模最好为低阶模或基模，输出功率（连续激光器）或输出能量（脉冲激光器）能根据加工要求进行精密调节。

（2）光学系统 光学系统用以进行光束的传输和聚焦。在小功率系统中，聚焦多采用透镜，在大功率系统中一般采用反射聚焦镜。对于波长为 $1.06\mu m$ 的激光，还可采用光纤传输。

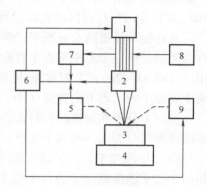

图 11-41　激光焊接设备的组成
1—激光器　2—光学系统　3—焊件
4—激光加工机　5—工艺参数传
感器　6—控制系统　7—辐射参数
传感器　8—准直用 He—Ne 激光器
9—工艺介质输送系统

（3）激光加工机 用以产生焊件与光束间的相对运动。激光加工机的精度对焊接或切割的精度影响很大。根据光束与焊件的相对运动，加工机可分为二维、三维、四维、五维等。

（4）辐射参数传感器 其主要用于检测激光器的输出功率或输出能量，进而通过控制系统对功率或能量进行控制。

（5）工艺介质输送系统 焊接时该系统的主要功能有三：①输送惰性气体，保护焊缝；②抑制熔池上方等离子体的负面效应；③输送适当的混合气以增加熔深。

（6）工艺参数传感器 其主要用于检测加工区域的温度、焊件的表面状况以及等离子体的特性等，以便通过控制系统进行必要的调整。

（7）控制系统 其主要作用是输入参数、实时显示、控制、保护和报警等。

（8）准直用 He—Ne 激光器 一般采用小功率的 He—Ne 激光器，进行光路的调整和焊件的对中。

2. 气体激光器

（1）气体激光器的分类 气体激光器是以气体或蒸汽为工作物质的激光器。根据工作气体的性质，大致可将气体激光器分为三类：①原子激光器，这类激光器是利用原子的跃迁产生激光振荡，输出光的波长处在电磁波波谱图的可见和红外区段。He—Ne 激光器是其典型代表，波长为 $0.6328\mu m$，输出功率为 mW 级。②分子激光器，它是利用分子振动或转动状态的变化产生辐射，输出激光是分子的振转光谱，输出光的波长大多在近红外区段。CO_2 激光器是这一类的代表，激光波长 $10.6\mu m$。③离子激光器，这类激光器的工作物质是离子气体（也包括金属蒸气离子），输出光的波长大多处在可见及紫外区段。氩离子激光器的激光波长为 $0.448\mu m$（蓝光）和 $0.5145\mu m$（绿光）。

（2）CO_2 气体激光器工作原理 CO_2 分子是线性对称排列的三原子分子，它的三原子排列成一条直线，中间是碳原子，两端是氧原子（图11-42a）。由分子的结构理论知：分子里的电子运动决定了分子的电子能态；分子里的原子振动（即原子围绕其平衡位置不断地做周期性的振动）决定了分子的振动能态；分子转动（分子作为一个整体在空间不断旋转）决定了分子的转动能态。通过对 CO_2 发射激光过程的研究发现，CO_2 的电子能态并不发生改变。CO_2 有三种振动方式，即对称振动、弯曲振动和非对称振动，如图11-42所示。对这三种振动能级常用三位数字表示：对称振动能级记为 100、200、300 等；弯曲振动能级记为 010、020 等；非对称振动能级记为 001、002 等。

对称振动是指两个氧原子以碳原子为中心沿分子连线做方向相反的振动（图11-42b）；弯曲振动是指三个原子垂直于对称轴的振动，且碳原子的振动方向与两个氧原子的振动方向相反（图11-42c）；非对称振动则是指三个原子沿分子连线的振动，且碳原子的运动方向与两个氧原子的运动方向相反（图11-42d）。

实际上分子在振动的同时还进行着转动，转动的能量同样是量子化的，于是，振动能级则因转动而分裂成一系列子能级。

在 CO_2 激光中，为了提高激光器的效率和输出功率，气体中通常还加有氮气，这主要是由于电子激发氮分子的几率很大，受激的氮分子能通过共振能量转移使处于基态的 CO_2 分子受激，增加 CO_2 分子的激发速率。图11-43是 CO_2—N_2 的激光能级图，其中的 $E=1$ 对应于 N_2 的第一激发态。

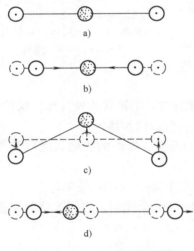

图 11-42 CO_2 分子的振动模型

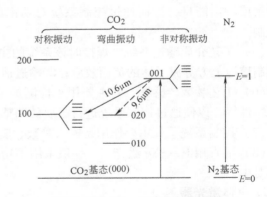

图 11-43 CO_2—N_2 激光能级图

CO_2 激光产生的过程如下：

1）电子与分子的碰撞。若气体发生辉光放电，电子经电场加速后具有比较高的动能，这时电子与 CO_2 分子和 N_2 分子相碰撞，使它们分别被激发到（001）能态和第一激发态（$E=1$），即

$$e + CO_2(000) \rightarrow CO_2^*(001) + e$$
$$e + N_2(E=0) \rightarrow N_2^*(E=1) + e$$

2）共振能量转移。由于 N_2 分子的第一激发态与 CO_2 分子的（001）能态的能量接近，因而 $N_2^*(v=1)$ 与 $CO_2(000)$ 两者之间经碰撞产生共振能量转移，从而使更多的处于基态

的 CO_2 分子受到激发，即

$$N_2^*(E=1) + CO_2(000) \rightarrow CO_2^*(001) + N_2(E=0)$$

这个过程对 CO_2 激光器非常重要，因为 $N_2(E=1)$ 的寿命很长，共振转移发生的速率又较大，可以认为 $N_2(E=1)$ 与 $CO_2(001)$ 合成为一个"混合态"，这相当于是激光上能级 $CO_2(001)$ 的寿命几乎增加了 1 倍。

3）激光下能级的抽空。由于 $CO_2(100)$ 与 $CO_2(020)$ 的能级十分接近，所以这两个能级的交换非常快，具体的表现形式为

$$CO_2^*(100) + CO_2(000) \rightarrow CO_2(000) + CO_2^*(020)$$

而 $CO_2^*(020)$ 再与基态的 CO_2 分子碰撞，发生：

$$CO_2^*(020) + CO_2(000) \rightarrow 2CO_2^*(010)$$

然后，处于（010）态的 CO_2 分子以无辐射跃迁的形式回到基态。

综上所述，由于激光上能级（001）的寿命比较长（数毫秒），激光下能级由于抽空的作用加之其寿命又短（微秒级），所以在一定的泵浦速率下，就可实现粒子数反转。

CO_2 激光器的输出有两组，一组是从能级（001）向能级（100）的跃迁，产生中心波长为 $10.6\mu m$ 的红外光；另一组是从能级（001）向能级（020）的跃迁，产生中心波长为 $9.6\mu m$ 红外光。由于前者的增益系数大，一般情况下，总是优先产生 $10.6\mu m$ 光波的振荡，而 $9.6\mu m$ 的光则被抑制。

在 CO_2 激光器中，除使用辅助气体 N_2 之外，还使用 He 气。He 可使 CO_2 激光器的输出功率明显提高。这是因为 He 的热导率比 CO_2 和 N_2 高一个数量级，加入 He 能提高热量向外传递的速率。通常，CO_2 激光器的转换效率为 $15\% \sim 20\%$，大部分放电电能转换为热能，因而引起工作气体温度升高，增益系数下降。加入 He 气后，从宏观上看降低了工作气体的温度，从微观本质上看，对抽空低能级十分有利。在 CO_2 激光器中，CO_2 分子的（100）、（020）、（010）这几种能级相互作用很强烈，能量交换频繁，粒子在这些能级上的分布基本符合玻耳兹曼定律，可近似地用气体温度来表征它们的分布情况。气体温度下降使（100）和（020）能级上的粒子数相对减少，但是，气体温度下降却很少影响激光上能级（001）上的粒子分布，可见，He 能起增加粒子数反转的作用。

（3）CO_2 激光器分类　根据气体流动的特点，CO_2 激光器分为密封式、轴流式、横流式和板条式（slab）四种。目前工业上广泛应用的主要是轴流式和横流式。

1）轴流式 CO_2 激光器。这类激光器的主要特点是气体流动方向、放电方向以及激光的输出方向三者一致。根据气流速度的大小，又可分为慢速轴流和快速轴流两种。图 11-44 是快速轴流 CO_2 激光器示意图，它由放电管、谐振腔（包括后腔镜和输出镜）、高速风机以及热交换器等组成。这类激光器的输出模式为 TEM_{00} 模和 TEM_{01} 模，这种模式特别适宜于焊接和切割。

2）横流式 CO_2 激光器。其结构原理如图 11-45 所示。它由密封外壳、谐振腔（包括

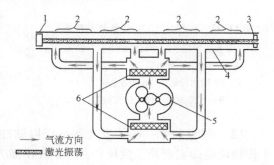

→ 气流方向
▨▨ 激光振荡

图 11-44　快速轴流式 CO_2 激光器示意图

1—后腔镜　2—高压放电区　3—输出镜
4—放电管　5—高速风机　6—热交换器

后腔镜、折叠镜、输出镜)、高速风机、热交换器以及放电电极等组成。它的光束、气流和放电的三个方向相互垂直,气体激光介质用高速风机连续循环地送入谐振腔,气体直接与热交换器进行热交换。这类激光器的每米放电管的输出功率可达 2 ~ 3kW。

3. 固体激光器

焊接领域使用的固体激光器的激光工作物质主要是掺钕钇铝石榴石。在钇铝石榴石(Yttrium Aluminum Garnet)单晶里掺入适量的三价钕离子(Nd^{3+})便构成了掺钕钇铝石榴石晶体,常表示为 Nd^{3+}:YAG。钇铝石榴石的化学式为 $Y_3Al_5O_{12}$,它是由 Y_2O_3 和 Al_2O_3 按摩尔比为 3:5 化合生成的。Nd^{3+}:YAG 的主要优点是易于实现粒子数反转,所需的最小激励光强比红宝石小得多。同时,掺钕钇铝石榴石晶体具有良好的导热性,热膨胀系数小,适宜在脉冲、连续和高重复率三种状态下工作,是目前在室温下唯一能连续工作的固体激光工作物质。它的泵浦灯可采用氙灯或氪灯,连续工作时常用氪灯泵浦。

(1)固体激光器的基本结构 图 11-46 是固体聚光器基本结构示意图。激光工作物质 2(又称激光棒)是激光器的核心,全反射镜 1 和部分反射镜 4 组成谐振腔,8 为泵浦灯,固体激光器一般都采用光泵抽运,可用氙灯或氪灯。聚光腔 3 将泵浦源发出的光通过反射,尽量多地照射到激光棒上,以提高效率。理想的聚光腔为椭圆形,泵浦灯和激光棒分别放在两个焦点上,聚光腔反射面镀有金膜或银膜并进行抛光,以提高反射率。高压充电电源 6 用以对电容器组 7 充电。触发电路发出触发脉冲后,已充电的电容器组通过泵浦灯放电,电能部分转换为光能。

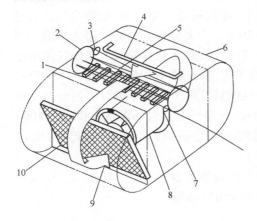

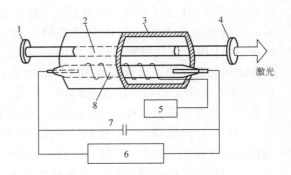

图 11-45 横流式 CO_2 激光器示意图
1—平板式阳极 2—折叠镜 3—后腔镜
4—阴极 5—放电管 6—密封壳体
7—输出反射镜 8—高速风机
9—气流方向 10—热交换器

图 11-46 固体激光器的基本结构
1—全反射镜 2—激光工作物质(激光棒)
3—聚光腔 4—部分反射镜 5—触发电路
6—高压充电电源 7—电容器组 8—泵浦灯

(2)调 Q 技术 固体激光器一般以脉冲方式工作,在脉冲氙灯闪光后约 0.5ms,激光工作物质内即实现粒子数反转并开始发出激光。一旦发光开始,上能级储存的粒子数就被大量消耗,粒子数反转密度很快就小于 $\Delta n_{阈}$,激光振荡停止,这样的过程持续约 1μs。但由于光泵继续抽运,高能级的粒子数又迅速增加,实现粒子数反转并再次超过 $\Delta n_{阈}$,激光振荡又重新开始,如此反复进行,直到光泵停止工作时才结束。这样,在氙灯 1ms 闪光时间内,激光输出是一个随时间展开的尖峰脉冲序列（图 11-47）。由于每个激光脉冲都是在阈值附近产生的，所以输出脉冲的峰值功率较低，同时输出脉冲的时间特性差，能量在时间上也不够集中。

为了得到高的峰值功率和窄的单个脉冲，可采用调 Q 技术。Q 的定义是

$$Q = 2\pi\nu_0 \frac{腔内储存的激光能量}{每秒消耗的激光能量}$$

式中，ν_0 为激光的中心频率。

调 Q 的基本原理是通过某种方法是谐振腔的损耗（或 Q 值）按规定的程序变化，在光泵激励的开始时，先使聚光腔具有高损耗，激光器由于阈值高而不能产生激光振荡，于是亚稳态上的粒子数便可以积累到较高的水平。然后在适当的时刻，使腔的损耗突然降低，阈值也随之突然降低，此时反转粒子数大大超过阈值，受激辐射极为迅速地增强，于是在极短时间内上能级储存的大部分粒子的能量转变为激光能量，输出一个极强的激光脉冲，如图 11-48 所示。采用调 Q 技术很容易获得峰值功率高于兆瓦、脉宽为几十毫微秒的激光巨脉冲。

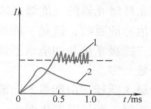 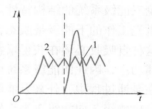

图 11-47　脉冲氙灯光强和激光光强随时间的变化
1—激光光强　2—氙灯光强

图 11-48　激光脉冲
1—调 Q 后　2—调 Q 前

4. 光纤激光器

（1）概述　光纤激光器是近年来发展迅猛的一种新型激光器，它以掺杂稀土元素的光纤作为放大器。光纤激光器中的光纤纤芯很细，在泵浦光的作用下极易形成激光工作物质的能级粒子数反转。再适当加入正反馈回路构成谐振腔，即可形成激光振荡。

一个端面（纵向）泵浦的光纤激光器的基本结构如图 11-49 所示。光纤放置在两个反射率经过选择的腔镜之间，泵浦光从左边腔镜进入，激光从另一端输出。光纤激光器实际上是一个波长转换器，在泵浦波长上的光子被介质吸收，形成粒子数反转，最后在掺杂光纤介质中产生受激发射而输出另一种波长的激光。

图 11-49　纵向泵浦光纤激光器的基本结构

按激光输出的时域特性，可分为连续激光器和脉冲激光器；按频域特性，可分为单波长、单纵模、多纵模以及多波长光纤激光器。

（2）光纤激光器的特点　光纤激光器作为第三代激光技术的代表，其主要特点是：

1）光束质量高，具有非常好的单色性、方向性和稳定性。

2）光纤激光器的成本低。

3）纤芯直径小，可以在纤芯层产生相当的功率密度，具有极低的体积面积比，散热快、损耗低，激光阈值低，运行成本低。

4）温度稳定性好，工作物质热负荷小，无须冷却系统。

5）结构简单，减小了对块状光学元件的需求和光路机械调整的麻烦，加之光纤具有极好的柔绕性，简化了光纤激光器的设计及制作，维护方便。

6）能胜任恶劣的工作环境，对灰尘、振荡、冲击、湿度、温度具有很高的容忍度。

（3）光纤激光器的工作原理 光纤激光器和其他激光器一样，也包含工作介质、光学谐振腔和泵浦源三部分。光纤激光器一般采用光泵浦方式，泵浦光被耦合进光纤，泵浦波长上的光子被介质吸收，形成粒子数反转，最后在光纤介质中产生受激辐射而输出激光。光纤激光器的谐振腔一般由两平面反射镜组成，谐振腔的腔镜可直接镀在光纤截面上，也可以采用光纤耦合器、光纤圈等。

光纤激光器同样有三能级系统和四能级系统。三能级系统在光纤激光器中比较常见。下面讨论三能级系统的结构特性。图 11-50 所示为掺铒光纤激光器的三能级系统激光能级图。

激光工作的下能级是激态，在发射带中还存在着信号的吸收，这是三能级系统的一个特点。这种自吸收必须在获得增益前被抵消，也就是说三能级系统与四能级系统相比需要更强的泵浦功率，因此四能级系统中激光的下能级的粒子数是零。

在泵浦过程中，外来泵浦源使粒子由能级 1 向能级 3 跃迁，由能级 3 向能级 1 存在自发跃迁，由能级 3 向能级 2 为无辐射跃迁，从能级 2 向能级 1 跃迁时产生激光。

5. 典型的激光焊机

（1）RS850 型 CO_2 激光器 RS850 型 CO_2 激光器属于横流式，它是德国西门子公司所属的罗芬-西纳尔（Rofin-Sinar）子公司的产品。

1）主要性能指标。激光输出波长 10.6μm，激光输出额定功率 5kW，激光输出功率范围 400～5000W，激光输出功率稳定性 ±3%（长时间），输出激光模式多模，光束发散角 ≤1.5mrad，激励电源 DC 2500V，整机电源容量 68kVA；气体消耗量：He（99.99% 纯度）53.9L/h；CO_2（99.5% 纯度）2.8L/h；N_2/O_2（90% N_2，10% O_2混合，99.99% 纯度）28.3L/h。

2）设备组成。图 11-51 是其简化的组成示意图。它由激光头、真空系统、气体控制器、电源、微机控制系统等组成。

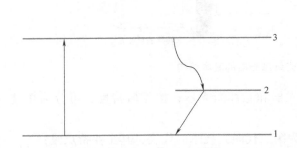

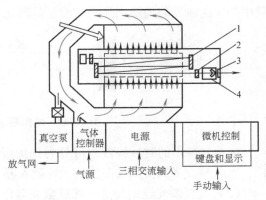

图 11-50　掺铒光纤激光器的三激光系统

图 11-51　RS850 型 CO_2 激光器简化的组成示意图

1—后腔镜　2—输出镜　3—输出窗　4—光闸

在该激光器里，输出镜与输出窗之间加有光闸，光闸打开时，激光得以输出；光闸关闭时，光束被反射到一个水冷的吸收器（图中未画出）上而将光能吸收。激光器工作时，光闸受微机控制，其所处的状态在控制面板上有显示，且光闸与一热开关和一接近开关互锁，当微机未接到打开光闸的指令或执行指令之前，则自动关掉激励高压。后腔镜除用来反射光束构成谐振腔外，其少量的透射光用作激光功率的检测。

电源是在对三相交流电进行可控硅交流调压的基础上，经变压器升压、整流、滤波变为2500V 直流后接至激励电极。电源受控于微机，微机在接受来自激光器的不同信号并进行分析后，输出适当信号以控制激光器的放电电流、输出功率等。

气体控制器能自动地将气体 He、N_2、O_2 以及 CO_2 等按给定的压力和比例送入激光头内。该激光器工作时微机对 20 多个状态进行检测，确定系统所处的逻辑状态、存在的故障以及故障所处的位置，并根据被控对象进行相应的调节。

3）运行方式。该激光器有三种运行方式，即恒放电电流方式、恒输出功率方式以及程序自动控制方式。在恒放电电流方式下，被控对象是放电电流，正常情况下额定功率的波动小于3%；在恒输出功率方式下，通过对放电电流的调节以维持功率的恒定；在程序自动控制方式下，可控制激光器达到所需功率的时间（上升时间）、所需功率的维持时间以及功率的下降时间等。

（2）一种典型的 YAG 固体激光焊机

1）光路系统。图 11-52 是典型的 YAG 激光焊机光路系统。系统由三大部分组成：A——激光振荡部分；B——能量检测及扩束部分；C——观察及聚焦部分。

调节光脉冲能量时光闸 11 闭合，光能被吸收器 12 吸收。很少量的光能经分光镜 8 反射后，被能量探测器 9 接收，进而显示出能量的大小。保护玻璃 17 用以遮挡焊接时的飞溅，以免聚焦镜 16 被损坏。

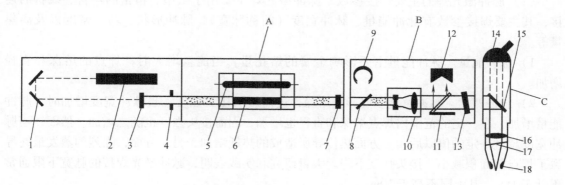

图 11-52　一种典型的 YAG 激光焊机光路系统

1、15—反射镜　2—准直用 He—Ne 激光器　3—尾镜　4—光阑　5—泵浦灯　6—YAG 棒　7—输出镜
8—分光镜　9—能量探测器　10—扩束器　11—光闸　12—光能吸收器　13—调节器
14—观察镜　16—聚焦镜　17—保护玻璃　18—喷嘴

2）激光器电源。图 11-53 是脉冲固体激光器电源简图，包括交流调压、升压、整流、充放电回路以及触发电路等。电源经双向晶闸管 TRIAC 调压、变压器 T_1 升压以及单相桥式整流后，通过限流电阻 R_1 对电容器组 C_1 充电，当充电电压升到预定值时，电压控制电路可

使调压关断，充电停止。尽管此时 C_1 两端接氙灯，但氙灯并不工作，不能进行放电，直到脉冲控制电路发出脉冲并经一段延时触发晶闸管 VT 后，C_2 经 VT 放电，在脉冲升压变压器 T_2 二次侧感应出高压脉冲，这时氙灯内的气体电离给 C_1 放电提供通路，有电流通过，氙灯发出强烈的闪光，对激光工作物质进行泵浦。C_1 放电结束后，触发电路又开始工作，C_1 又再次被充电，上述过程重复进行。

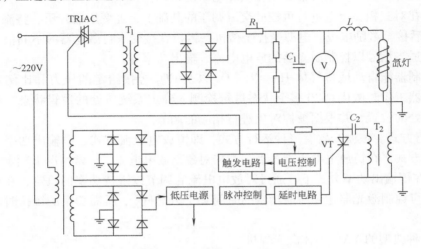

图 11-53　一种脉冲固体激光器电源简图

11.3.4　激光焊接工艺

1. 脉冲激光焊接工艺

（1）脉冲激光焊的主要焊接参数　脉冲激光焊主要用于微型、精密的丝材、线材的连接，其主要焊接参数有脉冲能量、脉冲宽度（简称脉宽）、脉冲形状、功率密度以及离焦量等。

1）脉冲能量。脉冲能量主要影响金属的熔化量，当能量增大时，焊点的熔深和直径增加。

2）脉冲宽度。脉冲宽度主要影响熔深，进而影响接头强度。当脉冲宽度增加时，脉冲能量增加，在一定的范围内焊点熔深和直径也增加，因而接头强度也随之增加。然而，当脉冲宽度超过一定的值以后，一方面热传导所造成的热耗增加，另一方面，强烈的蒸发最终导致了焊点截面积减小，接头强度下降。大量研究和实践表明，脉冲激光焊接的脉宽下限通常不低于 1ms，其上限不高于 10ms。

3）脉冲形状。对大多数金属来讲，可采用带前置尖峰的光脉冲。前置尖峰有利于对焊件的迅速加热，可改善材料的吸收性能，提高能量的利用率，尖峰过后平缓的主脉冲可避免材料的强烈蒸发。这种形式的脉冲形状主要适用于低重复频率焊接。而对高重复频率的缝焊来讲，宜采用光强基本不变的平顶波形。而对于某些易产生热裂纹和冷裂纹的材料，则可采用如图 11-54 所示的三阶段激光脉冲，从而使焊件经历预热→熔

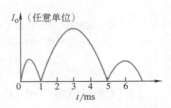

图 11-54　三阶段激光脉冲

化→保温的变化过程，最终可得到满意的焊接接头。

4）功率密度。大多数金属达到沸点的功率密度范围在 $10^5 \sim 10^6 \mathrm{W/cm^2}$。对功率密度的调节可通过改变脉冲能量、光斑直径、离焦量以及脉冲宽度等而实现。

5）离焦量。一定的离焦量可获得合适的功率密度。尽管正负离焦量相等时相应平面上的功率密度相等，然而，负离焦时的熔深比较大，这是因为负离焦时小孔内的功率密度比焊件表面的高，蒸发更强烈所致。因而，要增大熔深时可采用负离焦，而焊接薄材料时宜采用正离焦。

（2）线材脉冲激光焊的接头设计　图 11-55 是线材焊接常用的接头形式，图 11-56 是线材与块状零件焊接的接头形式。采用图 11-56a 形式时，将细丝插入孔中；采用图 11-56f 形式时，细丝置于平板元件的小槽或凹口内。

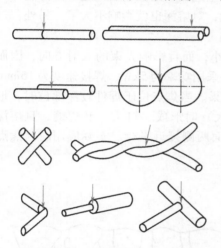

图 11-55　线材激光焊接常用的接头形式

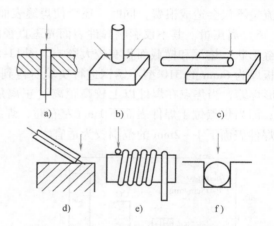

图 11-56　线材与块状零件焊接的接头形式

2. 连续激光焊接工艺

（1）连续激光焊的主要焊接参数　主要焊接参数有入射光束功率、光斑直径、吸收率、焊接速度、保护气体成分与流量以及离焦量等。

1）入射光束功率。它主要影响熔深，当光斑直径保持不变时，熔深随入射光束功率的增加而变大。由于光束从激光器到焊件的传输过程中存在能量损失，作用在焊件上的功率总是小于激光器的输出功率，所以，入射光束功率应是照射到焊件上的实际功率。在焊接速度一定的前提下，焊接不锈钢时，最大熔深 $h_{\max}$ 与入射光束功率 P 间存在以下关系：

$$h_{\max} \propto P^{0.7} \tag{11-51}$$

2）光斑直径。其影响功率密度的大小。

3）吸收率。其决定于焊件对激光束能量的利用率。研究表明，金属对红外光的吸收率 ρ_A 与它的电阻率 ρ_r 间的关系为

$$\rho_A = 112.2 \sqrt{\rho_r} \tag{11-52}$$

电阻率又与温度有关，所以，金属的吸收率又与温度密切相关。对材料表面进行涂层或生成氧化膜时，可有效地提高表面对光束的吸收率。另外，使用活性气体也能增加材料对激

光的吸收率。

4）焊接速度。焊接速度影响焊缝熔深和熔宽。在给定材料、给定功率条件下，对一定厚度范围的焊件有一合适的焊接速度范围，速度过高会导致焊不透，速度过低又会使材料过量熔化，焊缝宽度急剧增加，甚至导致烧损和焊穿。

5）保护气体成分及流量。深熔焊接时，保护气体的作用有两个，一是保护被焊部位免受氧化，二是为了抑制等离子云的负面效应。图 11-57 显示了不同的保护气体对熔深的影响。

在一定的流量范围内，熔深随流量的增加而增加，超过一定值以后，熔深则基本维持不变。这是因为流量从小变大时，保护气体去除熔池上方等离子体的作用加强，减小了等离子体对光束的吸收和散射作用，因而熔深增加。一旦流量达到一定值以后，进一步抑制等离子体负面效应的作用已不明显，因而，即使流量再加大，对熔深也就影响不大了。另外，过大的流量不仅会造成浪费，同时，还会使焊缝表面凹陷。

6）离焦量。其不仅影响焊件表面光斑直径的大小，而且影响光束的入射方向，因而对焊缝形状、熔深和横截面积有较大影响。图 11-58 是采用功率为 5kW、焊接速度为 16mm/s、对板厚为 6mm 的 310 型不锈钢进行实验所得到的结果。当焦点位于焊件较深部位时，形成 V 形焊缝；当焦点在焊件以上较高距离（正离焦量大）时形成"钉头"状焊缝，且熔深减小；而当焦点位于焊件表面下 1mm 左右时，焊缝截面两侧接近平行。实际应用时，焦点位于焊件表面下 1 ~ 2mm 的范围较为适宜。

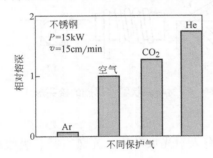

图 11-57　不同的保护气体
对熔深的影响

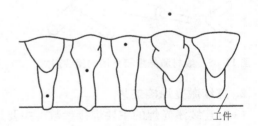

图 11-58　离焦量对焊缝形貌的影响

• — 焦点

（2）连续激光焊的接头设计　由于聚焦后的光斑直径很小，因而对焊件装配的精度要求高。在实际应用中，激光焊最常采用的接头形式是对接和搭接。

对接时装配间隙应小于材料厚度的 15%，零件间的错位和平行度不大于 25%，为了确保焊接过程中焊件间的相对位置不变化，最好采用适当的夹持方式。

搭接时装配间隙应小于板材厚度的 25%。当焊接不同厚度的焊件时，应将薄件置于厚件之上。图 11-59 给出了板材激光焊接时常用的接头形式，其中的卷边角接接头具有良好的连接刚性。在吻焊接头形式中，待焊焊件的夹角很小，入射光束的能量可绝大部分被吸收，在待焊焊件接触良好的前提下，可不施夹紧力或仅施很小的夹紧力。

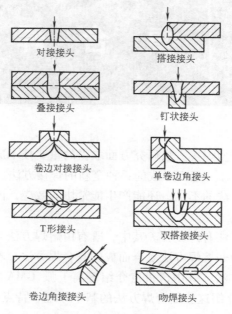

图 11-59　板材激光焊接常用的接头形式

复习思考题

1. 如何获得高功率密度的电子束和激光束?
2. 什么是高功率密度焊接? 其主要特点是什么?
3. 结合小孔的受力分析, 说明高能束流焊接形成深宽比大焊缝的机制。
4. 说明真空电子束焊接的原理、分类及特点。
5. 结合画简图说明电子束焊机中电子枪的工作原理。
6. 电子束焊接的工艺参数有哪些? 对焊缝形貌各有何影响?
7. 什么是粒子数反转? 如何获得粒子数反转?
8. CO_2 激光是如何产生的?
9. 什么是激光的纵模和横模? TEM_{mn} 中 m 和 n 的含义是什么?
10. 激光焊接的原理、特点是什么? 如何对激光焊接进行分类?

复 合 焊

复合焊是近些年来在新型焊接方法研究方面取得的重要技术成果。它是将两种基本焊接方法有机地复合（Hybrid）在一起而形成的一种全新的焊接方法。这种方法既可发挥各自的优势，又能弥补单一焊接方法的不足，还能产生能量协同效应，因此具有独特的优势和良好的应用前景。

目前，出现的复合焊方法有许多种。其中，既有由熔焊方法与熔焊方法复合而成的复合焊方法，也有由熔焊方法与非熔焊方法复合而成的复合焊方法。本章主要讲述由两种基本熔焊方法复合而成的复合焊方法，其中，重点介绍等离子弧-GMA复合焊、激光-电弧复合焊和TIG-MIG复合焊，分别介绍这些复合焊方法的基本原理、特点以及应用。

12.1 概述

12.1.1 复合焊的概念及特征

美国焊接学会给复合焊下的定义是：将两种明显不同的焊接工艺方法复合而成的一种焊接工艺方法称为复合焊。

根据复合焊的定义，复合焊具有以下特征：

1）构成复合焊的基本焊接方法是两种明显不同的焊接方法，即其热源必须是两种物理性质不同和能量传输机制不同的热源，而非同种热源。有些焊接方法虽然也具有双热源，但热源类型相同，如双钨极TIG焊、双丝单弧埋弧焊等，不能列入复合焊的范畴。

2）构成复合焊的两种基本焊接方法的热源焊接时同时作用于焊件的同一位置。因为只有作用于同一位置，才能产生热源的复合效应。在图12-1所示的图中，图12-1a所示的是复合焊，而图12-1b所示的则不是复合焊，因为电弧此时主要是起着对激光焊焊缝再次加热、熔化和填充金属的作用。

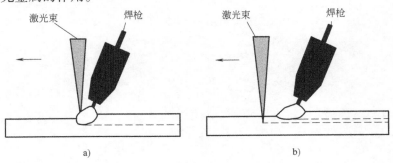

a)　　　　　　　　　　　b)

图 12-1　两组热源作用位置的比较

3）构成复合焊的两种基本焊接方法的热源之间发生激烈而复杂的复合效应，能产生很多新的性能。例如，激光-MIG 复合焊时，由于激光与电弧叠加在一起相互作用，使电弧的形态、熔滴过渡、热源的能量作用都发生很大变化，因而对焊接熔深、焊接速度、焊接质量都会产生很大影响。

12.1.2　复合焊的优势

复合焊具有以下独特的技术优势：

（1）复合焊可以充分发挥组成它的每种焊接方法的优势，并克服不足　以激光-电弧复合焊为例，激光焊的热源具有高的能量密度、极优的指向性以及可在透明介质中传导等优势，但也具有劣势，如金属材料对激光的高反射率造成激光能量的损失大、焊缝桥接能力差、设备成本高等；电弧焊的热源具有电-热转化效率高、对焊件坡口加工装配精度要求相对较低、设备成本较低等优势，但也具有热源能量密度低、快速移动时电弧稳定性差等缺点。但是，将两者复合以后形成的激光-电弧复合焊则呈现出具有高的能量密度、高的能量利用率、快速移动时高的电弧稳定性等特点，使得两者的缺点得到克服，优势得到发挥。

（2）复合焊能产生能量协同效应　当将两种不同的热源复合以后，待焊处的能量作用效果大大增强，它显著大于两种热源分别单独作用时所产生的能量作用效果，即 $1 + 1 > 2$。例如，当采用较低功率的激光-TIG 复合焊焊接铝合金时，试验结果表明，复合焊后得到的焊缝横截面积比分别用单独激光焊和 TIG 焊所得到的焊缝横截面积之和还大，增加了 75%。又如，利用 Nd^{3+}：YAG 激光与等离子弧复合进行不锈钢表面合金化试验，试验结果表明，两个热源共同作用的熔深大于两者单独作用所得到的熔深的叠加。

由于复合焊能产生能量协同效应，就使得一些原来不能焊的接头或材料的焊接成为可能。图 12-2 是用激光-MIG 复合焊焊接具有不同错边高度板材的照片。试验条件是：板材为 X50 钢，厚度为 10mm，接头开 10° 单 V 形坡口，钝边为 1mm；CO_2 激光的功率为 10.5kW；脉冲 MIG 焊的送丝速度为 5.2m/min，保护气体为 Ar + He，焊丝为 G3Si1（注：瑞典伊萨公司的产品），直径为 1.2mm。由图 12-2a 可以看出，10mm 厚的钢板平板对接复合焊可以一次焊透，这用单纯的激光焊虽然可以做到，但是用单纯的 MIG 焊则是很困难的；由图 12-2b、c 可以看出，用激光-MIG 复合焊在错边分别为 2mm 和 4mm 的情况下也能得到良好的焊缝成形，这是用单纯的 MIG 焊无法做到的，对于单纯的激光焊来说则是不可想象的。

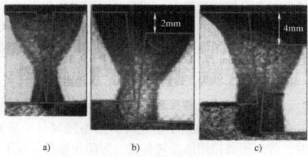

a)　　　　　　　　b)　　　　　　　　c)

图 12-2　激光-MIG 复合焊对板材对接错边的适应性

a）无错边　b）错边为 2mm　c）错边为 4mm

12.1.3 复合焊的种类

复合焊发展到今天，已经出现了十余种焊接方法，其中，有些复合焊已经很成熟，并应用于生产，有些尚在研究之中。已见报道的有等离子弧-GMA 复合焊、等离子弧-TIG 复合焊、激光-TIG 复合焊、激光-MIG 复合焊、激光-等离子弧复合焊、TIG-MIG 复合焊、电子束-等离子弧复合焊、超声波-TIG 复合焊、激光-摩擦复合焊、激光-高频复合焊、激光-压力复合焊等。这些复合焊方法中，既有由熔焊方法与熔焊方法复合而成的复合焊方法，如等离子弧-GMA 复合焊、等离子弧-TIG 复合焊、激光-TIG 复合焊、激光-MIG 复合焊、激光-等离子弧复合焊、TIG-MIG 复合焊、电子束-等离子弧复合焊等，也有由熔焊方法与非熔焊方法复合而成的复合焊方法，如超声波-TIG 复合焊、激光-摩擦复合焊、激光-高频复合焊、激光-压力复合焊等。

在由熔焊方法与熔焊方法复合而成的复合焊方法中，研究比较多并取得重大进展的复合焊方法有等离子弧-GMA 复合焊、激光-电弧复合焊（包括激光-TIG 复合焊、激光-MIG 复合焊和激光-等离子弧复合焊等）和 TIG-MIG 复合焊。本章将分别讲述这些复合焊的工作原理、特点以及应用。

12.2 等离子弧-GMA 复合焊

等离子弧-GMA 复合焊是由等离子弧焊与熔化极气体保护电弧焊（GMAW）复合而成的焊接工艺方法。它综合了等离子弧焊能量密度高、热量集中、穿透力大、电弧稳定性好和 GMA 焊熔敷速度快、焊缝桥接能力强等优点。在等离子弧-GMA 复合焊中研究比较多的是等离子弧-MIG 同轴复合焊和等离子弧-MIG/MAG 旁轴复合焊。所谓"同轴复合焊"是指两种焊接方法的热源同轴地作用在焊件的同一位置；"旁轴复合焊"是指两种焊接方法的热源相互之间成一定角度地作用在焊件的同一位置。

12.2.1 等离子弧-MIG 同轴复合焊

等离子弧-MIG 同轴复合焊是 1972 年由荷兰 PHILIPS 公司研究试验中心的 W. C. Essers 和 A. C. Liefken 等人首先提出来的复合焊方法。

1. 等离子弧-MIG 同轴复合焊的原理

等离子弧-MIG 同轴复合焊的原理如图 12-3 所示。它一般使用两个直流电源，分别为等离子弧和 MIG 弧提供能量，其中等离子弧焊电源为垂降的恒流电源，MIG 焊电源为平特性的恒压电源。两者采用的接法均为直流反接。保护气体类型有纯氩气、纯氦气及氩气与少量其他气体（如 CO_2 气、氧气、氮气、氢气等）组成的混合气。要根据被焊材料的种类选择，一般情况下，当焊接低碳钢和低合金钢时，选用氩气与少量 CO_2 气的混合气；当焊接铝及铝合金时，选用纯氩气或纯氦气；当焊接不锈钢时，选用氩气与少量 CO_2 气或氩气与少量氧气的混合气。焊接时，等离子弧使用的是转移弧，为防止等离子弧下移，环形水冷电极与喷嘴之间相互绝缘。

焊接时，等离子弧与 MIG 弧同轴燃烧，作用在一个熔池上。MIG 焊的焊丝底端、熔滴和 MIG 弧都被包围在炽热的等离子弧内部。焊接时焊丝不仅被流过的电流和 MIG 电弧加热，而且还被其四周的等离子弧加热，因而使得焊丝的熔化速度加快。同时，焊丝的电流能产生磁场，可以使等离子弧进一步被压缩，提高弧柱的能量密度，从而增加熔深。另外，由于采用的均是直流反接，能产生很强的"阴极破碎"作用，因此也能用于铝及铝合金的焊接。

2. 等离子弧-MIG 同轴复合焊的特点

（1）焊缝熔深较大　在机械压缩、热压缩和磁压缩的作用下，等离子弧本身即具有较强的穿透能力，再加上焊丝电流产生的磁场作用使等离子弧进一步被压缩，因而穿透能力进一步增强，使焊缝熔深明显增加。研究表明，等离子弧-MIG 同轴复合焊可以达到单纯 MIG 焊的 2 ~ 3 倍。

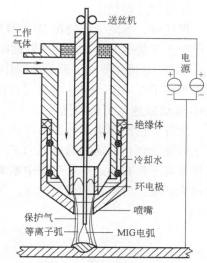

图 12-3　等离子弧-MIG 同轴
复合焊原理示意图

（2）能实现薄板的高速焊　等离子弧-MIG 同轴复合焊的焊丝熔敷速度很快，有资料介绍，直径 1.6mm 的低碳钢焊丝在大电流的情况下达到 500g/min，再加上焊接熔深较大，因此使得高速焊成为可能。试验表明，等离子弧-MIG 同轴复合焊的焊接速度可以达到单纯 MIG 焊的数倍。但由于等离子弧电流增加受到限制，因此尚不适宜焊接较厚的焊件。

（3）焊缝质量高　焊接时有双电弧搅拌熔池的作用和比较强烈的电弧对焊件表面的清理作用，有利于减少熔池中的气体和夹杂物，从而能降低铝合金等导热性能好的材料在焊缝中产生气孔和夹杂物的敏感性，使焊缝质量提高。

（4）适宜焊接的材料范围较宽　等离子弧-MIG 同轴复合焊不仅适宜低碳钢、低合金钢的焊接，而且适宜铝及铝合金、铜及铜合金、镍基合金、不锈钢等材料的焊接。

存在的缺点是：由于等离子弧与 MIG 弧是在同一把焊枪内燃烧，且等离子弧采用直流反接形式，如果等离子弧电流过大，枪内温度过高，易烧损环形水冷电极和枪体，因此对焊枪内部零件的设计要求很高。

12.2.2　等离子弧-MIG/MAG 旁轴复合焊

等离子弧-MIG/MAG 旁轴复合焊是近年来由以色列激光技术公司研究成功的一种高效复合焊方法，亦被称为"Super-MIG 焊接技术"。

1. 等离子弧-MIG/MAG 旁轴复合焊的原理

等离子弧-MIG/MAG 旁轴复合焊的原理如图 12-4 所示。图中左侧为等离子焊枪，右侧为 MIG/MAG 焊枪，两焊枪电极的轴线按一定的夹角布置。一般情况下，分别使用两个直流电源，等离子弧采用直流正接，MIG/

图 12-4　等离子弧-MIG/MAG 旁轴
复合焊原理示意图

MAG 电弧采用直流反接。由于采用旁轴式的布置以及等离子弧采用直流正接，可以克服同轴式布置时易烧损电极和枪体的缺点，使得增大等离子弧电流和在熔池中产生"小孔"成为可能。

焊接时，先引燃等离子弧，后引燃 MIG/MAG 电弧。等离子弧一般采用联合型等离子弧，即先引燃非转移型等离子弧，然后再引燃转移型等离子弧，而且在整个焊接过程中非转移型等离子弧一直存在，这样，有利于在断续焊接时，能迅速引燃用于焊接的转移型等离子弧，使焊接过程稳定。

焊接时，等离子弧处在 MIG/MAG 电弧的前面，由于其具有很强的穿透能力，能在熔池中产生上下贯透的小孔，并从背面喷出尾焰；当板子很厚时，则形成非穿透的锁孔。焊丝在 MIG/MAG 电弧和等离子弧的共同作用下能以很快的速度熔化，填充到小孔中去。这样，就使得等离子弧-MIG/MAG 旁轴复合焊既拥有了等离子弧焊熔深大的优势，又具有了比 MIG/MAG 焊熔敷速度更快的优点。

此外，由于等离子弧焊采用的是直流正接，MIG/MAG 弧采用的是直流反接，焊接时等离子弧能受到指向前方的电磁力 F_1（图 12-5）作用，能牵引等离子弧向熔池前方移动，而且使等离子弧在高速焊接过程中紧紧追随焊枪轴线，从而增加等离子弧的刚度和稳定性，进而可大幅度提升熔深和焊接速度，飞溅也能得到控制。

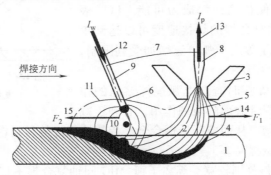

图 12-5　等离子弧-MIG/MAG 旁轴复合焊焊接过程示意图

1—焊件　2—等离子流　3—等离子喷嘴　4—熔融金属　5—等离子弧中心　6—焊丝中心
7—电极之间的夹角　8—钨极　9—焊丝　10—MIG 电弧　11—等离子弧　12—焊丝电流（I_w）方向
13—等离子弧电流（I_p）方向　14—施加在等离子弧上的电磁力（F_1）
15—施加在 MIG/MAG 电弧上的电磁力（F_2）

2. 等离子弧-MIG/MAG 旁轴复合焊的特点

（1）焊接熔深大，可以焊接较厚的焊件　试验结果表明，对于钢板，当等离子弧-MIG 旁轴复合焊的等离子弧焊电流为 200A、MIG 焊电流为 400～500A 时，其一次焊接厚度可以达到 8～10mm；如果等离子弧焊电流为 400A、MIG 焊电流为 700～800A 时，则可达到 20～25mm（图 12-6），而如果采用双面焊，则可焊透 50mm 厚的钢板。因此，这项技术可以取代适宜于厚板焊接的埋弧焊方法。

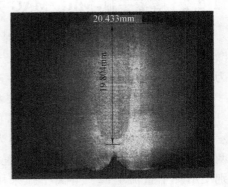

图 12-6　平板（厚度为 20.433mm）
对接单道焊接熔深示例

（2）焊接速度快　表 12-1 是分别采用等离子弧-MAG 旁轴复合焊和单纯 MAG 焊焊接某汽车零件时的焊接速度比较。可以看出，在其他参数相同的条件下，等离子弧-MAG 旁轴复合焊比单纯

MAG 焊提高了一倍以上。

表 12-1 等离子弧-MAG 旁轴复合焊和单纯 MAG 焊的焊接速度比较

接头类型	材　　料	焊　　丝	保护气体（体积分数）	复合焊焊接速度/（mm/min）	MAG 焊焊接速度/（mm/min）	对　　比
搭接	碳素钢，板厚为 4mm	ER70S-6 直径为 1.2mm	Ar + 20% CO_2	1500	700	焊接速度提高 1 倍
角接	碳素钢，板厚为 4mm，管子壁厚为 3mm	E70S-3 直径为 0.9mm	Ar + 18% CO_2	840	360	焊接速度提高 1.3 倍

（3）热影响区较窄，焊接残余变形小　以取得相同的熔深为标准选择焊接速度，使用等离子弧-MAG 旁轴复合焊和单纯的 MAG 焊分别在 6mm 厚的钢板上焊接，并测定焊接温度场，其结果如图 12-7 所示。从等温线的分布可以看出，等离子弧-MAG 旁轴复合焊的高温区域比单纯的 MAG 焊窄很多，这表明焊接所形成的热影响区较窄，焊接残余变形也小。

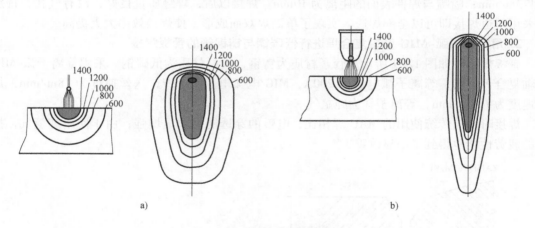

图 12-7　焊接 6mm 厚钢板时的焊接温度场比较
a）MAG 焊　b）等离子弧-MAG 旁轴复合焊

（4）焊接飞溅显著减少，焊缝质量优良　等离子弧的存在，显著提高了 MIG/MAG 弧的稳定性和熔滴过渡的稳定性，同时 MIG/MAG 熔滴在小孔内过渡，这些因素都可减少焊接飞溅。

（5）可以完成多种形式的焊接　如搭接焊、熔透焊、连续焊、断续焊或点焊等。

（6）适宜焊接的材料广　可用于焊接钢铁材料、铝及铝合金等多种材料。

12.2.3　等离子弧-GMA 复合焊的应用

等离子弧-GMA 复合焊近些年来在国外获得了越来越多的应用，我国也正在推广此项技术。该项新技术应用的范围涉及风力发电的塔柱焊接、大型船舶的焊接、大型输气输油管道的焊接、重型机械设备的焊接、发动机排气管的焊接、汽车轮毂的焊接、摩托车油箱的焊接等许多方面。目前，大功率的等离子弧-MIG/MAG 旁轴复合焊正在 20～100mm 厚钢板的焊接中推广应用。下面介绍两个等离子弧-GMA 复合焊在生产中应用的实例。

1. 用等离子弧-MIG 同轴复合焊焊接铝合金大型开关断路器的母线罐体

铝合金大型开关断路器的母线罐体是我国三峡水电站大型开关断路器的组件之一。它是用材质为 ZAlSi5Cu1Mg 的铸造法兰和板厚为 6mm 的 5A05 管材焊制而成。最初，采用交-直流 TIG 焊焊接，接头坡口形式如图 12-8a 所示，为了保证焊缝背面焊透并成形，采用 V 形坡口，并在焊件背面衬以开槽的垫板。焊接时，利用电源直流正接加大熔深；利用交流电弧对焊件表面进行阴极破碎清理。为了填充坡口间隙，从外部利用送丝机械装置向焊缝中输送焊丝。这种方法虽然焊缝成形好，但焊接效率低。对于 6mm 厚的焊缝需要焊接三层，而且焊前还需要预热。另外，由于输入功率的限制，加上在北方气温低的冬天施工，焊缝中还容易产生气孔，使焊缝质量降低，返修量增大。

将焊接方法改为等离子弧-MIG 同轴复合焊以后，接头的坡口形式如图 12-8b 所示，采用 I 形坡口，垫板不用开任何槽，省去了焊前坡口准备和垫板开槽的工作量。由于采用直流反接焊接，"阴极破碎"作用也得到了加强。焊接时，采用以下焊接参数：MIG 焊焊接电流为 160A，等离子弧焊焊接电流为 80A；焊丝牌号为 S311，直径为 1.6mm；保护气体为纯氩气，等离子弧气体流量为 11.64L/min，保护气体流量为 16.68L/min；焊接速度为 0.473m/min；喷嘴与焊件表面的距离为 10mm。焊接以后，焊缝质量良好，没有气孔，特别是采用单道焊接即可以全部焊透，实现了单面焊双面成形，使焊接效率大大提高。

2. 用等离子弧-MIG 旁轴复合焊进行低碳钢与铸钢管的管板焊接

管板焊接件如图 12-9 所示。管子材质为铸钢，板材材质为低碳钢。采用等离子弧-MIG 旁轴复合焊焊接，等离子弧电流为 200A，MIG 电弧电压为 32V，送丝速度为 18m/min，焊接速度为 1.3m/min，等离子气为纯氩气。

焊接时，与传统使用的 MAG 焊相比，电弧的穿透能力明显增强；由于使用纯氩气，接头的疲劳性能也得到了明显改善。

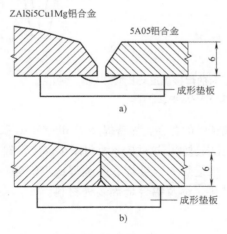

图 12-8　等离子弧-MIG 复合焊与 TIG 焊坡口比较
a) TIG 焊焊前坡口准备　b) 等离子弧-MIG 复合焊焊前坡口准备

图 12-9　低碳钢与铸钢管的管板焊接件

12.3　激光-电弧复合焊

激光-电弧复合焊是 20 世纪 70 年代由英国学者 W. M. Steen 首先提出的一种新型焊接方

法。近些年来得到快速发展，人们进行了大量的研究，并已将其投入工业应用。目前，所用的激光主要是 CO_2 激光和 Nd^{3+}：YAG 激光，与激光相配合的电弧主要有 TIG 弧、MIG/MAG 弧和等离子弧，因此，激光-电弧复合焊目前有激光-TIG 复合焊、激光-MIG/MAG 复合焊和激光-等离子弧复合焊。

12.3.1　激光-TIG 复合焊

1. 激光-TIG 复合焊的原理

激光-TIG 复合焊是激光-电弧复合焊中最早被研究的一种复合形式。它是由激光焊与TIG 焊复合而成的一种焊接方法，其原理如图 12-10 所示。

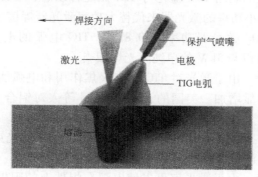

图 12-10　激光-TIG 复合焊原理示意图

激光-TIG 复合焊采用旁轴式的复合方式，焊接时激光束在前，TIG 弧在后，两者以一定夹角作用在焊件的同一位置。TIG 电弧采用的是直流正接。焊接时，用 TIG 弧先将母材熔化，接着激光束从 TIG 弧的外侧穿过电弧到达焊件的表面。在两个热源的作用下共同形成熔池。

研究表明，两个热源复合以后，相互之间发生复杂而激烈的作用。

（1）激光对 TIG 弧有聚焦和引导作用　在激光束的辐射之下，焊件金属产生汽化、电离和形成光致等离子体。这个光致等离子体能为电弧提供一条导电的通道。由于该通道电阻最小，因此能促使电弧向等离子体通道聚拢，使电弧沿径向被压缩，电流密度增大，从而形成聚焦作用。

激光束辐射在焊件上能产生小孔，在小孔附近更易形成光致等离子体，因而能为 TIG 电弧提供非常稳定的阳极斑点，致使电弧沿着等离子体的方向放电，并被牢牢地锁定在由激光束所形成的小孔处，随着小孔移动，形成了引导作用。

激光对 TIG 弧所产生的聚焦作用和引导作用能提高 TIG 弧的稳定性，并使焊缝的熔深增加。

（2）电弧对激光束具有促使其能量被焊件吸收的作用　这首先是与金属材料对激光的吸收能力随温度的提高近似呈线性增长有关。当 TIG 弧加入焊接时，其能对焊件产生预热作用，而且加热面积较大，这就促使金属材料吸收激光，增加使金属熔化的能量。有资料介绍，室温下金属对激光的吸收率为 10%～20%，达到熔点时吸收率为 50% 以上，当达到沸点时为 90% 以上。

与此同时，也与电弧能降低光致等离子体对激光的吸收和散射作用有关。激光束辐射在焊件上所产生的等离子体具有这样的性质：它能对激光有吸收和散射作用，而且激光被吸收的量与光致等离子体正负离子浓度的乘积成正比。因此在单纯激光焊接时，许多激光不能到达焊件表面，而在激光束附近加入 TIG 弧以后就不同了，TIG 弧的温度和电离度相对于光致等离子体来说较低，能对光致等离子体产生稀释作用，因此使焊件吸收的激光能量大大增加。

关于电弧对光致等离子体的稀释作用，研究结果也表明，随着电弧电流的增大将被削弱，因此这种作用只有在小电流时才比较强烈。

2. 激光-TIG 复合焊的特点

（1）可提高热源能量的利用率　激光与 TIG 弧复合以后，可以增强激光的作用，因此在焊接同样板厚时可用较小功率的激光器来代替大功率激光器焊接金属材料。例如，采用激光-TIG 复合焊时，当 CO_2 激光器功率为 0.8kW、TIG 电弧的电流为 90A、焊接速度为 2m/min 时，其焊接能力可以与 5kW 的单纯激光焊相当。

（2）可增加焊接熔深　由于激光对 TIG 弧有聚焦作用和电弧能促进金属材料吸收激光能量，使得焊接熔深有明显增加。美国的 T. P. Diebold 等人对铝合金复合焊研究的结果是：与单纯的 TIG 焊相比，激光-TIG 复合焊的熔深可增加 20% ~ 50%。又如，日本的 J. Matsuda 等人得到的结果是：当焊接速度为 0.5 ~ 5m/min 时，用 5kW 激光束与 300A 的 TIG 弧复合焊接低碳钢，所产生的熔深是单纯的 5kW 激光焊的 1.3 ~ 2.0 倍。

（3）可提高焊接速度　由于激光束可以使电弧在焊件上的阳极斑点更加稳定，因此可以大大提高焊接速度。一般来说，单纯的 TIG 焊焊接速度较低，激光焊的焊接速度较高，但是将激光焊与 TIG 焊复合以后，焊接速度可以比激光焊还快。例如，当激光-TIG 复合焊采用低电流、长电弧时，其焊接速度可以达到单纯激光焊的两倍。

（4）可改善焊缝质量　激光-TIG 复合焊时能使激光束产生的小孔直径进一步扩大，有利于熔池中气体逸出，因此可减少焊缝中产生气孔的机会，使焊缝质量提高。

（5）适宜焊接薄件　TIG 焊的钨极承载焊接电流的能力有限，如果电流过大，易烧蚀钨极，加之熔池金属的汽化使得钨极电化学污染严重，易导致电弧燃烧不稳定。这些特性在一定程度上限制了激光-TIG 复合焊在厚件上的应用，而适宜焊接薄件。

12.3.2　激光-MIG/MAG 复合焊

1. 激光-MIG/MAG 复合焊的原理

激光-MIG/MAG 复合焊是由激光焊与MIG/MAG焊通过旁轴或同轴方式复合而成的一种焊接方法。图 12-11 是旁轴复合方式的原理示意图。MIG/MAG焊采用直流反接。激光束沿焊接方向在前面，MIG/MAG弧在后面，焊丝和保护气体以一定的角度斜向送到焊接区。先引燃 MIG/MAG 电弧，后照射激光束。激光束从 MIG/MAG 电弧的外侧穿过电弧到达已熔化金属的表面。焊丝熔化后形成轴向过渡的熔滴，与被两种热源熔化的母材一起共同形成熔

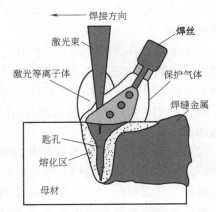

图 12-11　激光-GMA 复合焊原理示意图

池。如果激光束的照射度达到金属材料汽化的临界辐射照度，则会产生小孔效应，实现深熔

焊过程。

焊接时，激光束与 MIG/MAG 电弧之间的作用与激光-TIG 复合焊时的激光束与 TIG 弧的作用很相似。这里，既有激光对 MIG/MAG 电弧的聚焦作用和引导作用，也有电弧促使激光能量被金属材料吸收的作用。与激光-TIG 复合焊不同的是，激光- MIG/MAG 复合焊有填充焊丝的过程，因此存在焊丝熔化、形成熔滴以及向熔池过渡等问题。例如，通过对激光-MIG 复合焊焊接铝合金时的熔滴过渡行为进行研究发现：与单纯的 MIG 焊相比，复合焊接过程中由激光产生的光致金属等离子体对熔滴有热辐射作用，能促进熔滴过渡；与此同时，由于光致等离子体对熔滴有吸引力和金属蒸气对熔滴有反冲力，又能阻碍熔滴过渡。这两方面共同作用的结果能改变熔滴的过渡方式和频率。试验结果表明，与单纯的 MIG 焊相比，用激光-MIG 复合焊焊接铝合金时熔滴过渡频率加快，熔滴过渡转变为稳定的射滴过渡，这有利于稳定电弧，提高焊接效率。

由于向熔池中填充焊丝，也能消除焊缝的凹陷现象。同时还能通过焊丝过渡合金元素，调整焊缝金属的化学成分，提高焊缝金属的性能。

2. 激光- MIG/MAG 复合焊的特点

（1）焊缝的桥接能力强，可以降低对焊件装配精度的要求 对于单纯的激光对接焊来说，通常焊件的装配间隙不得大于板厚的 1/10，错边不得大于板厚的 1/6，否则会产生严重的焊缝凹陷、咬边、侧壁未熔合等缺欠，甚至无法进行焊接。而采用激光- MIG/MAG 复合焊以后，由于 MIG/MAG 电弧和焊丝的加入，增加了焊件表面熔化区的宽度和熔化金属的数量，使其对坡口间隙的桥接能力大大增强。例如，在进行 3mm 厚的不锈钢板对接焊时，如果采用功率为 2kW 的 CO_2 激光焊，当坡口间隙为 0.1mm 时，焊缝已略有凹陷，如图 12-12a 所示；当坡口间隙增大至 0.5mm 时，坡口两侧有近 50% 的边缘未熔合，如图 12-12b 所示；而当采用激光功率为 2kW、MIG 焊电流为 140A 的激光- MIG 复合焊时，坡口间隙虽仍为 0.5mm，但焊缝成形良好，两侧边缘完全熔合，正反面余高正常，如图 12-12c 所示。

由图 12-2 所示的实例，可以看出激光- MIG 复合焊对于错边也具有很好的适应性。

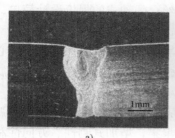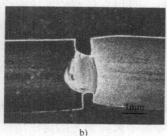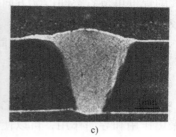

a)   b)   c)

图 12-12 两种焊接方法对坡口间隙敏感性的对比

a）激光焊，坡口间隙为 0.1mm　b）激光焊，坡口间隙为 0.5mm

c）激光- MIG 复合焊，坡口间隙为 0.5mm

（2）可以获得较大的熔深，适宜中厚板焊接 单纯的激光焊依靠小孔效应可以实现深熔焊，但熔深仍然是有限的。采用激光- MIG/MAG 复合焊以后，由于激光对 MIG/MAG 弧的聚焦作用和电弧促使金属材料吸收激光能量的作用，加之电弧气体吹力的作用，可以获得更大的熔深。例如，有的资料介绍，在比较宽的焊接参数范围内，用 YAG 激光-脉冲 MIG 复合焊焊接铝合金，熔深比单纯使用激光焊增加 4 倍，比单纯使用 MIG 焊增加 1 倍以上，而且焊后焊缝成形美观，无气孔等缺陷。

由于熔深增加了，因此可以焊接比较厚的金属材料。例如，日本东芝公司用 6kW 的 CO_2 激光与 7.5kW 的 MIG 电弧复合，在选择合适的电弧电流、保护气体等参数条件下，以 700mm/min 的速度，可以焊透 16mm 的不锈钢钢板。

由于可以获得较大熔深，在获得相同熔深的条件下可以使用较小的热输入焊接，也可使得热影响区变小，焊件变形变小。

（3）适宜焊接的材料范围宽　不仅适宜焊接钢铁材料，还适宜于焊接铝、铜等对激光反射比高的材料。铝、铜等材料对红外激光的反射比很高，室温时，铝对 YAG 激光的反射比为 92%，对 CO_2 激光的反射比高达 98%，因此不适宜采用单纯激光焊焊接。而采用激光-MIG 复合焊时，由于电弧对焊件的加热作用和对光致等离子体的稀释作用，可以显著增强金属对激光的吸收。同时，通常为直流反接的 MIG 电弧对焊件有阴极破碎作用，可以清理焊件表面的氧化膜，也有利于激光与材料耦合。这些都有利于上述材料的焊接。

（4）可以提高焊接速度　单纯的 MIG/MAG 焊在高速焊时会发生弧根飘移现象，易引起焊缝成形不规则，飞溅严重。而在采用激光-MIG/MAG 复合焊时，由于激光有稳定电弧弧根的作用，能使焊接过程稳定，且改善焊缝成形，减少飞溅，因此可以采用比较高的速度焊接。

（5）可调整焊缝的化学成分，提高焊缝的冶金性能　相对于不填焊丝的激光-TIG 焊来说，激光-MIG/MAG 复合焊具有填加焊丝的特点。这给调整焊缝的化学成分带来方便，可以通过焊丝向焊缝过渡所需要的元素，比较容易地改善焊缝的微观组织和性能。

12.3.3　激光-等离子弧复合焊

1. 激光-等离子弧复合焊的原理

激光-等离子弧复合焊是英国考文垂大学的先进连接中心于 1992 年提出的一种复合焊技术。它是由激光焊与等离子弧焊复合而成的一种焊接方法，有同轴式的，也有旁轴式的。同轴式的焊枪可节省空间，无方向性，且可在任意位置填充焊丝；旁轴式的焊枪设计简单，操作较灵活。

图 12-13 是激光-等离子弧同轴复合焊的原理示意图。焊接时，利用环状电极或空心电极产生等离子弧，激光束从等离子弧的中间穿过，与等离子弧共同作用在焊件上，使金属熔化，并产生熔池。

焊接时，激光与等离子弧之间的作用与激光-TIG 复合焊基本相似。激光对等离子弧也有聚焦作用和导向作用，可以使等离子弧向激光的热作用区聚集，增加其刚性、方向性和能量密度，从而可增加熔深，提高焊接速度和焊接效率。等离子弧在焊件上的加热面积也比较大，其预热作用使待焊部位的温度升高，从而可提高激光的被吸收率，同时，由于焊缝两侧金属的冷却速度降低，也减小了产生焊接残余应力和产生金属硬化的倾向。

与激光-TIG 复合焊不同之处是：激光-TIG 复合焊焊接时，TIG 电弧稀释光致等离子体的效果随着电弧电流的增大而削弱，而激光-等离子弧复合焊时等离子体是热源，它吸收激光的光子能量并向焊件传递，反而使激光能量的利用率提高。此外由于钨极是在喷嘴的内部，不暴露在金属蒸气中，与激光-TIG 复合焊相比，可以减少高温金属蒸气对电极的污染，从而能改善由于污染所引起的电弧不稳定的现象。

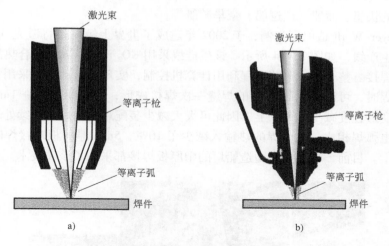

图 12-13　激光-等离子弧同轴复合焊原理示意图

a）环状电极等离子弧与激光复合　b）空心电极等离子弧与激光复合

2. 激光-等离子弧复合焊的特点

（1）能实现薄板高速焊　激光-等离子弧复合焊的热源能量密度高，熔深较大，加之复合电弧的挺度大、稳定性好，因此适宜薄板高速焊。试验表明，薄板焊接时，在相同熔深的情况下，焊接速度可达到单纯激光焊的 2～3 倍。例如英国的 N. Blundell 等人采用单纯激光焊在 0.16mm 厚的镀锌板上焊接，当焊接速度达到 4.8m/min 时就已经出现焊接缺欠，而采用激光-等离子弧复合焊时，在同样的条件下，将焊接速度提高到 9m/min 时，电弧也很稳定，没有产生焊接缺欠。

（2）适宜焊接的金属材料范围宽　激光-等离子弧复合焊不仅可以焊接碳素钢、不锈钢等钢铁材料，而且还适宜于焊接铝合金、镁合金、钛合金等对激光反射比高和热导率高的材料。

（3）对焊件装配精度的要求较低　激光-等离子弧复合焊相对于单纯的激光焊来说，由于等离子弧焊的加入，可以增加焊件熔化区的宽度，因而可以允许较大一些的装配间隙和错边。例如，薄板焊接时，当对接母材的间隙达到材料厚度的 25%～30% 时，仍可保持良好的接缝熔合。

（4）焊接质量好　利用激光-等离子弧复合焊焊接，不仅焊缝的成形好，而且不易产生气孔、裂纹、疏松等缺欠。相对于激光-TIG 复合焊来说，由于等离子弧比 TIG 弧能量更集中，其加热区更窄，所产生的热影响区更小，焊接变形也小。

12.3.4　激光-电弧复合焊的应用

激光-电弧复合焊以其独特的技术优势在生产中获得了越来越多的应用，尤其是激光-MIG/MAG 复合焊，已成功地应用于船舶制造业、汽车制造业、管道及储罐制造业、铁路机车制造业以及航空航天等行业中。

1. 船舶制造业

在船舶制造业中，激光-电弧复合焊应用的范围很广，包括普通船舶、海军舰船以及使用铝合金较多的快艇、渡船、巡逻船、豪华游艇等。

以德国 Meyer-Werft 造船厂为例，于 2002 年建成了世界上第一条将激光-电弧复合焊应用于造船业的生产线，如图 12-14 所示。该生产线采用 CO_2 激光-GMA 复合热源，用于船体平板和加强肋焊接。整个生产工艺过程利用计算机控制，实现了自动化。采用复合焊生产工艺进行平板对焊时，可以实现 20m 长的焊缝一次焊接成形，装配间隙允许 1mm，与常规的电弧焊相比，变形程度减少 2/3 以上，因此可大大减少装配难度和焊接后续处理的时间。另外，与常规的电弧焊相比，复合焊的热输入减少了 10%，5mm 厚的板对接焊时，焊接速度提高了 3 倍以上。目前，许多大中型造船厂的中厚板焊接都采用了该项技术。

图 12-14　德国 Meyer-Werft 造船厂的船板激光-电弧复合焊生产线
（右侧图示出焊缝）

2. 汽车制造业

汽车用铝量较大，激光-电弧复合焊在汽车制造业的应用特别受到人们的关注，不仅应用于轿车焊接，而且还应用于货车或其他车辆的焊接。激光-电弧复合焊用于汽车制造可以获得高的焊接速度、低的热输入、小的变形和良好的焊缝力学性能。以德国大众汽车公司生产的 Phaeton 系列车门为例，其外形如图 12-15a 所示，采用经冲压、铸造和挤压成形的铝件制造。车门的焊缝总长度为 4980mm，共 66 条焊缝，其中有 48 条焊缝（长 3570mm）采用激光-MIG 复合焊焊接，其余的有 7 条焊缝（长 380mm）采用 MIG 焊焊接，11 条焊缝（长 1030mm）采用激光焊焊接。采用激光-MIG 复合焊的目的是对焊前装配精度要求较低的接头实行高速焊。所采用的焊接参数为：激光功率为 2.9kW，焊接速度为 4.2m/min，送丝速度

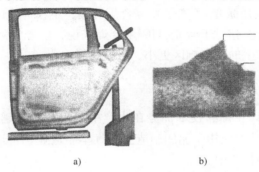

a)　　　　　　　　　　　b)

图 12-15　用激光-MIG 复合焊焊接的 Phaeton 系列车门和焊缝截面

为 6.5m/min，焊丝材质为 AlSi12、直径为 1.6mm，保护气体为 Ar 气。所焊出的焊接接头横截面如图 12-15b 所示，可以看出焊缝成形、熔深均可满足要求。

3. 管道及储罐制造业

在管道及储罐制造业中，激光-MIG/MAG 复合焊在一些壁厚通常比较大的管道、储罐的焊接中能显示出其明显的优势。这些管道、储罐采用常规的电弧焊焊接需要开特殊的坡口，实施多道焊才能焊满，而采用复合焊，利用电弧焊的桥接能力和激光焊的深熔性，能实现一次性熔透，用单道即可焊成，因而可提高生产效率。例如，美国加利福尼亚州 General Dynamics NASSCO 造船厂制造的船体用 AH-36 钢管，管壁厚为 12.7mm，直径有 101.6mm（4in）、152.4mm（6in）、203.2mm（8in）三种规格。焊接时，采用 4.5kW 的 YAG 激光和脉冲 MIG 电弧复合焊焊接，只需单道焊即可焊成。经检验，焊缝的质量满足美国 ABS（American Bureau of Shipping）标准。利用激光-MIG 复合焊焊接的钢管产品如图 12-16 所示。

图 12-16　利用激光-MIG 复合焊焊接的钢管产品

12.4　TIG-MIG 复合焊

TIG-MIG 复合焊是由 TIG 焊与 MIG 焊复合而成的一种焊接工艺方法。传统的 TIG 焊和 MIG 焊各有优缺点：TIG 焊的电弧稳定，焊缝成形美观，但是焊接速度慢，焊接效率低；MIG 焊的焊接速度较快，焊接效率较高，但是当用纯氩气作为保护气时，电弧不稳定，焊道不规则，并容易产生缺欠，因此常在氩气中加入少量 O_2 或 CO_2 气体来提高电弧的稳定性，而这又会使焊缝表面被氧化和由于焊缝中的含氧量增加而导致焊缝金属韧度下降。而 TIG-MIG 复合焊则可以克服两者的缺点，优势互补，既可获得 MIG 焊的高效率，又可获得 TIG 焊的高质量。

12.4.1　TIG-MIG 复合焊的原理和特点

1. TIG-MIG 复合焊的原理

TIG-MIG 复合焊的原理如图 12-17 所示。TIG 焊和 MIG 焊分别使用两个独立的直流焊接电源。其中，TIG 焊采用直流正接，MIG 焊采用直流反接。两个焊枪轴线互相之间成一定夹角。保护气为纯 Ar 气。两个电弧的布置是：TIG 弧在前，MIG 弧在其后。焊接时，先引燃

TIG 弧，使焊件表面局部熔化以后，接着引燃 MIG 弧，两者在焊件上共同形成一个熔池。图 12-18是单一 TIG 弧和 TIG-MIG 复合电弧的高速摄影照片。

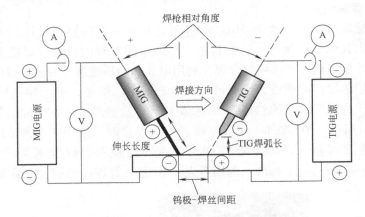

图 12-17　TIG-MIG 复合焊原理示意图

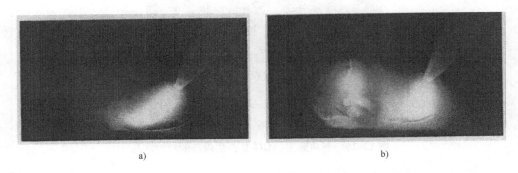

图 12-18　单一 TIG 弧和 TIG-MIG 复合电弧的高速摄影照片

a）TIG 电弧　b）TIG-MIG 复合电弧

由于焊接过程中 TIG 电弧一直存在，能使 MIG 焊的阴极斑点稳定，对 MIG 电弧能起到有效的维持电弧的作用，因此，即使在纯 Ar 的气氛中 MIG 电弧也能稳定地燃烧，减少飞溅。同时，TIG 弧还能对焊件和 MIG 焊的焊丝起到预热的作用，使得焊件局部的熔化速度加快，熔深增加，也使得焊丝的熔化速度加快，因此，可以提高焊接速度，提高焊接效率。由于保护气体采用的是纯 Ar 气，也避免了焊缝金属表面的氧化和焊缝中含氧量的增加，还降低了产生焊接缺欠的可能性。图 12-19 是使用纯 Ar 气的 MIG 焊、Ar 气中加 $2\% O_2$ 的 MIG 焊和使用纯 Ar 气的 TIG-MIG 复合焊焊出的焊缝外形照片。母材为日本 304 型不锈钢，板厚为 12mm。可以看出，TIG-MIG 复合焊的焊缝外形规则，波纹细致，完全可以和氩气中加入氧的 MIG 焊相媲美，但其焊缝表面没有任何氧化物，说明焊缝没有被氧化。

2. TIG-MIG 复合焊的特点

（1）焊缝质量好　采用 TIG-MIG 复合焊可以得到与单纯 TIG 焊相当的焊缝质量，不仅焊缝成形好，波纹细致，没有氧化色彩，没有焊接缺欠，而且焊缝金属有比较高的冲击韧度。

（2）焊接效率高　TIG-MIG 复合焊比单纯的 MIG 焊电弧稳定，加之 TIG 弧对母材和焊

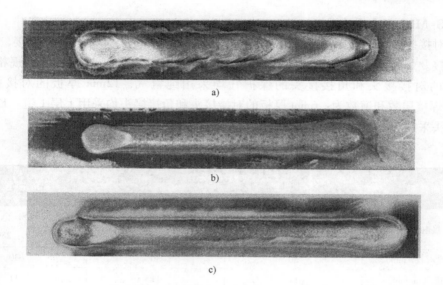

a)

b)

c)

图 12-19   MIG 焊和 TIG-MIG 复合焊焊缝照片

a) MIG , Ar, 235A, 34.3V   b) MIG , Ar + 2% O_2 , 265A, 29.0V

c) TIG-MIG, Ar, TIG：341A, 12.8V；MIG：268A, 20.4V

丝的预热作用，使得母材和焊丝的熔化速度加快，因而焊接速度可以大大提高。

（3）不仅适宜焊接薄板，而且适宜焊接中厚板   试验资料表明，采用 TIG- MIG 复合焊时，当 TIG 弧的电流超过 MIG 弧的电流时，焊接熔深随着 TIG 弧电流的增大而增大，这就使得焊接中厚板金属材料成为可能。

12.4.2   TIG- MIG 复合焊的应用

下面介绍的是采用 TIG- MIG 复合焊焊接不锈钢的对接接头和角接接头的实例。

1. 母材材质和接头坡口准备

焊件母材材质均为日本 304 型不锈钢。对接接头使用 6mm 和 12mm 两种厚度的板，其中，6mm 厚板的对接接头开 60° 的坡口，坡口间隙为 2mm，下面衬有垫板，如图 12-20a 所示；12mm 厚板的对接接头开 70° 的坡口，坡口间隙为 5mm，下面也衬有垫板，如图 12-20b 所示。角接接头使用 12mm 厚的板，两板件垂直，成 90°角。

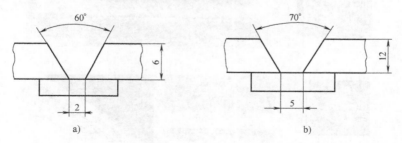

图 12-20   对接接头尺寸

2. TIG-MIG 复合焊的焊接参数

焊接对接接头和角接接头所采用的焊接参数见表 12-2。TIG 焊采用直流正接，MIG 焊采用直流反接。焊接时，采用的焊接电流、焊接速度、送丝速度、焊丝型号和规格均相同。6mm 厚板的对接接头和角接接头的保护气均采用纯氩气，12mm 厚板的对接接头采用 Ar + He。焊接层数和道数为：6mm 厚板的对接接头和角接接头均采用 1 层 1 道，12mm 厚板的对接接头采用 2 层 3 道，其中，第 1 层 1 道，第 2 层 2 道。

表 12-2　TIG-MIG 复合焊的焊接参数

焊接参数	对接接头		角接接头
	6mm 厚板	12mm 厚板	
焊接电流	TIG：400A MIG：280A	TIG：400A MIG：280A	TIG：400A MIG：280A
焊接速度/(cm/min)	30	30	30
送丝速度/(m/min)	11	11	11
焊丝型号和规格	308 型 ϕ1.2mm	308 型 ϕ1.2mm	308 型 ϕ1.2mm
保护气体	Ar	Ar + He	Ar
焊缝层数	1	2	1
焊缝道数	1	3	1

3. 焊接结果

（1）焊缝质量　表 12-2 中三种情况所得到的焊缝外观和焊缝断面如图 12-21 所示。可以看出三种情况的焊缝质量都很好，焊缝形状规则，成形美观，表面无氧化物和飞溅。利用射线检测，焊缝内部均未发现任何焊接缺欠。

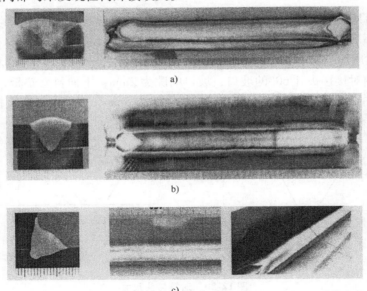

a)

b)

c)

图 12-21　用 TIG-MIG 复合焊得到的焊缝外观和焊缝断面照片

a）12mm 厚板的对接接头　b）6mm 厚板的对接接头　c）角接接头

从板厚为 6mm 的对接接头制取焊缝金属 V 型缺口冲击试样，进行室温下的冲击试验，所得到的结果见表 12-3。可以看出焊缝金属冲击吸收能量很高，与常规的 TIG 焊焊缝相当。

从板厚为 6mm 的对接接头制取焊缝金属化学分析试样，测定焊缝金属中的含氧量。测定结果见表 12-4。可以看出，焊缝金属中的含氧量低于母材金属和焊丝的含氧量。

表 12-3　焊缝金属冲击韧性试验结果

试 样 编 号	冲击吸收能量/J	
	单个值	平均值
1	197	
2	190	195
3	199	

表 12-4　焊缝金属、母材和焊丝中的含氧量

试　　样	$w_O/(10^{-6})$
焊缝金属	25
母材金属	46
焊丝	34

（2）焊接效率　在得到同样优质焊接接头的情况下，TIG-MIG 复合焊的焊接效率大大高于常规的 TIG 焊。以 6mm 厚板对接接头焊接为例，采用常规的 TIG 焊时，焊接速度一般为 10～15cm/min，需要焊接 2 道才能焊满坡口，而采用 TIG-MIG 复合焊，焊接速度可以达到 30cm/min，只需要 1 道焊缝即可焊满坡口。如果都焊接 1m 长的焊缝，常规的 TIG 焊需要 20min，而 TIG-MIG 复合焊只需要 3.3min，比 TIG 焊节省 83.5%。常规的 MIG 焊虽然焊接效率也比较高，但所得到的焊缝质量不如 TIG-MIG 复合焊。

由于 TIG-MIG 复合焊具有焊接质量好和焊接效率高的特点，因此，在工业生产中特别适宜于焊接对焊接质量和焊接效率均要求高的焊接产品，如各种压力容器、锅炉、核容器等。随着 TIG-MIG 复合焊的不断完善，该项新技术在工业生产中将会获得广泛的应用。

复习思考题

1. 什么是复合焊？有何优势？
2. 试述等离子弧-MIG 同轴复合焊的基本原理和特点。
3. 试述等离子弧-MIG/MAG 旁轴复合焊的基本原理和特点。
4. 试述激光-TIG 复合焊的基本原理和特点。
5. 试述激光-GMA 复合焊的基本原理和特点。
6. 试述激光-等离子弧复合焊的基本原理和特点。
7. 试述 TIG-MIG 复合焊的基本原理和特点。

参考文献

[1] 中国机械工程学会焊接分会. 焊接手册: 第1卷 [M]. 3版. 北京: 机械工业出版社, 2012.

[2] 姜焕中, 等. 电弧焊及电渣焊 [M]. 2版. 北京: 机械工业出版社, 1988.

[3] 中国机械工程学会焊接分会. 焊接字典 [M]. 北京: 机械工业出版社, 1998.

[4] 胡特生, 等. 电弧焊 [M]. 北京: 机械工业出版社, 1996.

[5] 殷树言. 气体保护焊工艺基础及应用 [M]. 北京: 机械工业出版社, 2012.

[6] 安腾弘平, 长谷川光雄. 焊接电弧现象 [M]. 施雨湘, 译. 北京: 机械工业出版社, 1988.

[7] 杨春利, 林三宝. 电弧焊基础 [M]. 哈尔滨: 哈尔滨工业大学出版社, 2003.

[8] 熊腊森. 焊接工程基础 [M]. 北京: 机械工业出版社, 2002.

[9] 王宗杰, 臧汝恒, 李德元. 工程材料焊接技术问答 [M]. 北京: 机械工业出版社, 2002.

[10] 雷世明. 焊接方法与设备 [M]. 北京: 机械工业出版社, 2004.

[11] 陈善本, 林涛, 等. 智能化焊接机器人技术 [M]. 北京: 机械工业出版社, 2006.

[12] 中国标准出版社第三编辑室. 机械制造加工工艺标准汇编: 焊接与切割卷 [M]. 北京: 中国标准出版社, 2009.

[13] 林三宝, 范成磊, 杨春利. 高效焊接方法 [M]. 北京: 机械工业出版社, 2012.

[14] 陈武柱. 激光焊接与切割质量控制 [M]. 北京: 机械工业出版社, 2010.

[15] 胡绳荪. 焊接自动化技术及其应用 [M]. 北京: 机械工业出版社, 2007.

[16] 杨立军. 材料连接设备及工艺 [M]. 北京: 机械工业出版社, 2008.

[17] 沈世瑶. 焊接方法及设备: 第三分册 [M]. 北京: 机械工业出版社, 1982.

[18] 殷树言. 气体保护焊技术问答 [M]. 北京: 机械工业出版社, 2004.

[19] 黄石生. 弧焊电源及其数字化控制 [M]. 北京: 机械工业出版社, 2006.

[20] 王威, 等. 激光与电弧复合焊接技术 [J]. 焊接, 2004 (3): 6-9.

[21] 刘继常, 等. 试析几种激光复合焊接技术 [J]. 激光技术, 2003, 27 (5): 486-489.

[22] Shuhei Kanemaru, Tomoaki Sasaki. Study for TIG-MIG hybrid welding process [J]. Weld World, 2014 (58): 11-18.

[23] 王海, 潘厚宏. 基于PLC的电渣焊控制系统的研制 [J]. 现代焊接, 2009 (4): 20-21.

[24] 霍华德 B 卡里, 斯科特 C 黑尔策. 现代焊接技术 [M]. 陈茂爱, 等译. 北京: 化学工业出版社, 2010.

[25] 周兴中. 焊接方法及设备 [M]. 北京: 机械工业出版社, 1990.

[26] 余燕, 吴祖乾. 焊接材料选用手册 [M]. 上海: 上海科学技术出版社, 2005.

[27] 汪建华. 焊接数值模拟技术及其应用 [M]. 上海: 上海交通大学出版社, 2003.

[28] 陈伯蠡. 焊接工程缺陷分析与对策 [M]. 北京: 机械工业出版社, 1998.

[29] 李亚江, 刘鹏, 刘强. 气体保护焊工艺及应用 [M]. 北京: 化学工业出版社, 2005.

[30] 李德元, 赵文珍, 董晓强, 等. 等离子弧技术在材料加工中的应用 [M]. 北京: 机械工业出版社, 2005.

[31] Boulos M I. Thermal Plasmas Fundamentals and Applications [M]. New York: Plenum Press, 1994.

［32］ 张忠礼. 钢结构热喷涂防腐蚀技术 ［M］. 北京：化学工业出版社，2004.

［33］ 陈祝年. 焊接工程师手册 ［M］. 2 版. 北京：机械工业出版社，2010.

［34］ 王文翰. 焊接技术手册 ［M］. 郑州：河南科学技术出版社，2000.

［35］ 耿正，张广军，邓元召. 铝合金变极性 TIG 焊工艺特点 ［J］. 焊接学报，1997 （4）：232-237.

［36］ 刘金合. 高能密度焊 ［M］. 西安：西北工业大学出版社，1995.

［37］ 王家金. 激光加工技术 ［M］. 北京：中国计量出版社，1992.

［38］ 曹明翠，郑启光，陈祖涛，等. 激光热加工 ［M］. 武汉：华中理工大学出版社，1995.

［39］ 李志远，钱乙余，张九海，等. 先进连接方法 ［M］. 北京：机械工业出版社，2000.

［40］ Poueyo- Verwaerde A，Fabbro R，et al. Experimental study of laser- induced plasma in welding condition with continuous CO_2 Laser ［J］. Journal of Applied Physics，1993，74 （9）.

［41］ 中国机械工程学会焊接分会，等. 焊工手册 （埋弧焊、气体保护焊、电渣焊、等离子弧焊） ［M］. 北京：机械工业出版社，2003.

［42］ 王长春. 全新的技术突破——等离子-MIG 复合焊工艺 ［J］. 现代焊接，2010 （11）：18-22.

［43］ 周广宽，等. 激光器件 ［M］. 西安：西安电子科技大学出版社，2011.

［44］ 郭玉彬，霍佳雨. 光纤激光器及其应用 ［M］. 北京：科学出版社，2008.